# BESCHREIBUNG

DES

# BERGREVIERS DÜREN

HERAUSGEGEBEN
MIT GENEHMIGUNG DES HERRN MINISTERS
FÜR HANDEL UND GEWERBE
VOM

KÖNIGLICHEN OBERBERGAMT ZU BONN.

---

MIT EINER GEOLOGISCHEN KARTE, EINER FLÖTZKARTE DES INDEBECKENS
UND EINEM BLATT PROFILE.

**BONN,**

A. MARCUS & E. WEBER's VERLAG.

1902.

# Vorwort.

Die Beschreibung des Bergreviers Düren bildet den sechszehnten Band der seit dem Jahre 1878 herausgegebenen Beschreibungen der Rheinischen Bergreviere. Bereits im Jahre 1876 in Angriff genommen, konnte sie doch in Folge mehrerer Personalveränderungen erst jetzt dem Druck übergeben werden. Die im Laufe der Zeiten vorgekommenen erheblichen Veränderungen in den Aufschlüssen und Betriebsanlagen haben eine mehrfache Umarbeitung nöthig gemacht. Um die Bearbeitung haben sich verdient gemacht zunächst der Bergrath Voss, dann der Bergassessor Kaether und zuletzt der jetzige Revierbeamte, Bergrath Ziervogel, dessen Feder die technischen Mittheilungen über die Betriebe entstammen.

Verfasser des geologischen Theiles ist der Professor Dr. Holzapfel zu Aachen. Die beigegebene Karte, ein Ausschnitt aus der geologischen Karte von Rheinland und Westfalen von Dr. H. v. Dechen, entspricht nicht mehr ganz dem Standpunkt der neuesten geologischen Forschung, sie giebt aber immerhin einen genügenden Ueberblick. Auf die Abweichungen von der jetzt festgestellten Wirklichkeit ist in der Beschreibung hingewiesen.

Die Flötzkarte des Indereviers ist ein Theil der im Jahre 1900 im Auftrage des Vereins der Steinkohlenbergwerke zu Aachen von der Bardenberger Bergschule herausgegebenen neuen Karte des Aachener Bergwerksbezirks. Ihre Benutzung wurde in dankenswerthem Entgegenkommen gestattet.

**Bonn, im Dezember 1901.**

**Königliches Oberbergamt.**

# I. Lage und Begrenzung des Reviers.

Das in der Rheinprovinz auf der linken Rheinseite gelegene Bergrevier Düren besteht in seiner jetzigen Begrenzung aus zwei durch das Bergrevier Aachen von einander getrennten Theilen, einem südlichen, welcher, innerhalb des Regierungsbezirks Aachen gelegen, über den Nordabfall der Eifel und das vorgelagerte zwischen Inde- und Roerfluss ausgebreitete Flachland sich erstreckt, und einem nördlichen, welcher fast das ganze linksrheinische Gebiet des Regierungsbezirks Düsseldorf umfasst und mithin in seinem ganzen Umfange in die niederrheinische Tiefebene fällt. Dieser letztgenannte Bestandtheil gehörte früher zum Bergrevier Aachen und ist erst mit dem 1. Januar 1891 von letzterem abgetrennt und mit dem Revier Düren vereinigt worden. Er umschliesst die Kreise Cleve, Geldern, Moers, Kempen, Crefeld und München-Gladbach, sowie die nordwestlich der Aachen - Neuss - Düsseldorfer Landstrasse gelegenen Theile der Kreise Neuss und Grevenbroich. Seine Grenze fällt im Norden, Westen und Südwesten mit der des Regierungsbezirks Düsseldorf bis zu dem Punkte zusammen, wo letztere von der Aachen-Düsseldorfer Landstrasse geschnitten wird. Von hier folgt sie dieser Strasse bis an den Rhein gegenüber der Ortschaft Hamm und verläuft alsdann den Rhein abwärts bis zu dessen Uebertritt auf holländisches Gebiet.

Der südliche und früher alleinige Bestandtheil des Reviers schliesst den Kreis Montjoie und Theile der Kreise Eupen, Aachen-Stadt und -Land, Düren, Jülich und Schleiden ein. Begrenzt wird derselbe im Norden durch eine Linie, welche von dem am sog. Weissen Haus liegenden Kreuzungspunkte der Landesgrenze gegen Belgien mit der Aachen-Lütticher Chaussee über diese Strasse bis nach Aachen und jenseits Aachen über die Aachen-Neuss-Düsseldorfer Landstrasse bis zu deren Schnittpunkt mit der Grenze des Regierungsbezirks Cöln verläuft. Im Osten bildet diese letztere bis zur Düren-Cölner Landstrasse die Reviergrenze, welche sich von hier aus über die letztgenannte Strasse nach Düren wendet und alsdann dem Laufe des Roerflusses aufwärts folgend an die Kreisgrenze von Montjoie anschliesst. Im Süden und Westen bis zum Ausgangspunkt am „Weissen Haus" zurück fällt die Grenze des Reviers mit der der Kreise Montjoie und Eupen zusammen.

Abgesehen von dem Bergrevier Aachen, welches in der Mitte der solchergestalt eingeschlossenen Reviertheile liegt, grenzen an dieselben von Süden nach Norden die Bergreviere Commern-Gemünd, Brühl-Unkel, Deutz-Ründeroth, Werden und Duisburg. Von diesen gehören die drei ersteren, wie auch das Aachener und Dürener Revier zum Verwaltungsbezirk des Oberbergamts Bonn, die beiden letzteren zum Verwaltungsbezirk des Oberbergamts Dortmund.

# II. Topographische Beschreibung.

Der südliche Revierbezirk wird in seinem südlichen Theile ausschliesslich von dem unter dem Namen „Venn" bekannten nordwestlichen Gliede des Eifelgebirges eingenommen. Als ein breitgewölbter Rücken erstrekt sich dasselbe von der Grenze gegen Belgien (zwischen Eupen und Montjoie) in nordöstlicher Richtung bis gegen die Ortschaften Merode, Gey und Strass und senkt sich hier in allmählichem Abfall bis in das Flachland von Düren und Jülich. In seinem westlichen Theile, dem Hohen Venn, zeigt dieser Rücken den ausgesprochenen Charakter einer Hochfläche; ohne hervorragende Punkte ist er auf weite Strecken mit unfruchtbarem Sumpf und Moor bedeckt, während der die nördlichen und südlichen Gehänge bedeckende Baumwuchs ganz zurücktritt[1]). Unweit der belgischen Grenze (aber noch ausserhalb des Reviergebiets) steigt er in der „Botranche" oder der „Bodrange" (Dreieckspunkt I. Ordnung) zu seiner grössten Höhe (695 m) empor und trägt hier das Quellgebiet des bedeutendsten Flusses des Reviers, der Ruhr oder Roer. Dieselbe tritt mit nördlichem Laufe westlich von Kalterherberg in das Reviergebiet ein, wendet sich alsbald nach Osten und behält diese Richtung, nachdem sie hie Stadt Montjoie durchflossen, bis Einruhr bei. Hier biegt sie nach Norden um, trennt von der Mündung der Urft das Venn von den Ausläufern der östlichen Vordereifel (dem Kermeterwald), fliesst dann wieder in äusserst gewundenem Felsenthale nach Osten, um von Heimbach ab ihre nördliche Richtung an Nideggen vorüber beizubehalten. Bei Kreuzau verlässt sie die Höhen und tritt in die niederrheinische Ebene, durch

1) Der Name Venn (holländisch Veen, bei den Wallonen Hautes Fagnes, ältere Nebenform des nfz. Fauge) führt, wie engl. fen u. s. w. auf die got. Wurzel fani = Kot, Sumpf zurück.

welche sie über Düren, Jülich und Linnich der Maas zuströmt, in die sie sich bei Roermonde ergiesst.

Vom Nordabhange des hohen Venns fliessen die Wasser der Weser oder Vesdre zu. Dieselbe nimmt gleichfalls aus den Torfmooren der Hochebene (unweit der Ortschaft Entepohl) ihren Ursprung, fliesst dann von der Höhe abwärts in nordwestlicher Richtung bis Rötgen-Petergesfeld, wendet sich alsdann nach Südwest, um über Eupen und Verviers der Ourte zuzuströmen, die sie nahe der Einmündung der letzteren in die Maas erreicht. Als ihre linken Zuflüsse sind (in der Richtung von Osten nach Westen) der Steinbach mit dem Eschbach, der Gitz- (oder Schwarz-) bach, der Hillfluss mit dem Soorbach und die durch ihre Thalsperre berühmte Gileppe zu nennen. Da der Hillfluss die Grenze gegen Belgien bildet, so berühren die beiden letztgenannten Thäler das Reviergebiet nicht mehr. Der Rücken, welcher den Hillfluss von dem Gitzbach trennt, trägt die Strasse von Eupen nach Montjoie. An derselben sind beim Hause Hattlich und weiter abwärts beim Jägerhaus Ternell die Höhen von 613 und 521 m gemessen worden, woraus sich ein Unterschied gegen den culminirenden Punkt der Hochebene in der Botranche von 82 bezw. 174 m ergiebt. Annähernd gleiche Differenzen weisen die Höhen auf, welche am nordöstlichen Ende des hohen Venn, unfern Lammersdorf ermittelt worden sind, denn die bezüglichen Messungen haben hier ergeben:

| | |
|---|---|
| auf der Höhe der Strasse zwischen Lammersdorf und Fringsheim | 610 m |
| bei Houscheid (Dreieckspunkt III. Ordnung) zwischen Lammersdorf und Rötgen . . . . . . . . . | 608 „ |
| bei Fringsheim unweit Houscheid (Nummerstein 3,33) . . . | 605 „ |
| bei Langschoss (Dreieckspunkt I. Ordnung) nördlich Lammersdorf | 598 „ |
| auf der Höhe der Strasse von Lammersdorf nach Jägerhaus (an der Einmündung des Weges von Zweifall (Nummerstein 3,23) | 598 „ |

Von seinem nordöstlichen Ende sendet das hohe Venn den Callbach mit nordöstlichem Verlauf nach der Roer. Das Quellgebiet desselben liegt nahe dem der Vesdre bei Entepohl, doch erst östlich Lammersdorf schneidet das Bett desselben tief in die Hochebene ein und folgt hier über Simonskall und Zweifallshammer der mannigfach gewundenen grossartig wilden Thalschlucht, die sich bei Zercall nach dem Roerthal öffnet. Es trennt das Callthal jene die Fortsetzung des hohen Venn bildende Hochebene von dem südlich gelegenen Bergrücken, welcher den Raum zwischen Call- und Roerfluss ausfüllt, und der wie nach ersterem auch nach dem letzteren Fluss in schroffen, felsigen Abhängen abstürzt. Die Höhe dieser schmalen Wasserscheide übertrifft im Durchschnitt die der nördlichen Hochfläche, gleichwohl zeigt sie in Folge ihrer reicheren Gliederung und des besseren anbaufähigeren Bodens einen weit freundlicheren

Charakter und kann daher als eine Vorstufe des unwirthlichen Venns aufgefasst werden. Die Wasser, welche sie einerseits nach dem Callthal, andererseits nach dem Ruhrthal sendet, fliessen meist in kurzen, tiefeingerissenen Thalschluchten ab, deren hervorragend landschaftliche Schönheiten denen der Hauptthäler nichts nachgeben. Der Verlauf der Höhenlinie wird ziemlich genau durch die Chaussee von Montjoie nach Nideggen bezeichnet. Ueber das Niveau derselben in ihrem Verlauf von SW. nach NO. geben die nachstehenden Messungen Auskunft:

| | |
|---|---|
| Imgenbroich | 565,5 m |
| Belgenbacher Brücke | 514,3 „ |
| Kreuzung des Weges von Conzen nach Eicherscheid | 564,3 „ |
| Kirche von Eicherscheid | 566,0 „ |
| Huppenbroich | 565,7 „ |
| Simmerath | 550,7 „ |
| Kesternich | 560,6 „ |
| Hechelscheid (Försterwohnung) | 560,6 „ |
| Kreuzung des Weges von Rollesbroich nach Steckenborn | 542,0 „ |
| Schmidt | 479,7 „ |
| Harscheid (Försterwohnung) | 393,0 „ |

Von anderen in dieser Gegend angeführten Messungen seien noch folgende erwähnt:

| | |
|---|---|
| Belgenbacher Mühle | 442,3 m |
| Menzenratherbroich | 557,7 „ |
| Mühle am Tiefenbach (zwischen Huppenbroich und Kesternich) | 437,6 „ |
| Schöne Aussicht (am Wege von Kesternich nach Einruhr) | 407,5 „ |
| Ruhrberg (Wegweiser an der Kirche) | 338,5 „ |
| Rollersbroich (südlichstes Haus auf dem den Callbach begleitenden Rücken) | 522,0 „ |
| Silberscheid (nahe dem Uebergang der Dürener Strasse über den Callbach) | 491,5 „ |

Die das linke Callbachufer überragende Hochfläche schliesst sich, wie bemerkt, von Lammersdorf ab direkt dem hohen Venn an und erstreckt sich in ausgedehnten Waldungen und Torfmooren bei gleichbleibender nordöstlicher Richtung bis zur Grenze gegen das Flachland. Entsprechend ihrem südöstlichen Steilabfall haben die nach dem Callbach abgehenden Bäche nur einen kurzen Lauf und sehr starkes Gefälle. Dagegen fliessen nach Norden zwei grössere Bäche ab, nämlich der Vichtbach und der Wehebach. Ersterer entspringt auf der Lammersdorfer Höhe, nimmt in seinem oberen Lauf bis zum Dorfe Vicht vorwiegend eine nordöstliche Richtung, wendet sich dann nach NW. und vereinigt sich bei Unter-Stolberg mit dem aus dem Hügellande bei Raeren stammenden Münsterbach. Aus der Vereinigung dieser beiden Bäche bildet sich der

Indefluss, der nunmehr in nordöstlicher bezw. östlicher Richtung über Eschweiler, Weisweiler, Inden und Altdorf nach der Roer fliesst, in die er kurz oberhalb Jülich mündet. An nennenswerthen Zuflüssen nimmt der Vichtbach nur den Hasselbach (mit dem Gerschbach) bei Zweifall auf. Der Wehebach hat seinen Ursprung im Loscheid-Wald, westlich von der Ortschaft Germeter an der Montjoie-Dürener Strasse, behält bis zu seiner Mündung in den Indefluss bei Lammersdorf (a. d. Inde) im ganzen eine nördliche Richtung bei und empfängt etwa eine Stunde oberhalb Schevenhütte als einzigen grösseren Zufluss von links den Rothen Wehebach. Die Bergrücken, welche den Vicht- und Wehebach in ihrem Oberlauf nebst den genannten Zuflüssen von einander trennen, ziehen sich von dem Hauptrücken des Venn in nördlicher Richtung ab und dehnen sich meist mit beträchtlicher Senkung gegen das nordwestlich vorgelagerte Hügelland aus. Sie führen gewöhnlich eine besondere Benennung. So trennt den Vicht- und Gerschbach der Rücken des Feuerbrand, der mit dem Kaiserberg am Zusammenfluss der beiden Bäche steil in das Thal abfällt. Die Höhen, die auf diesem Rücken gemessen worden sind, sind folgende:

| | |
|---|---|
| Weg von Moularzhütte nach Lammersdorf, Grenze des Königlichen Forstes, Grenzstein 269 . . . . . . . . . . . | 422,5 m |
| Forsthaus an demselben Wege . . . . . . . . . . . | 360,3 „ |
| Höhe des Weges südlich vom Forsthaus . . . . . . . . | 378,0 „ |
| Rott (Kirche) . . . . . . . . . . . . . . . . . . | 366,3 „ |

Den Gerschbach und Wehebach trennt die Olbertshardt, welche die Höhe von 517 m erreicht. Mit dem Namen Hochwald endlich bezeichnet man die den Wehebach auf der rechten Seite begleitende waldreiche Vorstufe, die im sog. Knosterberg ihre höchste Erhebung hat. Der Venn-Hauptrücken selber trägt die Montjoie-Dürener Strasse, die nach Ueberschreitung des Callbaches bei Vossenack und Germeter die Höhe erreicht und bei den an ihr liegenden Ortschaften folgendes Niveau einnimmt:

| | |
|---|---|
| Abgang des Weges nach Vossenack . . . . . . . . . | 462,0 m |
| Germeter . . . . . . . . . . . . . . . . . . . | 450,0 „ |
| Hürtgen . . . . . . . . . . . . . . . . . . . | 403,5 „ |
| Kleinhau . . . . . . . . . . . . . . . . . . . | 408,5 „ |
| Gey (oberes Ende) . . . . . . . . . . . . . . . | 272,0 „ |
| Gey (unteres Ende) . . . . . . . . . . . . . . . | 239,0 „ |

Zwischen Kleinhau und Hürtgen zieht auch in südöstlicher Richtung ein Rücken nach der Roer bei Zercall, der die Ortschaft Brandenberg bei 370,5 m, die Ortschaft Bergstein bei 365 m trägt, und der im Burgkopf bei Bergstein, einer über dem Abhang nach der Roer belegenen isolirten Buntsandsteinparthie, zu seiner höchsten Höhe von 406,5 m ansteigt.

Zur Vergleichung der Erhebung des Venns über die Tiefpunkte in seiner Nähe mögen folgende Angaben dienen:

| | |
|---|---|
| Montjoie an der Brücke (Roerspiegel) . . . . . . . . . | 414,0 m |
| Einruhr (Mündung der Erkensruhr in die Roer) . . . . . | 271,0 „ |
| Paulshof (Mündung der Urft in die Roer) . . . . . . . . | 256,0 „ |
| Nideggen, Brücke über die Roer, Wasserspiegel . . . . | 174,0 „ |
| Zercall (Mündung des Callbaches) . . . . . . . . . . | 169,0 „ |
| Uedingen (Roerspiegel) . . . . . . . . . . . . . . | 150,5 „ |
| Vicht (Nepomucener Mühle, Goln der Aufschlagschütze) . . | 227,0 „ |
| Eupen, Bahnhof . . . . . . . . . . . . . . . . . | 289,5 „ |
| Eupen (Einmündung des Hillbachs in die Vesdre) . . . . | 263,0 „ |

An das vorbeschriebene Bergland lehnt sich in einer beinahe graden Linie von Langerwehe bis nach Eupen bezw. der Landesgrenze das den Uebergang zum Flachland vermittelnde Hügelland an. Es erfüllt, da nach NW. hin die Niederung sich erst jenseits der Stadt Aachen ausbreitet, den ganzen westlichen Bezirk des Reviers. Im Osten schliesst sich die Tiefebene der Roer und Inde in einer mehrfach gebrochenen von Langerwehe über Hastenrath, Röhe und Verlautenheid verlaufenden Linie ziemlich unvermittelt an das Hügelland an und lässt die Grenzen des letzteren, ebenso wie die der oben besprochenen östlichen Ausläufer des Vennrückens, deutlich hervortreten. Diese scharf markirten Begrenzungslinien sind die Folge grösserer Dislocationen, die den Zusammenhang der Gebirgsschichten unterbrochen haben und sich auch in der geologischen Projection dieser Gegend deutlich kennzeichnen, indem die mehr oder weniger horizontal geschichteten oligocänen und diluvialen Formationsglieder des Flachlandes direct neben den meist steil aufgerichteten paläozoischen Schichten des Berg- und Hügellandes auftreten. Nur zwischen Inde, Omer und Wehebach wird diese Uebereinstimmung zwischen der geologischen Zusammensetzung und der orographischen Oberflächenform insofern gestört, als das Diluvium hier ebenfalls in grösseren Höhen ansteigt und an der Bildung des Hügellandes theilnimmt. Im Allgemeinen zeigen die Rücken des Hügellandes dieselbe Richtung von SW. nach NO. wie die Rücken des Berglandes; eine Ausnahme machen allein die aus sandigen Kreideschichten bestehenden Höhen des Burtscheider und Aachener Waldes, die sich in ihrem Verlauf nach der Grenze gegen das Aachener Revier mehr nach W. drehen und schliesslich eine zu dem Hauptstreifen fast normale Richtung einnehmen.

In dem zwischen Inde, Wehe- und Vichtbach gelegenen Abschnitte bezeichnen die Höhen südlich von Mausbach (mit ca. 340 m) den Uebergang vom Bergland in das Hügelland. Letzteres erreicht im sog. Burgholz zwischen Werth und Bernhardshammer seine höchste Erhebung mit etwa 310 m. Der nördlichste Ausläufer nach dem Indethal, der sog.

Ichenberg, wird bei der Concordiahütte von der Rheinischen Eisenbahn mittelst eines Tunnels durchbohrt und weist bei Stich nur noch eine Höhe von 198,5 m auf, so dass sich eine Senkung des Rückens von 111,5 m ergiebt. Als Tiefpunkte dieses Abschnittes sind zu betrachten:

| | |
|---|---|
| der Wehebach unter der Eisenbahnbrücke bei Langerwehe mit | 134,5 m |
| die Inde an der Brücke bei Eschweiler, an der Drahtfabrik mit | 147,0 „ |
| der Zusammenfluss des Vicht- und Münsterbachs an der Atscher Mühle mit | 172,0 „ |

Dieselben ergeben gegen das Burgholz Höhenunterschiede von 175,5 bezw. 163 und 138 m.

Von den zahlreichen übrigen Punkten, die in dieser Gegend gemessen, und in den „Erläuterungen der geologischen Karte der Rheinprovinz und der Provinz Westfalen (1. Theil)" von v. Dechen zusammengestellt sind, seien nur die nachstehenden herausgegriffen:

| | |
|---|---|
| Hängebank des Schachtes der Grube Eschweiler-Reserve bei Nothberg | 152,5 m |
| Kirche in Nothberg | 107,5 „ |
| Köttenich | 193,5 „ |
| Höchster Punkt an der rechten Seite des Omerbachs bei Köttenich | 243,0 „ |
| Heistern (Kapelle) | 237,0 „ |
| Hülsberg bei Langerwehe (Kapelle) | 223,5 „ |
| Niveau der Rhein. Eisenbahn auf der Brücke über den Wehebach bei Langerwehe | 146,5 „ |
| Desgleichen am Bahnhof Eschweiler (bis wohin die Bahn von vorstehendem Punkt ununterbrochen ansteigt) | 164,5 „ |
| Südportal des Ichenberger Tunnels | 165,5 „ |
| Hüttenplatz des Walzwerks Phoenix bei Eschweileraue | 157,5 „ |
| Eschweilerpumpe, Verwaltungsgebäude des Eschweiler Bergwerksvereins | 174,5 „ |
| Centralwerkstätte des Eschweiler Bergwerksvereins | 206,0 „ |
| Unter-Stolberg (Brücke über den Vichtbach) | 183,0 „ |
| Stolberg (Marktplatz) | 194,5 „ |
| Höhe des Duffeter | 266,0 „ |
| Mausbach (bei der Kirche) | 261,5 „ |
| Vicht | 227,0 „ |
| Zweifall (kath. Kirche) | 263,0 „ |

In dem Abschnitt zwischen dem Vichtbach und dem Münsterbach ist die höchste Erhebung auf der Höhe der Strasse zwischen Vennwegen und Moularzhütte 340,5 m. Dieselbe stimmt in jeder Beziehung mit den Höhen südlich von Mausbach überein und bezeichnet auch hier den Uebergang des Berglandes in das Hügelland. Für letzteres ist ausser einigen anderen Punkten das Dorf Breinig (Kirche) mit 292,7 m als höchster Punkt anzunehmen. Die Vergleichung mit dem obengenannten Tiefpunkte an der Atscher Mühle ergiebt einen Höhenunterschied von 120,7 m.

Von anderen Höhenangaben sind hier noch folgende zu erwähnen:

| | |
|---|---|
| Hängebank des Jamesschachtes . . . . . . . . . . | 221,0 m |
| Tuchfabrik oberhalb Hau am Münsterbach . . . . . . | 201,5 „ |
| Höhe bei Dorf . . . . . . . . . . . . . . . . . | 277,5 „ |
| Breinigerheide . . . . . . . . . . . . . . . . | 289,0 „ |
| Hassenberg . . . . . . . . . . . . . . . . . | 280,0 „ |
| Höhe des Rückens zwischen Breinig und Zweifall . . . . | 328,0 „ |
| Brockenberg . . . . . . . . . . . . . . . . . | 291,0 „ |
| Schlangenberg . . . . . . . . . . . . . . . . | 288,0 „ |
| Busbach . . . . . . . . . . . . . . . . . . | 269,0 „ |
| Strasse von Stolberg nach Brand (Nummerstein 0,58) höchster Punkt . . . . . . . . . . . . . . . . . . | 269,0 „ |
| Strasse von Unter-Stolberg nach Aachen (Buschmühle) . . | 189,5 „ |
| Strasse von Stolberg nach Brand (an der Elgermühle) . . | 205,0 „ |
| Klausenberg bei Cornelimünster . . . . . . . . . . | 248,0 „ |
| Kirchberg bei Cornelimünster . . . . . . . . . . . | 260,0 „ |
| Münsterbach daselbst . . . . . . . . . . . . . . | 226,5 „ |
| Kloster Brandenburg am Raerener Bach . . . . . . . | 259,0 „ |

Westlich vom Münsterbach erhebt sich die Brander und Hittfelder Heide, ein von SW. nach NO. streichender Rücken, der bei Hittfeld 252 m, bei Brand an der Stolberger Strasse 262 m Höhe erreicht. Seine Senkung nach N. und NO. ergiebt sich aus folgenden Höhenangaben:

| | |
|---|---|
| Kirchhof (kath.) bei Aachen an der Theilung der Strasse nach Brand und Eilendorf . . . . . . . . . . . . | 177,0 m |
| Eilendorf (am Bach) . . . . . . . . . . . . . . | 200,0 „ |
| Nirm (Haupttburm auf dem Tunnel der Rhein. Eisenbahn) . | 235,0 „ |
| Oestliches Mundloch des Nirmer Tunnels . . . . . . . | 187,0 „ |
| Westliches Mundloch des Nirmer Tunnels . . . . . . . | 189,0 „ |
| Verlautenheid (Kirche) . . . . . . . . . . . . . | 222,5 „ |
| Chemische Fabrik Rhenania . . . . . . . . . . . | 178,0 „ |
| Hängebank des alten Probsteier Schachtes am Bahnhof Stolberg . . . . . . . . . . . . . . . . . . | 178,5 „ |
| Röhe (Kirche) . . . . . . . . . . . . . . . . | 194,0 „ |
| Strasse von Röhe nach Weiden Nummerstein 0,49 (höchster Punkt) . . . . . . . . . . . . . . . . . . . | 215,5 „ |

Ueber die Höhenlage der einzelnen Stadttheile der Städte Aachen und Burtscheid vergl. die Zeitschrift des Vereins deutscher Ingenieure Band XXI S. 266.

Auf der Westseite der Hittfelder Heide beginnen die Hügel des

Burtscheider Waldes. Ihre Gipfel haben eine konische Gestalt und erreichen im Elleterberge ihre bedeutendste Höhe mit etwa 329 m, dann folgen die langgestreckten, dachförmigen, durch schwache Einsenkungen von einander abgegrenzten Rücken des Aachener Waldes, der im Brandenberg nahe der Reviergrenze an der Aachen-Lütticher Strasse zu 346 m ansteigt, und somit die höchsten in den vorbeschriebenen Abschnitten erwähnten Punkte überragt, die ihrer Lage nach den Uebergang aus dem Berglande in das Hügelland bezeichnen. Nach allen ihren Verhältnissen gehört diese Höhe gleichwohl dem Hügellande an. Die nach Norden anschliessenden Berge, die Karlshöhe (334 m), der Friedrichs- und der Preussberg (321 m) liegen bereits im Gebiet des Aachener Reviers. Die Höhen des Aachener Waldes bilden die Wasserscheide zwischen der Wurm und dem Göhl-(Geule-)bach, der zwischen Berlotte und Lichtenbusch auf flachen Hügeln seinen Ursprung nimmt und unterhalb der Emmaburg bei Altenberg die Grenze gegen Belgien erreicht. Er nimmt, von einigen kleinen Zuflüssen der Vesdre abgesehen, alle Wasser auf, die aus dem südwestlichsten Abschnitte des Hügellandes stammen. Von den Höhen desselben sind anzuführen:

| | |
|---|---|
| Tunnel der Eisenbahn nach Herbesthal (östliche Mündung) . | 250,0 m |
| Desgleichen westliche Mündung (im Gebiet des Goelbachs) . | 251,0 „ |
| Brücke über den Goelbach (bei Hergenrath) . . . . . . | 253,0 „ |
| Haltestelle Astenet . . . . . . . . . . . . . . . . | 254,0 „ |
| Desgl. Herbesthal . . . . . . . . . . . . . . . . | 257,5 „ |
| Bahnhof Eupen . . . . . . . . . . . . . . . . | 290,5 „ |
| Strasse von Herbesthal nach Eupen . . . . . . . . . | 284,5 „ |

Als ein Theil der grossen niederrheinischen Tiefebene breitet sich das Flachland von Düren und Jülich im Osten und Norden des geschilderten Berg- und Hügellandes aus. Die Gegend ist durch ausgedehnte schwach wellenförmige Feldfluren ausgezeichnet, die eine am südlichen Rande deutlich bemerkbare, weiterhin aber bald abnehmende Senkung gegen Norden zeigen. Seiner Natur nach bietet das Flachland nur geringe absolute Erhebungen und einen geringen Wechsel von nahe gelegenen Höhen- und Tiefpunkten dar. Dennoch führen auch hier der Anschluss an das Hügelland und die Beziehungen zu den verschiedenen Flussthälern eine gewisse Mannigfaltigkeit der Formen herbei. Ausser der Inde (mit dem Wehebach) durchfliesst noch ein zweiter Nebenfluss der Roer das Flachland, der Merzbach. Derselbe entspringt an dem Fusse des Hügellandes im Probsteier Walde und fällt mit nahe nördlichem Laufe der Roer unter einem sehr spitzen Winkel bei Linnich zu, so dass zwischen beiden Thälern nur eine niedrige, schmale Landzunge verbleibt. Bei Aldenhoven überschreitet er die Reviergrenze und tritt in das Bergrevier Aachen ein. Sein linkes Ufer begleitet eine schwache Bodenanschwellung, welche die Wasserscheide gegen die Wurm bildet. Auf derselben sind an der Aachener-Jülicher Strasse bei den Nummersteinen 7,69—7,65 und 7,62 die Höhen 184,5 bezw. 182,5 und 180 m gemessen worden. Im Thale des Merzbaches selbst sind zwischen Merzbrück und St. Jörris, ferner bei Kinzweiler und Lürken und endlich bei Aldenhoven die Höhen zu 192 bezw. 153 und 81 m ermittelt. Von dem flachen Landrücken zwischen Merzbach, Inde und Roer sind folgende Messungen anzuführen:

Landhöhe zwischen St. Jörris und Hehlrath . . . . . . 192,5 m
Landhöhe zwischen Hehlrath und Eschweiler . . . . . 172,0 „
Strasse von Eschweiler nach Jülich Nummerstein 2,89 . . 185,0 „
Bohrloch südöstlich von Dürwiss . . . . . . . . . . . 176,5 „
Strasse von Weisweiler nach Aldenhoven (Landhöhe auf der linken Seite der Inde) . . . . . . . . . . . . . . 141,5 „
Strasse nördlich bei Weisweiler . . . . . . . . . . . 133,0 „

Der Nullpunkt des Indepegels bei Weisweiler befindet sich in 120,5 m Höhe.

Der Abschnitt auf der linken Seite der Roer begreift den niedrigen Abhang, welcher sich von dem Austritt derselben aus dem Hügelland bis zu der Einmündung der Inde ausdehnt und nur von Langerwehe bis Lammersdorf von dem Wehebach durchfurcht wird. Die Rheinische Eisenbahn zwischen Düren und Weisweiler zeigt deutlich, dass das Flachland hier schon völlig herrschend ist, denn sie zeigt folgende Höhen:

bei Langerwehe (Haltestelle) . . . . . . . . . . . . 147,5 m
auf der Brücke über den Wehebach . . . . . . . . . 146,5 „
bei Dhorn . . . . . . . . . . . . . . . . . . . . 135,0 „
bei Derichsweiler . . . . . . . . . . . . . . . . . 134,5 „
auf der Roerbrücke bei Düren . . . . . . . . . . 132,0 „

Nördlich der Eisenbahn betragen die Höhen:

bei Lucherberg (Stollensohle der Goltsteingrube) . . . . 109,0 m
auf dem Wege von Inden nach Pier . . . . . . . . . 103,0 „
auf dem Wege von Pier nach Viehof . . . . . . . . . 94,0 „

Die Roer zeigt unterhalb Düren die Höhe von 125 und an der Einmündung der Inde bei Kirchberg von 86 m.

Ueber das Flachland auf der rechten Seite der Roer greift das Revier nur noch mit einem kleinen Theile über. Derselbe wird von dem Zierbach (oder der Elle) durchflossen, der, von den östlichen Ausläufern der Ruhrberge (zwischen Kreuzau und Drove) kommend, südlich Merzenich die Reviergrenze überschreitet und sich bei Jülich in die Roer ergiesst. Der höchste Punkt in diesem Abschnitt liegt im Walde von Morschenich bei 131 m, während der tiefste östlich von Carthaus im Roerthale, nahe oberhalb Jülich, zu 90,5 m ermittelt ist.

Der nördliche Reviertheil liegt in seinem ganzen Umfange im Gebiet der niederrheinischen Tiefebene. Die hypsometrischen und hydographischen Verhältnisse desselben haben bereits in der Beschreibung des Bergreviers Aachen Erwähnung gefunden.

---

## III. Geologische Beschreibung.

Da die geologische Spezial-Untersuchung der Gebiete, in denen das Revier Düren gelegen ist, noch weit von ihrer Vollendung entfernt ist, so kann die in den nachfolgenden Blättern gegebene Skizze in Zukunft noch manche Aenderungen erfahren. Ganz unzureichend ist unsere Kenntniss von dem nördlichen Reviertheil, in dem Aufschlüsse allein durch die in den letzten Jahren ausgeführten zahlreichen Tiefbohrungen gemacht worden sind, da entsprechend der wirthschaftlichen Bedeutung der dort gesuchten und aufgefundenen nutzbaren Materialien — Steinsalz und Steinkohle — die Resultate der Bohrungen vielfach geheim gehalten sind. Eine geologische Beschreibung dieses nördlichen Reviertheiles kann daher nur kurze, skizzenhafte Angaben bieten. — Aber auch im südlichen Reviertheile ist noch Vieles unbekannt, wenn auch die seit einigen Jahren in der Ausführung begriffene Kartirung Manches klar gestellt hat. Sie hat ergeben, dass die bisherige Litteratur, so umfangreich sie auch ist, doch viele Irrthümer enthält. Auch die Darstellung auf der v. Dechen'schen geologischen Karte hat sich naturgemäss als vielfach ungenau erwiesen: Dieses für seine Zeit ausgezeichnete Kartenwerk giebt mit bemerkenswerther Genauigkeit den Verlauf der Sättel und Mulden des Kohlengebirges und in Folge dessen ein klares und im Allgemeinen richtiges Bild von den Lagerungsverhältnissen des nördlichen Abschnittes des in Rede stehenden Reviertheiles, die Darstellung des Devon und des Cambrium dagegen sind durchaus unrichtig. v. Dechen selbst hat in späteren gelegentlichen Veröffentlichungen diese Darstellung seiner Karte in manchen Punkten berichtigt, aber keine zusammenfassende Darstellung gegeben, denn die Erläuterung zu seiner Karte (von 1884) steht in der Hauptsache auf dem Standpunkte dieser. Hervorzuheben ist, dass die richtige Erkenntniss der Geologie des Gebietes von unseren westlichen Nachbarn, vor allen von J. Gosselet und G. Dewalque, angebahnt worden ist, denen die hierzu erforderlichen genauen Kenntnisse der belgischen und französischen Ardennen zur Seite stand.

## A. Der südliche Reviertheil.

In dem südlichen Theile des Reviers Düren treten palaeozoische Ablagerungen in ansehnlicher Mannigfaltigkeit auf, und zwar Cambrium, Devon und Carbon. Von mesozoischen Schichten treffen wir die Trias und die obere Kreide, und das Kaenozoicum ist durch Tertiär, Diluvium und Alluvium vertreten.

### 1. Das Cambrium.

Im Süden und Osten des Gebietes besitzt das Cambrium eine ansehnliche Verbreitung. Seine nördliche Grenze verläuft von der Kammgarnspinnerei im Hillthal bei Eupen auf die Mündung des Getzbaches in die Weser zu und von hier aus nördlich am Röttgen vorbei nach Rott und dem Forsthause Jägersfahrt im Hasselbachthal. Von hier wendet sie sich steil nach Norden bis zum Forsthaus Süssendell, läuft dann dicht nördlich von Schewenhütte vorbei auf Jüngersdorf zu. Das Cambrium besteht aus Quarziten, Phylliten und Quarzphylliten, von denen die ersteren ausschliesslich der unteren, die Quarzphyllite vorwiegend der oberen Stufe angehören, während Phyllite in beiden vorkommen.

#### Die untere oder Vennstufe

(Assise des Hautes Fanges Gosselet, Etage Revinien Dumont) besteht aus Quarziten, welche mit Phylliten wechsellagern. Die ersteren sind sehr feinkörnig, fast homogen im Bruch, haben meist eine dunkle, fast schwarze Färbung und sind in der Regel von vielen Quarzadern durchzogen. Doch kommen auch helle, bis fast rein weisse Abänderungen vor. Die Quarzite bilden Lagen von wenigen cm bis über 1 m Dicke zwischen Phylliten, die im frischen Zustande dunkel, meist tiefschwarz gefärbt sind. Nach oben hin werden die Quarzitlagen sehr dünn, und es entstehen auf diese Weise Quarzphyllite, die man namentlich im Gebiet des Wehe-Thales vielfach beobachten kann.

Gute Aufschlüsse, welche das Verhältniss der Phyllite zu den Quarziten klar erkennen lassen, sind selten. Die besten findet man im Hillthale bei Eupen und im Thal des Dreilägerbaches zwischen Rott und Lammersdorf. In der Regel sind die Gehänge in ausgedehntem Masse mit Quarzitschotter bedeckt, welcher die Schiefer verhüllt, und auf den Höhen pflegen diese bis in ansehnliche Tiefe zu einem zähen, hellgrauen Letten aufgelöst zu sein, in dem die Quarzitbänke zerbrochen in grösseren und kleineren Blöcken zerstreut liegen. Beim Begehen der Höhen bekommt man daher leicht den Eindruck, als wenn das Gebirge überhaupt nur aus Quarzit bestände. Diese durch Auflösung der Schiefer entstandenen Letten sind für Wasser undurchlässig, und da sie sich auch über die sonst durchlässigen Quarzite ausgebreitet haben, bilden sie im hohen Venn eine wasserstauende Decke, auf der sich die reichlichen Niederschläge, deren Höhe z. B. auf der Botrange 1300 mm übersteigt, ansammeln und die jetzt das Venn bedeckenden Sümpfe und Moore entstehen lassen konnten.

Von nutzbaren Gesteinen sind in der Venn-Stufe nur die Quarzite zu nennen, welche zur Beschotterung der Wege dienen. Man benutzt dazu die allenthalben lose herumliegenden Blöcke und Brocken. Steinbrüche trifft man daher in den Vennschichten nur selten an. Versteinerungen sind im Gebiete des Reviers Düren nicht beobachtet worden.

Ihre Hauptverbreitung hat die Stufe im Hohen Venn, von dem sie ihren Namen hat. Sie bedeckt hier weite Flächen. Bei Lammersdorf bildet sie noch eine Zone von grosser Breite, welche in der Querlinie von diesem Orte bis nördlich von Röttgen reicht. Nach Osten hin verschmälert sie sich bald und bildet den Rücken von Langschoss. Im Wehethal treten nur die Phyllite der Vennstufe auf.

**Die Salm-Stufe**

(Assise de Vieil Salm, Gosselet, Etage Salmien Dumont) besteht aus Phylliten, welche denen der tieferen Stufe ähnlich, aber nicht so dunkel gefärbt sind, und Quarzphylliten. Quarzite fehlen. Die Quarzphyllite bestehen aus abwechselnden Lagen von schiefriger und solchen von feinsandiger Natur. Die einzelnen Lagen sind meist von geringer Mächtigkeit, wachsen aber gelegentlich auch zu grösserer Dicke an, so dass, wenn die sandigen Parthien vorherrschen, eine Art feinkörnigen Sandsteines entsteht, die man namentlich im Wehethal oberhalb Schewenhütte und dessen Umgebung vielfach beobachten kann. Die reinen Phyllite finden sich besonders in der unteren Parthie der Salmstufe. Sie eignen sich zuweilen zur Verwendung als Dachschiefer. Die Dachschiefergruben des mittleren Wehebachthales bauen auf solchen Lagen.

Von Versteinerungen hat sich bisher nur Dictyonema sociale gefunden und zwar in Thonschiefern und Quarzphylliten im Wehethal.

Im Weserthal bilden die Salm-Schichten eine schmale Zone im Hangenden der Vennstufe [1]), und ebenso ist auf deren Südseite bei Lammersdorf nur ein schmales Band von Salm-Schichten vorhanden, welches sich an dem Abhange von Langschoss gegen das Callthal entlang zieht. Am Nordabhang desselben Höhenzuges bilden sie eine Zone von ansehnlicher Breite, und zwischen rothem und weissem Wehebach vereinigen sich die beiden Zonen, um weiter nach Norden hin eine grosse Ausbreitung zu gewinnen. Sie reichen nach NO. hin über den Knosterberg hinaus bis in die Nähe von Merode.

---

1) Auf der beiliegenden bezw. der v. Dechen'schen geologischen Karte ist die Verbreitung der cambrischen Schichten unrichtig angegeben.

### Eruptivgesteine im Gebiete des Cambrium.

Von solchen treten Granite auf, welche an zwei Stellen in grösserer Mächtigkeit aufgeschlossen sind. Das am längsten bekannte Vorkommen liegt bei Lammersdorf, wo der Granit in dem Eisenbahneinschnitt nördlich des Bahnhofes ansteht. Das stark zersetzte, vielfach zu einer thonigen Masse aufgelöste Gestein, ein feinkörniger, Hornblende führender Granit, bildet eine stockförmige, intrusive Masse zwischen Schichten der Vennstufe und hat einige schmale Apophysen in das Nebengestein ausgesandt. Das zweite, mächtigere Vorkommen setzt den Herzogenhügel im Hillthal, südlich von Hattlich, zusammen[1]). Das Gestein ist mittelkörnig und erheblich frischer als bei Lammersdorf, sonst aber diesem gleich zusammengesetzt. Es ist stellenweise von vielen Quarzadern durchzogen, die geringe Mengen von Erzen, insbesondere Magnetkies, daneben Kupferkies, Bleiglanz und Molybdänglanz, führen. — Die Lagerungsform ist unklar; da indessen eine deutliche Kontaktwirkung auf das Nebengestein vorhanden ist, indem die in der Nähe auftretenden Schiefergesteine, insbesondere am Raalskopf, in Knoten- und Fleckschiefer umgewandelt sind, muss man den Granit des Hillthales, der ebenfalls in der Vennstufe liegt, auch als eine intrusive Masse auffassen, die jedenfalls jünger ist als die umgebenden Gesteine.

Es ist wahrscheinlich, dass ausser den beiden genannten Vorkommen noch andere im Gebiet vorhanden sind, da noch an anderen Stellen contactmetamorphisch veränderte Schiefer beobachtet worden sind, wie in der Nähe vom Jägerhaus.

Ausser diesen Graniten treten im oberen Wehethale mehrfach stark veränderte Gesteine auf, die noch nicht untersucht worden sind, aber augenscheinlich eruptiver und zwar porphyrartiger Natur sind.

## 2. Das devonische System.

Das devonische System ist im Reviere reich entwickelt und tritt in seinen drei Unterabtheilungen auf, die sich in ihrer Ausbildung z. Th. von den übrigen Vorkommen in Deutschland unterscheiden und sich eng an die belgischen anschliessen.

### a) Das Unterdevon.

Die einzelnen Schichtenfolgen, aus denen das Unterdevon sich aufbaut, können noch nicht in das in Deutschland sonst gebräuchliche Schema eingereiht werden. Insbesondere gilt dies von den oberen Schichten auf der Nordseite des Cambrium.

---

1) Voss (Verhandl. des naturhist. Vereins Bd. 47 S. 141 ff.) hielt diesen Granit für devonisches Conglomerat.

### α) Die Gedinne-Stufe.

Die Stufe von Gedinne, ein Aequivalent der bunten Phyllite im Taunus und Hunsrück besteht aus zwei Abtheilungen, von denen die untere aus einem Basal-Conglomerat und Arcosen, die obere aus bunten, vorwiegend rothen, violetten und grünen Schiefergesteinen und grünlichen Quarziten besteht.

Das Conglomerat (Conglomerat von Fepin, Gosselet) lagert, wie man besonders im Weserthal oberhalb Eupen sehen kann, discordant auf den Schichten des Cambrium und besteht aus Geröllen von Quarz und Quarzit mit einem sandigen oder schiefrigen, zuweilen auch sericitisch-phyllitischen Bindemittel. Seine Mächtigkeit schwankt, und oftmals fehlt es ganz. Es ist gut zu beobachten an der Richel-Ley oberhalb Montjoie im Roerthal, am Peterberge beim Jägerhause, im Thönbachthale bei Gross-Hau und im Weser- und Hillthal.

Die in seinem Hangenden liegenden Arcosen, die von ihrem Hauptvorkommen in der Gegend von Weismes als Arcosen von Weismes oder als Sandsteine von Recht bezeichnet werden, sind innerhalb des Reviers Düren nur schwach entwickelt. Auf der Nordseite des Cambrium fehlen sie meist ganz, und auf der Südseite haben sie dort, wo sie überhaupt vorhanden sind, eine weitgehende Metamorphose erfahren. Im unveränderten Zustande aus wasserhellen, vielfach eckigen oder schwach gerundeten Quarzkörnern und reichlichem Kaolin bestehend, sind sie in ein gelbliches und grünliches, mehr oder weniger deutlich schiefriges Sericitgestein umgewandelt, welches Quarzkörner einschliesst, die oft von ansehnlicher Grösse und vielfach ausgewalzt und verquetscht sind. Daneben finden sich neugebildetes Magneteisen und Kaolin. Der Grund dieser Umwandlung, die in ähnlicher Weise gelegentlich auch bei dem Conglomerat stattgefunden hat, ist in mechanischen Vorgängen bei der Gebirgsbildung zu suchen. — In dieser Form tritt die Arcose namentlich in der Gegend von Lammersdorf auf, wo sich am Schützenplatz, zwischen Paustenbach und Bickerath, und an der Lammersdorfer Mühle gute Aufschlüsse finden. Von hier ziehen diese Gesteine am Südabhang von Langschoss in schmaler Zone entlang bis an den Peterbach. Weiter nördlich wurden sie nicht mehr beobachtet.

Die bunten Schiefer (Schistes bigarrés de Baumont, Gosselet) sind am besten zu beobachten im Roerthal oberhalb Montjoie, in der Umgebung von Reichenstein und im oberen Kallthal, unterhalb Lammersdorf. Sie sind violett und grün, oft gefleckt und geflammt, stark phyllitisch und enthalten zuweilen kleine Kalkknollen. In der Gegend von Gross-Hau geht die Farbe in Roth über, das Gestein ist nicht mehr phyllitisch und ofmals etwas sandig. Stellenweise (an der Laufenburg) kommt es sogar zur Bildung rother Sandsteine. Als charakteristische Zwischenlagen treten grünliche, oft glimmerreiche, ziemlich grobkörnige Quarzite, manchmal in ansehnlichen Zwischenlagen auf, die besonders im Kallthal schön aufgeschlossen sind.

Auf der Nordseite des Cambrium tritt die Schieferzone im Hill- und Weserthal in ziemlicher Breite auf. Sie enthält hier eine oder einige Conglomeratlagen, in denen die meist aus Quarzit bestehenden Gerölle durch rothe Schiefersubstanz verkittet sind. Auch im Hasselbachthal, beim Forsthaus Jägersfahrt, ist die Zone gut aufgeschlossen, sowie besonders noch im Thönbachthale.

Von Versteinerungen sind in den Gedinne-Schichten innerhalb des Reviers nur undeutliche Reste beobachtet worden. In der Nachbarschaft des Reviers haben sich solche in der Gegend von Malmedy, bei Arimont und Gdoumont gefunden.

β) Die Siegener Stufe

(Taunusien, Hunsrückien, Gosselet). Auf der Südseite des Cambrium folgt über den Gedinne-Schichten eine mächtige Zone blauer und blaugrauer Thonschiefer, welche petrographisch den Hunsrückschiefern gleichen. Als Zwischenlager treten graue, oftmals etwas schiefrige oder flaserige Grauwackensandsteine auf. An der Basis finden sich hellfarbige, weiss, grau und braun gefärbte quarzitische Gesteine, welche reichlich Körnchen von weissem oder gelbem Kaolin enthalten (Arcose Quarzite). Im Kallthal kann man sie in der Gegend von Rollesbroich, im Wehegebiet bei Germeter und Hürtgen beobachten. Versteinerungen sind bislang auf der Südseite des Venn noch nicht beobachtet, mit Ausnahme von Abdrücken algenartiger Pflanzen. Die so zusammengesetzte Schichtenfolge nimmt einen ausserodentlich grossen Flächenraum ein, sie bedeckt südöstlich von der schmalen Gedinne-Zone die ganze Oberfläche des Reviers und reicht noch weit über dessen Grenzen hinaus. Sie bildet die Gehänge des Roerthales und der Nebenthäler von Montjoie bis nach Maubach hin.

Von nutzbaren Materialien sind Dachschiefer zu nennen, welche an vielen Orten auftreten, so bei Kaltenherberg, Montjoie, bei Kesternich, Einruhr u. a. O. Die Arcose-Quarzite und Sandsteine bilden ein viel verwandtes Beschotterungs-Material für untergeordnete Wege, und man sieht daher viele Steinbrüche in ihnen eröffnet. Auch zu ländlichen Bauten wird das Gestein benutzt.

Auf der Nordseite des Cambrium fehlen die mächtigen Thonschiefer. Ueber der Gedinne-Stufe folgen Arcosen, Quarzite und Sandsteine wie auf der Südseite. Zwischen ihnen liegen Schiefer, gelegentlich von rother Farbe. Ausserdem finden sich feinkörnige, graue und grünliche Sandsteine, oft mit viel Glimmer auf den Schichtflächen. In mehreren Niveaus treten dünne Conglomeratlagen auf, in denen kleine, selten Bohnengrösse übersteigende Gerölle von Milchquarz durch ein quarzitisches Material verkittet sind.

Gute Aufschlüsse in dieser Zone finden sich im Vichtbach- und Hasselbachthale und im Weserthal bei Eupen.

Von Versteinerungen kommen häufiger Pflanzenreste vor, z. B. bei Rott und im Hasselbachthal. Von der alten Pulvermühle bei Mularzhütte erwähnt v. Dechen verdrückte Brachiopoden. — Es handelt sich um Steinkerne von Reusselaeria crassicosta. Woher es kommt, dass die Zone der Thonschiefer, welche auf der Südseite des Cambrium eine so grosse Verbreitung besitzt, auf der Nordseite fehlt, ob sie überhaupt nicht zur Ablagerung kam, ob die nächst höheren Schichten transgredirend lagern, oder ob bedeutende Störungen vorliegen, lässt sich noch nicht entscheiden.

γ) Die rothen Schichten im Hangenden der Siegener Stufe (Vichter Schichten).

Ueber den Siegener Schichten lagert eine Folge von vorwiegend roth gefärbten, aus Schiefern, Schieferthonen, Sandsteinen und Conglomeraten bestehenden Gesteinen, welche die Thalgehänge oberhalb des Dorfes Vicht bilden und darum von E. Kayser als Vichter Schichten bezeichnet wurden. Sie ziehen in breiter Zone vom Hillthal bei Eupen bis zum Wehethal bei Wehnau, wo sie an einer grossen Störung abschneiden. Sie wurden früher allgemein zum Unterdevon gerechnet, gehören diesem aber nur z. Th., zum anderen Theil dem Mitteldevon, sogar dem oberen Mitteldevon an. Versteinerungen fehlen meistens, und eine Gliederung lässt sich nur nach petrographischen Merkmalen durchführen.

Die untere Abtheilung besteht aus hellfarbigen, gelben, rothen und grünlichen Schieferthonen und Thonschiefern, mit einzelnen Bänken von rothem Sandstein. Als Leitgestein tritt eine nicht sehr feste, dunkelbraunrothe, grobe Grauwacke auf, die besonders am rechten Gehänge des Vichtbaches unterhalb Zweifall und auf den angrenzenden Höhen eine weite Verbreitung hat, die ganze Gruppe wird daher als Zweifaller Schichten bezeichnet. Nach Gosselet entspricht diese „Grauwacke rouge lie de vin“ dem Grès de Vireux, den unteren Coblenz-Schichten, deren stratigraphische Stellung sie im Hangenden der Siegener Schichten auch beiläufig einnimmt.

Nach oben wird diese Zone begrenzt durch ein mächtiges, grobes, meist braunroth gefärbtes, aber auch helleres Conglomerat, welches in Belgien als Poudingue de Burnot bezeichnet wird. Gut aufgeschlossen findet es sich im Dorfe Vicht, wo es in Gestalt von ansehnlichen Felsenmauern aus dem Abhange hervorragt. Andere gute Aufschlüsse finden sich bei Eupen am Kehrberg und an der Chaussee nach Malmedy.

Ueber dem Conglomerat folgen lebhaft rothe, bröckelige Schieferthone mit Zwischenlagen eines groben graugrünen Sandsteines, oft mit vielen unbestimmten Pflanzenresten. Von Gosselet werden diese Schichten als Grauwacke von Hierges, also als Ober-Coblenz bezeichnet. Hiermit stimmt überein, dass bei Eupen in geringer Höhe über dem Conglomerat gelblich-weisse, quarzitische Sandsteine auftreten — bei Kornei, am Kaperberg, am Busch im Gospertbachthal — welche bezeichnende Versteinerungen des Ober-Coblenz, vor allem Rhynchonella daleidensis in grosser Häufigkeit, enthalten.

Nach oben folgen weiter rothe, bröckelige Schieferletten, mit mürben, feinkörnigen, hellrothen Thon-Sandsteinen, die eher an Buntsandstein oder Keuper erinnern als an Devon. Man kann sie gut bei Hahn und Venwegen beobachten.

In den höchsten Partieen stellen sich zwischen rothen Schieferletten graue, mürbe, fein- und grobkörnige, gelbe Sandsteine ein. In dieser Zone findet man bereits die Fossilien des Stringocephalenkalkes, wie Uncites Gryphus, Stringocephalus Burtini, Spirifer inflatus und Cyathophyllum quadrigeminum. Auch einzelne Kalklagen und Linsen treten im Wechsel mit den genannten Gesteinen auf, was man u. a. im Bett des Vichtbaches im Dorfe Vicht sehen kann.

### b) Der Stringocephalenkalk.

Diesen Namen trägt die obere Abtheilung des Mitteldevon, welche durch das Vorkommen von Stringocephalus Burtini ausgezeichnet ist. Im Revier Düren folgt über den rothen Schichten eine mächtige Zone dickbankiger grauer Kalksteine, welche von der Landesgrenze bei Stockem über Raeren, Schmidthof, Hahn, Venwegen, Vicht, Mausbach, Gressenich bis über das Wehethal hinaus zieht. Diese Kalkzone wird gewöhnlich in ihrer Gesammtheit als Eifel- oder Stringocephalenkalk bezeichnet. Indessen hat J. Gosselet nachgewiesen, dass nur der kleinere untere Theil diesen Namen verdient, dass dagegen der grössere obere Theil dem Oberdevon angehört. Wohin man die Grenze zwischen den beiden Gliedern zu legen hat, ist bei der grossen Gesteinsähnlichkeit trotz der ausgezeichneten Aufschlüsse in vielen und ausgedehnten Steinbrüchen schwer zu bestimmen, es können hierüber nur die Versteinerungen Aufschluss geben. Da in anderen Gebieten die obersten Bänke des Mitteldevon durch eine kleine baumförmige Koralle, Amphipora ramosa, bezeichnet werden, so kann man diese Bänke auch bei Aachen als obere Grenzschichten des Stringocephalenkalkes betrachten. Dieselben treten z. B. bei Raeren in dem Steinbruch südlich von Titfeld, bei Brand und Sief, bei Hahn, Vicht, Mausbach und Wehnau auf. Im nordöstlichen Theile des Reviers, etwa vom Vichtbachthal ab, ändert der Stringocephalenkalk seine Beschaffenheit. Während er bei Eupen und Raeren in dicken, compakten Bänken erscheint, wird er im Streichen nach NO. hin mehr und mehr mergelig, es schieben sich kalkige Grauwacken ein, und der Kalk tritt mehr und mehr zurück, sodass Gosselet bei Mausbach die Ausbildnng der Stufe als eine wesentlich aus Grauwacken bestehende bezeichnet.

Versteinerungen sind allenthalben vorhanden, aber meist schwer aus dem Gestein herauszulösen. Vorwiegend sieht man Durchschnitte von Korallen, Brachiopoden und Schnecken. Nur in einzelnen Fällen kann man in kalkig-mergeligen Gesteinen gut erhaltene Fossilien sammeln, so bei Eupen, bei Raeren, Breinig, Mausbach. Die wichtigsten Formen sind:

| | |
|---|---|
| Cyathophyllum quadrigeminum Goldf. | allenthalben. |
| „ hypocrateriforme Gldf. | Breiniger Berg. |
| „ dianthus Gldf. . . . . | Raeren, Breiniger Berg. |
| Heliolithes porosa Phill. . . . . . | |
| Favosites, mehrere Arten . . . . | verbreitet. |
| Alveolites suborbicularis Lam. . . | desgl. |
| Stromatopora concentrica Gldf. . . | desgl. |
| Spirifer inflatus Schnur . . . . . . | Breinig-Mausbach. |
| Uncites gryphus Defr. . . . . . . | desgl. |
| Atrypa aspera v. Schlth. . . . . . | desgl. |
| Stringocephalus Burtini Defr. . . . | verbreitet, bei Eupen eine Schicht bildend. |
| Macrochilina arculata v. Schlth. . . | Eupen. |
| Euomphalus Labadgei Arch. Vern. . | Breinig, Mausbach. |
| „ laevis Arch. Vern. . . | desgl. |
| Murchisonia, mehrere Arten . . . | Eupen, Breinig, Mausbach. |

Die meisten und besten der in den Sammlungen liegenden Versteinerungen stammen aus mergeligen Bänken der Grube Breiniger Berg.

Nutzbare Gesteine enthält der Stringocephalenkalk vorwiegend im westlichen Theile des Reviers, bei Eupen und Raeren, wo die dickbankigen Kalke in vielen Steinbrüchen als Werksteine gebrochen werden. In den meisten Blausteinbrüchen, welche in dem devonischen Kalkzuge angelegt sind, gewinnt man indessen die oberdevonischen Kalksteine, welche zu demselben Zwecke, als Werksteine und zur Mörtelbereitung abgebaut werden.

Während bei Eupen die Kalkschichten ein flaches, stellenweise nur 5—10$^{0}$ betragendes Einfallen nach Norden zeigen, richten sie sich im Streichen nach NO. hin immer mehr auf, und von Raeren an bis etwa nach Gressenich stehen sie nahezu seiger. Weiter östlich ist die Lage der Schichten eine stark gestörte. In den Brüchen im Wehethale streichen die Kalkbänke h 10—12 und fallen steil nach O.

### c) Das Oberdevon.

Das Oberdevon im Revier Düren lässt petrographisch eine scharfe Zweitheilung erkennen, in eine untere kalkig-schiefrige, und eine obere sandig-schiefrige Zone. Auch palaeontologisch gliedert sich das Oberdevon in zwei Hauptabschnitte, die sich aber nicht mit den auf petrographischer Grundlage ausgeschiedenen Schichtenfolgen decken.

α) Das untere Oberdevon (die Stufe von Frasne).

Bei Besprechung des Stringocephalen-Kalkes ist betont worden, dass der grössere Theil der Kalkzone, welche gewöhnlich als Eifelkalk bezeichnet wird, dem Oberdevon angehört. Dieses Alter wird vornehmlich durch eine Koralle, die Phillipsastraea ananas Gldf. und durch die zahlreichen Versteinerungen bewiesen, die sich besonders in den oberen, knolligen Partieen der Kalke finden. Eine typische oberdevonishe Fauna ist seit Langem bekannt aus einer, den bankigen Kalken in der Umgebung des Vichtbaches zwischengelagerten Schicht eines grünlichen, bröckeligen Schiefers, der sog. Kröschelschicht auf Breiniger Berg. — Die Kalke des unteren Oberdevon gleichen den mitteldevonischen durchaus, und eine scharfe Abtrennung ist schwierig. Die Kalke sind grau und blaugrau, in den verschiedensten Abstufungen und oftmals dolomitisirt (bei Vicht, Mausbach, Gressenich u. a. O.).

Nördlich von dem Hauptzuge der Kalke, welcher das Mitteldevon auf seiner Nordseite begleitet, treten die bankigen Oberdevonkalke noch einmal in einem Sattel zwischen Haaren und Verlautenheide hervor, wo sie stellenweise dolomitisirt und verkieselt sind. — Ueber den bankigen Kalken folgen graue Knollenkalke mit zwischengelagerten milden Thonschiefern. Die Kalke bilden Linsen, oft von ansehnlicher Mächtigkeit. Versteinerungen, namentlich Korallen und Brachiopoden, finden sich allenthalben. In dem südlichen Kalkzuge sind diese Schichten besonders gut in der Umgebung von Raeren-Sief, Walheim, Hahn, Breinig und Vicht zu beobachten. Bei Haaren und Verlautenheide, sowie in Aachen und Burtscheid treten die Knollenkalke in zwei Zügen auf, welche als der Burtscheider und der Aachener Kalkzug bezeichnet werden. Der letztere, nördlichere, ist innerhalb der Stadt Aachen nur bei gelegentlichen Aufschlüssen zu beobachten, er streicht am Südabhang der Anhöhe entlang, die über die Jacobsstrasse, Markt verläuft, ist bis zur Mariahilfstrasse bekannt und tritt am Haarener Heidchen wieder auf, wo aber der Kalk gegen den Schiefer stark zurücktritt. Der Burtscheider Zug lässt sich über die Abtei, am Viadukt vorbei über die Moltkestrasse, die Kaiserallee bis zum Gefangenhaus verfolgen. Seine Fortsetzung liegt bei Verlautenheide.

Unter den zahlreichen Versteinerungen des unteren Oberdevon sind als besonders wichtig und leitend zu nennen:

* Receptaculites Neptuni *Defr.* (in einer besonderen Schicht).
Phillipsastraea ananas *Gldf.*
Phillipsastraea pentagona *Gldf.*

* Darwinia rhenana *Schlüt.*
Alveolites suborbicularis *Lam.*
Stromatopora concentrica *Gldf.*
* Melocrinus hieroglyphicus *Gldf.* (in einer besonderen Schicht).
Spirifer Verneuili *Murch.*
Spirifer Malaisi *Goss.*
Spirifer pachyrhynchus *Vern.*
Athyris concentrica *v. B.*
Atrypa aspera *v. Schlth.*
* Rhynchonella cuboides *Sow.*
* Avicula Mariae *Frech.*
* Buchiola retrostriata *v. B.*
* Goniatites (Manticoceras) intumescens *Beyr.*

Die angesternten Arten sind bislang nur in dem südlichen Kalkzuge gefunden worden, hauptsächlich in der Umgebung von Breinig und Vicht.

β) Das obere Oberdevon (die Stufe von Famenne).

Ueber der Knollenkalkzone folgen milde, bröckelige, meist grünlich gefärbte, nach oben hin wohl etwas rauhere und glimmerige Schiefer, welche viele, oft abgeflachte, linsenförmige Kalkknollen enthalten, die sich in einzelnen Lagen so häufen können, dass echte Kramenzelkalke entstehen. Gute Aufschlüsse findet man in Stockem bei Eupen, am Wege von Walheim nach Brandenberg und im Vichtbachthal unterhalb des nach Breinig führenden Weges. Charakteristisch ist eine Lage von rothem Knollenkalk, die an vielen Stellen von Eupen bis Langerwehe zu beobachten ist. Diese Kalkknollenschieferzone ist im Hangenden des Aachener und Burtscheider Kalkzuges weniger deutlich, wenigstens nirgend gut aufgeschlossen. Ehedem war sie zu sehen auf dem Terrain des jetzigen Güterbahnhofes und in Baugruben der Elsassstrasse, wo auch rothe Kalksteine auftreten.

Die Versteinerungen sind mannigfaltig. Korallen fehlen, dafür treten stellenweise nicht selten Goniatiten auf. Die hauptsächlichsten Formen sind:

Spirifer Verneuili *Murch.*
Cyrtia Murchisoni *de Kon.*
Rhynchonella pugnus *Mart.*
Goniatites (Tornoceras) simplex *v. B.*
Goniatites (Parodoceras) Verneuili *Mustr.*
Goniatites (Parodoceras) globosum *Mustr.*

Der obere Theil der Famenne-Stufe besteht aus grauen und gelben, glimmerreichen, meist plattigen Sandsteinen und sandigen Schiefern von erheblicher Mächtigkeit. Die ganze Schichtenfolge zeichnet sich durch ihren Mangel an Kalk aus, nur ganz nahe der oberen Grenze findet man einzelne unreine Kalkbänke — besonders gut zu beobachten bei Cornelimünster — oder dunkle Kalkknollen in Schiefern. — Einzelne Lagen dieser Sandsteine liefern gute Pflastersteine und werden bei Walheim gewonnen.

Die Verbreitung der oberdevonischen Sandsteine ist eine wesentlich grössere, als die der tieferen Zone. Ein breiter Zug begleitet diese letztere von Eupen an über Walheim, Breinig, Mausbach, Gressenich bis über das Wehethal hinaus und markirt sich im Gelände als ein breiter Bergrücken, auf dem vielfach die Ortschaften liegen. Ein kurzer aber ziemlich breiter Zug, einen deutlichen Sattel bildend, streicht von Dorf über Büsbach bis zum Hochweger Hof, ein drittes, im Streichen nur kurzes Vorkommen, ist im Aachener Wasserstollen bei Eich aufgeschlossen, über Tage aber nicht zu sehen. Der nächst nördliche Zug zieht über Herbesthal und Astenet und taucht bei Hauset unter die Kreide des Aachener Waldes. Oestlich derselben ist er bei Eilendorf und Nirm nur schlecht aufgeschlossen, aber deutlich. Je eine breite Zone tritt endlich im Hangenden der Kalke von Aachen und Burtscheid auf. Ihre Fortsetzung nach SW. liegt bei Neutral-Moresnet.

Versteinerungen sind im Allgemeinen selten, sie finden sich als Steinkerne und Abdrücke in der Regel in einzelnen dünnen Sandsteinbänken angehäuft. Zu nennen sind aus der noch wenig bekannten Fauna:

Spirifer Verneuili *Murch* und Dolabra unilateralis *Sow.* var. Condrusorum.

Häufiger finden sich Pflanzenreste, und zwar Rhodea Condrusorum und Archaeopteris hibernica, meist im Zustande arger Zertrümmerung.

## 3. Das carbonische System.

Das carbonische oder Steinkohlensystem lässt im Revier, wie allenthalben in West-Europa, eine scharfe Gliederung in zwei Abschnitte erkennen, einen unteren marinen, und einen oberen, aus limnischen Bildungen bestehenden.

### a) Das untere Carbon, der Kohlenkalk.

Die untere Abtheilung des Carbon besteht ganz vorherrschend aus mehr oder weniger deutlich geschichteten, meist dickbankigen Kalksteinen, die als Kohlenkalk bezeichnet werden. Derselbe tritt im Revier in mehreren Zügen von erheblicher Breite auf. Der südlichste tritt nördlich von Eupen bei Gemehret auf deutsches Gebiet, gabelt sich südlich von Wallhorn in zwei Aeste, dessen nördlicher bei Nieder-Forstbach endigt, während der südliche sich westlich von Cornelimünster noch einmal theilt, und zwar in drei Theile, deren beide nördliche sich bei Hastenrath wieder vereinigen und dann endigen, während der südliche mit Unterbrechungen bis über das Wehethal hinaus zu verfolgen ist. Der nächste, der Fosseyer Zug, verläuft von Herbesthal nach Hausset, und kommt auf der Ostseite des Aachener Waldes nicht wieder hervor. Nach Norden zu folgt der Lontzer-Eilendorfer und der Hergenrath-Verlautenheider Zug, von dem sich bei Schmalgraf ein kurzer Zug abzweigt, der bei Altenberg endigt. Einige kleinere Partieen von Kohlenkalk liegen getrennt von diesen Hauptzügen nördlich von Stolberg bei Grube Glücksburg bei Röhe und nördlich von Hastenrath.

Der Kohlenkalk lässt eine deutliche Dreitheilung erkennen. Die untere Zone entwickelt sich allmählich aus den sandigen Schiefern des Oberdevon durch Einschiebung von Kalkbänkchen und Uebergänge in Kalkschiefer. Es folgen dann unreine, meist stark knollige und an Crinoidenresten reiche, graue Kalksteine, mit sandig thonigen Zwischenlagen, die bei Cornelimünster, Breinig, Walheim, bei Herbesthal, Astenet, Fossey u. a. O. gut zu beobachten sind. Seltener tritt der Kalk in compakten Bänken auf, die gelegentlich zu Mauersteinen benutzt werden.

Von Versteinerungen finden sich besonders Korallen (Cyatophyllum aquisgranense *Frech.*) und Stromatoporen, die nicht selten gesteinsbildend auftreten. Die tiefsten Lagen enthalten ein Gemisch von devonischen und carbonischen Formen, in den höheren treten letztere allein auf. Von diesen sind zu nennen: Spirifer distans, Spir. glaber, Spir. tornacensis, Enteletes cf. crenistria, Rhynchonella moresnetensis de Kon, Productus cf. costatus Sow., Euomphalus fuberculatus de Kon. — Ueber diesen Schichten, welche von den Altenberger Bergleuten als Uebergangsschichten bezeichnet werden, und mit ihnen eng verknüpft, lagert ein mächtiger, meist undeutlich geschichteter, graubraun bis schwarzbraun gefärbter fossilfreier Dolomit, der, wie überhaupt die Dolomite, zur Bildung von Felsklippen neigt. Solche Klippen sind u. a. bei Cornelimünster und im Vichtbachthale zu sehen. Ueber den Dolomiten folgt in ansehnlicher Mächtigkeit ein schön und regelmässig geschichteter, dickbankiger Kalk von grauer, graublauer bis schwarzblauer oder fast schwarzer Färbung, welcher in zahlreichen Steinbrüchen aufgeschlossen ist, so bei Hastenrath, am Duffeter bei Stolberg, Cornelimünster, Eich, Eilendorf, Röhe, im Geulthal bei der Emmaburg und an vielen anderen Stellen. Versteinerungen sind im Allgemeinen recht selten, hin und wieder findet man Productus corrugatus, Chonetes papilionacea und einige andere Formen, meist in schlechter Erhaltung. Hin und wieder ist der Kalk oolithisch (Binsfeld-Hammer, Krauthausen u. s. w). An anderen Stellen (im Geulthal) enthält er schwarze und graue, glasige Kieselknollen. Vielfach treten an der Basis des oberen Kohlenkalkes nicht sehr mächtige, ungeschichtete Riffkalke auf, die bei Eilendorf und bei Binsfeldhammer gut zu beobachten sind. Gelegentlich sind die oberen Kalke sowohl als die Crinoidenkalke örtlich dolomitisirt, haben dann eine lichtere Farbe als die Dolomite der mittleren Zone und sind meistens strohgelb bis gelbgrau gefärbt (Bahneinschnitt nördlich vom Bahnhof Cornelimünster, Nirm, Hergenrath u. s. w.).

### b) Das obere Carbon.

Das obere Carbon ist eine aus Schieferthonen, Sandsteinen, Conglomeraten und Kohlenflötzen zusammengesetzte Schichtenfolge, die jüngste der palaeozoischen Ablagerungen des Gebietes, und bietet demzufolge die innere Ausfüllung der Mulden. Die bedeutendste von diesen ist die mittlere, die Eschweiler oder Inde-Mulde. Sie theilt sich nach SW. hin in mehrere Aeste, von denen der südlichste zwischen Eynatten und Walhorn, bei Merols, auszuheben scheint. Im Streichen nach SW. hin findet sich allerdings noch eine kleine Partie Ober-Carbon bei Gemeret. Der nördliche Ast zieht südlich von Herbesthal über die belgische Grenze und endigt dann bald. Südlich von Stolberg liegt die Werther oder Burgholzer Mulde. Nach NO. hin vereinigt sie sich mit der Eschweiler Mulde bei Hastenrath und hebt in der anderen Richtung südöstlich von Büsbach aus. In ihrer Fortsetzung nach SW. hin erscheint bei Schützheide noch eine kleine Partie Ober-Carbon, rings von Kohlenkalk umgeben. Eine dritte, schmale Mulde streicht von Welkenrath über Lontzen und den Geul-Viadukt bis an die Kreidebedeckung des Aachener Waldes, unter der sie mit der Inde-Mulde zu verschmelzen scheint[1]). Eine vierte, gleichfalls nur schmale Mulde verläuft über Lontzener Busch und Hergenrath. Als ihre Fortsetzung östlich vom Aachener Wald kann man die über Forst und Nirm streichende Mulde ansehen, nnd weiterhin die isolirt liegenden Particen von Kohlensandsteinen bei Steinbruchhaus und Helrath. Endlich ist noch eine kleine Mulde bei Schmalgraf zu erwähnen. Hervorzuheben ist, dass die Mulde von Lontzen und theilweise die von Hergenrath-Nirm auf ihren Südflügeln keinen Kohlenkalk haben, dass hier vielmehr das Oberdevon an das Obercarbon angrenzt, eine Folge von Störungen.

Nach der Gesteinsbeschaffenheit lassen sich im Ober-Carbon des Reviers zwei, allerdings nicht scharf getrennte Abtheilungen unterscheiden: die untere, aus Sandsteinen, Schieferthonen und Conglomeraten bestehend, setzt die sämmtlichen erwähnten Mulden zusammen, die obere erscheint nur in dem inneren Theile der Inde - Mulde. Die Sandsteine sind hellfarbig, oft rein weiss, meist hart und oft quarzitisch, eignen sich vortrefflich zur Herstellung von Pflastersteinen und Wegebau-Material und

1) Auf der v. Dechen'schen Karte nur durch einen kleinen Fleck westlich von Lontzen angedeutet.

werden in zahlreichen Steinbrüchen gewonnen. Auch zur Herstellung von feuerfesten Steinen sind sie geeignet und werden vielfach zu diesem Zwecke ausgebeutet. Häufig enthalten sie zahlreiche kleine Kaolinkörner und gehen in Arcose Sandsteine und Arcose-Quarzite über. Am meisten in die Augen fallend sind die Conglomerate, welche vorwiegend aus völlig gerundeten Geröllen von Quarz, Quarzit und Kieselschiefer bestehen, die durch ein Sandstein-Bindemittel verkittet sind, welches oft hart und fest ist, so dass das Gestein in Felsmauern aus den Gehängen hervortritt, oft aber auch weich und mürbe, so dass das Conglomerat leicht zu einem mittelgroben Kies zerfällt. An einigen Stellen kommen Kalkgerölle vor, durch deren Auswitterung das Gestein ein zelliges Aussehen erhält. Während v. Dechen ausdrücklich betont, dass Conglomerate in der Inde-Mulde nur in einem Horizonte auftreten, finden sie sich thatsächlich in 5 verschiedenen Niveaus.

Besonders deutlich sind sie auf dem Südflügel der Eschweiler Mulde bei Stolberg entwickelt, halten aber nicht alle im Streichen weit aus.

Die tiefste Lage liegt dicht über dem Kohlenkalk (1—50 m), noch unter den Wilhelmine-Flötzchen. Nach SO. hin keilt sie aus und fehlt bei Cornelimünster schon. Die nächste Conglomeratzone, die bei Gedan besonders schön zu sehen ist, liegt etwa in der Mitte zwischen den Flötzen Wilhelmi und Traufe, die dritte dicht unter dem Flötz Kleinkohl, die vierte, ziemlich unregelmässig ausgebildete, im Liegenden von Breitgang, und das höchste, ziemlich kleinkörnige Conglomerat liegt nicht tief unter Flötz Padtkohl.

Von Kohlenflötzen liegen in dieser tieferen Partie die sog. Wilhelmine-Flötze, denen die an vielen Stellen bekannten, oft nur aus kohligem Schieferthon bestehenden Vorkommen in den kleineren Mulden angehören dürften, wie die von Forstbach, Lichtenbusch, Berlotte, Hauset, Hergenrath und Lontzener Busch. Durch ein mächtiges flötzleeres Mittel von Wilhelmine getrennt liegen in der unteren Zone die Aussenwerke der Inde-Mulde.

Die höhere, auf den inneren Theil der Inde-Mulde beschränkte Partie des Obercarbon unterscheidet sich von dem tieferen dadurch, dass Schieferthone eine wesentlich grössere Rolle spielen, während die Sandsteine zurücktreten und von anderer Beschaffenheit sind. Sie umfasst die Binnenwerke der Eschweiler Mulde, ohne dass man eine scharfe Grenze nach unten ziehen könnte. Conglomeratlagen scheinen zu fehlen.

Palaeontologisch ist das Ober-Carbon vor allem durch die Pflanzenreste ausgezeichnet, die aus Farnen, Sigillarien, Lepidodendren und Calamarien bestehen. Eine Bestimmung der Vorkommen aus dem Revier steht noch aus; daher können auch keine Listen gegeben werden, die Anspruch auf Richtigkeit machen können. Thierische Reste finden sich nur selten. In den tieferen Schichten beobachtet man in einzelnen Lagen zahlreiche, aber schlecht erhaltene marine Mollusken, wie Productus und Goniatiten (Glyphioceras und Dimorphoceras). In der oberen Abtheilung kommen Anthracosien vor. Alle diese Formen bedürfen noch der Bestimmung. Bemerkenswerth ist, dass in der tieferen Zone noch Posidonia Becheri vorzukommen scheint, die auch in Belgien im gleichen Niveau vorhanden ist.

Ein Vergleich der Ablagerungen des Ober-Carbon im Revier Düren mit andern Gebieten lässt sich z. Zt. noch nicht mit Schärfe durchführen, da hierzu eine sichere Bestimmung der organischen Reste erforderlich wäre. Es mag aber hervorgehoben werden, dass die mächtige, echte Grauwacken führende Zone des flötzleeren Sandsteines, welche sich in Westfalen zwischen den Kulm und den liegendsten Flötzen einschiebt, nicht unterschieden werden kann, dass vielmehr dicht über dem Kohlenkalk die Flötzbildung beginnt. Berücksichtigt man ferner, dass zwischen den Aussenwerken noch Posidonia Becheri vorzukommen scheint, so ist es wahrscheinlich, dass die flötzführende Schichtenfolge des Reviers Düren wenigstens theilweise das Aequivalent des flötzleeren Sandsteines Westfalens ist, da nichts auf eine Lücke hindeutet. Selbst eine Parallelisirung mit der nahe gelegenen Wurm-Mulde stösst auch heute noch auf kaum zu überwindende Schwierigkeiten. Die oft vorgenommenen Versuche, die Flötze der beiden Mulden zu identificiren, können nicht befriedigen. Es erscheint sogar nicht ausgeschlossen, dass die Schichten der Eschweiler Mulde in den genauer bekannten Theilen der Wurm-Mulde überhaupt fehlen und durch die gewaltige, am Südrand dieser verlaufende Aachener Ueberschiebung unterdrückt sind. — Eine Beantwortung dieser schwierigen aber wichtigen Frage wird erst möglich sein, wenn die organischen Reste bearbeitet sind, und wenn die Untersuchung der nicht durch den Bergbau aufgeschlossenen Theile der Wurm-Mulde abgeschlossen sein wird.

## 4. Die Trias.

Triadische Ablagerungen finden sich, ohne eine grössere Ausdehnung zu besitzen, nur im östlichen Theile des Revieres, wo die Hügel zwischen Birgel und dem Roerthal bei Maubach aus Buntsandstein bestehen. Dieser lagert discordant und im Allgemeinen horizontal auf den gefalteten und steil geneigten Schichten des Unterdevon (Siegener Stufe) und beginnt mit einem mächtigen, roth gefärbten, groben Conglomerat, in dem die wesentlich aus devonischen Guarziten bestehenden Gerölle, die bis Kopfgrösse erreichen, durch Sandstein-Bindemittel verkittet sind. Ist das Bindemittel fest, so neigen die Conglomerate zur Bildung grotesker Felsparthieen, die dem Roerthal zum grossen Theil seine landschaftlichen

Reize verleihen. Gelegentlich aber zerfällt das Conglomerat auch zu einem groben Geröll. Ueber dem Conglomerat folgt ein grobkörniger hellroth bis weiss gefärbter Sandstein, der unten noch vereinzelte gröbere Gerölle enthält und nach oben etwas feiner wird. Er ist meist nicht sehr fest cementirt und zerfällt sogar zuweilen zu lockerem Sand. Seine Anwendung zu Werksteinen ist daher nur eine beschränkte. Transversale Schichtung ist eine gewöhnliche Erscheinung. Versteinerungen sind noch nicht bekannt geworden. Das Conglomerat und die über ihm liegenden grobkörnigen Sandsteine gehören dem mittleren oder Haupt-Buntsandstein an.

Der obere Buntsandstein oder Röth besteht aus dünn geschichteten, vorherrschend dunkelrothen, feinkörnigen Sandsteinen, die meist ein dolomithaltiges Bindemittel besitzen und gelegentlich Pflanzenreste enthalten. Sie haben in der Umgebung von Kufferath, Winden und Langenbroich eine etwas grössere Verbreitung.

### 5. Das Kreidesystem.

Die Ablagerungen der Kreide, welche im Revier auftreten, gehören ausschliesslich dem Senon an, und setzen den Aachener und Burtscheider Wald zusammen. Eine von diesem grossen Gebiet getrennte Partie liegt zwischen Walhorn und Eynatten, eine weitere, kleinere bei Oberforstbach. Die auftretenden Schichten gehören mit einer Ausnahme der unteren sandigen Abtheilung des Senon an und lassen deutlich die in der Aachener Gegend auch sonst vorhandene Gliederung in zwei Stufen oder Zonen erkennen.

Die untere Partie, welche die grösste Ausdehnung besitzt, besteht aus lockeren, hellgefärbten, glimmerfreien Sanden, den sog. Aachener Sanden. Zuweilen finden sich Sandstein-Knollen und -Bänke von meist geringer Mächtigkeit und Festigkeit eingelagert. Grössere Mächtigkeit erreichen die Sandsteine bei Hauset, wo sie auch fester werden, so dass sie in Brüchen gewonnen werden, ähnlich wie im benachbarten Belgien bei Moresnet. Ueber dem jetzt abgedeckten kleinen Tunnel zwischen Ronheide und Hergenrath liegt eine sehr feste, quarzitische Bank zwischen den losen Sanden. Thonschichten von oft ansehnlicher Mächtigkeit kommen in den tieferen Partieen des Aachener Sandes in der Stadt Aachen vor, so im Stadtgarten, am Wingertsberg, am Crefelder Thor, in der Passstrasse u. s. w. In diesen Thonen finden sich zuweilen dünne Schmitze einer braunkohlenartigen Kohle. Technisch wichtig sind die Thone, welche am Südabhang des Aachener Waldes auftreten und vielfach zu Ziegeln gebrannt werden. In alten Zeiten lieferten sie das Material für die berühmten Töpfereien von Raeren. In den Sanden in der Passstrasse und vor dem Crefelder Thor kommen viele regellos eingestreute Brocken von Steinkohle vor, die nur selten Kopfgrösse erreichen. Durch sie sind die Sande manchmal grau bis schwarz gefärbt. Anscheinend handelt es sich um Reste erodirter Steinkohlenflötze des Ober-Carbon. Von Versteinerungen finden sich in den Thonen und manchen Sandsteinknollen häufig Pflanzenreste, besonders Dicotyledonen und Coniferen. Von letzteren ist Cunninghamiles squamosus *Heer.* und Geinitzia formosa *H.* häufig. Die Laubhölzer sind nur z. Th. bestimmt worden. Thierische Reste sind selten, am häufigsten finden sie sich in der Quarzitbank im Aachener Wald, wo eine sehr grosse Auster gemein ist. Die wichtigsten Fossilien sind: Inoceramus Cripsii *Mut.* I. lobatus v. Schlth. Cardium semipustulosum Müll. Actaeonella cretacea Müll. Cerithium Münsteri *Kefst.* Auch Reste von Insekten sind in den Thonen des Wingertsberges gefunden worden.

Die obere Zone des Untersenon besteht aus feinen, meist staubartigen, glaukonitischen Sanden, dem Aachener Grünsand, welcher die Höhe des Elleter- und Königsberges im Burtscheider Wald, des Brander- und Klausberges im Aachener Wald bildet. Oftmals findet man im Grünsand wenig mächtige Bänke eines kalkigen Sandsteines, der ganz angefüllt ist mit Versteinerungen. Bine solche Bank steht bei Linzenshäuschen und an der Lütticher Landstrasse an. Nördlicher, bereits ausserhalb des Reviers, sind Versteinerungen häufiger. Die wichtigsten Formen der sehr reichen Fauna sind:

Dentalina acuta Orb. Cardium Becksii Müll. Cytherea ovalis Gldf. Tellina stigata *Gldf.* T. costulata *Gldf.* Corbula striatula *Gldf.* Liopistha aequivalvis *Gldf.* Vola quadricostata *Sow.* Ostrea laciniata Nils. Pectunculus Geinitzii *Orb.* Natica *cretacea* Gldf. Baculites incurvatus *Duj.* Actinocamax quadratus *Bl.*

Höhere, dem Obersenon angehörige Kreideschichten sind bisher nur an einem, jetzt nicht mehr aufgeschlossenen Punkte am Branderberg durch J. Beissel beobachtet worden. Es treten hier weisse, stark zersetzte Kreidemergel auf, welche von Versteinerungen nur zahlreiche Foraminiferen geliefert haben. Erst nördlich des Reviers Düren erreichen die durchweg kalkig-mergeligen Obersenonschichten eine grössere Ausbreitung und lassen hier eine Gliederung in zwei Abschnitte erkennen, von denen der obere durch eingelagerte Bänke und Knollen von Feuer- und Hornsteinen ausgezeichnet ist. Dass diese oberen Senonschichten sich ehemals auch über das Revier Düren ausbreiteten, beweisen die auf den Höhen des Aachener Waldes und sogar auf der Hochfläche des Hohen Venn in Menge herumliegenden losen Feuersteinbruchstücke, die Erosions-Rückstände ehemals vorhandener feuersteinführender Kreidemergel.

## 6. Das Tertiär.

Zwischen Eupen und Raeren wird eine ansehnliche Fläche bedeckt von eigenthümlichen groben, versteinerungsfreien tertiären Quarzsanden und Kiesen, deren genaues Alter nicht bestimmbar ist, die aber wohl dem Oligocaen, vermuthlich dem Mittel- oder Ober-Oligocaen angehören. Die Gerölle sind wenig gerundet und erreichen Walnussgrösse. Die Ablagerungen sind deutlich geschichtet, und schichten- oder streifenweise durch Infiltration eines eisenschüssigen Bindemittels zu Conglomerat verkittet. Aehnliche Ablagerungen, aber von feinerem Korn, finden sich beim Bahnhof in Eupen, bei Rabothrath und Lontzen, überall aber von geringer Ausdehnung. Dass diese Schichten früher eine grosse Ausbreitung besessen haben, erkennt man beim Begehen des devonischen Kalkzuges zwischen Eupen und Wenau. Man trifft auf ihm an vielen Stellen Reste grober Quarzkiese in den Auswaschungeu der Kalkoberfläche. Bekannt sind solche seit Langem auf Breiniger Berg.

In grosser Verbreitung erscheint das Tertiär am Rand des alten Gebirges, von dem aus es einerseits in mehreren breiten Buchten in das Gebirge hineingreift und andrerseits nach N. und NO. sich unter der diluvialen Bedeckung der Kölner Bucht ausdehnt. In diesen Gebieten sind die tiefsten, der Oberfläche des alten Gebirges unmittelbar auflagernden Schichten nur durch Bohrungen bekannt geworden. Sie bestehen aus glaukonitischen Sanden, die oberoligocaenes Alter besitzen, wie die gefundenen Versteinerungen beweisen. Ueber ihnen folgt ein Wechsel von Sanden und Thonen mit Braunkohlenflötzen. Nur an vereinzelten Stellen kann man diese Schichten zu Tage ausgehend beobachten, u. a. bei Lucherberg und am Ostausgang des Nirmer Tunnels. Durch Bohrungen ist ihre Zusammensetzung bekannt geworden. Diese hat sich als eine rasch wechselnde herausgestellt, sodass es nicht möglich ist, ein allgemein gültiges Profil dieser dem Untermiocaen zuzurechnenden Abtheilung zu geben. Die Braunkohlenflötze scheinen sich an die Nähe des alten Gebirgsrandes zu halten, in grösserer Entfernung von diesem schwächer und unregelmässiger zu werden und schliesslich — allerdings erst in grosser Entfernung — ganz aufzuhören.

Ueber dieser braunkohlenführenden Schichtenfolge liegen, nicht scharf abtrennbar und gleichfalls noch zum Untermiocaen gehörig, hellfarbige, vielfach reine und feine Quarzsande von ansehnlicher Mächtigkeit. Diese Sande sind an dem Rande des alten Gebirges an vielen Stellen zu sehen, da sie in zahlreichen Sandgruben ausgebeutet werden, so bei Stolberg, Büsbach, Langerwehe, Heistern u. s. w.

Von Versteinerungen finden sich nur Pflanzenreste und auch diese selten und meist in schlechter Erhaltung. Gute Abdrücke fanden sich bislang nur in einem grobkörnigen Sandstein im Hangenden des Braunkohlenflötzes am Nirmer Tunnel. Sie sind noch nicht untersucht und bestimmt worden.

Zum Tertiär gehören die Thone, welche in ansehnlicher Mächtigkeit bei Langerwehe vorkommen und zur Töpferei gegraben werden. Ihre genauere Stellung im System ist unbestimmt.

## 7. Das Diluvium.

Diluviale Ablagerungen besitzen im Gebiete der gefalteten palaeozoischen Ablagerungen nur eine geringe Ausdehnung und Bedeutung. Zu ihnen gehören die nicht grossen, aber schön ausgebildeten Flussterrassen, die besonders im Roerthale in grosser Zahl auftreten, die aber auch den kleineren Thälern, z. B. dem Weserthale, nicht fehlen. Die höheren Terrassen sind von Kies bedeckt, deren Gerölle den vom Flusse durchströmten Gebieten entstammen. Im Gegensatz hierzu führen die tieferen Terrassen Lehm mit meist spärlichen Geröllen.

Diluvial sind ferner die ausgedehnten Lehmflächen östlich und südöstlich der Stadt Aachen sowie im Roerthal der Gegend von Düren, deren Material vielfach als Ziegellehm Verwendung findet. Andererseits sind aber manche Ziegellehme die Verwitterungsprodukte devonischer und carbonischer Schiefer und als solche unbestimmten Alters.

Ausserhalb des alten Gebirges, im Gebiet des Tertiär, hat das Diluvium eine grosse Verbreitung und bedeckt das Tertiär allenthalben. Es beginnt mit einer bis 20 m mächtigen Kieslage, die auch in den tiefen Buchten, mit denen das Tertiär in das alte Gebirge hineingreift, auftritt. Die Gerölle dieses Kieses bestehen aus einheimischen Gesteinen der nächsten Umgebung, vorwiegend Sandsteinen und Quarziten, und dann aus Material, welches von der Maas herrührt, Feuersteinen der Kreide, neben allen möglichen cambrischen und devonischen Gesteinen, die im Maasgebiet anstehen. Diese Maasgerölle finden sich bis auf die Höhen von Heistern und in die Gegend von Düren. Hier mischen sich mit ihnen Gerölle der Roer und des Rheines.

Ueberlagert wird der Kies von einem feinsandigen, im Allgemeinen kalkfreien Lehm.

## 8. Die Lagerungsverhältnisse.

Die Schichten des Cambrium und Devon sind gefaltet und zeigen meistens ein steiles Einfallen, bei einem fast durchweg von SW. nach NO. gerichteten Streichen. Das tiefste Unterdevon, die Stufe von Gedinne, lagert dabei diskordant auf dem Cambrium. Die jüngeren, mesozoischen und känozoischen Schichten liegen in flacher Lagerung ungleichförmig auf ihrer Unterlage.

Die palaeozoischen Schichten vom Stringocephalenkalk aufwärts zeigen in der Gesteinsausbildung der verschiedenen Stufen scharf in die Augen fallende Unterschiede, un darum sind die von ihnen gebildeten Falten meist deutlich und in ihrem Bau seit Langem bekannt, während die Sättel und Mulden der älteren Schichten nur schwer zu erkennen sind.

Das Cambrium bildet einen grossen Luftsattel, dessen beide Flügel nach Süden einfallen, der also überkippt ist. Auf dem Südflügel liegen innerhalb des Reviers nur die beiden tiefsten Devon-Stufen, von denen die unterste ein schmales Band bildet, während die Siegener Stufe, offenbar in Folge vielfacher Special-Faltung, grosse Flächen bedeckt. Auf dem Nordflügel folgt die Aachener Mulde, von der nur der südlichste, von dem Aachener Oberdevon-Sattel begrenzte Theil im Revier Düren liegt. Dieser südliche Theil der Aachener Mulde zeigt vielfache Specialfaltungen, von denen die v. Dechen'sche bezw. die dieser Revierbeschreibung beigelegte Karte ein im Allgemeinen richtiges Bild giebt, soweit sie die jünger devonischen und carbonischen Schichten einschliessen. Die Lagerungsverhältnisse der älteren Schichten sind aus der Karte nicht erkennbar. Ebenso treten auf der Karte die zahlreich vorhandenen Verweisungen nicht hervor. Von solchen erscheinen streichende Störungen (Ueberschiebungen), die gleichzeitig mit der Faltung entstanden und daher ober-carbonischen bezw. alt-permischen Alters sind, und Sprünge, die meist querschlägig verlaufen und ein jung-tertiäres Alter haben.

Die wichtigsten Ueberschiebungen sind:

1. Die Aachener Ueberschiebung, die innerhalb der Stadt Aachen ziemlich genau mit der nördlichen Reviergrenze zusammenfällt und die Wurm-Kohlenmulde im Süden begrenzt. Schichten des mittleren Oberdevon sind auf Obercarbon geschoben. Die Verwurfshöhe ist nicht sicher bestimmbar, da die Stellung der im Liegenden auftretenden Carbon-Schichten unsicher ist, mindestens aber auf 700 m zu veranschlagen.

2. Die Burtscheider Ueberschiebung.

3. Die Nirmer Ueberschiebung. Das Oberdevon des Eilendorfer Sattels ist auf den Nordflügel der Nirmer Ober-Carbonmulde geschoben.

4. Die Hitfelder Ueberschiebung ist nur im Aachener Wasserstollen durchfahren, wo ihre Verwurfshöhe auf mindestens 4—500 m zu veranschlagen ist. Oberdevon ist auf unteres Obercarbon überschoben. Ihre Fortsetzung nach NO. hin ist nicht bekannt.

5. Die Lontzen-Fosseyer Ueberschiebung, durch welche das Oberdevon des Herbesthaler Sattels auf das Obercarbon vom Nordflügel der Lontzener Mulde geschoben ist. Sie scheint sich unter der Kreidebedeckung des Aachener Waldes zu verlieren, bezw. in einen normalen

Sattel überzugehen, der vielleicht mit dem im Oberdevon bei Eilendorf und im Probsteyer Wald zu erkennenden ident ist.

6. Die Walhorner Ueberschiebung. Auch hier ist Oberdevon auf Obercarbon überschoben. Sie ist vielleicht die Fortsetzung der Hittfelder Störung.

7. Eine sehr bedeutende Ueberschiebung, wohl die bedeutendste des Reviers, bezeichnet die Nordgrenze des Cambrium. Bei Eupen, im Weser- und Hillthal ist sie deutlich, erreicht aber erst weiter nach NW. hin ihr grösstes Ausmaass. Vom Hasselbachthal an streicht sie spitzwinkelig zu den Schichten nach Norden, und mit ihr stossen nacheinander die verschiedenen devonischen Stufen und schliesslich auch das Carbon am Cambrium ab, so dass in der Nähe von Jüngersdorf die Höhe des Verwurfes eine sehr grosse sein muss. Sie wird deshalb als Jüngersdorfer Störung bezeichnet.

Die Sprünge. Die bei den Querstörungen meist zu beobachtende seitliche Verschiebung der Schichten ist nur eine scheinbare, bedingt durch die Neigung der gesunkenen, und darum bei senkrechter Schichtenstellung nicht vorhanden.

Die hauptsächlichsten zur Zeit bekannten Sprünge sind folgende:

1. Die Störungszone von Schmalgraf, welche von hier über Lontzen und Rabothrath nach Eupen verläuft.

2. Die Bleiberger Störung, welche über Neutral-Moresnet, Fossey und Belven streicht.

3. Die Brandenberger Störung, mit einem Verlauf über Schmidthof, die Grube Georg, an der Pumpstation des Aachener Wasserwerkes vorbei über die Grube Rosalie. Nach SO. hin scheint sie südlich von Rott das Vichtbachthal zu durchqueren und über den cambrischen Struffelt zu verlaufen. Ihre Fortsetzung nach NW. fällt vielleicht mit einer Verwerfung zusammen, welche die Kreideschichten im Vaalser Thale durchsetzt. Sie fällt nach NO. ein.

4. Die Cornelimünsterer Störung ist besonders im Indethal bei Cornelimünster deutlich und wohl ident mit einer Verwerfung, welche bei Laurenzberg die Kreide durchsetzt. Sie fällt nach SW. ein.

Die beiden letztgenannten Sprünge sind innerhalb der Stadt Aachen von Wichtigkeit, weil hier auf den Raum zwischen ihnen die Verbruchstellen der Thermalquellen beschränkt sind.

5. Zwischen Haaren und Verlautenheide verlaufen mehrere Sprünge, deren Verlauf noch nicht genügend festgelegt ist.

6. Die Münstergewand verläuft von Verlautenheide über die Buschmühle an Büsbach vorbei auf den Maria-Schacht von Breiniger Bergen. Ihre Fortsetzung ist der Bleigrubegang dieser Grube. Sie ist bis ins obere Fischbachthal verfolgt worden, scheint aber noch weiter zu streichen.

Man hat die Münstergewand meist als die Fortsetzung des Feldbisses angesehen, aber wohl mit Unrecht.

7. Oestlich von der Münstergewand sind durch den Bergbau in der Inde-Mulde zahlreiche theils östlich, theils westlich einfallende Sprünge bekannt geworden, von denen z. Th. weiterhin die Rede sein wird. Fast alle von ihnen haben sich auf mehr oder minder weite Erstreckung nach SO. hin verfolgen lassen. Der bedeutendste ist die Zittergewand, welche als die Fortsetzung des Feldbisses in der Wurm-Mulde anzusehen ist und nach SO. hin über Krewinkel hinaus verfolgt worden ist bis ins Wehethal.

8. Die Sandgewand streicht von Röhe über Stich westlich an Hastenrath vorbei über Römerfeld und Gressenich. Sie ist bis über Bend hinaus bis ins Cambrium zu verfolgen. Ihr Einfallen ist nordöstlich.

9. Die Omerthal-Störung streicht mit südwestlichem Einfallen am Ostabhang des Omerthales entlang zwischen Bergrath und Hamich und quert das Wehethal nördlich von Schevenhütte. Die Störungen 9 und 8 begrenzen eine grabenförmige Einsenkung, in der das Tertiär fast bis Gressenich in das alte Gebirge hineingreift.

Weiter östlich liegt ein ähnlicher Graben, in dem das Tertiär bis Heistern nach Süden reicht. Er wird im Westen begrenzt durch

10. die Bovenberger Störung, im Osten durch

11. den Sürbach-Sprung, der die Westgrenze der Weisweiler Carboninsel bildet, nach SO. hin im Sürbachthal verläuft und von hier über den Knosterberg zieht.

Bedeutende Verwerfungen bezeichnen den Abbruch des Gebirges gegen die Roerebene. Eine derselben lässt sich vom Knosterberge über Gey und Bogheim verfolgen. (Nr. 12.)

13. Von Jüngersdorf verläuft eine grosse Störung mit fast nord-südlichem Verlauf an Merode vorbei, tritt dann in das alte Gebirge ein und ist nach Süden bis über Germeter hinaus zu verfolgen.

14. Die letzte der grossen Bruchlinien streicht von Merode über Birgel, Bertzbuir und Schneidhausen nach Kreuzau. Oestlich von ihr treten ältere Schichten als Tertiär im Revier nicht mehr an die Oberfläche.

Ausser diesen Hauptsprüngen giebt es noch zahllose kleinere.

## 9. Die Erzlagerstätten.

Während im Cambrium des Reviers bauwürdige Erzlagerstätten nicht vorzukommen scheinen, im Unterdevon nur vereinzelte, keine Bedeutung mehr beanspruchende Gänge mit Bleierzen und Eisenstein auftreten, beherbergen die jüngeren devonischen und die carbonischen Schichten eine grosse Menge von Lagerstätten, welche mit wenigen Ausnahmen an Kalksteine gebunden sind. Insbesondere ist der Kohlenkalk reich an Lagerstätten von Zink-, Blei- und Eisenerzen. Wenn nun auch deren

Form eine mannigfaltige ist, indem Gänge, Stockwerke und Erzschläuche auftreten, also die Form der Hohlräume, in denen die Erze vorkommen, eine verschiedenartige ist, so ist die Ausfüllung ziemlich gleichartig. Es sind im Wesentlichen metasomatische Lagerstätten, und die Erze, welche sie führen, sind Blende, und zwar vorwiegend Schalenblende, Bleiglanz, Schwefelkies, Markasit, Zinkspath, Kieselzinkerz und Brauneisenstein, zuweilen auch Weissbleierz. Die Gänge sind in der Regel ausgesprochene Quergänge, streichen h 8—10 und besitzen ein steiles Einfallen. Von Erzen führen sie Sulphide, welche in den oberen Teufen oxydirt sein können. Die sonstige Ausfüllung der oft mächtigen Gänge besteht aus Nebengesteinsbrocken und Kalkspath. Wenn die Gangspalten aus dem Kalk in klastische Gesteine hinübersetzen, ändert sich die Erzführung in der Regel, statt der Blei- und Zinkerze erscheint Brauneisenstein.

Am verbreitetsten sind diese Gänge im östlichen Theile des Reviers, auf Albertgrube, Diepenlinchen, Breinigerberg, Brockenberg, Büsbacherberg u. s. w. Sie fehlen aber auch nicht im Westen bei Fossey, Poppelsberg, Schmalgraf u. s. w.

Bei den Stockwerken ist der meist dolomitisirte Kalk in grösseren, unregelmässig begrenzten Partieen, deren Längsachse senkrecht zum Schichtenstreichen zu verlaufen pflegt, stark zertrümmert und dadurch in eine Art Breccie verwandelt, dass die Bruchstücke durch Kalkspath und Erze — wie bei den Gängen hauptsächlich Sulphide — verkittet sind. Ganz ähnliche Breccienbildungen finden sich auch in den Gängen, und beide Arten von Lagerstätten sind nahe miteinander verwandt. Der Unterschied liegt nur darin, dass es bei den Gängen zur Ausbildung einer bestimmt begrenzten Spalte kam, bei den Stockwerken nicht. Die Entstehungsursache beider ist die gleiche, die Zerreissung bei der Entstehung von Dislokationen.

Typische Stockwerke finden sich vor Allem in der Gegend von Stolberg, im Kohlenkalk z. B. auf Diepenlinchen, im Devon-Kalk auf Breiniger Berg.

Die Erzschläuche stellen unregelmässig gestaltete, taschen- oder sackförmige Hohlräume dar, welche durch Auswaschung auf der Oberfläche des Kalkes, auf der Grenze gegen ein Schiefergestein, oder seltener an irgend einer anderen Stelle gebildet wurden. Diese Hohlräume sind ausgefüllt mit corrodirten Nebengesteinsbrocken und -Blöcken, thonigen, lettigen Massen, gelegentlich hineingeschwemmten Sanden und den Erzen, unter denen die oxydischen die Hauptrolle spielen, obschon Sulphide nicht selten sind.

Zu dieser Art von Lagerstätten gehören die als Nester bezeichneten Vorkommen auf Diepenlinchen, Breiniger Berg u. s. w., vor Allem aber die „Lager" der Altenberger Concession. Hier nimmt man als Regel an, dass die Lagerstätten auf der oberen Grenze des Kohlenkalkes, also auf der Scheide gegen das Obercarbon, wesentlich Sulphide, die auf der Grenze gegen das Oberdevon liegenden dagegen oxydische Erze führen. Indessen giebt es manche Ausnahmen von dieser Regel, auch abgesehen davon, dass Galmei durch Oxydation secundär aus Blende entsteht. Wo der Galmei primärer Entstehung ist, erkennt man in der Regel deutlich, dass er pseudomorph nach Kalk bezw. Dolomit ist. Man trifft alle Uebergänge vom reinen Dolomit bis zum reinen Zinkcarbonat, und gelegentlich enthält dieses letztere Versteinerungen, die gleichfalls aus Zinkspath bestehen. Auch sieht man zuweilen im Inneren eines Stückes Zinkspath noch einen unveränderten Kern von Kalk. Auch die Sulphide können als Pseudomorphosen nach Kalk auftreten. So sind vom Breiniger Berg Korallen bekannt (Cyathophyllum quadrigeminum), welche in Bleiglanz umgewandelt sind. In der Regel aber bilden die Sulphide Krusten um einen aus Kalk oder Dolomit bestehenden Kern, oder an den Wandungen der Gangspalten bezw. in den Klüften eines Stockwerkes.

Bemerkenswerth ist die Anordnung der Lagerstätten auf Linien, welche senkrecht zum Schichtenstreichen verlaufen, in der Art, dass dort, wo eine solche Querlinie einen Kalkzug schneidet, Lagerstätten der einen oder anderen Art auftreten. Diese Anordnung ist schon lange bekannt und gewürdigt worden, und man hat sie mit Recht mit grossen Störungslinien in Zusammenhang gebracht. Diese erscheinen so als die Bringer der Erze, von denen die Blei- und Zinkerze nur im Kalk die Bedingung für ihre Ausscheidung fanden. Im östlichen Theil der Aachener Mulde ist der Zusammenhang der Lagerstätten mit den im Eschweiler Kohlenrevier bekannt gewordenen Sprüngen oftmals vermuthet und z. Th. auch wahrscheinlich gemacht worden, und insbesondere sind die Gänge als direkte Fortsetzung derselben angesehen worden. In der That dürfte es keinem Zweifel unterliegen, dass z. B. die Lagerstätten von Albertgrube und Römerfeld mit der Störungszone der Sandgewand, die vom Herrenberg, Büsbacher Berg, Brockenberg und Breiniger Berg mit der der Münstergewand in Beziehung stehen bezw. deren direkte Fortsetzung sind.

Ausser den beiden genannten Hauptquerlinien — Sandgewand und Münstergewand — sind die wichtigsten die folgenden:

Auf der Störungslinie von S c h m a l g r a f liegt die Lagerstätte (Schlauch) der genannten Grube, ferner gangförmige Vorkommen zwischen hier und Lontzen, der Gang von Poppelsberg und die Lagerstätte von Rabothrath. Auf der B l e i b e r g e r S t ö r u n g s l i n i e liegt der Bleiberger Gang, die berühmte Lagerstätte des Altenbergs, die Erzschläuche von Fossey, die Gänge von Anfang und Prester und das Lager von Hagbenden.

Auf der B r a n d e n b e r g e r S t ö r u n g liegt der Gang von Rosalie, die Lagerstätte von Georg und ein eisensteinführender Gang bei Schmidthof.

Von Lagerstätten in jüngeren Ablagerungen sind die blei- und kupfererzführenden Sandsteine und Conglomerate in der unteren Trias bei Maubach, Kufferath, Berzbuir etc. zu nennen, die einem anderen Typus angehören. Es sind Schichten, in denen die Erze unreglmässig vertheilt in dem Bindemittel der Gesteine auftreten. Von Erzen treten auf als primäre Bildungen: Bleiglanz, Kupferkies und Kupferpecherz, aus denen durch Oxydation stellenweise Carbonate entstanden sind, besonders Weissbleierz (Bleierde), Malachit und Lasur.

Dem oberen Buntsandstein gehören die in Schichten auftretenden Eisenerze an (Sphärosiderite), die ehemals in der Gegend von Kufferath Gegenstand der Gewinnung waren.

## 10. Die Wasserführung der Gesteine und die Thermalquellen.

Von grossem Interesse sind im Revier die hydrologischen Verhältnisse, wegen der grossen Verbreitung stark zerklüfteter, und darum wasserdurchlässiger und wasserführender Gesteine. Abgesehen von den tertiären Sanden, die dort, wo sie unterhalb des Grundwasserspiegels liegen, in der Regel mit Wasser angefüllt sind, gehört hierher in erster Linie der Kalkstein im Devon und Carbon. Da die Kalke sowohl im Hangenden als auch im Liegenden von schiefrigen, also wasserstauenden Gesteinen begrenzt werden, stellen die einzelnen Züge Wasserreservoire dar, aus denen dort, wo sie an den tiefsten Stellen von der Oberfläche geschnitten werden, Abflüsse vorhanden sind. Die Quellen sind daher vorwiegend Schichtquellen. Die Cirkulation der Wasser in den Kalken wird oftmals begrenzt durch die Quersprünge, falls diese mit lettigen, also wasserstauenden Massen, ausgefüllt sind. Auf diese Weise werden vielfach die Kalkzüge in mehrere, von einander unabhängige Behälter eingetheilt. Andererseits bedingt dort, wo solche wasserstauenden Spalten fehlen, die Klüftigkeit des Kalksteines eine Communikation der Wasser auf weite Entfernung hin, und hierin liegt eine der grössten Schwierigkeiten, mit denen der Erzbergbau in grösseren Tiefen zu kämpfen hat.

Dass die Sprünge dort, wo sie keine lettige Ausfüllung haben, selbst oft Wasser führen, und dass auch aus ihnen Quellen entspringen, braucht kaum betont zu werden.

Schichtquellen sind auch die Aachener und Burtscheider Thermalquellen, welche aus oberdevonischen Kalken entspringen. Es folgt dies schon aus der Anordnung in zwei Linien, welche mit dem Streichen der Schichten zusammenfallen, und daraus, dass sie auf der liegenden Grenze, die in beiden Fällen eine Ueberschiebung ist, oder nahe derselben zu Tage treten. Das nächste und alleinige sonstige Vorkommen der gleichen Kalke treffen wir in dem Eupen - Wehnauer Kalkzuge, und man darf daher wohl annehmen, dass in diesem die Wasser in den Kalk eintreten und in Folge hydrostatischen Druckes in Aachen wieder zu Tage kommen, nachdem sie die Temperatur angenommen haben, welche der Tiefe entspricht, bis zu der der Devonkalk unter die Carbonmulden untertaucht.

Da die Maximaltemperatur der Quellen 73° beträgt, so würde sich unter Annahme einer geothermischen Tiefenstufe von 30 m und einer mittleren Jahrestemperatur von 8° eine Minimaltiefe von rund 2000 m ergeben, bis zu der die Wasser heruntergehen, eine Tiefe, die aus stratigraphischen Gründen nicht zu hoch erscheint.

Die geringe Länge der beiden parallelen Thermallinien im Streichen erklärt sich durch das Vorhandensein von wasserstauenden Verwerfungen, welche sowohl das Gebiet des Wassereintrittes bei Schmidthof als auch der Vorbruchstellen der Quellen begrenzen. Die westliche dieser Störungen scheint die von Brandenberg zu sein, die östliche die von Cornelimünster oder eine der benachbarten.

Auf welche Weise die Mineralbestandtheile in die Thermalwasser gelangen, ist unbekannt.

## B. Der nördliche Reviertheil.

In topographischer sowohl wie in geologischer Beziehung zeigt der nördliche Theil des Revieres Düren weitgehende Verschiedenheiten von der Hauptmasse des südlichen. Diese Verschiedenheit ist dadurch bedingt, dass die älteren Gesteine nirgends zu Tage ausgehen, sondern in erheblicher Tiefe unter einer Decke tertiärer und diluvialer Ablagerungen begraben liegen. Hierin gleicht der nördliche Theil denjenigen Gebieten des südlichen, die ausserhalb des alten Gebirgskernes liegen. An der Oberfläche treten diluviale Ablagerungen, Kiese, Sande, Lehm und Löss auf. Das Diluvium bildet eine wenig gegliederte Ebene, aus der sich hin und wieder Hügelgruppen erheben, die aus Sanden tertiären Alters bestehen, wie bei Viersen, Crefeld, Vluyn, Geldern u. a. O.

Breite, alluviale Flussthäler sind in dieses Diluvialgebiet eingeschnitten und oft durch einen scharf ausgesprochenen Steilrand begrenzt, wie das Rheinthal bei Cleve, Xanten, Alpen u. s. w.

Die meisten der auftretenden Formationen sind nur durch Tiefbohrungen bekannt geworden. Leider reichen die Daten, die über die Aufschlüsse in den Bohrlöchern erhältlich waren, nicht aus, um eine geologische Schilderung des Gebietes im Zusammenhang zu geben. Selbst über die Gliederung des Tertiär geben sie keine genügenden Aufschlüsse. Es lassen sich daher nur einige wenige Thatsachen mittheilen.

Die bekannt gewordenen Ablagerungen gehören dem Carbon, dem Perm, der Trias, dem Tertiär und Quartär an.

Ob ältere, als carbonische Ablagerungen unter der tertiären Bedeckung auftreten, ist dem Verfasser nicht bekannt geworden, indessen bestimmt anzunehmen. Denn es kann keinem Zweifel unterliegen, dass die an den rechtsrheinischen Abbruch des alten Gebirges anstossenden devonischen und untercarbonischen Schichten des Ratinger Sattels unter dem Rheinthal hindurchsetzen und auf irgend eine Weise in Verbindung mit den gleichaltrigen linksrheinischen Ablagerungen stehen. Es ist auch sicher, dass dieser Ratinger Sattel nach S.-W. hin einsinkt, da mitteldevonische Ablagerungen, welche den Kern des Ratinger Sattels bilden, nach W. hin, jenseits des linksrheinischen Gebirgsabbruches, nicht wieder auftauchen. Wo indessen der Sattel so weit eingesunken ist, dass das Carbon über dem devonischen Kern zusammenschliesst, ist nicht bekannt. Es ist hier nicht der Ort, über diese schwierige Frage Erörterungen anzustellen. Es geht aus dem Gesagten indessen hervor, dass in dem nördlichen Theile des Revieres Düren gefaltete devonische Ablagerungen unter dem Tertiär vorhanden sein müssen.

## 1. Das Ober-Carbon.

Die Zusammensetzung ist petrographisch die gleiche, wie auch sonst in Westdeutschland. Es besteht aus Schieferthonen und Sandsteinen mit Kohlenflötzen und ist an vielen Stellen durch Tiefbohrungen bekannt geworden. Das Verhältniss der aufgefundenen Flötze zu den im Ruhrgebiet bekannten, ist z. Zt. noch unsicher. Die einzigen umfassenden Aufschlüsse im Obercarbon des Gebietes finden sich auf Grube Rheinpreussen bei Homberg. Von ihnen wird späterhin die Rede sein.

## 2. Das Perm.

Eine Anzahl Tiefbohrungen auf der linken Rheinseite, insbesondere in der Gegend von Wesel, traf über dem Kohlengebirge, diesem discordant aufgelagert, eine Schichtenfolge von rothen Sandsteinen, rothen und bunten Letten, Anhydrid, Steinsalz und Dolomit. Von diesen Schichten müssen die tiefsten, salzführenden Ablagerungen dem Perm, und zwar dem oberen Zechstein zugerechnet werden. Sie werden durch eine rund 5 m mächtige Lage eines hellfarbigen, harten Dolomites in zwei Abtheilungen getheilt. Dieser Dolomit enthält dünne, wenige mm dicke, dunkle bis tief schwarze Lagen und häufig dünne, bis etwa 10 mm lange, schwach gebogene Röhrchen. Es sind dies die von Geinitz als Wurmröhre, Filograna permiana King beschriebenen Versteinerungen, die bezeichnend für die Dolomite sind, welche im östlichen Westfalen im oberen Zechstein die gypsführenden Letten in zwei Niveaus theilen und den sog. Plattendolomiten Thüringens und des Harzrandes entsprechen. Mit diesen Plattendolomiten Thüringens, namentlich solchen aus Tiefbohrungen, hat der Dolomit der Weseler Gegend auch grosse petrographische Aehnlichkeit. Es ist daher an einer Gleichaltrigkeit nicht zu zweifeln, und es liegt bei Wesel die gleiche Gliederung des oberen Zechstein vor, wie sie in Norddeutschland die Regel ist, und zwar von unten nach oben:

Untere Zechsteinletten mit Anhydrid, Gyps und Steinsalz,
Plattendolomit,
Obere Letten mit Gyps und Anhydrid.

Die Mächtigkeit der Zechsteinschichten beträgt etwa 100 m ausschliesslich des Steinsalzes. Dieses scheint nur lokal vorhanden zu sein und in seiner Mächtigkeit stark zu wechseln, sei es, dass es ursprünglich eine linsenförmige Gestalt besass, sei es, dass es an einigen Stellen später weggewaschen worden ist. Diesem Steinsalzlager, dessen Mächtigkeit stellenweise bis über 200 m betragen soll, entstammen auch ohne Zweifel die kochsalzhaltigen Quellen, welche auf Grube Rheinpreussen seit Langem bekannt sind.

## 3. Der Buntsandstein.

Ueber dem Zechstein folgt eine etwa 150 m mächtige Ablagerung von ziemlich grobkörnigen, vorwiegend roth gefärbten Thonsandsteinen, von normalem Buntsandstein, wie er in Nord- und Mitteldeutschland auftritt. Welche Ausdehnung diese triadischen und permischen Ablagerungen am Niederrhein besitzen, lässt sich z. Zt. nicht angeben, auf grosse Strecken, namentlich nach Süden hin, scheinen sie erodirt zu sein. Doch ist in neuerer Zeit bekannt geworden, dass sie über den Rhein hinübersetzen.

## 4. Das Tertiär.

Die Ablagerungen des Tertiär besitzen im nördlichen Theil des Revieres Düren eine grosse Verbreitung und bedeutende Mächtigkeit. Ueberall lagern sie auf den gesunkenen älteren Schichten, entweder unmittelbar auf dem gefalteten Palaeozoicum oder auf der Trias, während Kreideschichten, die weiter im Osten und Westen in ihrem Liegenden auftreten, fehlen. Das Tertiär besteht aus Sanden und Thonen von mannigfaltiger Beschaffenheit und mit allen Uebergängen unter einander. Vielfach sind die Thone reich an kleinen Glimmerschüppchen, sie werden dann als Glimmerthone bezeichnet. Diese haben durchweg eine graugrüne Färbung und enthalten feine Sandkörnchen beigemengt. Braunkohlen sind nur spärlich vorhanden und fehlen den nördlichen Gebieten ganz. Während bei Crefeld noch ein Flötz von 1,57 m Mächtigkeit erbohrt wurde, bei Tönnisberg sogar ein solches von 3,6 m, traf man in

Bohrungen bei Issum und Strälen nur Spuren, und bei Wesel fehlen auch diese. Die Braunkohle mit den sie einschliessenden Schichten ist untermiocänen Alters und lagert auf einer Schichtenfolge von Thonen und Sanden, die durch ihren Glaukonitgehalt ausgezeichnet sind. Es sind dies marine Schichten oberoligocänen Alters, die an einigen Stellen eine reiche Molluskenfauna enthalten, die insbesondere aus der Gegend von Crefeld bekannt geworden ist. Die wichtigsten Formen dieses Horizontes sind: Pecten pictus *Gldf.* P. bifidus *Gldf.* Pectunculus obovatus *Lam.* Nucula compta *Gldf.* Cardium cingulatum *Gldf.* C. scobinula *Br.* Cyprina aequalis. Dentalium Kickxii *Nyst.* Natica Nysti *Orb.* Fusus elegantulus *Phil.* Murex Deshaysii *Nyst.* Typhis Schlotheimi *Beyr.* Pleurotoma laticlavia *Beyr.* Pl. Selysii *de Kon.* — *v. Dechen* führt 144 Arten aus einem Bohrloch bei Crefeld an.

Weiter nach Norden hin, in der Gegend von Wesel, ist die oberoligocäne Fauna ärmer an Arten, aber reich an Individuen. Die Muschelbänke, welche hier durchbohrt sind, enthalten im Wesentlichen nur Cyprina aequalis und ungewöhnlich grosse Exemplare von Cardium cingulatum *Gldf.*

Das über dem Oligocän lagernde Miocän enthält hier im Norden, wie schon erwähnt, keine Braunkohlen, es ist in mariner Ausbildung vorhanden und besteht in der Hauptsache aus Sanden und Glimmerthonen, stellenweise mit reicher Fauna. — Wo mehrere Muschelschichten in den Bohrregistern angeführt werden, gehört in der Regel die obere zum Miocän (sie wird oft als „Schicht mit kleinen Muscheln" aufgeführt). Die hauptsächlichsten Arten aus der grossen Zahl sind: Venus multilamella *Lam.* Arca diluvii *B.* Voluta Bolli *Phil.* Ancillaria obsoleta *Brocc.* Pleurotoma rotata *Brocc.* Pl. turricula *Brocc.*

### 5. Das Diluvium.

Die diluvialen Ablagerungen im nördlichen Theile des Revieres Düren gleichen denen im südlichen Theil, soweit dieses ausserhalb des alten Gebirges liegt. Seine tiefsten Schichten werden von groben Kiesen und Sanden gebildet, die vielfach von Lehm, Löss und Lösslehm überlagert werden. Zu diesen Schichten kommen noch nordische Geschiebe hinzu. Die südlichsten fanden sich bei Tönisberg, und je weiter man nach Norden kommt, desto häufiger werden die, fast ausschliesslich aus krystallinischen Gesteinen, Graniten, Gneisen, Syeniten und Porphyren bestehenden nordischen Findlinge. Eine genaue Untersuchung des niederrheinischen Diluvium steht indessen noch aus. Sie wird voraussichtlich ergeben, dass nordisches Gesteinsmaterial in den Kiesen viel verbreiteter ist und viel weiter nach Süden reicht, wohl bis in die nächste Nähe von

Aachen, da solches bei Valkenburg in Holland mehrfach beobachtet worden ist.

Die vorstehenden Angaben sind den Veröffentlichungen v. Dechen's entnommen.

## C. Geologische Litteratur.

### 1. Geologische und mineralogische Litteratur über das Bergrevier Düren.

1. 1808. Hausmann, Ein paar mineralogische Bemerkungen über die Gegend von Aachen. Sitzungsber. der Ges. naturforschender Freunde. Berlin. Bd. 2, S. 194.
2. 1814. Clère, Mémoire sur la constitution géologique du bassin houiller d'Eschweiler. Journal des Mines Bd. 35, S. 81 ff.
3. — Nöggerath, Mineralogische Beschreibung des Eschweiler Kohlenberges. Schriften der Gesellschaft naturforschender Freunde. Berlin. Bd. 6, S. 113.
4. 1822. Chemische Untersuchung der verhärteten Bleierde von Eschweiler. Schweiggers Jahrbuch der Chemie und Physik. Bd. 2, S. 114.
5. — Chemische Untersuchung des Eisensteins von Düren. Ebenda S. 299.
6. — Manés, Notice sur les Calamines d'Aix la Chapelle. Annales des mines Bd. 6, S. 489.
7. — Schulze, Uebersicht der Gebirgsbildungen in dem westlichen Theil des Dürener Bergwerks-Reviers. Nöggerath, das Gebirge v. Rheinl. u. Westfalen. Bd. I, S. 281.
8. 1825. v. Oeynhausen, Allgemeine Bemerkungen über die Galmei-, Eisen- und Bleierzformation der Gegend von Aachen. Nöggerath, Gebirge v. Rheinl. u. Westfalen Bd. 3, S. 200.
9. — v. Oeynhausen, Steinkohlenmulde an der Inde und Wurm. Leonhardt, Taschenbuch f. d. gesammte Mineralogie. S. 216.
10. 1826—33. Goldfuss, Petrefacta Germaniae. Düsseldorf.
11. 1832. Dumont, Mémoire sur la constitution géologique de la Province de Liège. Brüssel.
12. 1833. Neumann, Ueber die projektirten Bohrversuche zur Auffindung eines Steinsalzlagers in der Umgebung von Aachen. Rheinische Provinzialblätter 4, 275. 5, 101.
13. 1844. F. Roemer, Das rheinische Uebergangsgebirge. S. 20.
14. 1845. V. Monheim, Untersuchung zweier Minerale vom Altenberg b. Aachen. Verhandl. d. naturhist. Vereins. Bonn. Bd. 2. S. 75.

15. 1845. F. Roemer, Die zur Kreideformation gehörigen Gesteine in der Gegend von Aachen. Jahrbuch für Mineralogie. S. 385.

16. 1846. F. Baur, Ueber die Lagerung der Dachschiefer, Wetzschiefer und über die von der Schichtung abweichende Schieferung der Thonschiefer im nordwestlichen Theile des Dürener Bergwerksbezirkes. Karstens Archiv. Bd. 20, S. 351.

17. — Rivot, Mémoire sur la houillière, les mines et usines à Zink de Stolberg. Annales des mines, ser. 4, Bd. 10, S. 469.

18. 1847. R. v. Carnall, Geognostische Verhältnisse der Galmeilager von Altenberg. Bericht über die 25. Versammlung deutscher Naturforscher in Aachen. S. 226.

19. 1848. M. H. Debey, Uebersicht der urweltlichen Pflanzen des Kreidegebirges und der Aachener Kreideschichten insbesondere. Verh. des naturh. Ver. Bd. 5, S. 113.

20. — — Ueber eine neue Gattung urweltlicher Coniferen aus dem Eisensand der Aachener Kreide. Ebenda 3, 126.

21. — A. Dumont, Mémoire sur le terrain ardennais et rhenan.

22. — V. Monheim, Ueber die krystallisirten Verbindungen des kohlensauren Zinkoxydes mit kohlensaurem Eisenoxydul vom Altenberg. Verh. des naturh. Ver. Bd. 5, S. 36.

23. — — Ueber die in der Nähe des Altenbergs vorkommenden grünen Eisenspathkrystalle. Ebenda 3, 39.

24. — — Zusammensetzung des Dolomites vom Altenberge. Ebenda S. 41.

25. — — Halloysit vom Altenberge. Ebenda S. 41.

26. — — Ueber den dichten und den krystallisirten Willemit vom Büsbacher Berg. Ebenda S. 162.

27. — — Ueber die Zusammensetzung des Kieselzinkerzes vom Altenberge. Ebenda S. 157.

28. — — Ueber einen Zinkspath neuester Bildung in der Grube Büsbacher Berg. Ebenda S. 168.

29. — — Pyromorphit vom Büsbacher Berg. Ebenda S. 170.

30. — — Ueber Manganzinkspathkrystalle vom Büsbacher Berg. Ebenda S. 171.

31. — J. Müller, Ein neues Vererzungsmittel der Petrefakten. Ebenda S. 142.

32. — J. Nöggerath, Natürliche Schächte im Kalkstein von Burtscheid. Jahrbuch S. 554.

33. 1849. F. Baur, Erläuterungen zu den Profilen des linksrheinischen Gebirges. Zeitschr. d. d. geol. Ges. 1, S. 466.

34. — M. H. Debey, Geognostisch - geogenetische Darstellung der Gegend von Aachen. Ber. d. 25. Versamml. deutsch. Naturf. u. Aerzte. S. 269.

35. 1849. v. Dechen, Geschiebe mit Eindrücken in dem Conglomerate des Liegenden der Eschweiler Kohlenmulde. Kölnische Zeitung Nr. 294.
36. — V. Monheim, Willemit vom Altenberge und Pyromorphit von Büsbach, Ber. über die 25. Versamml. d. Naturf. u. Aerzte. S. 220.
37. — — Verbindung von kohlens. Zinkoxyd und kohlens. Eisenoxyden vom Altenberge etc. Ebenda S. 227.
38. — — Ueber die Ablagerung der verschiedenen am Altenberge vorkommenden Galmeispecies und über die künstliche Bildung des Kieselzinkerzes. Verh. d. nat. V. 6, S. 1.
39. — — Ueber die in der Grube Severin bei Nirm vorkommenden Pseudomorphosen von Zinkspath nach Kalkspath. Ebenda S. 49.
40. — — Ueber die im Herrenberge bei Nirm vorkommenden Quarzüberzüge über dichtem und krystallisirtem Zinkspath etc. Ebenda S. 54.
41. — J. Müller, Ueber die Gastropoden der Aachener Kreide. Programm der Realschule zu Aachen.
42. — J. Nöggerath, Geologische Orgeln und Thermalquellen von Burtscheid. Ber. über die 25. Versamml. deutsch. Naturf. u. Aerzte. S. 24.
43. — — Ueber die Entstehung der Galmei-Lagerstätten des Altenberges. Ebenda S. 245.
44. 1851. J. Müller, Monographie der Petrefakten der Aachener Kreideformation. 2 Theile. Bonn.
45. — — Neue Beiträge zur Petrefaktenkunde der Aachener Kreideformation. Aachen.
46. 1852. Anonym, Grosse Bleiglanzmasse auf Diepenlinchen bei Stolberg. Neues Jahrbuch S. 712.
47. — J. Nöggerath, Schwefelkieskrystalle im Thonschiefer von Montjoie. Kölnische Zeitung Nr. 149.
48. 1853. F. Roemer, Geognostische Untersuchung der Gegend von Aachen. Kölnische Zeitung Nr. 354.
49. 1854. J. Nöggerath, Willemit vom Altenberge. Verh. d. naturh. Ver. Bd. 11, S. 11.
50. — F. Roemer, Kreideformation bei Aachen. Neues Jahrbuch S. 167.
51. 1855. F. Roemer, Das ältere Gebirge in der Gegend von Aachen, erläutert durch die Vergleichung mit den Verhältnissen im südlichen Belgien. Zeitschr. d. d. geol. Ges. Bd. 7, S. 377.
52. — F. Roemer, Bemerkungen über die Kreidebildungen der Gegend von Aachen. Ebenda S. 534

53. 1855. F. Roemer, Sphenopteris von Moresnet bei Aachen aus Oberdevon. Neues Jahrbuch S. 488.

54. 1857. Braun, Ueber die Galmeilagerstätte des Altenberges im Zusammenhang mit den Erzlagerstätten des Altenberger Grubenfeldes. Zeitschr. d. d. geol. Ges. Bd. 9, S. 354.

55. 1859. v. Ettinghausen und Debey, Die urweltlichen Thallophyten und Acrobryen des Kreidegebirges bei Aachen und Mastricht. Denkschrift der math.-naturw. Klasse der Acad. der Wiss. Wien. Bd. 16 und 17.

56. 1858. Triger, Ueber das Alter der Kreide von Aachen und Mastricht. Bulletin d. l. soc. géologique de France, sér. 2. Bd. 15, S. 205.

57. 1859. Ehrenberg, Ueber organischen Quarzsand und J. Beissels Beobachtung solcher Schichten bei Aachen. Monatsber. der Berl. Academie. 1858. S. 118.

58. — Nöggerath, Vorkommen von erdigem Schwefel bei Eschweiler. Verh. d. naturh. Vereins Bd. 16, S. 38.

59. 1860. Gurlt, Geschiebe mit Eindrücken bei Malmedy und Eschweiler. Ebenda Bd. 17, S. 45.

60. — J. Müller, Monographie der Petrefakten der Aachener Kreide. Supplementheft. Aachen.

61. 1861. v. Dechen, Die Kohlenreviere der Gegend von Aachen. Verhandl. d. naturh. Vereins Bd. 18, S. 117.

62. — Gurlt, Erzvorkommen am Maubacher Bleiberg. Ebenda S. 56.

63. — Heymann, Spirifer Verneuili vom Breiniger Berg bei Stolberg. Ebenda S. 83.

64. 1862. Nöggerath, Neue Gypskrystalle aus dem Kanale des Kaiserbades in Aachen. Ebenda Bd. 19, S. 90.

65. 1863. F. Roemer, Vorkommen von Goniatiten im produktiven Steinkohlengebirge bei Eschweiler. Ebenda Bd. 20, S. 128.

66. — U. Schlönbach, Devon bei Stolberg. Zeitschr. d. d. geol. Ges. Bd. XI, S. 655.

67. 1865. Debey, Ueber das Alter des Aachener Sandes. Ebenda Bd. 22, S. 56.

68. — — Zwei neue Pflanzengattungen: Thalassocharis und Moriconia aus der Aachener Kreide. Ebenda S. 57.

69. — Nöggerath, Zinkspath von Dickebusch bei Moresnet. Ebenda S. 119.

70. — H. Risse, Analysen verschiedener Zinkmineralien, besonders vom Altenberge bei Moresnet. Ebenda S. 86.

71. 1866. v. Dechen, Orographisch-geognostische Uebersicht des Regierungsbezirkes Aachen. Aachen.

72. 1867. Jung, Geognostische und bergmännische Beschreibung des Blei-, Zink- und Eisensteinbergwerks Breiniger Berg. Der Berggeist. Zeitung für Berg- und Hüttenwesen und Industrie. Bd. 11, S. 427, 446; Bd. 12, S. 13.

73. 1870. E. Kayser, Das Devon der Umgebung von Aachen. Z. d. d. geol. Ges., S. 841.

74. 1871. Zirkel, Mikroskopische Zusammensetzung der gewöhnlichen Dach- und Thonschiefer von Caub, Montjoie etc. Verh. d. nat. Ver. Bd. 28, S. 95.

75. 1873. v. Dechen, Die nutzbaren Minerale und Gebirgsarten im deutschen Reich. Berlin.

76. 1874. v. Dechen, Ueber die Conglomerate von Fepin und Burnot in der Umgebung des Silur vom Hohen Venn. Verh. d. nat. Ver. S. 99.

77. — de Lapparent, Le Système Aachenien. Bull. soc. géol. de France, sér. 3, Bd. 2, S. 688.

78. — Dewalque, Ueber die Verbreitung der cambrischen Schichten in den Ardennen. Ann. d. l. soc. géol. de Belgique I. S. 65.

79. — v. Lasaulx, Das Erdbeben von Herzogenrath vom 22./X. 73. Bonn.

80. 1875. Andrä, Sammlung von Steinkohlenpflanzen des Eschweiler Bergwerks-Vereins. Verh. d. nat. Ver. Bd. 32, S. 108.

81. — Beissel, Topographische Rundschau und geognost. Skizze des Aachener Beckens. Festschr. zur 16. Hauptversamml. d. Ver. deutscher Ingenieure, S. 1.

82. — Ehrenberg, Ueber die neuen Aufschlüsse in der Grube Maubacher Bleiberg bei Düren. Verh. d. nat. Vereins Bd. 32, S. 74.

83. — Gosselet, Le terrain dévonien des environs de Stolberg. Ann. d. l. soc. géol. du Nord. Bd. 3, S. 8.

84. — Sadebeck, Weissbleierzkrystalle von der Grube Diepenlinchen. Poggendorf's Annalen Bd. 156, S. 558.

85. 1876. v. Dechen, Die geolog. Verhältnisse der Devonformation an deren Südrande, im Taunus, im Soon-, Idar- und Hochwalde, sowie im Nordwesten am Hohen Venn und in den Ardennen. Verh. d. nat. Ver. Bd. 33, S. 64.

86. — Ueber die Bleierze im Buntsandstein zu Maubach. Ebenda S. 96.

87. 1877. Debey, Uebersicht der fossilen Coniferen der Aachener Kreide. Ebenda Bd. 34, S. 110.

88. 1878. v. Lasaulx, Das Erdbeben von Herzogenrath am 24. Juni 1875. Bonn.

89. 1878. Voss, Bergbauverhältnisse der Eifel in histor. Beziehung. Verhandl. d. nat. Ver. Bd. 35, S. 73.

90. — Gosselet, Le calcaire de Givet. Ann. soc. géol. du Nord. S. 22 u. 415.

91. 1881. v. Dechen, Ueber grosse Dislokationen. Verhandl. d. nat. Ver. Bd. 38, S. 9.

92. 1882. Beissel, Ueber die Struktur und Zusammensetzung der Kohlenkalksteine in der Umgebung von Aachen. Ebenda, Bd. 39, S. 90.

93. — v. Lasaulx, Ueber Willemit vom Altenberge. Ebenda S. 46.

94. — Voss, Ueber das Devon der Gegend zwischen Taunus und Westerwald im Gegensatz zu demjenigen vom nordöstlichen Abfall des Eifelgebirges. Ebenda, S. 97.

95. 1883. Holzapfel, Die Lagerungsverhältnisse des Devon zwischen Roer- und Vichtthal. Ebenda Bd. 40, S. 397.

96. — Purves, Sur les Depots fluvio-marins d'âge sénonien, ou sables Aachéniens de la province de Liège. Bull. du Musée d'histoire naturelle de Belgique. Bd. 2, 154.

97. 1884. v. Dechen, Erläuterungen zur geolog. Karte von Rheinland und Westfalen, Bd. 2.

98. — v. Lasaulx, Der Granit unter dem Cambrium der hohen Venn. Verh. d. nat. Vereins Bd. 41, S. 418.

99. — E. Weiss, Theilflächige Ausbildung von Bleiglanzkrystallen von Diepenlinchen bei Aachen. Zeitsch. d. d. geol. Ges. Bd. 36, S. 410.

100. — Dewalque, Sur la terminaison N. E. du Cambrium etc. Ann. soc. géol. de Belgique Bd. XI, S. CXIX.

101. 1885. G. Dewalque, Note sur les filons Granitiques et les poudingues de Lammersdorf. Ann. soc. géol. de Belgique Bd. 12, S. 158.

102. — E. Holzapfel, Ueber die Fauna des Aachener Sandes und seine Aequivalente. Zeitschr. d. d. geol. Ges. Bd. 37, S. 595.

103. — Lossen, Ueber den Granit im hohen Venn. Zeitschr. d. d. geol. Ges. Bd. 37, S. 222.

104. 1886. Voss, Ueber das Cambrium und das Unterdevon im Reg.-Bez. Aachen. Verh. d. nat. Ver. Bd. 43, S. 141.

105. — v. Dechen, Anmerkungen zu dem Vortrage von Voss: Ueber das Cambrium von Aachen. Ebenda S. 147.

106. — v. Koenen, Die Crinoiden des norddeutschen Oberdevon. Neues Jahrbuch 1, S. 99.

107. — Beissel, Der Aachener Sattel und die aus demselben hervorbrechenden Thermen. Aachen.

108. 1888. J. Gosselet, L'Ardenne. Paris.

109. 1889. E. Holzapfel, Die Mollusken der Aachener Kreide. Palaeontographica.
110. 1894. — Das obere Mitteldevon im rheinischen Gebirge. Abhandl. der Kgl. Geolog. Landes-Anstalt.

## 2. Geologische Karten.

1. v. Dechen, Geologische Karte von Rheinland und Westfalen. Sektion Aachen. 1. u. 2. Auflage.
2. — Geologische Uebersichtskarte der Rheinprovinz und Westfalen.
3. Holzapfel, Karte des Devon zwischen Roer und Vichtthal. Verhandl. des nat. Ver. 1885, Taf. VII.
4. Dewalque, Carte géologique de la Belgique 1 : 500 000.
5. Holzapfel u. Siedamgrotzki, Berg- und hüttenmännische Excursionskarte für die Umgegend von Aachen 1 : 80 000. 2. Auflage von Schulz 1895.
6. Carte géologique de l'Ardenne, in Gosselet: L'Ardenne.

## 3. Litteratur über die Thermalquellen von Aachen und Burtscheid.

1555. P. Bruchesius, Epistolae de thermarum aquisgrauensium viribus, causa et legitimes usu. Antwerpen.
1683. A. Heusch, Experientia doctrianalis de aquarum aquisgrauensium ingredientibus. Colonia Leodini.
1685. Thermarum aquisgrauensium descriptio. Mastricht.
1703. Bresmal, Analyse des eaux chaudes et froides d'Aix la Chapelle. Liège.
1798. Th. Kortum, Vollständige physikalisch-medicinische Abhandlung über die warmen Bäder bei Aachen und Burtscheid.
1802. Ch. de Gimbernet, Geschwefeltes Stickgas in den Aachener Mineralquellen. Crell's Annalen der Chemie Bd. 2.
1803. Fr. v. Hövel, Beitrag zur Kenntniss des Gebirges, aus welchem die heissen Quellen zu Aachen und Burtscheid hervorkommen. Niederrheinisch-westfälische Blätter, 3. Dortmund.
1810. F. Lausberg, Analyse chimique des eaux sulfureuses d'Aix la Chapelle et Borcette. Aachen.
— G. Reumont u. J. P. J. Monheim, Analyse des eaux sulfureuses d'Aix la chapelle. Annales de Chimie Bd. 76, S. 226.
1811. Ohne Namen. Opération du jaugeage des sources d'eau thermale et des degrès de la temperature pris le 17 Avril 1811 à Borcette et Aix la Chapelle par l'ingenieur en chef des Pont et Chaussées Mercure du Dép. de la Roer 2.
— J. P. J. Monheim, Analyse des eaux thermalude Borcette. Aachen,

1813. van Alpen, De l'origine des bains d'Aix la chapelle et des houilles d'Eschweiler. Ebenda.
1818. J. Kortum, Die warmen Mineralquellen und Bäder in Aachen und Burtscheid. Dortmund.
1828. G. Reumont, Aachen und seine Heilquellen. Aachen.
1829. J. P. J. Monheim, Die Heilquellen von Aachen, Burtscheid, Spaa, Malmedy und Heilstein in ihren historischen, geognostischen, physikalischen, chemischen und medicinischen Beziehungen. Aachen.
1830. J. F. Benzenberg, Die warmen Quellen bei Aachen. Ohne Druckort.
1831. — Ueber die warmen Quellen in Aachen. Leonhardt, Jahrbuch für Mineralogie 2, S. 1.
— Zitterland, Die neu entdeckten Eisenquellen in Aachen und Burtscheid. Aachen.
1832. J. F. Benzenberg, Die warmen Quellen in Aachen und Wimpfen am Neckar. Ohne Druckort.
1837. Zitterland, Aachens heisse Quellen. Aachen.
1836. Vetter, Handbuch der Heilquellenkunde.
1847. Zitterland, Aachen und Burtscheid. Taschenbuch für Kurgäste.
1854. R. Wildensteen, Borsäure in der Kaiserquelle zu Aachen. Erdmann's Journal Bd. 55, S. 165.
1856. J. v. Liebig, Chemische Untersuchung der Schwefelquellen Aachens. Aachen und Leipzig.
1859. A. Reumont, Die Aachener Schwefelthermen. Erlangen.
1865. J. Beissel, Ueber die Organismen der warmen Quellen in Aachen und Burtscheid und deren geognostische Lage. Verh. d. nat. Ver. Bd. 22, Corr.-Bl. S. 45.
— V. Monheim, Ueber die Beschaffenheit der Gase in der Kaiserquelle zu Aachen. Ebenda S. 60.
— J. Nöggerath, Ueber Sintermassen aus dem Kochbrunnen zu Burtscheid. Ebenda, S. 66.
1875. J. Beissel, Die Thermalquellen Aachens und Burtscheids. Festschrift zur 16. Hauptversammlung des Vereins deutscher Ingenieure.
1886. — Der Aachener Sattel und die aus ihm hervorbrechenden Thermalquellen.

---

# IV. Beschreibung der nutzbaren Minerallagerstätten.

## 1. Allgemeiner Ueberblick.

Die Zahl der nutzbaren Minerallagerstätten ist in Folge der reichen Gliederung des geologischen Aufbaues eine sehr grosse, denn abgesehen von den Stein- und Braunkohlenschätzen des productiven Carbons bezw.

des Tertiärs und den über alle Formationsglieder verstreuten Lagerstätten metallischer Mineralien, deren Gewinnung den Bestimmungen des Berggesetzes unterliegt, enthält eine jede der aufgeführten Formationen noch eine oder mehrere Arten von technisch verwerthbaren Steinen oder Erden oder sonstigen mineralischen Producten, die nicht zu der Zahl der bergrechtlich verleihbaren Mineralien gehören und demnach dem Verfügungsrecht der Grundeigenthümer unterworfen sind. So liefert die cambrische Schichtengruppe neben mehreren Dachschieferlagern, welche bislang nur durch die Ungunst äusserer Verhältnisse nicht in ausgedehnterem Maasse gebaut werden konnten, in den quarzitischen und thonigen Sandsteinbänken ein gutes Material für Bruch-, Bau- und Werksteine, welche theils in der unregelmässigen Form, in der sie gebrochen werden, theils in jeder Art der theilweisen oder ganzen Bearbeitung zur Verwendung gelangen. Ferner enthält das Devon in den mächtigen Kalksteinschichten seiner mittleren Abtheilung, dem Eifelkalk, einen werthvollen Rohstoff, der entweder in gebranntem Zustande zur Mörtelbereitung und als Düngemittel, oder in ungebranntem Zustande zu Pflastersteinen, Bausteinen und selbst Bildhauermaterial eine weitverbreitete Benutzung findet und auch über die Grenzen des Reviers hinaus in nicht unbedeutenden Mengen abgesetzt wird. Noch wichtiger sind die Kalksteine des Carbons. Wegen ihrer Reinheit eignen sie sich sowohl zu den metallurgischen Prozessen in den Eisen- und Metallhütten als auch zu chemischen Zwecken in den Glas-, Soda- und Chlorkalkfabriken, und da diese Industrien durch zum Theil sehr grosse Werke innerhalb des Reviers vertreten sind, so hat auch die Kalksteingewinnung einen entsprechend grossen Umfang angenommen. Namentlich im Stolberger Thal, woselbst die Schichten des Kohlenkalks in Folge der Sattel- und Muldenbildung auf kurze Entfernung dreimal von dem Querthal der Vicht durchschnitten werden, sind die Thalgehänge bis auf weite Entfernungen durch den Steinbruchsbetrieb völlig zerrissen. Die mit den Kalksteinen häufig zusammen einbrechenden Dolomite werden ebenfalls verwerthet, indem sie von den Eisenhütten als basisches Futtermaterial bei der Flusseisen- und Stahlerzeugung verbraucht werden. Desgleichen kommen die carbonischen Sandsteine zur Verwendung, die feinkörnigen grauen und gelben Varietäten zu Pflastersteinen bezw. als Beschüttungs- und Schottermaterial, die ganz reinen weissen Abarten des unteren Niveaus, besonders aus der Gegend südöstlich von Stolberg, zur Darstellung von feuerfesten Steinen. Im nördlichen Reviertheile bilden auch die carbonischen Schieferthone einen Gegenstand der Gewinnung, da dieselben zur Fabrikation von Ziegelsteinen vortrefflich geeignet sind und keines Zusatzes bedürfen, um ein durchaus gutes Product zu liefern. Aus der Kreideformation benutzt man die Sande des unteren Senons zu Form- und Streusanden, zu welchem Zweck auch die Sande des Tertiärs und Diluviums gewonnen werden. Eine weit grössere Wichtigkeit für die Technik haben aber die letztgenannten Formationen durch ihre stellenweise sehr ausgedehnten und durch seltene Reinheit ausgezeichneten Thonlager, da auf deren Vorkommen das ganze vielseitige und blühende keramische Gewerbe beruht. Zahlreiche über das ganze Reviergebiet verstreute Ringofenwerke, Thonwaarenfabriken und Fabrikationsstätten feuerfester Steine fertigen aus diesen Thonen die verschiedensten Gegenstände der keramischen Industrie, von den ordinärsten Ziegelsteinen an bis zu den feinsten Profil- und Verblendsteinen und von den gewöhnlichsten Backofensteinen bis zu den besten feuerfesten Producten für metallurgische Glüh- und Schmelzoperationen. Ja selbst die Fabrikation des feinen, künstlerisch ornamentirten Steingutes war früher in hervorragender Weise vertreten, indem die Erzeugnisse der Raerener Töpfereien oder „Pottbäckereien“ zur Zeit ihrer höchsten Blüthe im 16. und 17. Jahrhundert einen wohlbegründeten Weltruf genossen. Unter der Bezeichnung „flandrisches Steingut“ haben sie damals eine überaus weite Verbreitung gefunden, und erst nachdem der alten Töpferzunft nach der französischen Occupation die ausgedehnten von den früheren Herrschern verliehenen Gerechtsamen genommen waren, ging die alte Kunst mehr und mehr zurück, um vor wenigen Jahrzehnten gänzlich auszusterben, als gleichzeitig mit der durch die Holzvertheuerung bewirkten Erhöhung der Selbstkostenpreise die wichtigsten Absatzgebiete, insbesondere Belgien, durch hohe Zollschranken versperrt wurden, und die Erzeugnisse der Porzellan- und Glasfabrikation in immer weiteren Kreisen Eingang fanden. Die in jüngerer Zeit von Raerener Eingesessenen eifrigst angestrebten Versuche, die Kunsttöpferei wieder zu heben, sind trotz guter künstlerischer Ergebnisse von keinem nennenswerthen Erfolg gekrönt gewesen. Aus dem letzten der Formationsglieder endlich, aus dem Aluvium, sind vor allen die ausgedehnten Torfmoore des hohen Venn zu erwähnen, an die sich ein vor wenigen Jahren dicht ausserhalb der Reviergrenze bei Sourbrodt begonnener Versuch knüpfte, das weite unfruchtbare Oedland durch rationelle und gründliche Ausbeutung der Torflager einer allmählichen Cultivirung und Colonisirung entgegenzuführen. Als leitender Grundgedanke bei diesem Versuche gilt, mit der Torfgewinnung gleichzeitig eine den klimatischen Verhältnissen angepasste landwirthschaftliche Cultur der ausgetorften Gründe zu verbinden. Während der Torf zu Press- und Brenntorf bezw. zu Streu und Mull verarbeitet werden soll, sollten die unterlagernden Thonschichten verziegelt und auf dem Grunde der abgeschachteten Lager nach geschehener Entwässerung und Düngung Wiesen und Weiden angelegt werden, um schliesslich das hierbei gewonnene Gras und Heu durch Viehzucht und Mästerei in der vortheilhaftesten Weise zu verwerthen. Die Versuchszeit ist zu kurz, um jetzt schon über den Werth und die Resultate der von dem Obersten von Giese begründeten und geleiteten Sourbrodter Anlagen urtheilen zu können, jedoch ist durch den bisherigen Betrieb soviel erwiesen, dass die erzielten Torffabrikate sich bezüglich ihrer Beschaffenheit sehr gut mit den holländischen und norddeutschen Erzeugnissen dieser Art messen können, so dass es ungerechtfertigt ist — falls anders nicht die übrigen Voraussetzungen bezüglich der Mächtigkeit der Torf- und Thonlager sich trügerisch erweisen — die Erwartung auf einen befriedigenden Erfolg von vornherein abzulehnen. Eine zweite technisch nutzbare Alluvialbildung ist dann noch der Raseneisenstein, der sowohl im südlichen als auch in dem nördlichen Reviertheile in den Kreisen München-Gladbach, Krefeld, Kempen, Geldern, sowie in den Rheingegenden der Kreise Cleve und Neuss in grosser Verbreitung vorkommt. Er liegt meist direct an der Oberfläche oder nur wenig bedeckt und besteht aus vorwiegend phosphorhaltigem Brauneisenstein in festen löcherigen Schalen, die in manchen Gegenden in kleinere Stücke bis zum mulmigen Zustande übergehen. Die Lager befinden sich in bruchigen Gegenden unter beinahe ähnlichen Verhältnissen wie der Torf und sind gewöhnlich von geringer Mächtigkeit, nehmen aber zuweilen bis zu einer Stärke von $1^1/_4$ m zu. Eine Gewinnung dieser Eisensteine hat im südlichen Reviergebiet in der Gegend zwischen dem Nirmer Tunnel und der Station Stolberg der Rheinischen Eisenbahn, im nördlichen Reviertheil in der Gegend von Anrath, Aldekerk, Nieukerk und Wachtendonk stattgefunden. An letzteren Fundpunkten fanden sich die Erze theils in weichen, an der Luft rasch trocknenden Stücken von gelber, grünlicher und bräunlicher Farbe, theils in grösseren Klumpen mit Ausscheidungen von grünen krystallinischen Massen. Während erstere Sorte bei einem Glühverlust von 22 % und einem Sand- und Thonerdegehalt von 7,3 % etwa 69,3 % Eisenoxyd und 1,4 % Phosphorsäure mit Spuren von Mangan enthielt, zeigte letztere Sorte bei 27,6 % Glühverlust und 9,5 % Sand- und Thongehalt nur 58,3 % Eisenoxyd und 4,6 % Phosphorsäure mit Spuren von Kalk. Das aus ersterer Sorte mit einem Zusatz von manganhaltigem Brauneisenstein erblasene Roheisen war fast phosphorfrei und konnte als Zusatz beim Stahlpuddeln vortheilhaft verwandt werden, wohingegen das aus der zweiten Sorte erzielte Eisen kaltbrüchig war. Schliesslich wären an dieser Stelle auch noch die Aachen-Burtscheider Thermalquellen anzuführen, deren Vorbruchsstellen sämmtlich innerhalb des Dürener Reviergebiets gelegen sind. Bezüglich des Ursprungs der chemischen Zusammensetzung und der Temperatur dieser berühmten Quellen kann auf die zahlreich darüber vorhandene Litteratur verwiesen werden.

Von denjenigen Mineralien nun, welche dem Verfügungsrecht der Grundeigenthümer entzogen, also nur nach gesetzmässiger Verleihung gewinnbar sind, treten im Revier ausser Stein- und Braunkohlen noch Eisen-, Mangan-, Blei-, Zink-, Kupfererze und Schwefelkies auf. Der Bedeutung entsprechend, welche die Lagerstätten dieser Mineralien für die Bergwerks- und Hüttenindustrie besitzen, bilden sie im nachstehenden Abschnitt den Gegenstand einer besonderen Beschreiburg, so dass zur allgemeinen Orientirung über ihre Verbreitung und die Art ihres Vorkommens nur Folgendes vorauszuschicken bleibt.

Im südlichen Reviertheil ist das Vorkommen von Steinkohlen in allen durch das productive Carbon ausgefüllten Mulden des Kohlenkalks nachgewiesen worden, indessen enthält nur die Eschweiler oder Indemulde bei ihrer grösseren Teufe eine genügende Anzahl bauwürdiger Flötze, um einen ergiebigen Bergbau ermöglichen zu können. Da die Synclinallinie dieser Hauptmulde bei einem Einfallen in nordöstlicher Richtung gegen Südwesten aushebt, so beschränkt sich das Auftreten der bauwürdigen Flötze auf den nordöstlichen Muldentheil, d. h. auf denjenigen Theil, welcher etwa nordöstlich einer geraden Verbindungslinie zwischen den Ortschaften Verlautenheid und Busbach gelegen ist. Die ganze westliche Fortsetzung der Mulde, welche durch den von Eynatten nach Niederforstbach sich erstreckenden Kohlenkalksattel in zwei Specialmulden getheilt wird, enthält nur die liegendsten fast flötzleeren Schichten des Kohlengebirges und ist daher für den Bergbau von untergeordneter Bedeutung. Von den 25 bisher im alten Reviertheil zur Verleihung gekommenen Steinkohlenfeldern bedecken 5 die bauwürdige Muldenpartie, nämlich die Felder Vereinigte Centrum und Ichenberg (cons. aus den Feldern Centrum, Ichenberg, Aue und Probstei), Atsch, Jamesgrube, Birkengang und Eschweiler-Reserve. Die vier erstgenannten liegen im Westen (d. i. im Liegenden) der als „Sandgewand“ bezeichneten und in der Richtung Scherpenseel-Röhe streichenden grossen Gebirgsstörung. Da die Schichten des Steinkohlengebirges daselbst zu Tage ausgehen, so ist der Abbau der Flötze hier zuerst in Angriff genommen und im Laufe der Zeit beendet worden. Im Felde Eschweiler-Reserve dagegen, das sich von der Sandgewand bis nach Lucherberg und Inden erstreckt, datirt die Betriebseröffnung, von einigen älteren Arbeiten bei Weisweiler abgesehen, erst aus neuerer Zeit. Die Kohlengewinnung ist gegenwärtig nur auf dieses Feld beschränkt, während in den anderen 20 Feldern, wenige Versuchsarbeiten abgerechnet, überhaupt niemals ein Abbau stattgefunden hat. Neun derselben erstrecken sich im Norden der vorgenannten Concessionen über den Nordrand der Hauptmulde bezw. die nordöstliche Fortsetzung der Forst-Nirmer Nebenmulde. Es sind dies die Felder Hochwald, Steinbruch, Ichenberg Erweiterung, Beharrlichkeit, Glückauf, Glückauf III, Glückauf IV, Glückauf V und Mariathal. Vier umfassen den grössten Theil der kohlenarmen westlichen Fortsetzung der Hauptmulde, nämlich

Alexander, Wilhelmine, Carl Josef und Kohinoor. Fünf bedecken den Südrand der Hauptmulde bezw. die südliche (sog. Werther) Nebenmulde, nämlich Georgsfeld, Gute-Hoffnung, Friedrich Wilhelm, Diepenlinchen K[1]) und Gerhardine. Zwei endlich, Sibylla I und Sibylla II, liegen auf der westlichen Fortsetzung der Forst-Nirmer Nebenmulde zwischen Hergenrath und Lontzen. Die Gruben Maria und Königsgrube, deren Concessionsfelder zum kleineren Theil noch in das Reviergebiet fallen, gehören zum Revier Aachen.

Im nördlichen Reviertheil tritt das Steinkohlengebirge als die linksrheinische Fortsetzung der grossen Niederrheinisch-Westfälischen Kohlenablagerung auf, ist jedoch überall unter einer mächtigen Decke tertiärer und quartiärer Schichten verborgen und in Folge dessen in seiner Ausdehnung noch wenig bekannt. Durch zahlreiche Bohrversuche ist es noch bei 13—16 km vom Rheinstrom entfernt nachgewiesen worden, dagegen haben die noch weiter westlich unweit Aldekerk und Nieukerk niedergestossenen Bohrlöcher die carbonischen Schichten nicht mehr erreicht. Auf Grund der in den ersteren Bohrlöchern gemachten Kohlenfunde wurden zunächst die vier grossen zusammenhängenden Felder Rheinpreussen, Diergardt, Verein und Humdoldt verliehen, von welchen die letzten drei später in 10 Felder getheilt worden sind, sodass einschliesslich zweier neu hinzugetretenen bis vor kurzer Zeit 13 Felder bestanden, nämlich Rheinpreussen, Diergardt, Wilhelmine Mewissen, Fritz, Tellus I, Süd-Deutschland, Heinrich, Ernst Moritz Arndt, Grossherzog von Baden, Nord-Deutschland, Friedrich-Heinrich, Humbold und Alfred. Mit alleiniger Ausnahme von Rheinpreussen ist bislang noch in keinem dieser Felder ein Betrieb eingeleitet worden.

In neuester Zeit sind infolge erfolgreicher Bohrungen nördlich des Feldes von Rheinpreussen eine Anzahl neuer Muthungen eingelegt worden, die zum Theil bereits zu Verleihungen geführt haben und weiter unten Erwähnung finden.

Das Vorkommen von Braunkohlen ist sowohl im südlichen wie auch im nördlichen Reviertheil nachgewiesen worden, doch nur im ersteren haben bis jetzt Verleihungen stattgefunden. Entsprechend der Verbreitung der Tertiärformation liegen die Braunkohlenfelder hier ausschliesslich in dem dem Nordabfall der Eifelberge sich anschliessenden weiten Flachlande zwischen Inde- und Roerfluss, insbesondere aber in der von der Sandgewand bis nach Langerwehe-Stütgerloch sich erstreckenden Einbuchtung der älteren Formationen, indem die daselbst zur Erschliessung des Steinkohlengebirges ausgeführten vielen Bohrarbeiten die Auf-

1) Nicht zu verwechseln mit der Blei-, Zink- und Eisenerzgrube Diepenlinchen.

findung der Braunkohlenlager vermittelten. Von den 9 bis jetzt verliehenen Feldern sind allein 7 auf diesen verhältnissmässig engen Raum zusammengedrängt, nämlich Wilhelm Friedrich, Zukunft, Zukunft-Erweiterung, Inde V, Vertrauen und Goldsteingrube. Ein Feld mit Namen Julie liegt bei Haaren, während das neunte — Roergau — sich nördlich von Birkesdorf zu beiden Seiten der Roer erstreckt. Ausserdem sind noch in den beiden Blei-, Zink- und Eisenerzgruben Herrenberg bei Nirm und Union bei Haaren Braunkohlenlager aufgeschlossen und verliehen worden, während das Braunkohlen-, Kupfer- und Eisenerzbergwerk Carl bei Gürzenich südlich von Düren inzwischen durch Verzichtleistung erloschen ist. Das Feld der zum Revier Aachen gehörigen „Königsgrube braune Erweiterung“ liegt nur zur Hälfte im Dürener Reviergebiet.

Die Eisenerze, ausschliesslich der obengenannten Raseneisenerze, treten theils für sich allein, theils in Gemeinschaft mit Blei-, Zink- und Kupfererzen in Gängen und Nestern, theils endlich in flötzförmigen Ablagerungen in Begleitung mancher Steinkohlenflötze auf. Letztere Art des Vorkommens hat Veranlassung gegeben, für sämmtliche Steinkohlenfelder, soweit sie überhaupt erschlossen und in Betrieb genommen sind, die Berechtigung zur Eisensteingewinnung zu ertheilen. Bisher ist indessen noch kein Gebrauch davon gemacht worden, da das Vorkommen zu vereinzelt ist. Neben eigentlichem, festem Kohleneisenstein (sog. Blackband) sind körnige Spatheisensteine, Thoneisensteine und nierenförmige Sphärosiderite vertreten, die sich stellenweise durch einen sehr hohen Eisengehalt auszeichnen. Sehr allgemein, aber nur in geringen Anhäufungen, und daher technisch ebenfalls von geringer Bedeutung, sind die Vorkommen auf den Blei- und Zinkerzlagerstätten. Auf Gängen, deren Ausfüllungsmasse eine Parallelstructur aufweist, finden sich zwar die Eisenerze mitunter in länger aushaltenden Lagen, doch sind solche Ganggefüge im Revier eine Seltenheit. Meist sind sie massig oder körnig, und der Eisenstein erscheint dann fein eingesprengt oder in Funken. Als eigentliche Eisenerzlagerstätten kommen danach nur diejenigen in Betracht, auf welchen die Eisenerze ausschliesslich oder wenigstens in der Hauptsache vertreten sind. Unter den 51 Feldern dieser Art liegen die meisten (45) in dem durch die vorcarbonischen bezw. Buntsandsteinschichten aufgebauten Berglande südlich der Inde-Kohlenmulde[1]). Früher behufs Ver-

---

1) Die Namen dieser Felder sind: Heidgen (bei Hoven), Eichheck (bei Dedenborn), Jüsgesberg (bei Einruhr), Bergmannsglück (bei Steckenborn), Adele und Call (bei Schmidt), Simonscall (bei Germeter), Ida und Zweifallshammer (bei Hürtgen), Spiessberg (bei Kleinhau), Andromache (bei Grosshau), Gustavgrube (bei Obermaubach), Hector (bei Winden), John, Elvira und Düren (bei Gey), Nicolaus und Westerlov (bei Merode), Rheidtshoffnung, Augustus und Concordia (bei Schevenhütte), Altwerll, Leyenhammer und Zweifall (bei Zwei-

sorgung der zu Lendersdorf und im Callbachthale bei Zweifallshammer und a. O. belegenen Eisenhütten schwunghaft betrieben, sind diese Gruben nach Einstellung der genannten Hüttenwerke ebenfalls zum Erliegen gekommen und Mangels lohnenden Absatzes bislang nicht wieder in Betrieb genommen worden. Die Erze, vorwiegend Brauneisenstein, seltener Thon- und Spatheisenstein, treten hier mit wenigen Ausnahmen in Gängen auf, welche bei wechselnder Mächtigkeit sehr verschiedene Längenausdehnung besitzen und mitunter auch aus einer Reihe sich nach allen Richtungen auskeilender Nester bestehen, welche nur durch einen schmalen Besteg zusammenhängen. In allen Fällen sind aber die in Rede stehenden Lagerstätten als richtige Gänge gekennzeichnet. Das Gleiche gilt von den in den schmalen Sätteln des Oberdevons bei Lontzen, Ketteniss und Geméreth auftretenden Eisenerzvorkommen, auf Grund deren die Grubenfelder Anfang, Fortsetzung, Hammer und Geméreth verliehen worden sind. In den beiden letztgenannten Feldern brechen neben hochmanganhaltigen Brauneisensteinen auch Manganit und Pyrolusit, in Folge dessen die Verleihung auch auf Manganerze ertheilt worden ist. Wesentlich verschieden von den bisher erwähnten sind diejenigen Lagerstätten, welche am Contact zwischen dem Eifel- bezw. Kohlenkalk und den darunter bezw. darüber gelagerten Formationsgliedern aufsetzen. Dieselben finden sich theils in unregelmässigen Spalten mit höhlenartigen Erweiterungen, theils in Nestern, theils auch in ziemlich regelmässigen mit der Lage der Schichten übereinstimmenden Lagern, die aber wie erstere durch Auswaschung der leicht löslichen Kalksteinschichten entstanden sind. In der Mehrzahl liegen diese Vorkommen im Bereiche der grade an diesen Stellen zahlreich befindlichen Blei- und Zinkerz-Concessionsfelder und sind gewöhnlich erst nachträglich durch Deklaration der für die letzteren ertheilten Concessionsurkunden verliehen worden. Mit Ausnahme von zwei ausgedehnten Lagern bei Breinigerheide und Eich (südwestlich von Niederforstbach), auf welchen die Felder Cornelia und Henriette gestreckt sind, haben die übrigen keine grossen Ausdehnungen und sind daher für den Eisenerzbergbau von keinem nennenswerthen Belang. Im nördlichen Reviertheil sind in den tertiären Thonen an mehren Punkten Vorkommen von Thoneisensteinen nachgewiesen worden, welche die Verleihung von 10 Feldern zur Folge gehabt haben, ohne dass eine Förderung aus denselben bis jetzt stattgefunden hat[1]).

---

fall), Rott, Albert, Gertrud, Heinrich und Weserberg (bei Röttgen-Petergesfeld), Neu-Charley, Walheimerwald, Lina und Adele (bei Rott), Barbara (bei Vennwegen), Löwe, Münsterfeld, Süssenthal und Burgberg (bei Vicht), Julius und Stockumerberg (bei Breinig), Anna (bei Mausbach), Telemaque (bei Gressenich), Vereinsgrube (bei Jüngersdorf) und Eisenkaul (bei Raeren).

1) Die Namen der Felder sind: Wilhelmsgrube (bei Odenkirchen, Kreis

Das verbreitetste Mineral ist der **Schwefelkies**; er ist nicht nur auf allen Erzlagerstätten, auch auf solchen, die sonst nicht reich an Sulfiden sind, der gewöhnliche Begleiter, sondern kommt auch auf den Stein- und Braunkohlenflötzen in Form von dünnen Ueberzügen vor und findet sich ausserdem vielfach in den devonischen und carbonischen Schiefern und in den plastischen Thonen der Tertiärformation theils in linsenförmigen oder lagerartigen derben Massen, theils in einzelnen Krystallen. In letzterer Beziehung sind besonders die Vorkommen auf der Dachschiefergrube Maria bei Simmerath interessant, woselbst die Schieferflächen oft mit mehreren cm dicken Hexaëdern bedeckt sind, deren Flächen häufig parallel den abwechselnden Kanten gestreift sind und dadurch deutlich den pyritoëdrischen Charakter verrathen. Auf Grund der massigen Vorkommen in den älteren Schiefern sind bisher 9 Felder verliehen worden, von welchen 4 im Gebiet der cambrischen[1]) und 5 im Gebiet der carbonischen Schichten[2]) liegen.

**Kupfererze** sind nur sehr spärlich im Revier vertreten und beschränken sich in der Hauptsache auf die wenig ausgedehnten Vorkommen in den 7 Feldern Goldkuhle (bei Hasenfeld nordwestlich von Heimbach), Nideggerbrück (bei Nideggen), Lucienberg und Eulenfurth (bei Rott), Diepenlinchen I (bei Mausbach) und Roemerfeld A und B (bei Gressenich). Vereinzelt finden sie sich ausserdem auf den Blei-, Zink- und Eisenerzlagerstätten.

Die werthvollsten und für den Erzbergbau und die Hüttenindustrie des Reviers wichtigsten Erze sind die **Blei- und Zinkerze**. Eine getrennte Betrachtung derselben würde ohne Beeinträchtigung der Uebersichtlichkeit nicht gut zu ermöglichen sein, weil wohl keine der hiesigen Bleiglanzlagerstätten frei von Blende ist, und umgekehrt nur wenige Galmeivorkommen gefunden werden dürften, die nicht wenigstens Spuren von Bleierzen aufweisen. Für fast alle Felder, welche auf Grund der zahlreich verstreuten Vorkommen verliehen worden sind, erstreckt sich demnach auch das Bergwerkseigenthum auf beide Erzgattungen gleichzeitig, und wenn hier des Oefteren zwischen Blei- und Zinkerzgruben unterschieden wird, so soll damit nur angedeutet werden, dass bei den einen die Bleierze, bei den andern die Zinkerze überwiegen. Hinsichtlich der Verbreitung waltet bei den Blei- und Zinkerzgruben das umgekehrte

---

M.-Gladbach), Simon, Theodor, Trinchen, Twesten (bei Bebrich, Kreis M.-Gladbach), Emil, Gustav I und Friede (bei Uedem, Kreis Cleve), Fürst Bismarck und Graf Moltke (bei Wyler, Kreis Cleve).

1) Nämlich die Felder: Contzen (bei Contzen), Hubertusfeld I und II (bei Lammersdorf) und Schwarze Wage (bei Rott).

2) Nämlich die Felder: Zugabe I und II (bei Scherpenseel), Albertsgrube I und II (bei Hastenrath) und Minerva (bei Brand).

Verhältniss ob wie bei den Eisensteingruben, indem das südlichste Reviergebiet, das durch die Schichten des Cambriums, Unterdevons und Buntsandsteins ausgefüllt ist, bis auf einige wenige Vorkommen jeder nennenswerthen Ablagerung entbehrt, und der ganze Erzreichthum danach nur in den Formationsgliedern des Mittel- und Oberdevons, besonders aber des unteren Carbons angehäuft ist. Die Formen, in welchen die Erze auftreten, sind überaus mannigfaltig. Neben regelmässigen Gängen finden sich Lager, Nester, Stöcke und stockwerkartige Massen, so dass ziemlich sämmtliche Klassen vertreten sind, welche bei den Lagerstätten unterschieden werden. Die Gänge entsprechen vielfach Spaltenverwerfungen, welche vom Cambrium des hohen Venn an die ganze wiederholt gefaltete Schichtenfolge der paläozoischen Formationen durchsetzen, während andere Gänge nur als Erweiterungen von Absonderungsklüften angesehen werden können, welche demnächst durch die fraglichen Mineralansiedelungen geschlossen worden sind. In derselben Weise ist die Entstehung der stockwerkartigen Lagerstätten zu erklären, indem die Absonderungen in den massigen und undeutlich geschichteten Kalkstein- und Dolomitmassen des Kohlenkalksteins durcheinander schwärmen und sich häufig kreuzen und schaaren. Die Stöcke und Nester sind durch höhlenartige Erweiterungen gebildet worden, während die in gleicher Weise entstandenen Lager meist an der Grenze gegen den devonischen oder den Kohlenschiefer und zwar an denjenigen Stellen auftreten, wo der Contact von den Verwerfungs- oder Absonderungsklüften geschnitten wird. Ausgenommen die sich als Verwerfungsspalten kennzeichnenden Gänge entsprechen die übrigen Lagerstätten in ihrer Gesammtheit genau dem „Typus Raibl“ von Groddecks. Die Gänge, welche in den Absonderungsspalten gebildet sind, haben meist nur eine geringe Länge und erstrecken sich jedenfalls nicht über das Formationsglied hinaus, in welchem sie aufsetzen. Bei den anderen Gängen sind solche Fortsetzungen bekannt, doch gilt auch bei ihnen die Regel, dass die Erzführung nach Ueberschreitung der Grenze bald aufhört, wenn anders nicht der Gang sich überhaupt ganz auskeilt. Man muss hiernach annehmen, dass die Verwerfungsklüfte nur in den festen Gesteinen des Eifel- und Kohlenkalkes, an welchen fast ausschliesslich die Lagerstätten gebunden sind, offen geblieben sind, während sie in den weicheren und nachgiebigeren Schichten des oberen Devons und Carbons bald nach ihrer Entstehung durch das Nebengestein ausgefüllt und dadurch für einen späteren Mineralienabsatz verschlossen wurden. Ebenso verschiedenartig als die Formen der Lagerstätten sind auch die in ihnen auftretenden Erze. Unter den Bleierzen wiegt bei Weitem der Bleiglanz vor, der sowohl im krystallisirten als auch im derben Zustande vorkommt. Krystalle in den Formen des Würfels und Oktaëders mit den häufigeren Combinationen (110), (211), (221) sind im Ganzen selten.

Unter den derben Varietäten herrscht der grobspeisige vor, wobei indessen zu bemerken ist, dass die an anderen Fundorten gewöhnliche Beobachtung, dass der feinspeisige und dichte Bleiglanz (Bleischweif) silberreicher als der grobspeisige ist, für das hiesige Revier nicht zutrifft. Im Gegentheil zeigt sich der Silbergehalt in letzterem weit höher und schwankt zwischen 0,023—0,125 %. Ein höherer Gehalt wird durch eingesprengte Fahlerze verursacht. Stellenweise enthält der Bleiglanz auch Antimon, wobei Ausscheidungen von Antimonglanz in den bekannten lang säulenförmigen oder nadelförmigen Krystallen beobachtet wurden. Unter den Zersetzungsprodukten spielt das Weissbleierz (Cerussit) die bedeutendste Rolle. In geringen Mengen, theils krystallinisch, theils erdig, kommt es auf fast allen hiesigen Lagerstätten vor, doch dürfte es in so grossen Mengen wie auf der Grube Diepenlinchen bei Stolberg, wo es in einer zusammenhängenden compacten Masse von mehr als 4 m Mächtigkeit und 90 m Länge angetroffen worden ist, kaum anderswo vorkommen. Unter den Krystallen sind eigenthümliche Zwillinge abweichend von dem gewöhnlichen Gesetz: Zwillingsebene die Prismenfläche (110) nah (310) bekannt geworden (Sadebeck: Pogg. Ann. 156, 554). Neuerdings hat ausserdem Dannenberg (Zeitschrift für Krystallographie etc. XVIII 1) Diepenlinchener Cerussitkrystalle beschrieben, welche, aus den Brachydomen (012) und (021) dem Prisma (110) und der Pyramide (111) bestehend, andere Flächenwinkel aufwiesen, als sie bei dem gewöhnlichen Habitus vorkommen. Bei einem der beschriebenen Krystalle war ausser den angegebenen Combinationen noch eine zweite Pyramide vertreten, für welche sich aus den gemessenen Winkeln unter Zugrundelegung des Axenverhältnisses 0,60993 : 1 : 0,72296 der Ausdruck (4. 86. 45) berechnete. Ein anderes Verwitterungsprodukt des Bleiglanzes, das Vitriolbleierz (Anglesit), zeigt sich nur selten im Revier. Am häufigsten hat man es noch auf den Gängen der Grube Breinigerberg angetroffen. Bemerkenswerth ist, dass auch von diesem Mineral die Grube Diepenlinchen Krystalle geliefert hat, welche eine von den bisher bekannt gewordenen Vorkommen verschiedene Ausbildungsweise besitzen, und die ebenfalls von Dannenberg (a. a. O.) beschrieben worden sind. Dieselben sind nach der b-Axe gestreckt und zeigen das Prisma (110), das Makrodoma (104), zu dem noch eine Reihe stumpferer, nicht näher zu symbolisirender Makrodomen tritt, so dass diese Flächen stark gestreift und gerundet erscheinen, ferner die Basis 001 und bei einem der gemessenen Krystalle auch noch die Pyramide (111). Braunbleierz (Pyromorphit) ist in grösseren Mengen in Verbindung mit Eisenerzen auf der Grube Busbacherberg gewonnen worden. Im Uebrigen hat man ihn nur selten und in kleinen mikroskopischen Kryställchen wahrgenommen. Auch Pseudomorphosen nach Bleiglanz und Cerussit sind bekannt. Unter den Zinkerzen ist das werthvollste der

Zinkspath oder Galmei. Er tritt meist in körnigem bis dichtem Zustande auf und ist dabei durch Brauneisenerz gewöhnlich gelb bis braun und röthlich gefärbt. Krystalle sind selten, dagegen finden sich vielfach nierenförmige und traubige Aggregate von radialfaseriger Textur, sowie poröse, zellige Bildungen, welche als „Zellengalmei" allgemein bekannt sind. Sehr häufig führen die Galmeilagerstätten auch Zinkblüthe und Kieselzinkerz, welche wegen der meist gleichen Ausbildungsweise mit dem Zinkspath gewöhnlich verwechselt werden. Ein seltenes Umwandlungsproduct des Kieselzinkerzes, den Willemit, haben die Gruben Altenberg und Busbacherberg geliefert, sowohl in rhomboëdrisch-tetratoëdrischen Kryställchen als auch im derben Zustande. Nicht minder verbreitet als der Zinkspath ist die Zinkblende, welche vorwiegend dicht oder feinfaserig mit schaliger Structur und nierenförmiger Oberfläche als sogenannte Schalenblende auftritt und meist mit Bleiglanz oder Galmei innig verwachsen ist. So zeigen z. B. manche Stufen eine concentrisch-schalige Anordnung von Bleiglanz und Blende, bei welchen die einzelnen Lagen so dünn sind, dass sie mit unbewaffnetem Auge kaum erkennbar sind und der Wechsel der beiden Erze in ein und demselben Handstück sich oft mehrere hundert Male wiederholt. Dabei kommt es auch nicht selten vor, dass noch Schwefelkies und Kalkspath in die Reihe der Lagen bildenden Mineralien eintreten, in Folge dessen eine mechanische Trennung der einzelnen Erze nur mit Schwierigkeit zu bewerkstelligen ist. In Verbindung mit Galmei bildet die Zinkblende gewöhnlich die innere Auskleidung der Drusenräume, doch zeigt sie sich auch manchmal um einen Kern von porösem braungelbem Zellengalmei in kleinen tetraëdrischen Krystallen gruppirt. Dass auch Verwachsungen von Galmei und Bleiglanz vorkommen, wurde bereits oben erwähnt.

Die Zahl der im südlichen Reviertheil verliehenen Blei- und Zinkerzfelder beträgt 45[1]), unter welchen jedoch über die Hälfte kaum bau-

1) Die Namen dieser Felder sind: Union (bei Verlautenheide), Herrenberg (bei Nirm), Kirchfeld und Heidchen (bei Eilendorf), Jamesgrube I (bei Münsterbusch), Christine und Bastiangrube (bei Röhe), Glücksburg (südwestlich von Röhe), Wolferter- oder Wolseler-Hoffnung, Bildsteingrube, Jeremiasgrube und Petersglück (bei Duffenter), Hammerberg und Wilhelmine (bei Stolberg-Hammer), Albertsgrube und Marienhain (bei Hastenrath), Diepenlinchen (bei Mausbach), Roemerfeld (bei Werth), Erlbusch und Aline (bei Krewinkel), Münsterfeld, Nachtigall und Pfeiffenberg (bei Vicht), Breinigerberg, Breinigerberg-Erweiterung und Dommelstein & Rust (bei Stolberg-Hammer, westlich des Vichtbaches), Busbacherberg (bei Busbach), Eich, Eich-Richard und Eich-Katharina (bei Eich-Hitfeld), Georg (bei Walheim), Mariaberg (bei Raeren), Constantia (bei Berlotte), Altenberg (bei Moresnet), Roggenberg (bei Rochenhaus), Klosterberg (bei Eupen), Neuwerk (bei Zweifall), Marie-Luise und Daenz (bei Wenau), Vogel von Falkenstein (bei Schönthal), Königsgrube (bei Schevenhütte), Maubacher Bleiberg (bei Maubach), Hänschen und Lili (bei Kufferath), Niederlage, Ostgang und Westgang (bei Zweifallshammer).

würdige Lagerstätten umschliesst und deshalb bis jetzt dem Betriebe noch nicht erschlossen ist. Da ferner in den meisten anderen der Abbau zum Theil beendet, zum Theil aus wirthschaftlichen oder betriebstechnischen Rücksichten vorderhand gestundet ist, so ist gegenwärtig der Betrieb sehr wenig umfangreich und allein auf die Felder Diepenlinchen und Altenberg beschränkt. Im nördlichen Reviertheil ist bisher nur ein einziges Bleierzvorkommen im Felde der Steinkohlengrube Rheinpreussen bekannt geworden und zwar in einer in Stunde 9. 0. 8. streichenden und 0,20 m mächtigen Verwerfungskluft, deren aus Letten, Kalkspath und Quarz bestehenden Ausfüllungsmasse kleinere Partieen von derbem und krystallinischem Bleiglanz, Kupfer- und Schwefelkies einschliesst. Auf diesen Fund wurde den Besitzern von Rheinpreussen unter dem Namen „Rheinpreussen Bleierz“ eine Verleihung ertheilt.

Im Ganzen sind innerhalb des Reviers Düren 209 Grubenfelder verliehen worden, davon 48 auf Steinkohlen, 23 auf Braunkohlen, 69 auf Eisenerze, 9 auf Schwefelkies, 7 auf Kupfererze, 46 auf Blei- und Zinkerze und 7 auf Salz.

Bezüglich des Besitzverhältnisses ist zu bemerken, dass sich im Besitz von Actiengesellschaften 59, von Gewerkschaften (des neuen Rechts) 78, von zwei oder mehreren Mitbetheiligten (linksrheinische Gesellschaftsform) 28 und von sonstigen Alleineigenthümern 44 Grubenfelder befinden. Eine Gewinnung von Steinkohlen findet zur Zeit nur in den Feldern Eschweiler-Reserve und Rheinpreussen statt. Eisenerze werden in den Feldern Glücksburg, Cornelia, Anfang und Diepenlinchen gefördert, in letzterem an zwei getrennten Punkten und unabhängig von dem auf die Gewinnung von Blei- und Zinkerzen gerichteten Hauptbetriebe. Blei- und Zinkerze werden ausser auf Diepenlinchen noch auf Roemerfeld und auf den vier Betriebspunkten Schmalgraf, Eschbroich, Fossey und Mützhagen des Altenberger Grubenfeldes gewonnen. In mehreren Feldern gehen ausserdem noch kleinere Versuchsarbeiten um. Von den Dachschiefergruben, welche gemäss § 214 des allgemeinen Berggesetzes vom 24. Juni 1865 der polizeilichen Beaufsichtigung durch die Bergbehörde unterworfen sind, werden z. Zt. nur noch die Gruben Elise bei Grosshau und Rosalia bei Layeaul betrieben. Die Ausführung bergmännischer Gewinnungs- und Schurfarbeiten ohne Genehmigung der Bergbehörde ist innerhalb zweier Schutzbezirke untersagt, von denen der eine durch die Polizeiverordnung des Oberbergamts zu Bonn vom 27. Juli 1881 für die Aachen-Burtscheider Thermalquellen gebildet worden ist und ausser den Aachener und Burtscheider Gemeindebezirken den südöstlichen von dem Wildbach und der ehemals bergisch-märkischen Eisenbahn begrenzten Theil des Gemeindebezirks Laurensberg sowie diejenigen Theile des Gemeindebezirks Forst umfasst, welche westlich einer von der Eisenbahnstation Rothe-Erde nach der Burg Schönthal gezogenen geraden Linien gelegen sind. Der zweite ist durch Polizei-Verordnung des Oberbergamts vom 12. Dezember 1885 für das Aachener Wasserwerk festgelegt worden, welches aus drei getrennten Anlagen, nämlich dem in den Nieder-Forstbacher Kalkzug getriebenen alten Eicher Stollen, der auf dem Nüttheimer Kalkzug errichteten Pumpstation Brandenburg und dem bei Schönforst gelegenen Hochreservoir besteht. Innerhalb dieses Schutzbezirkes liegen die südlich der Strasse Gut Heidbenden-Schönforst und südwestlich der Aachen-Trierer Provinzialstrasse belegenen Theile der Bürgermeistereien Forst, Brand und Cornelimünster, sowie die nordwestlich des Itterbaches und östlich der Raeren-Eynatterer Kommunalstrasse bezw. der Aachen-Eupener Actienstrasse belegenen Theile der Bürgermeistereien Walheim, Raeren und Eynatten.

In der nachfolgenden Einzelbeschreibung der Lagerstätten werden zunächst die Steinkohlenablagerungen in der Indemulde und auf der linken Seite des Niederrheins in zusammenhängender Darstellung und ohne Rücksicht auf die Grenzen der einzelnen Concessionsfelder geschildert werden, worauf in gleicher Weise die Beschreibung der Braunkohlenvorkommen folgt. Die Erzlagerstätten dagegen werden getrennt nach ihrem Auftreten innerhalb der Grubenfelder besprochen, wobei natürlich nur diejenigen Vorkommen berücksichtigt werden können, welche in bergbaulicher und geologischer Hinsicht ein besonderes Interesse erheischen.

## 2. Beschreibung der einzelnen Lagerstätten.

### a) Steinkohlenablagerung an der Inde.

Die Steinkohlenmulde an der Inde erstreckt sich in der Richtung von Südwest gegen Nordost vom Münsterbach an der Buschmühle bis Weisweiler an der Inde und hebt sich in einem runden Bogen der Schichten gegen Südwest aus, während das nordöstliche Ende unter oligocänen und diluvialen Schichten von grosser Mächtigkeit verborgen liegt. Am Münsterbach wird das Kohlengebirge durch eine bedeutende Verwerfungskluft, die Münstergewand, durchsetzt, welche bei einem annähernden Streichen in h. $10^1/_2$ mit etwa 65° gegen NO. einfällt, und einen Verwurf von rund 250 m in senkrechter Richtung bewirkt. Die bauwürdigen Kohlenflötze sind auf den nordöstlichen, gesunkenen Gebirgstheil beschränkt, in dem südwestlichen, höher gelegenen Gebirgstheil sind sie wegen des Aushebens der Mulde nicht vorhanden. Eine zweite grosse Verwerfung, die Sandgewand, durchsetzt bei einem Streichen in h. 10 und nordöstlichem Einfallen von 75° die Mulde ungefähr an der Stelle ihrer grössten Breite von Röhe über Stich nach Hastenrath und verwirft das hangende Gebirgsstück über 400 m senkrecht nach der Tiefe. Da unmittelbar an der Ostseite der Sandgewand das mit Lehm und Gerölle bedeckte Braunkohlengebirge in mehr oder weniger grosser Mächtigkeit auftritt, so verschwindet hier das Steinkohlengebirge unter der jüngeren Bedeckung und ragt nur an zwei Stellen aus demselben wieder hervor, nämlich im Süden der Ortschaft Nothberg auf der rechten Seite des Omerbaches und im Süden des Fleckens Weisweiler auf der rechten Seite des Eisenmühlenthales. Am längsten und besten ist der westliche Muldenabschnitt zwischen der Münster- und Sandgewand bekannt. Die Kohlenflötze sind hier durch einen Jahrhunderte alten Bergbau aufgeschlossen und bis auf geringe Reste in den untersten Teufen gänzlich abgebaut worden. Die Reihenfolge derselben, vom hangendsten Flötz Furth ab gezählt, und ihre Zwischenmittel, nach der rechtwinkeligen Entfernung oder nach ihrer wirklichen Mächtigkeit gemessen, ergeben sich aus folgendem von v. Dechen (Die nutzbaren Mineralien im Deutschen Reiche 1873) aufgestellten Profil:

| No. | Namen der Flötze | Steinkohle cm | Bergemittel cm | Zwischenmittel m |
|---|---|---|---|---|
| 1 | Furth | 78,5 | — | — |
| 2 | Kl. Scholl | 21,0 | — | 69,0 |
| 3 | Gr. Scholl | 31,4 | — | 23,0 |
| 4 | Kl. Plattenkohl | 36,6 | — | 21,1 |
| 5 | Kleinkohl | 57,5 | — | 47,1 |
| 6 | Plattenkohl | 57,5 | — | 7,9 |
| 7 | Makrel | 21,0 | — | 24,3 |
| 8 | Spierling | 28,8 | — | 4,2 |
| 9 | Kl. Bücking | 18,3 | — | 23,0 |
| 10 | Gr. Bücking | 28,8 | — | 5,3 |
| 11 | Rheinfisch | 26,1 | — | 5,3 |
| 12 | Steinkohl | 41,8 | — | 28,9 |
| 13 | Kl. Steinkohl | 13,1 | — | 14,0 |
| 14 | Knoch | 18,3 | 23,5 | 21,1 |
| 15 | Stock | 57,5 | 10,5 | 11,3 |
| 16 | Kl. Stock | 15,7 | — | 4,2 |
| 17 | Mumm | 52,3 | 26,1 | 16,7 |
| 18 | Haering | 28,8 | 18,3 | 8,4 |
| 19 | Hupp | 62,7 | 5,2 | 8,4 |
| 20 | Kl. Hupp | 18,3 | — | 3,1 |
| 21 | Schlemmerich | 104,6 | 18,3 | 10,5 |
| 22 | Bein | 26,1 | 54,9 | 8,4 |
| 23 | Kirschbaum | 41,8 | 10,5 | 10,5 |
| 24 | Kl. Kirschbaum | 18,3 | — | 41,8 |
| 25 | Fornegel | 47,1 | — | 27,2 |
| 26 | Krebs | 23,5 | 20,0 | 3,1 |
| 27 | Grosskohl | 130,7 | — | 11,5 |
| 28 | Kessel | 34,0 | 15,7 | 14,6 |
| 29 | Hartekohl | 62,7 | — | 18,8 |
| 30 | Kaiser | 31,4 | 7,8 | 20,9 |
| 31 | Gyr | 73,2 | 20,9 | 25,1 |
| 32 | Kleinkohl | 34,0 | 9,1 | 46,0 |
| 33 | Rapp | 45,7 | 23,5 | 3,1 |
| 34 | Padtkohl | 62,7 | 47,0 | 7,3 |
| 35 | Langenberg | 28,8 | — | 75,3 |

| No. | Namen der Flötze | Steinkohle cm | Bergemittel cm | Zwischen-mittel m |
|---|---|---|---|---|
| 36 | Huppenbroich . . . . . . . . | 28,8 | — | 50,2 |
| 37 | Leimberg . . . . . . . . . | 28,8 | — | 66,9 |
| 38 | Breitgang . . . . . . . . . | 57,5 | 47,0 | 104,6 |
| 39 | Jülcher . . . . . . . . . . | 26,1 | 20,9 | 41,8 |
| 40 | Eule . . . . . . . . . . . | 39,2 | 7,8 | 9,4 |
| 41 | Spliss . . . . . . . . . . | 31,4 | 31,4 | 27,2 |
| 42 | Grosskohl . . . . . . . . . | 73,2 | 15,7 | 16,7 |
| 43 | Kleinkohl . . . . . . . . . | 54,9 | 62,8 | 4,2 |
| 44 | Gr. Krebs . . . . . . . . . | 31,4 | — | — |
| 45 | Trauf . . . . . . . . . . . | 31,4 | — | 2,5 |
| 46 | Wilhelmine, 3 unregelm. Flötze | — | — | 628—837 |

Die Beschaffenheit der oberen Flötze (1—14) kann nicht genau angegeben werden, weil dieselben schon seit langer Zeit abgebaut und nicht mehr zugänglich sind. Ebenso ist das Zwischenmittel zwischen Trauf und Wilhelmine nicht näher bekannt, beträgt aber zwischen 628 und 837 m, während die Entfernung dieser letzten Flötze von der oberen Scheide des Kohlenkalksteins auf weniger als 200 m geschätzt wird. Die Flötze von 1—34 (oder Padtkohl einschliesslich) werden die „Binnenwerke“ genannt und fallen ganz in das Concessionsfeld der Grube Centrum. Die Flötze von 39—43 (von Jülicher bis Kleinkohl) bezeichnet man dagegen als „Aussenwerke“; ihre westliche Muldenwendung fällt der Concession Jamesgrube, ihr Südflügel der Concession Birkengang und ihr Nordflügel den Concessionen Atsch, Probstei, Aue und Ichenberg zu. Die ganze Flötzpartie der Binnenwerke nahe der Sandgewand, also mit anderen Worten der östliche Theil des Feldes Centrum, hiess ausserdem früher das „vordere Quartier“ im Gegensatz zu dem hinteren Quartier, welches die Aussenwerke westlich der Sandgewand umfasste. Ferner führten die Muldensüdflügel der Binnenwerke zwischen der Sandgewand und der etwa 1 km weiter westlich aufsetzenden „Dicken Gewand“ in alter Zeit den Namen „Hundend“, die Nordflügel in derselben Ausdehnung den Namen „Feldend“, während man die im Westen der Dicken Gewand zwischen dieser und der Verwerfung Kropp liegenden Flötzpartien der Binnenwerke als „Buschend“ bezeichnete. Wie aus vorstehendem Profil ersichtlich, beträgt die Mächtigkeit der Binnenwerksflötze zusammen 17,6 m, ohne Bergemittel 14,5 m, so dass, da die Mächtigkeit der Zwischenmittel 595,1 m beträgt, das Verhältniss der Kohlenflötze einschliesslich Bergemittel 1:41,2 beträgt. Unter den Binnenwerken folgt ein 297 m starkes, an Kohlenflötzen armes Mittel, in dem nur 4 Flötze von zusammen 1,91 m Stärke einschl. 0,47 m Bergemittel liegen, so dass sich hier das Verhältniss zwischen reiner Steinkohle und Gestein auf 1:206,5 stellt. Die darunter folgenden 5 Aussenwerksflötze enthalten 2,2 m reine Steinkohle, 1,9 m

Bergemittel und lagern in einer Gebirgsschicht von 82 m Mächtigkeit, mithin beträgt der Kohlenreichthum 1 : 38,1. Unter dem tiefsten Flötze der Aussenwerke (Kleinkohl) folgt ein weit aushaltendes Conglomeratlager, welches für diesen Horizont des productiven Carbons charakteristisch und an vielen Stellen sowohl auf dem Muldensüdflügel (Busbacher Heide, Bergrücken von Oberstolberg nach Hastenrath etc.) als auch auf dem Muldennordflügel (auf dem Ichenberge, im Probsteier Walde und an der Inde) entblöst ist. Dann folgen zwei Flötze von 31 cm Stärke in einem Abstande von 2,4 m und dann die untersten Flötze der ganzen Ablagerung in 150—200, stellenweise aber auch in viel geringerer Entfernung vom Kohlenkalkstein. Diese liegendsten, allgemein als Wilhelminenflötzchen bezeichneten lagerartigen Vorkommen sind an mehreren Stellen angetroffen worden und haben auch Veranlassung gegeben, in mehreren Feldern (so auf Wilhelmine bei Stolberg, Gerhardine bei Langerwehe und Sibylla bei Lontzen) Versuchsarbeiten zu eröffnen, die jedoch zu keinem Erfolg geführt haben. Die grösste Tiefe, welche das unterste Binnenwerksflötz (Padtkohl) in der Muldenmitte nahe der Sandgewand erreicht, beträgt ziemlich genau 460 m unter Tage oder 230 m unter dem Meeresspiegel. Das unterste Aussenwerksflötz (Kleinkohl) muldet dagegen an der tiefsten Stelle bei 860 bezw. 360 m. Die Oberfläche des Kohlensteins im Muldentiefsten kann danach zu 1760 m unter Tage oder 1530 m unter dem Meeresspiegel angenommen werden. Die grösste Breite der Mulde im untersten Aussenwerksflötz beträgt 2 km. Im Allgemeinen bilden die Flötze zwischen der Münster- und Sandgewand eine einfache Mulde, welche in der Nähe der letzteren Verwerfung ihre grösste Breite und Tiefe erreicht und nur an wenigen Stellen durch unbedeutende Biegungen in ihrer einfachen Form gestört wird. Der Südflügel hat besonders am Ausgehenden und in oberen Teufen eine steile, theils senkrechte, theils sogar überkippte Neigung. Der Nordflügel fällt dagegen mit 45—55 oder auf den Aussenwerken am Ichenberge mit 50—60$^0$ ziemlich regelmässig nach Süden ein. Die Muldenwendung am Ausgehenden und im söhligen Durchschnitt bildet einen zusammenhängenden Bogen, dementsprechend sind auch in den senkrechten Durchschnitten die beiden Flügel durch einen flachen Bogen miteinander verbunden. Die Richtung der Muldenlinie ist jedoch trotz dieser fast modellartigen Regelmässigkeit nicht leicht zu ermitteln, weil in Folge von Faltungen oder Wechseln oder auch von Schwankungen in der Neigung der Flötze die Muldenlinie der oberen und tieferen Flötze vielfach nicht in ein und dieselbe Seigerebene fallen und auch öfter in denselben Flötzen von ihrer Richtung abgelenkt werden. Als Mittel aus den Muldenlinien mehrerer Flötze ergiebt sich jedoch ziemlich genau das Streichen in Stunde $4^3/_4$ oder 52$^0$ 34′ gegen Ost. Das Einfallen der synclinischen Linie gegen NO. schwankt zwischen 4 und

10° und ermittelt sich für die ganze Länge von der Münstergewand bis zur Sandgewand zu 8° 38′. Das Streichen der Binnenwerks-Südflügel ist in h. $5^7/_8$ oder 69° 27′ O., das der Nordflügel in h. $4^1/_2$ oder 48° 49′ O., und mithin der von beiden Streichungslinien eingeschlossene Winkel zu 20° 27′ festgestellt worden. Bei den Aussenwerken vermindert sich dieser Winkel wegen der seigeren Stellung der Südflügel, wobei dieselben ein der Muldenlinie ziemlich paralleles Streichen einnehmen auf 16° 52′.

Die Zahl der Spaltenverwerfungen oder Quersprünge ist eine bedeutende. Man zählt einschliesslich der bereits erwähnten Sand- und Münstergewand, welche das in Rede stehende Feld einschliessen, 21 grössere neben einer grossen Menge kleiner, welche auf nur kurze Entfernungen aushalten und nur unbedeutende Verschiebungen der Schichten bewirken. Der grössere Theil hat ein Streichen zwischen h. 10 und 12; nur wenige weichen davon einerseits bis $9^1/_4$ und andrerseits bis $1^5/_8$ ab. Ebenso ist das Einfallen bei der grösseren Zahl gegen Osten gerichtet, während bei zweien das Einfallen theils östlich, theils westlich ist. Von Westen nach Osten treten die Hauptverwerfungen in nachstehender Reihenfolge auf:

1. Münstergewand.

2. Verwerfung am Hoffnungsschacht der Jamesgrube, 320 m von 1. entfernt, aus mehreren nahegelegenen Klüften bestehend, deren Streichen im Mittel in h. $9^3/_4$ und deren Einfallen mit 60 bis 75° gegen Westen gerichtet ist, während eine östlich gelegene Bogenkluft mit 55 bis 60° gegen O. einfällt.

3. Steinwegsgewand, 580 m von 2. entfernt, Streichen h. $10^3/_4$; Einfallen 70° gegen W.; senkrechte Verwurfshöhe in der Muldenlinie ca. 50 m.

4. Kehrgewand, 1050 m in der Muldenlinie von 3. entfernt; Streichen h. $11^3/_8$, Einfallen 50° gegen W. Dieselbe liegt auf dem Südflügel der Aussenwerke nahe an dem Fusse des linken Abhanges des Vichtbachthales und durchschneidet gegen N. den Münsterbach nahe an der Schneidemühle, worauf sie sich mit der folgenden Verwerfung, der Ewigen Gewand, schaart.

5. Ewige Gewand, in der Muldenlinie 200 m, auf dem Südflügel von Grosskohl ca. 370 m von 4. entfernt. Besteht auf dem Südflügel aus vier Klüften, die in h. $1^1/_4$ bezw. h. 11 streichen, auf den oberen Sohlen gegen W., in den unteren Teufen mit 73° gegen O. einfallen und sich im N. miteinander schaaren. Auf dem Nordflügel fallen die vereinigten Klüfte mit 50 bis 75° gegen W. ein und schaaren sich, wie bemerkt, mit 4. Senkrechte Verwurfshöhe in der Mulde annähernd 85 m.

6. Zittergewand, in der Muldenlinie 700 m von 5. entfernt; Streichen h. $10^1/_8$; Einfallen 65 bis 75° gegen O.

7. Sprung ohne Namen, 790 m von 6. enfernt; Streichen h. $10^3/_4$; Einfallen gegen O.

8. Sprung ohne Namen, 230 m von 7. entfernt; Streichen h. $10^1/_2$; Einfallen gegen O.

9. Kirschbaumgewand, 21 m von 8. entfernt; Streichen h. $10^1/_4$; Einfallen 70° gegen O.

10. Buschendskropp, 85 m von 9. entfernt; Streichen h. $10^3/_4$; Einfallen 70° gegen W. Diese Verwerfung reicht von den Nordflügeln bis etwas über die Muldenlinie hinaus, hört aber weiter gegen SO. ganz auf.

11. Sprung ohne Namen (bei der sog. „Durchfahrt" auf dem Nordflügel); Streichen h. 10, Einfallen gegen W. Schliesst sich vor Erreichung der Mulde der folgenden Verwerfung an.

12. Dicke Gewand, in der Muldenlinie 260 m von 10. (Buschendskropp) entfernt. Streichen h. $11^3/_4$. Einfallen 85° und weniger gegen W.

13. Steinloch, auf dem Nordflügel in h. $12^1/_4$ streichend und gegen O. einfallend. Nach Süden hin scheint sich dieses Einfallen umzulegen und nach W. gerichtet zu sein, wo diese Verwerfung der Dicken Gewand sich sehr nähert und dann nicht mehr erkennbar ist. Auf dem Südflügel tritt eine flach mit 45—55° gegen W. fallende Verwerfung an ihre Stelle, die sich weiter gegen S. der Dicken Gewand vollständig anschliesst.

14. Sprung ohne Namen in der Nähe des Gyrschachtes. Streichen $11^1/_8$, Einfallen gegen O. Westlich und östlich wird diese Verwerfung noch von 2 bezw. 3 kleineren Sprüngen begleitet, welche westlich vom Friedrich-Wilhelmschachte der Grube Centrum ein sehr zerrissenes Feld bilden, aber nur eine beschränkte Längenerstreckung besitzen.

15. Feldendskropp, in der Muldenlinie etwa 310 m von 12. (Dickegewand) entfernt. Streichen auf dem Nordflügel h. 12, wendet sich aber in seiner Erstreckung gegen den Südflügel bis in h. 10. Einfallen gegen W.

16. Sprung ohne Namen, Streichen auf dem Südflügel h. 10; Einfallen gegen O. Erreicht die Mitte der Mulde nicht.

17. Sprung ohne Namen, in der Muldenlinie 250 m von 15. (Feldendskropp) entfernt; Streichen auf dem Nordflügel h. 11; Einfallen 70° gegen W.; wendet sich in der Mulde in h. $9^5/_8$ mit einem Einfallen von 50—60° gegen W.

18. Sprung ohne Namen, in der Muldenlinie 125 m von 17. entfernt, streicht ebenfalls auf dem Nordflügel in h. 11 und fällt hier mit 45° gegen O. ein. Auf dem Südflügel nimmt das Einfallen bis zu 72° zu.

19. Sprung ohne Namen, nur auf dem Nordflügel vorhanden, in h. $10^3/_4$ streichend und gegen O. einfallend.

20. Verbotener Kropp, bildete auf sämmtlichen Flötzen der Binnenwerke der Grube Centrum, sowie der Nordflügel der Aussenwerke

auf Grube Ichenberg die östliche Baugrenze, indem dadurch das Anhauen der Sandgewand vermieden wurde. In der Muldenlinie ist diese Verwerfung 200—300 m von 18. entfernt, streicht bei vielen kleinen Biegungen in h. $11^1/_4$ und fällt mit 45—76° gegen O. ein. Auf dem Südflügel theilt sich dieselbe in 2 Klüfte, welche bis 25 m von einander entfernt liegen, und mit 45—57°, weiter südlich aber auch mit 70° gegen O. einfallen.

21. Sandgewand. Die westliche Kluft derselben liegt rund 100 m vom Verbotenen Kropp entfernt, streicht in h. 11 und fällt mit 75° gegen O. ein. Das zwischen den beiden letztgenannten Verwerfungen eingeschlossene Gebirgsmittel besteht aus gestörten Schichten, welche spiesswinkelig und selbst quer gegen die Hauptrichtung streichen, theils gegen SO., theils gegen NO. einfallen und von vielen Klüften durchsetzt werden. In demselben ist ein 1 m mächtiges Kohlenflötz, dessen Einfallen mit 25° gegen NO. gerichtet ist, auf 20 m Länge verfolgt, und gleich darauf ein Flötz von 75 cm mit steilem Einfallen gegen SO. durchfahren worden.

Die unter 1 bis 6 aufgeführten Verwerfungen sind durch die Baue auf den Gruben James und Atsch, die unter 7—21 genannten durch die Baue auf den Binnenwerken der Centrumgrube näher bekannt geworden. Die Entfernung von der Münstergewand bis zur Verwerfung No. 7 beträgt rund 3700 m, sodass die durchschnittliche Entfernung der dazwischen aufsetzenden Sprünge sich auf rund 650 m beläuft. Im östlichen Feldestheile, der von der Verwerfung No. 7 bis No. 21 1800 m misst, beträgt dagegen die durchschnittliche Entfernung der Sprünge kaum 120 m.

Neben den Quersprüngen oder Spaltenverwerfungen treten nun noch eine Anzahl von Wechseln oder Ueberschiebungen auf, welche ein mit den Gebirgsschichten übereinstimmendes Streichen in Stunde 6 bis 7 zeigen, und mehrfach in Specialsättel und Mulden übergehen. Sie liefern dadurch eine bemerkenswerthe Bestätigung für die Annahme, dass beide Erscheinungen auf die gleiche Ursache zurückgeführt werden müssen. Unter den bedeutenderen sind je 2 auf dem Nord- und dem Südflügel anzuführen.

Von Norden anfangend zeigt sich die erste von der Dicken Gewand auf eine Länge von rund 600 m gegen O. h. 6 streichend und mit 60° gegen S. einfallend. Sie ist auf den Flötzen von Hupp bis Hartekohl bekannt. Die Flötzstücke in ihrem Hangenden liegen 4—16 m höher als diejenigen in ihrem Liegenden. Gegen O. geht die Ueberschiebung in eine Sattel- und Muldenbiegung über, in der die betreffenden gleichsinnig fallenden Flötzstücke durch einen kurzen Flügel mit entgegengesetzter Neigung verbunden sind.

Die zweite Ueberschiebung beginnt ebenfalls an der Dicken Gewand, erstreckt sich auch auf dieselbe Länge wie die erstere gegen O. und geht ebenfalls nach und nach in eine Sattel- und Muldenbiegung über, deren antiklinische und synklinische Linie bis auf 30 m von einander entfernt sind. Wenn diese Ueberschiebung in westlicher Richtung bis zu den Aussenwerken fortgesetzt gedacht wird, so trifft sie auf eine zwischen Jamesgrube und Atsch bekannt gewordene Mulden- und Sattelwendung, die in östlicher Richtung und nach der Teufe hin in eine Ueberschiebung mit deutlicher Kluft übergeht.

Auf dem Südflügel liegt eine der streichenden Verwerfungen im Felde des Kronprinzschachtes der Grube Centrum. Sie streicht in h. 6 und fällt mit 30—40° gegen S., also den Schichten entgegen ein. Dieselbe ist auf eine Länge von 250 m von dem Flötz Stock in der 5. (oder Padtkohlsohle) bis zum Flötze Hartekohl in der Nähe der 13. (oder Beust-Sohle) bekannt geworden. Der im Hangenden dieser Verwerfung befindliche Gebirgstheil liegt bis zu 10 m tiefer als der im Liegenden befindliche. Nach der Tiefe nimmt die Wirkung der Verwerfung so merklich ab, dass ein Verschwinden derselben nach dieser Richtung wahrscheinlich ist.

Die zweite Ueberschiebung auf dem Südflügel streicht im Felde des Louisenschachtes der Grube Centrum auf eine geringe Länge auf den Flötzen Grosskohl und Kessel bei südlichem Einfallen und steht mit einem Sattel und einer Mulde in Verbindung, die mit der Hauptmulde so nahe zusammentrifft, dass es zweifelhaft erscheinen kann, welche von beiden als Hauptmulde betrachtet werden muss.

Was endlich die Kohlenbeschaffenheit anbelangt, so gehören die Kohlen der Binnenwerke zu den echten Back- oder Fettkohlen, deren elementare Zusammensetzung sich in den Grenzen 84—89 C. 5—5,5 H. und 11—5,5 O. + N. bewegt. Bei der trockenen Destillation ergaben sich 68—74 % feste und gut geflossene Koks und 32—26 % flüchtige Bestandtheile. Die Kohlen der Aussenwerke hingegen sind zu den kurzflammigen Backkohlen zu rechnen, welche bei der Verkokung nur sintern und deren Zusammensetzung zwischen 88—91 C. 5,5—4,5 H. und 6,5—4,5 O. + N. schwankt. Die trockene Destillation liefert 74—82 % Koks und 18—26 % flüchtige Bestandtheile.

Ungleich weniger bekannt als der vorstehend geschilderte westliche Muldentheil ist das im Hangenden (oder Osten) der Sandgewand auftretende Muldenstück. Wie oben schon erwähnt, liegt das Kohlengebirge hier unter tertiären Schichten verborgen und tritt nur am rechten Ufer des Omerbaches und des Eisenmühlenbaches an die Oberfläche. In der ersteren Hervorragung und zwar auf der Nothberger Heide sind durch Versuche, welche man im Lussemschachte anstellte, zwei Flötze blossgelegt worden, welche bei einer Mächtigkeit von 0,21 bezw. 1 m zwischen 5 und 8 m von einander entfernt liegen und im westlichen Fortstreichen von einer die Schichten diagonal durchsetzenden Störung mit westlichem

Einfallen abgeschnitten werden. Das Einfallen der Flötze ist mit 50° gegen N. gerichtet. Sie sind für die im Liegenden der Aussenwerke auftretenden Flötze Krebs und Trauf gehalten worden und können nach v. Dechen (orogr. geogn. Uebersicht des Regierungsbezirks Aachen) auch nur als diese angesprochen werden, obgleich weder die Mächtigkeit noch die Entfernung mit den auf dem westlichen Muldentheil ermittelten bezüglichen Zahlen übereinstimmen. Denn sollten sie den Aussenwerken angehören, sagt der genannte Autor, so hätten bei den Versuchen auch die drei hangenderen Flötze dieser Gruppe getroffen werden müssen, was nicht der Fall gewesen ist. Weitere Aufschlüsse über das Verhalten des Steinkohlengebirges unter der jüngeren Bedeckung sind sowohl durch zahlreiche Bohrversuche als auch durch die zwischen Bergrath und Nothberg vermittelst zweier Schächte ausgerichteten Tiefbauanlagen gewonnen worden. Die Resultate der Bohrarbeiten finden sich in nachstehender Tabelle zusammengestellt:

| No. des Bohrlochs | Nähere Bezeichnung der Lage des Bohrlochs | Oberfläche d. Steinkohlengebirges | | Ganze Teufe des Bohrlochs |
|---|---|---|---|---|
| | | unter der Hängebank m | unterdem Wasserspiegel m | |
| 1 | 166 m östlich vom Schacht Heinrich der Grube Centrum . . . . . . . . . . . . . | 91,3 | 56,3 | 94,5 |
| 2 | 313 m östlich vom Schacht Heinrich und 250 m vom Bohrloch 1 . . . . . . | 112,1 | 87,3 | 112,1 |
| 3 | An der Hundsgracht zwischen Bergrath und Röthgen 576 m östlich vom Bohrloch 2 entfernt . . . . . . . . . . . | 138,0 | 118,1 | 138,3 |
| 4 | Unmittelbar nördlich von Bergrath, 700 m von Bohrloch 3 entfernt . . . . . . | 124,0 | 106,0 | 126,0 |
| 5 | 150 m östlich vom Wilhelmschacht der Gr. Eschweiler-Reserve . . . . . . . . | 13,1 | 0 | 14,1 |
| 6 | 160 m nördlich vom Wilhelmschacht . . . | 22,5 | 15,2 | 35,1 |
| 7 | 250 m nordwestlich vom Bohrloch 6 . . . | 38,2 | 33,0 | 90,2 |
| 8 | 350 m östlich vom Bohrloch 7 . . . . . | 38,9 | 33,2 | 57,1 |
| 9 | 220 m südwestlich vom Bohrloch 7 . . . . | 16,5 | 7,3 | 57,2 |
| 10 | 90 m östlich vom Bohrloch 9 . . . . . . | 14,2 | 8,8 | 26,0 |
| 11 | 160 m südwestlich vom Bohrloch 10 . . . | 90,8 | 80,3 | 90,8 |
| 12 | 40 m nordwestlich vom Wilhelmschacht . . | 14,9 | 4,1 | 28,0 |
| 13 | Wilhelmschacht . . . . . . . . . . . . | — | — | — |
| 13b | 920 m nordw. vom Wilhelmschacht unweit Patternhof . . . . . . . . . . . . | 82,0 | 75,1 | 82,0 |
| 14 | 220 m nordöstlich vom Mundloch des Omerbachstollens . . . . . . . . . . . | 66,1 | 60,0 | 66,1 |
| 15 | 900 m östlich vom Bohrloch 14 am rechten Indeufer . . . . . . . . . . . . . | 39,5 | 35,0 | 39,5 |
| 16 | 520 m östlich vom Bohrloch 15 nordwestl. von Hücheln . . . . . . . . . | 81,0 | 75,0 | 81,0 |
| 17 | 1250 m nordöstlich vom Wilhelmschacht an der Strasse Eschweiler-Weisweiler . . | 27,5 | 21,2 | 45,2 |

| No. des Bohrlochs | Nähere Bezeichnung der Lage des Bohrlochs | Oberfläche d. Steinkohlengebirges unter der Hängebank m | Oberfläche d. Steinkohlengebirges unter dem Wasserspiegel m | Ganze Teufe des Bohrlochs |
|---|---|---|---|---|
| 18 | 850 m östlich vom Bohrloch 17, ebenfalls an der Strasse Eschweiler-Weisweiler . . | 73,1 | 65,1 | 74,2 |
| 19 | 810 m nordwestlich vom Bohrloch 18 . . | 126,0 | 112,2 | 126,0 |
| 20 | 1160 m westsüdwestlich vom Bohrloch 19 . | 50,1 | 31,9 | 59,9 |
| 21 | 380 m südlich vom Bohrloch 20 . . . . | ? | ? | 24,01 |
| 22 | 220 m südöstlich vom Bohrloch 17 . . . . | 17,7 | 14,0 | 25,02 |
| 23 | 90 m südlich vom Bohrloch 22 . . . . . | ? | ? | 30,8 |
| C. | Fundpunkt des Concessionsfeldes Glückauf III, 1600 m westlich vom Bohrloch 21 . | 159,0 | 157,6 | 161,0 |
| D. | Fundpunkt des Concessionsfeldes Glückauf IV, 70 m südwestlich vom Bohrloch C . | 157,5 | 155,0 | 162,0 |
| E. | 1200 m nordwestlich vom Bohrloch 20 in der Nähe von Dürwiss . . . . . . . . | 95,8 | 58,0 | 138,9 |
| II | 2¼ km nordwestlich v. Weisweiler-Schacht | 155,2 | 127,2 | 155,2 |
| III | 855 m südlich vom Bohrloch II an der Strasse von Weisweiler nach Frohnhoven . . | 47,2 | 27,2 | 102,2 |
| IV | 420 m westlich vom Weisweiler-Schacht . . | 100,0 | 94,1 | 100,0 |
| V | 160 m nordöstlich vom Bohrloch IV am rechten Indeufer . . . . . . . . . . | 97,1 | 93,2 | 97,1 |
| VI | 300 m westlich vom Bohrloch II . . . . | 118,0 | 83,3 | 118,3 |
| VII | 90 m nordwestlich vom Bohrloch VI an der Strasse von Weisweiler nach Frohnhoven | 122,2 | 85,0 | 230,2 |
| VIII | 720 m östlich von Weisweiler . . . . . | 92,0 | 84,2 | 92,0 |
| IX | 440 m südlich von Weisweiler . . . . . | 47,2 | 37,6 | 47,2 |
| X | 820 m westlich von Weisweiler an der Strasse Weisweiler-Eschweiler . . . . . . . | 112,1 | 105,2 | 112,1 |

Die Längen- und Querprofile, welche man auf Grund der vorstehenden Bohrlochsergebnisse entwerfen kann, lassen erkennen, dass sich das Steinkohlengebirge hinsichtlich der Tiefe seiner Oberfläche unter Tage in der Erstreckung von der Sandgewand bis zum Hervortreten der carbonischen Schichten bei Weisweiler in drei scharf von einander getrennte Abschnitte gliedert, von welchen der westlichste am tiefsten, im Durchschnitt 115 m unter Tage, und der mittlere am höchsten, im Durchschnitt 30—35 m unter Tage gelegen ist, während der östlichste eine mittlere Lage bei etwa 80 m Teufe einnimmt. In der südlichsten Längenprofillinie, welche vom Heinrichschacht der Grube Centrum über die Bohrlöcher No. 1 und 4, den Wilhelmschacht der Nothberger Tiefbauanlage (Bohrloch 13) und die Bohrlöcher No. 15 und 16 bis südlich am Weisweiler Schachte vorbei verläuft, hat die westliche Feldesabtheilung, von der Sandgewand ab gerechnet, eine Länge von rund 1630 m [1]). In einem

1) Die Entfernungen sind auf der Horizontalen durch die Maschinensohle des Heinrichschachtes der Grube Centrum gemessen.

zweiten Längenprofil, welches 300 m nördlich vom ersteren über die Bohrlöcher No. 2, 3 und 7 bis über die Hover-Mühle nach Weisweiler gelegt ist, beträgt die fragliche Länge nur noch 1440 m. Und in einem dritten Profil endlich, welches 550 m nördlich vom zweiten, von Stich über Bohrloch 13C nördlich an Weisweiler vorbei nach dem Bohrloch No. VIII gelegt ist, verringert sich die Länge der westlichen Feldesabtheilung auf rund 1240 m. Diese Zahlen stimmen ziemlich genau mit den Entfernungen überein, welche ein durch die Baue der Nothberger Tiefbauanlage bekannt gewordener Sprung von der Sandgewand ab gerechnet in den obigen Profillinien aufweist, weshalb es unzweifelhaft erscheint, dass die Einsenkung der Oberfläche des Steinkohlengebirges mit dieser Störung in Verbindung steht. Der fragliche Sprung wird, da er westlich der von den Nothberger Schächten aufgefahrenen Hauptlösungsquerschläge liegt, als I. westliche Hauptverwerfung bezeichnet und bildet die westliche Baugrenze des Feldes Wilhelmschacht. Das Streichen der Störung ist bei westlichem Einfallen annähernd in Stunde 8 gerichtet. Wahrscheinlich ist sie auch identisch mit der obenerwähnten Störung im Lussemschacht, da Streich- und Fallrichtung gut zu einander passen. In ihrer südlichen Fortsetzung würde sie mit dem oberen Lauf des Omerbaches zusammenfallen und demnach mit der steilen Einsenkung des dort hervortretenden Steinkohlengebirges unter das jüngere Gebirge in Verbindung gebracht werden können. Von der Sandgewand bis zur I. westlichen Hauptverwerfung senkt sich die Oberfläche des Kohlengebirges mit gleichmässiger Neigung von etwa $2^1/_2{}^0$ ein, gleichzeitig aber auch mit annähernd derselben Neigung in nördlicher Richtung. Da in der Nähe der ersteren Verwerfung die Tiefen innerhalb der oben genannten Profillinien zu 85 bezw. 100 und 135 m unter Tage ermittelt wurden, so sind demzufolge die entsprechenden Teufen an der I. westlichen Hauptstörung 122 bezw. 135 und 150 m. Entsprechende Verhältnisse zeigen die mittlere und östliche Abtheilung. Die mittlere erstreckt sich von der I. westlichen Hauptverwerfung innerhalb der mehrgenannten Profillinien auf 1665 bezw. 1500 und 1300 m nach Osten und wird hier von der östlichen Abtheilung durch zwei nahe zusammenliegende Sprünge getrennt, welche zwar bis jetzt nur in den östlichen Vorrichtungsstrecken des Muldensüdflügels auf der Nothberger Tiefbauanlage angefahren, in ihrer Streichungsrichtung aber hinreichend genug festgelegt sind, um die Uebereinstimmung mit der Streichungslinie der Einsenkung an der Oberfläche des Steinkohlengebirges augenfällig hervortreten zu lassen. Die fraglichen Störungen sind als II. und III. östliche Hauptverwerfung bekannt und streichen bei westlichem Einfallen ungefähr in h. $7^1/_2$. Als I östliche Hauptverwerfung bezeichnet man, beiläufig bemerkt, einen östlich fallenden Sprung, welcher 150 m östlich von der Querlinie der Nothberger

Schächte durchörtert worden ist, und der eine nur geringe Niveauveränderung an der Oberfläche des Steinkohlengebirges bewirkt. Das Bohrloch 5, welches nahe im Liegenden des Sprungs steht, erreichte das Steinkohlengebirge bei 13, das im Hangenden angesetzte Bohrloch 8 bei 39 m. Die Tiefe der Oberfläche des Steinkohlengebirges unmittelbar im Liegenden der I. westlichen Hauptverwerfung beträgt in den genannten Profilen 20 bezw. 55 und 70 m, im Hangenden der II. östlichen Störung 75 bezw. 80 und 90 m, woraus sich, von den kleinen Unebenheiten abgesehen, gleichfalls eine Neigung von 2—$2^1/_2$ ° nach Osten und Norden berechnet. Die östlichste Abtheilung, von der II. östlichen Verwerfung bis zum Ausheben des Steinkohlengebirges bei Weisweiler sich erstreckend, hat in den entsprechenden Längsschnitten die Längen von 1200, 1700 und 2400 m, während die Mächtigkeiten des Deckgebirges im Liegenden der II. östlichen Störung zu 20 bezw. 22 und 24 m, am Rande der Weisweiler Erhebung dagegen zu 95 bezw. 100 und 130 m ermittelt worden sind. Die Neigung der Oberfläche des Carbons nach Osten und Norden schwankt daher zwischen 2 und $2^1/_2$ °. Die Erhebung des Steinkohlengebirges bei Weisweiler bildet einen nach Norden sich verschmälernden Rücken, der in dieser Richtung so stark abfällt, dass er bereits in der nördlichsten der erwähnten Längsprofillinien unter dem Deckgebirge verschwindet. Wie durch die alten hierselbst umgegangenen Grubenbaue erwiesen worden ist, stehen die jähen seitlichen Abstürze des Rückens ebenfalls mit grösseren Verwerfungen in Verbindung, die in der III. (130 m-)Sohle bei 146 bezw. 712 m Entfernung westlich und östlich von der Querlinie der Weisweiler Schachtanlage angetroffen worden sind. Im Norden des Ortes Weisweiler müssen sich dieselben schaaren. Die Bohrarbeiten, deren Ergebnisse im Vorstehenden kurz angegeben sind, wurden seiner Zeit zu dem Zweck ausgeführt, die Mächtigkeit des Deckgebirges behufs Auswahl eines geeigneten Ansitzpunktes für eine neue Schachtanlage festzustellen, und sind daher bis auf wenige Ausnahmen nach Erreichung der oberen Grenze des Steinkohlengebirges gestundet worden. Die Aufschlüsse über die Lagerung und die Beschaffenheit der Flötze in dem Muldentheil zwischen der Sandgewand und Weisweiler hat bis jetzt allein die Tiefbauanlage bei Nothberg vermittelt und zwar vor der Hand auch nur in der Erstreckung von der I. westlichen bis zur II. östlichen Hauptverwerfung. Mit dem Wilhelmschacht durchsank man die stark überkippten Schichten des Muldensüdflügels, dessen Einfallen 65—70° gegen S. beträgt und durchörterte bei 40, 60, 215, 233, 320, 355 und 358 m Teufe 7 Flötze, deren reine Kohlenmächtigkeit in runden Zahlen zu 21 bezw. 55, 47, 21, 21, 42 und 42 cm ermittelt wurde. Die Identität dieser Flötze mit denjenigen der Eschweiler Mulde konnte bisher nicht festgestellt werden; sie gehören aber jedenfalls den Aussenwerken oder der zwischen Aussen- und Binnenwerken auftretenden Flötzgruppe an. Die Binnenwerke, mit dem liegendsten Flötze Padtkohl beginnend, überfuhr man erst bei der querschlägigen Ausrichtung, die in 4 Sohlen bei 170, 212, 280 und 380 m Teufe bewirkt wurde. Eine 5. Sohle in 490 m Teufe ist erst neuerdings in Angriff genommen worden. Auf den beiden oberen Sohlen hat man nur den Südflügel bis zum Hangenden des Flötzes Häring bezw. Knoch zu lösen vermocht, da starke Wasserzugänge die Einstellung der Arbeiten nothwendig machten. Auf den unteren Sohlen ist dagegen die ganze Mulde bis zum Liegenden des Flötzes Grosskohl im Nordflügel durchfahren worden. Dabei hat man das Einfallen der Nordflügel zu 35—40° (nach S.) und die Mulde des Flötzes Furth noch unterhalb der 380 m-Sohle liegend gefunden. Im westlichen Muldentheil muldet das Flötz Furth bei 21 m Teufe, und da der Niveauunterschied der Tagesoberfläche am Kronprinzschacht der Grube Centrum und am Nothberger Wilhelmschacht fast 60 m beträgt, so ergiebt sich eine senkrechte Verwurfshöhe der Sandgewand von über 400 m. Das Schichtenprofil weist gegen den westlichen Muldentheil manche Abweichungen auf; sowohl die Flötzmächtigkeiten als auch die Zwischenmittel haben mehrfache Veränderungen erfahren. Gleichwohl bietet dasselbe gute Anhaltspunkte zur Identifizirung der Flötze dar und war nur in der Muldenmitte wegen vielfacher Störungen und Verdrückungen schwer zu entziffern. Die hangenderen Flötze wurden deswegen in der ersten Zeit ihres Aufschlusses auch nur mit römischen Nummern gekennzeichnet, bis die mit dem Fortschritt der Ausrichtungsarbeiten zunehmende Kenntniss des Gebirgsbaus die Identifizirung der ganzen Flötzreihe ermöglichte. Die ursprüngliche Bezeichnung hat sich jedoch so fest eingebürgert, dass sie auch jetzt noch vorwiegend üblich ist, und dass z. B. die Nordflügel der Flötze Furth, Scholl, Plattekohl und Makrele allgemein als Flötze IV bezw. VI, IX und X benannt werden. Für die Südflügel derselben Flötze gelten dagegen die althergebrachten Namen. Im Hangenden des Flötzes Furth sind noch 3 kleine Flötzchen aufgeschlossen, welche im westlichen Muldentheil unbekannt sind. Das liegende derselben hat 8, das mittlere $6^1/_2$ und das hangende 22 cm reine Kohlenmächtigkeit. Die Muldenlinie des letzteren ist in der Schachtquerlinie rund 600 m vom Wilhelmschacht entfernt. Die übrigen Einzelheiten des Profils sind in nachstehender Tabelle verzeichnet.

## Profil der Indemulde auf der Nothberger Schachtanlage.

| No.[1]) | Namen des Flötzes | Steinkohle cm | Bergemittel cm | Zwischenmittel m | Bemerkungen und genauere Profile der zur Zeit gebauten Flötze |
|---|---|---|---|---|---|
| 0 | Flötz ohne Namen | 22 | — | — | |
| 0 | Desgleichen . . | 6,5 | — | 2,5 | |
| 0 | Desgleichen . . | 8 | — | 15 | |
| 1 | Furth . . . . . | 53 | 11 | 3 | heisst im Nordflügel Flötz IV, 10 cm Kohle, 11 cm Schiefer, 43 cm Kohle. |
| 2 | Kl. Scholl . . . | Brandschiefer | mit Kohle | 4,3 | |
| 3 | Scholl . . . . . | 47 | — | 9 | |
| 4 | Kl. Plattenkohl . | 26 | 82 | 10 | heisst im Nordflügel Flötz IX, 15 K. 30 Sch. 17 K. 5 B. 30 K. |
| 5 | Kleinkohl . . . | 52 | — | 20 | heisst im Nordflügel Flötz X. Im Südflügel: 40 K. 8 B. 11 K. 18 B. 13 K. Im Nordflügel: 50 K. 5 B. 25 K. |
| 6 | Plattenkohl . . . | 62 | 35 | 14,6 | |
| 7 | Makrele . . . . | 70 | 26 | 21 | |
| 8 | Spierling . . . . | 68 | 12 | 14,6 | 58 K. 12 B. 11 K. |
| 9 u. 10 | Bücking . . . . | 96 | 20 | 28 | |
| 11 | Rheinfisch . . . | 30 | — | 11 | |
| 12 u. 13 | Steinkohl . . . . | 47 | — | 8 | |
| 14 | Knoch . . . . . | 2 | — | 8 | |
| 15 | Stock . . . . . | 46 | — | 16 | 46 K. |
| 16 | Kl. Stock . . . | 4 | — | 8 | |
| 17 | Mumm . . . . . | 60 | — | 26 | 60 K. |
| 18 | Haering . . . . | 23 | — | 16 | |
| 19 | Hupp . . . . . | 56 | — | 16 | Im Südfl. 46 K., im Nordfl. 55 K. |
| 20 | Kl. Hupp . . . | 5 | — | 4,4 | |
| 21 | Schlemmerich . . | 92 | 12 | 12,4 | Im Südfl. 66 K. 15 B. 29 K. Im Nordfl. 90 K. |
| 22 | Bein . . . . . | ? | ? | 6 | |
| 23 | Kirschbaum . . . | 28,7 | — | 8 | |
| 24 | Kl. Kirschbaum . | ? | ? | 6 | |
| 25 | Fornegel . . . . | 50 | — | 16 | 50 K. |
| 26 | Krebs . . . . . | ? | ? | 4 | |
| 27 | Grosskohl . . . | 115 | — | 11 | Im Südfl. 120 K. Im Nordfl. 110 K. |
| 28 | Kessel . . . . . | 80 | 25 | 18 | 65 K. 25 B. 15 K. |
| 29 | Hartekohl . . . | 54,6 | 83,2 | 12 | |
| 30 | Kaiser . . . . . | 26 | — | 27 | |
| 31 | Gyr . . . . . . | 80,6 | 15,6 | 20 | |
| 32 | Kleinkohl . . . | 46,8 | 62,4 | 45 | |
| 33 | Rapp . . . . . | 67,6 | 145,6 | 2 | |
| 34 | Padtkohl . . . . | 83,2 | 41,6 | 8 | |
| 35 | Flötz 2 . . . . | 41,6 | 10,4 | 100 | |
| 36 | Flötz 1 . . . . | 41,6 | — | 4 | |
| 37 | Unbenanntes Flötz | 20,8 | — | 18 | Verdrückt sich nach der Teufe zu. |
| 38 | Desgleichen . . . | 20,8 | — | 42 | |
| 39 | Desgleichen . . . | 46,8 | 112 | 10 | |
| 40 | Desgleichen . . . | 54,6 | 98,8 | 52 | |
| 41 | Desgleichen . . . | 20,8 | — | 8 | |

1) Die Nummern der Flötze sind mit denen der Zusammenstellung auf Seite 27 in Uebereinstimmung gebracht.

Bezüglich der Kohlenbeschaffenheit zeigt der östliche Muldentheil gegen den westlichen keine Verschiedenheit.

Ueber die Beschaffenheit und die Lagerungsverhältnisse der Mulde in der Weisweiler Hervorragung des Kohlengebirges haben die bisherigen Gewinnungsarbeiten nur wenig Aufklärung geschaffen. Der Zug der Aussenwerksflötze ist daselbst ziemlich deutlich durch einen Pingenzug gekennzeichnet, der sich vom Eisenmühlenbach auf 1250 m nach O. bis zur Strasse von Weisweiler nach Langerwehe erstreckt und von der Rheinischen Eisenbahn geschnitten wird. Etwa 420 m nördlich hiervon sind in derselben Längenerstreckung die Flötze der Binnenwerke ebenfalls durch einen Pingenzug kenntlich gemacht, der bei 300 m Breite bis an das schmale Indethal reicht, in welchem die Schichten des Carbons unbedeckt anstehen. Das Einfallen derselben ist steil gegen S. gerichtet. Sie gehören dem Muldensüdflügel an. Noch weiter gegen N., in der Ortschaft Weisweiler, ist das Kohlengebirge in mehreren Brunnen angetroffen, ausserdem aber auch zu Mitte der 20er Jahre durch Bohrarbeiten untersucht worden, wobei zwei Flötze von 0,80 und 0,65 m (einschl. Bergemittel 0,20 m) in 12 m senkrechter Entfernung angefahren wurden, welche flach gegen S. einfallen, also dem Muldennordflügel angehören. Streich- und Fallrichtung stimmen demnach gut mit denen überein, welche im Felde von Centrum und Nothberg festgestellt worden sind. Sehr abweichende Verhältnisse lehrte jedoch der zu Anfang der 50er Jahre eröffnete Tiefbau kennen. Der etwas oberhalb der Weisweiler Brücke am rechten Gehänge des Indethals angesetzte Stollen überfuhr bei 174 m Länge eine Menge schmaler mit vielen Bergestreifen verunreinigter Flötze und mit widersinnigem Einfallen (nach S.), welche weder nach ihrer Beschaffenheit noch nach ihren Entfernungen mit den bekannten Flötzen verglichen werden konnten. Sie wurden zwar als der liegenden Binnenwerkspartie (von Kirschbaum bis einschliesslich Padtkohl) angehörig gehalten, aber irgend eine Sicherheit fehlte umsomehr, als sich nach der Teufe zu die Flötze sehr veränderlich erwiesen. Ausserdem zeigten sich die hangenden Flötze in den tieferen Sohlen, welche bei 88 und 130 m Teufe gebildet waren, von einer Verwerfung abgeschnitten, die fast parallel mit den Gebirgsschichten in h. 3 streicht, und mit 45° gegen SO. einfällt. Während im Hangenden oder auf der Südseite dieser Verwerfung die Schichten das widersinnige südliche Einfallen beibehalten, tritt auf der Nordseite rechtsinniges Einfallen mit 35—40° gegen N. ein. Der Schacht durchfuhr die Verwerfung bei 120 m Teufe. Der 10 m tiefer angesetzte Sohlenquerschlag traf dementsprechend die südlich vom Schachte befindlichen liegenden Flötze Kleinkohl, Rapp und Padtkohl mit steilem südlichen Einfallen. Nach Norden hingegen stand er ausschliesslich in nördlich fallenden Schichten, die jedoch zuerst, d. h. bis zum hangenden Flötz Kaiser, noch sehr steil aufgerichtet waren, so dass die flache Neigung erst mit dem Flötze Hartekohl (d. i. bei 293 m Querschlagslänge vom Schachte aus gemessen) eintrat. Auf dem Flötze Schlemmerich, bis zu welchem der Querschlag noch erlängt wurde, ist die Mulde und der mit 5 bis 12° einfallende Nordflügel erreicht worden. Soweit es nach den wenig genauen Ermittelungen bis jetzt festzustellen ist, liegen die Süd- und Nordflügel des liegendsten Binnenwerksflötzes Padtkohl am Ausgehenden 1088—1140 m von einander entfernt, so dass die Muldenbreite nur wenig von derjenigen verschieden ist, welche man im westlichen Muldentheil nahe der Sandgewand ermittelt hat. Dagegen ist die Muldentiefe an letzterem Orte grösser, als bei Weisweiler. Denn während sie dort rund 400 m unter dem Indespiegel liegt, erreicht sie hier nur 274 m, also 126 m weniger Teufe. Ob diese verschiedene Niveaulage eine Folge des östlichen Aushebens der Muldenlinie sei, ist nicht mit Sicherheit anzugeben, da sie ebensogut auf die Wirkung der im Nothberger Felde nachgewiesenen grossen Sprünge (der sog. I. westlichen und II. und III. östlichen Verwerfung) zurückgeführt werden kann. Bei letzterer Annahme würde man noch auf eine grössere Ausdehnung der Mulde nach Osten hin rechnen können. Doch werden jedenfalls die Tiefen hier beträchtlich grösser werden, als man sie im Westen von Weisweiler gefunden hat. Schon bei Lucherberg, nahe der Einmündung des Wehebaches in die Inde, hat ein Bohrloch bei 178 m sein Ende in den bedeckenden oligocänen Schichten gefunden, ohne das Kohlengebirge erreicht zu haben. An der scharf ausgeprägten Grenze der paläozoischen und känozoischen Schichten in der Richtung Langerwehe, Merode, Gey zeigt sich wie bei der Sandgewand eine deutliche Einsenkung an der Oberfläche, so dass es sehr wahrscheinlich erscheint, dass die fragliche Grenze ebenfalls mit einer grösseren Bruchlinie in Verbindung steht, die sich gegen Nordwest unter der Decke der tertiären Schichten fortsetzt, bei Frenz die Inde überschreitet und über Pattern, Engelsdorf etc. weiter nach Norden zieht. Oestlich dieser muthmasslichen Verwerfung würde also nach dem Ergebniss des Lucherberger Bohrlochs das Steinkohlengebirge früher als bei 178 m nicht erreicht werden können, es sei denn, dass noch durch andere Störungen Niveauveränderungen verursacht worden wären. Hierüber fehlen jedoch bis jetzt jegliche Aufschlüsse. Die Verlängerung der Muldenlinie folgt von Weisweiler dem Indethal bis Lamersdorf, durchschneidet dann das breite Roerthal von Schophoven bis Hambach und erreicht über Esch und Angelsdorf bei Glesch zwischen Bergheim und Bedburg das Erftthal. Noch weiter verlängert, würde sie den Rhein bei Mornheim schneiden und bei etwa 55 km Entfernung von Weisweiler auf den aus mitteldevonischen Schichten aufgebauten Westabhang des bergischen Landes treffen. Es ist also gewiss, dass das

Steinkohlengebirge schon weiter westlich aufhören muss. Die für die Entfaltung des Steinkohlenbaus im hiesigen Revier sehr wichtige Frage jedoch, wo die östliche Muldenwendung zu suchen ist, bezw. ob der die Inde- und Wormmulde von einander trennende Aachener Sattel gegen NO. immer mehr einsinkt, so dass die beiden Mulden sich zu einer vereinigen, harrt nach wie vor noch ihrer Lösung.

### b) Steinkohlenablagerung auf der linken Seite des Niederrheins.

Ueber den ersten Anlass zur Ausführung von Bohrarbeiten auf der linken Seite des Niederrheins, über die dabei erzielten Resultate und über die Schlussfolgerungen, welche man daraus bezüglich der Ausdehnung des produktiven Steinkohlengebirges in der fraglichen Gegend gezogen hat, sind bereits in der Beschreibung des Bergreviers Aachen (S. 38—48) Angaben gemacht worden, so dass darauf verwiesen werden kann. Einen weiteren Einblick in die Lagerstättenverhältnisse gewähren die seit dem Erscheinen jenes Buches entstandenen Baue der Grube Rheinpreussen, welche deshalb an dieser Stelle zu erörtern sind.

Auf der Grube Rheinpreussen erstreckten sich die Aufschlüsse bislang auf den südöstlichsten Theil des 93454000 qm umfassenden Concessionsfeldes, dessen Grenzen sich im Osten von Essenberg, den Krümmungen des Rheinstroms folgend, abwärts bis nach Orsoy, im Norden von Orsoy bis etwa 3 km westlich von Rheinkamp, im Westen von letztgenanntem Endpunkt der nördlichen Markscheide bis annähernd Capellen und im Süden von Capellen über Rumelen, Asterlagen nach Essenberg zurück erstrecken. Etwa 4 km von der östlichen und 1 km von der südlichen Markscheide entfernt sind mittelst einer Zwillingsschachtanlage bei einer Teufe von 105 bezw. 130 m die Schichten des Steinkohlengebirges angefahren worden, deren Streichen zwischen h. 4 und 6 schwankt, und deren Einfallen mit 5—10° gegen NW. gerichtet ist. Nach der Teufe zu wird die Stellung der Schichten eine steilere und bewegt sich zwischen 20 und 30°. Nur wenige Meter westlich von den Schächten setzt eine bedeutende Verwerfung auf, die bei einem Streichen von h. 10 mit 80° Neigung den Schächten zufällt, dieselben in der Teufe durchschneidet und einen Verwurf der Schichten von 82 m seigerer Höhe bewirkt. Ihre Mächtigkeit beträgt 70 m, wovon 30 m aus Letten und 40 m aus zerriebenen und gebrochenen Gebirgsmassen bestehen. Eine zweite grosse Störung mit gleichfalls östlichem Einfallen und von rund 80 m Mächtigkeit tritt etwa 200 m weiter westlich von der ersteren auf und verursacht einen noch nicht genau ermittelten seigeren Verwurf von mindestens 400 m. Diese beiden Sprünge und der zwischen ihnen eingeschlossene stark zerrüttete Gebirgskeil theilen das Grubenfeld in der Weise, dass im Osten ein kleinerer Theil von etwa 6 Millionen, im Westen ein grösserer Theil von rund 87 Millionen qm Flächeninhalt verbleiben. Im östlichen Feldestheile ist die querschlägige Lösung bei 246, 310 und 450 m Teufe bis auf mehr als 2 km Länge vorgeschritten, wobei neben mehreren kleinen 12 bauwürdige Flötze überfahren worden sind, deren reine Kohlenmächtigkeit sich auf zusammen 12 m beläuft. Die liegenderen Flötze wurden bereits mit den Schächten durchsunken und demzufolge in der Reihenfolge, in welcher man sie antraf, beziffert; die hangenderen Flötze dagegen, deren Lösung erst in den Sohlenquerschlägen erfolgte, sind mit römischen Buchstaben A, B, C u. s. w. bezeichnet worden. Das hangendste Flötz, das gegenwärtig erreicht ist, ist das Flötz G. Alle bisher bekannten Flötze des östlichen Feldestheils enthalten eine fette verkokungsfähige Kohle, und dieser Umstand sowohl, als auch die Thatsache, dass die Flötze in der direkten Verlängerung der auf der rechtsrheinischen Kohlenzeche „Ruhr und Rhein“ aufgeschlossenen Flötzpartie gelegen sind, stellen es ausser Zweifel, dass die vorliegende Abtheilung dem Horizont der Fettkohlengruppe in der westfälischen Steinkohlenablagerung angehört. Eine speciellere Identificirung der einzelnen Flötze ist indessen bei dem Mangel an charakteristischen Leitschichten und bei der oft in kurzen Abständen eintretenden starken Profilveränderung bislang nicht möglich gewesen. Man glaubt zwar, dass das Flötz 3 mit dem Flötz Hermann von „Ruhr und Rhein“ verglichen werden könne, da beide sowohl in der Mächtigkeit, als auch in dem Verhalten ihres Nebengesteins eine gute Uebereinstimmung zeigen, jedoch fällt es alsdann sehr schwer, den Vergleich auch auf die liegenden und hangenden Schichten auszudehnen, da die Verschiedenheiten in den Mächtigkeiten der Flötze und Zwischenmittel eine zu grosse ist. In der nachfolgenden Zusammenstellung, in welcher gleichwohl der Versuch einer Identificirung gemacht worden ist, tritt dies sehr deutlich hervor, und es ist dabei ausserdem zu beachten, dass die Flötze von „Ruhr und Rhein“, die zum Theil die Namen von ganz charakteristischen Leitflötzen der westfälischen Fettkohlenpartie tragen, durchaus noch nicht sicher mit letzteren identificirt sind, ja es sogar wahrscheinlich ist, dass spätere Aufschlüsse noch zu anderen Ergebnissen führen werden. Eine genaue Niveaubestimmung ist somit noch nicht möglich.

## Profile von den Gruben Rheinpreussen und „Ruhr und Rhein".

**Grube Rheinpreussen**

| Namen der Flötze | Steinkohle m | Bergemittel m | Zwischenmittel m |
|---|---|---|---|
| G | 1,00 | 0,10 | |
| F | 0,90 | 0,08 | 15 |
| E | 0,80 | — | 25 |
| D | 1,60 | 0,40 | 25 |
| C | 0,65 | — | 13 |
| $B^2$ | 0,65 | — | 15 |
| $B^1$ | 0,55 | — | 6 |
| Ohne Namen | 0,40 | — | 13 |
| Ohne Namen | 0,30 | — | 6 |
| Ohne Namen | 0,35 | — | 3 |
| B | 1,05 | — | 6 |
| A | 1,00 | 0,05 | 26 |
| Ohne Namen | 0,60 | — | 1 |
| Ohne Namen | 0,06 | 0,39 | 12 |
| 1 | 0,92 | 0,30 | 3 |
| $1^1/_2$ | 0,64 | 0,03 | 9 |
| Ohne Namen | 0,13 | — | 12 |
| Ohne Namen | 0,01 | — | 20 |
| 2 | 0,68 | — | 23 |
| 3 | 1,10 | — | 7 |
| 4 | 0,75 | — | 31 |
| 5 | 0,50 | — | 15 |
| Ohne Namen | 0,08 | — | 17 |
| 6 | 0,68 (unr. K.) | | 25 } |
| 7 | 0,53 (unr. K.) | | 4 } |
| 8 | 0,48 (unr. K.) | | 25 |
| Ohne Namen | 10 m abw. K. u. Brandschiefer | | |
| 9 | 0,60 | (unr. Kohle) | 65 |
| Ohne Namen | 0,03 | — | 14 |
| 10 | 0,65 | — | 5 |

**Grube „Ruhr und Rhein"**

| Namen der Flötze | Steinkohle m | Bergemittel m | Zwischenmittel m |
|---|---|---|---|
| 3 | 1,10 | — | — |
| Ohne Namen | 0,55 | — | 3 |
| 2 | ? | ? | 23 |
| Ohne Namen | 0,50 K. 0,10 K. | 0,15 B. | 7 |
| 1 | 1,20 | — | 10 |
| { Ohne Namen | 0,60 | — | 10 |
| { Ohne Namen | 0,63 | — | 6 |
| Ohne Namen | 0,60 | — | 8 |
| Ohne Namen | 0,70 | 1,1 | 8 |
| Magdalena | 0,95 | — | 12 |
| Elise | 0,22 K. 0,56 K. | 0,06 B. | 27 |
| Ohne Namen | 0,32 K. 0,11 K. | 0,06 B. | 15 |
| Laura Victoria | 0,65 K. 1,28 K. | 0,65 B. | 20 |
| Catharina | 0,31 | — | 24 |
| Gustav | 0,68 | — | 24 |
| Hermann | 1,10 | — | 10 |
| Gretchen | 1,10 | 0,10 | 5 |
| Ohne Namen | 0,16 | — | 5 |
| Anna | 0,55 | — | 30 |
| Mathias | 0,89 | 0,75 | 20 |
| { Ohne Namen | 0,08 K. 0,05 K. | 0,05 B. | 20 |
| { Hugo | 0,89 | 0,13 | 21 |
| Robert | 0,68 | — | 8 |
| Albert | 0,52 | — | 22 |
| Wellington | 2,67 (unr. K.) | | 30 |
| Ohne Namen | 0,21 | — | 25 |

In streichender Richtung sind die Flötze auf Rheinpreussen bis nahe an die östliche Markscheide überfahren worden, wobei sich von kleineren Störungen abgesehen noch folgende 5 Sprünge in der Richtung von W. nach O. gezeigt haben.

1. ein Verwurf ins Liegende mit 40 m seigerer Sprunghöhe
2. „ „ „ Hangende „ 6 m „ „
3. „ „ „ Liegende „ 37 m „ „
4. „ „ „ Hangende „ 10 m „ „ und
5. „ „ „ Liegende „ 100 m „ „

Es ist nicht unwahrscheinlich, dass alle diese Störungen mit der Bildung des Rheinthals in einem näheren Zusammenhange stehen.

Die beiden grossen im Westen der Schächte gelegenen Sprünge, welche kurz als I. und II. Hauptverwerfung bezeichnet werden, sind bisher dreimal behufs Lösung des Westfeldes durchörtert worden. Das eine Mal ist man im Flötz $1^1/_2$ auf der 310 m-Sohle aufgefahren, worauf man nach gradliniger Durchörterung des I. Sprungs auf das Flötz B traf und in diesem bis zur II. Verwerfung fuhr, hinter welcher, ohne querschlägig ausgelenkt zu haben, ein bis dahin noch nicht bestimmtes Flötz ausgerichtet wurde, das aus 0,64 m Kohle, 0,02 m Berge und 0,16 m Kohle bestand, eine fette Kohle führte und sich später als Flötz 9 erwies. Die Untersuchungsstrecke wurde in diesem Flötz noch auf 580 m nach Westen erlängt, ohne eine Störung oder eine merkliche Flötzveränderung anzutreffen, worauf dann endlich ein Querschlag nach N. (also ins Hangende) angesetzt wurde, der aber keine Flötze mehr gelöst hat und bei 110 m Länge im wasserreichen Sandstein gestundet worden ist. Ganz andere Verhältnisse lehrten die beiden anderen Untersuchungsstrecken kennen. Dieselben wurden von den Schächten aus direkt im Nebengestein nach W. getrieben und richteten hinter den beiden westlichen Verwerfungen ein Kohlenflötz aus, das in einer nach Osten geschlossenen Mulde gefaltet ist, deren Synclinallinie eine schwache Neigung nach W. besitzt, und deren Flügel sich nach N. umbiegen, nach S. aber in höheren Lagen verflachen. Die Gesteinsstrecke in der 310 m-Sohle mündete innerhalb der Mulde im hangenden Nebengestein des Nordflügels, so dass das Flötz erst durch ein blindes Schächtchen gelöst werden konnte; umgekehrt fuhr die Strecke auf der 450 m-Sohle — da die Muldenwendung noch über der letzteren liegt — die liegenden Schichten an und konnte das Flötz erst mittelst eines seigeren Aufbrechens von 17 m Höhe erreichen. Das Flötz, welches mit No. 12 bezeichnet wird, führt magere Kohlen und wird, wenngleich zu einer näheren Identitätsbestimmung zuverlässige Merkmale fehlen, zu den Girondeller Flötzen des westfälischen Steinkohlenzuges gerechnet. Von Wichtigkeit für die Beurtheilung der Lagerstättenverhältnisse am Niederrhein sind schliesslich die seit den Jahren 1897 und 1898 von dem Kommerzienrath A. Stein zu Düsseldorf und dem Geh. Kommerzienrath C. Wessel in Bernburg a. d. S., und an des Letzteren Stelle später von der Deutschen Solvaywerks-Aktiengesellschaft zu Bernburg a. d. S., in den Kreisen Moers und Geldern auf Steinsalz und Steinkohle ausgeführten Tiefbohrungen.

Da indess das Muthungs- und Verleihungsverfahren noch schwebt, die Bohrungen auch keineswegs als abgeschlossen angesehen werden können, so lassen sich die Bohrergebnisse hier zur Zeit noch nicht erörtern. Immerhin ist es von Interesse, die Horizonte kennen zu lernen, in denen die Steinsalzablagerung und die Steinkohlenflötze an den verschiedenen Punkten erreicht worden sind, und wird deshalb an dieser Stelle eine Nachweisung der bisherigen Bohrlochsfunde unter Angabe der Fundteufen eingefügt.

## Zusammenstellung der am Niederrhein im Bergrevier Düren gemachten Bohrlochsfunde.

| Lauf. No. | Der Muthungen Namen | Der Muthungen Datum | Bezeichnung des gemutheten Minerals | Lage des Bohrlochs Kreis | Lage des Bohrlochs Gemeinde | Fundteufe m |
|---|---|---|---|---|---|---|
| 1 | Budberg IV | 12. 7. 99 | Steinkohle | Moers | Budberg | 508,90 |
| 2 | Vierbaum II | 13. 7. 99 | „ | „ | Vierbaum | 550,47 |
| 3 | Ossenberg II | 23. 8. 99 | „ | „ | Ossenberg | 645,6 |
| 4 | Ossenberg I | 28. 12. 99 | Steinsalz | „ | „ | 551,9 |
| 5 | Millingen I | 28. 12. 99 | „ | „ | Millingen | 557,0 |
| 6 | Huck I | 9. 1. 00 | Steinkohle | „ | Huck | 708,6 |
| 7 | Rheinberg II | 16. 1. 00 | „ | „ | Rheinberg | 627,6 |
| 8 | Alpen | 8. 2. 98 | „ | „ | Alpen | 636,7 |
| 9 | Salz-Menzelen | 12. 3. 98 | Steinsalz | „ | Menzelen | 553,3 |
| 10 | Salz-Winnenthal | 24. 8. 98 | „ | „ | Winnenthal | 673,0 |
| 11 | Salz-Menzelen II | 1. 11. 99 | „ | „ | Menzelen | 651,0 |
| 12 | Menzelen | 6. 12. 99 | Steinkohle | „ | „ | 887,6 |
| 13 | Salz-Menzelen III | 6. 12. 99 | Steinsalz | „ | „ | 615,0 |
| 14 | Menzelen III | 6. 12. 99 | Steinkohle | „ | „ | 816,8 |
| 15 | Menzelerheide | 14. 2. 00 | „ | „ | „ | 654,5 |
| 16 | Winnenthal | 12. 7. 00 | „ | „ | Winnenthal | 812,8 |
| 17 | Menzelen IV | 12. 7. 00 | „ | „ | Menzelen | 896,3 |
| 18 | Vluyn | 26. 3. 97 | „ | „ | Vluyn | 356,8 |
| 19 | Budberg I | 23. 6. 97 | Steinsalz | „ | Budberg | 510,0 |
| 20 | Saalhof I | 15. 7. 97 | „ | „ | Saalhof | 469,0 |
| 21 | Budberg II | 18. 10. 97 | Steinkohle | „ | Budberg | 706,4 |
| 22 | Camp I | 1. 11. 97 | Steinsalz | „ | Camp | 456,0 |
| 23 | Camp II | 9. 2. 98 | Steinkohle | „ | Camperbruch | 630,0 |
| 24 | Millingen II | 23. 2. 98 | „ | „ | Rheinberg | 799,1 |
| 25 | Budberg III | 13. 6. 98 | „ | „ | Eversael | 491,9 |
| 26 | Vluyn II | 2. 8. 98 | „ | „ | Vluyn | 322,0 |
| 27 | Issum II | 2. 11. 98 | „ | Geldern | Issum | 524,9 |
| 28 | Issum IV | 21. 2. 99 | „ | „ | „ | 647,8 |
| 29 | Rheinberg I | 4. 10. 99 | Steinsalz | Moers | Rheinberg | 441,3 |
| 30 | Rossenray I | 21. 11. 99 | Steinkohle | „ | Rossenray | 493,0 |
| 31 | Rheinberg III | 4. 1. 00 | Steinsalz | „ | Rheinberg | 435,0 |
| 32 | Rheinberg IV | 22. 1. 00 | Steinkohle | „ | „ | 625,0 |
| 33 | Eversael I | 21. 4. 00 | „ | „ | Eversael | 494,2 |

| Lauf. No. | Der Muthungen Namen | Datum | Bezeichnung des gemutheten Minerals | Lage des Bohrlochs Kreis | Gemeinde | Fundteufe m |
|---|---|---|---|---|---|---|
| 34 | Salz-Drüpt II | 21. 6. 99 | Steinsalz | Moers | Drüpt | 801,7 |
| 35 | Salz-Borth | 17. 7. 99 | " | " | " | 768,0 |
| 36 | Drüpt | 25. 7. 99 | Steinkohle | " | " | 849,3 |
| 37 | Borth II | 24. 8. 99 | " | " | " | 962,7 |
| 38 | Salz-Grünthal | 8. 10. 99 | Steinsalz | " | Menzelen | 600,2 |
| 39 | Grünthal | 7. 11. 99 | Steinkohle | " | " | 727,5 |
| 40 | Veen | 17. 3. 00 | " | " | Veen | 732,7 |
| 41 | Salz-Birten | 19. 3. 00 | Steinsalz | " | Birten | 650,6 |
| 42 | Enschenhof | 28. 4. 00 | Steinkohle | " | Veen | 705,0 |
| 43 | Birten | 11. 6. 00 | " | " | Birten | 919,2 |
| 44 | Salz-Beek | 12. 11. 00 | Steinsalz | " | Wardt | 823,3 |
| 45 | Salz-Büderich | 25. 11. 00 | " | " | Ginderich | 605,1 |
| 46 | Beek | 12. 1. 01 | Steinkohle | " | Wardt | 1016,5 |
| 47 | Salz-Assmannshof | 14. 2. 01 | Steinsalz | " | Xanten | 1008,8 |
| 48 | Assmannshof | 17. 3. 01 | Steinkohle | " | " | 1113,6 |
| 49 | Büderich | 4. 7. 01 | " | " | Ginderich | 1073,8 |

### c) Braunkohlenvorkommen.

Die Kenntniss der Braunkohlenvorkommen im südlichen Reviertheil beruht fast ausschliesslich auf den Ergebnissen der Bohrarbeiten, welche im Felde von Eschweiler-Reserve zur Feststellung der Mächtigkeit der das Steinkohlengebirge bedeckenden jüngeren Schichten vorgenommen worden sind. Abgesehen von dem Abbaue im Felde der Grube Goltstein bei Lucherberg hat eine nennenswerthe Gewinnung bis jetzt noch nicht stattgefunden. In Folge der reichlichen Deckung des Bedarfs an Brennmaterial durch die Steinkohlengruben ist das Bedürfniss hierzu noch nicht hervorgetreten. Wenn hiernach in manchen Beziehungen genauere Aufschlüsse erst von der Zukunft zu erwarten sind, so ist doch wenigstens durch die bisherigen Versuchsarbeiten erwiesen worden, dass die Verbreitung der Braunkohlenlager eine sehr grosse ist, und dass insbesondere auch die Zahl und Mächtigkeit derselben an denjenigen Stellen, an welchen das Oligocän in Folge des tiefen Niveaus des unterlagernden Gebirges in reicher Entwickelung auftritt, sehr bedeutend werden. Entsprechend der Ausdehnung der Tertiärformation und dem weiter oben beschriebenen Verhalten des Steinkohlengebirges kann man demnach im Allgemeinen eine Zunahme der Braunkohlenlager in der Richtung von W. nach O. verfolgen. Im Liegenden der Sandgewand, im Probsteier, Atscher und Reichswald, besteht die jüngere Bedeckung des Carbons nur aus pleistocänen Schichten. Das Oligocän ist hier allein im Tunnel der Rheinischen Eisenbahn bei Nirm in einer kleinen Mulde aufgeschlossen worden, welche ganz im Dolomit des Kohlenkalks liegt und ein 90 cm mächtiges Kohlenflötz enthält. Die liegenden Schichten bestehen aus einer dünnen Lage von grauschwarzem Thon und aus gelben und weissen Sanden. Ueber dem Braunkohlenflötz liegen röthlich-gelber mit Thon gemengter Sand und grünlich-grauer thoniger Sand, welch letzterer viele Blöcke von festem feinkörnigen, in Quarzit übergehenden Sandsteinen enthält. Oestlich der Sandgewand ist das Vorkommen von Braunkohlen bis zur sog. ersten westlichen Hauptverwerfung der Nothberger Tiefbauanlage in den nachstehend angegebenen Bohrlöchern 1, 2, 3 und 4, sowie in den innerhalb der Grenzen der Felder Glückauf I, II, III und IV niedergebrachten Bohrlöchern A, B, C und D nachgewiesen worden. Das der Sandgewand zunächst gelegene Bohrloch 1 erschloss bei 42,9 m Teufe ein Flötz von 2,7 m Mächtigkeit und 11,9 m, darunter ein schwaches Flötzchen von 0,3 m Stärke. Die liegenden Schichten bis zur Oberfläche des Steinkohlengebirges mit einer Gesammtmächtigkeit von 26,4 m bestehen aus Sand, Thon und thonigen Sanden, die in dünnen Lagen miteinander wechsellagern. Die hangenden Schichten bis zum obersten Flötz setzen sich dagegen, abgesehen von einer 6,3 m mächtigen diluvialen Lehmschicht, nur aus gelben, grauen und weissen Sanden zusammen. In den Bohrlöchern 2 und 3 wurden dieselben Flötze in grösserer Teufe und in veränderter Mächtigkeit wiedergefunden, nämlich in No. 2 bei 59,8 bezw. 76,7 und in No. 3 bei 53,8 bezw. 78,7 m, so dass sich unter Berücksichtigung der Niveaulage der Hängebank bei den verschiedenen Bohrlöchern ein Einfallen der Schichten von 11—12° gegen NW. berechnet. Diesem Einfallen entspricht eine Zunahme der Mächtigkeit der hangenden Schichten, und da in denselben ebenfalls Flötze eingeschlossen sind, so nimmt auch die Zahl der Flötze in derselben Richtung zu. So sind mit dem Bohrloch 2 bei 12,3 bezw. 14 m Teufe noch 2 Braunkohlenstreifen von je 0,2 m durchörtert worden, welche sich im Bohrloch 3 bei 22 bezw. 24,2 m Teufe mit 0,3 und 0,10 m Stärke fanden. Letzteres Bohrloch durchsank ausserdem bei 6,8 m ein Lager fester Braunkohle von 3,4 m und 2,2 m tiefer ein Flötz von 3,8 m Mächtigkeit, so dass in demselben im Ganzen 6 Flötze erschlossen wurden. Mit den Bohrlöchern A, B, C und D wurden je 3 Kohlenlager nachgewiesen. Inwieweit dieselben aber mit den vorgenannten zu indentificiren sind, muss vorderhand dahingestellt bleiben, da bei dem raschen Wechsel der Mächtigkeiten sowohl in den Flötzen selbst als auch in den Zwischenmitteln und bei dem Mangel anderer charakteristischer Merkmale ein Vergleich auf die verhältnissmässig grosse Entfernung nicht angestellt werden kann. Wie scheinbar unvermittelt oft die Profilveränderungen eintreten, möge durch die nachstehenden Tabellen der vier letztgenannten Bohrlöcher gezeigt werden, welche nur je 50 m von einander entfernt nördlich von Eschweiler dicht am rechten Ufer der Inde niedergebracht sind, so dass die Entfernung der beiden am weitesten von einander gelegenen B und D 200 m nicht übersteigt.

| Bohrloch B (am weitesten östlich gelegen) m | Bohrloch A (Fundpunkt von Glückauf) m | Bohrloch C (Fundpunkt von Glückauf III) m | Bohrloch D (am weitesten westl. gelegen) Fundp. von Glückauf IV m |
|---|---|---|---|
| 0,80 Lehm | 2,00 Lehm | 0,90 Lehm | 1,10 Lehm |
| 2,94 Kies | 2,63 Kies | 0,10 Thon | 0,15 Thon |
| 7,96 Braunkohle | 7,21 Braunkohle | 3,85 Kies | 3,70 Kies |
| 4,52 grauer Sand | 4,52 grauer Sand | 0,15 Thon | 0,15 Thon |
| 3,03 weisser „ | 3,08 weisser „ | 3,68 Braunkohle | 4,70 Braunkohle |
| 8,21 grauer „ | 9,35 grauer „ | 16,12 grauer Sand | 16,00 grauer Sand |
| 0,45 Braunkohle | 1,85 Braunkohle | 1,50 Braunkohle | 1,60 Braunkohle |
| 4,68 grauer Sand | 8,00 grauer Sand | 9,85 grauer Sand | 10,20 grauer Sand |
| 4,87 Braunkohle | 5,00 Braunkohle | 4,50 Braunkohle | 5,10 Braunkohle |
| 3,02 grauer Sand | 3,06 grauer Sand | 24.50 brauner Sand | 23,80 brauner Sand |
| 19,45 brauner „ | 19,33 brauner „ | 9,30 gelber „ | 10,05 gelber „ |
| 5,80 gelber „ | 8,83 gelber „ | 11,00 grauer „ | 10,80 grauer „ |
| 22,34 grauer „ | 7,80 grauer „ (grob) | 25,78 „ „ (mit etwas Thon) | 25,80 grauer „ mit Thon |
| 2,00 brauner „ | 1,79 grauer Sand (mit Thon) | 20,35 grüner Sand | 20,50 grauer Sand |
| 0,46 {feste Gesteinsschicht 5–6 cm Schwefelk., dann f. Sandstein} | 0,05 {feste Gesteinsschicht meist Schwefelkies} | 26,83 {Thon mit wenig Sand und Glimmer} | 22,90 {Thon mit wenig Sand und Glimmer} |
| 1,30 Thon | 1,64 grauer Sand | 0,62 Sand mit Feuersteinen | 0,90 Sand mit Feuersteinen |
| 6,11 weisser Sand | 1,62 „ „ (mit etwas Thon) | 159,04 bis Steinkohlengebirge | 157,45 bis Steinkohlengebirge. |
| 15,40 brauner „ | 20,91 grauer Sand (sehr fein) | | |
| 0,90 weisser „ | 23,70 grauer Sand (zuerst wenig Thon, dann fest) | | |
| 1,00 brauner „ | 27,96 Thon mit wenig Sand | | |
| 0,60 weisser „ | 1,00 Sand mit Feuersteinen | | |
| 16,28 grüner „ | | | |
| 27,54 {Thon mit wenig Sand und Glimmer} | | | |
| 0,80 {Thon mit Sand und Feuersteinen} | | | |
| 161,46 bis Steinkohlengebirge | | | |

In dem von der I. westlichen und der III. östlichen Hauptverwerfung eingeschlossenen Abschnitt des Feldes Eschweiler-Reserve erreicht das oligocäne Deckgebirge, wie im vorigen Kapitel schon geschildert, keine grosse Mächtigkeit, und es ist daher das Vorkommen von Braunkohlen hierselbst auf einige schwache Flötzchen beschränkt, welche gewöhnlich nicht weit über den an der Scheide des Steinkohlengebirges auftretenden charakteristischen grünen Sand eingelagert sind und keine grosse Ausdehnung zu besitzen scheinen. Von den innerhalb dieses Bereichs niedergestossenen Bohrlöchern haben die mit den Nummern 7, 8, 11, 13b und 14 bezeichneten derartige Vorkommen nachgewiesen, deren Mächtigkeiten zwischen einigen cm und $2^1/_2$ m schwanken. Nur nach Norden wächst entsprechend der Zunahme des Deckgebirges auch die Zahl der Flötze und beträgt z. B. im Bohrloch 21 bereits 4.

Das Profil desselben zeigt folgendes Bild:

| | |
|---|---|
| Lehm und Mutterboden . . | 4,708 m |
| Kies mit Thon vermischt . | 0,942 m |
| Kies . . . . . . . . . | 3,766 m (bei 9,416 m der Wasserspiegel) |
| Brauner Sand . . . . . | 0,942 m |
| Braunkohle . . . . . . | 3,766 m |
| Brauner Sand . . . . . | 2,040 m |
| Braunkohle . . . . . . | 1,098 m |
| Brauner Sand . . . . . | 0,942 m |
| Braunkohle . . . . . . | 1,569 m |
| Brauner Sand mit Braunkohle | 2,511 m |
| Braunkohle . . . . . . | 1,762 m. |

In dem östlichen Feldestheil bis zur Ortschaft Weisweiler haben mit Ausnahme der Bohrlöcher 17 und 22, die dicht im Liegenden der III. östlichen Verwerfung angesetzt sind und nur Sand- und Thonschichten bis zum festen Carbon durchsunken haben,

das Bohrloch 15: 1 Flötz von 0,94 m Stärke,
„ „ 16: 2 Flötze von 2 und 2,51 m Stärke,
„ „ 18: 1 Flötz von 1,72 m Stärke,
„ „ 19: 1 Flötz von fast 1 m Stärke,
„ „ 20: 1 Flötz von 0,157 m Stärke,
„ „ IV: 3 Flötze von 1,8 bezw. 1,6 und 0,5 m Stärke,
„ „ V: 1 Flötz von 1,6 m Stärke und
„ „ X: 3 Flötze von 1,25 bezw. 0,94 und 1,95 m Stärke

aufgeschlossen, deren Zusammenhang indess bis jetzt noch nicht hat erwiesen werden können.

Von den nördlich und östlich von Weisweiler niedergestossenen Bohrlöchern zeigt No. II am Wege nach Pützlohn das wechselreichste

Profil und enthält 3 Flötze, von welchen das mittlere zu der bedeutenden Mächtigkeit von 8,2 m anwächst. Die Bohrtabelle giebt folgende Schichtenfolge an:

| | |
|---|---|
| Dammerde, Lehm und Geschiebe . . . . . . . . . . | 4,4 m |
| Sandiger Thon . . . . . . . . . . . . . . . . | 2,4 m |
| Braunkohle . . . . . . . . . . . . . . . . . | 1,3 m |
| Wechsel von schwarzem, blauem und grauem Thon mit weissem, gelbem und grauem Sand . . . . . . . | 21,4 m |
| Braunkohle mit einem Sandstreifen von 47 cm . . . . | 8,2 m |
| Wechsel von schwarzem, schwarzgrauem, weissgrauem Thon mit schwarzgrauem, grauem und weissgrauem Sand . | 24,0 m |
| Braunkohle . . . . . . . . . . . . . . . . . | 1,4 m |
| Grauer Sand mit Thonlagen . . . . . . . . . . . | 8,0 m |
| Fester weisser Sand . . . . . . . . . . . . . . | 2,8 m |
| Weissgrauer Sand mit etwas Thon . . . . . . . . . | 3,3 m |

Von den übrigen hat das Bohrloch III ein Flötz von 0,9 m, die Bohrlöcher VI und VII je ein Flötz von 0,8 m, die miteinander identisch sind, das Bohrloch VIII ein Flötz von 1,0 m und endlich das Bohrloch IX von 2,3 m Mächtigkeit durchfahren, welches in einem 30 m höheren Niveau liegt, als das letztere.

Auf der linken Seite des Wehbaches bei Langerwehe sind schliesslich noch einige schmale Streifen unreiner Braunkohle zu erwähnen, welche den an dieser Stelle sehr mächtigen Thonen eingelagert sind, die unmittelbar dem Steinkohlengebirge auflagern.

Noch erheblich bedeutender wird die Entwickelung der Braunkohlenflötze, wenn man bei weiterem Fortschreiten nach Osten die muthmassliche grosse Verwerfungsspalte überschritten hat, an welcher die paläozoischen Schichten in der Linie Gey-Langerwehe abschneiden und unter den jüngeren Schichten verschwinden. In dieses Gebiet fällt schon das mächtige Lager der Goltsteingrube, welches am Lucherberg bei Lammersdorf unweit der Einmündung des Wehebaches in die Inde in grosser Ausdehnung auftritt und, wie oben erwähnt, seit längerer Zeit abgebaut wird. Dieses Lager liegt 20 m unter der Oberfläche und hat eine Mächtigkeit von 7,5 m, die aber gegen das Indethal, also nach Westen hin, sich auf 3,1 m und gegen Süden auf 2,2 m verringert, während die Bedeckung (aus Sand und Thon bestehend) bis 2,5 m abnimmt. Es ist das hangendste einer ganzen Reihe von mächtigen tiefer liegenden Flötzen, welche aber bislang noch nicht Gegenstand der Gewinnung gewesen und nur durch ein zur Aufsuchung der östlichen Fortsetzung der Eschweiler Steinkohlenmulde niedergebrachtes Bohrloch angetroffen worden sind. Bis zur Teufe von 145,6 m wurden nicht weniger als 11 Flötze von 1,9 bezw. 14,0 — 0,8 — 9,0 — 0,9 — 1,6 — 0,3 — 0,9 — 2,3 — 5,1 und 1,1 m durchbohrt, die zusammen eine Mächtigkeit von 37,9 m besitzen, und da das fragliche Bohrloch noch vor Erreichung der carbonischen Schichten gestundet wurde, so ist zu vermuthen, dass ähnliche Schichten noch tiefer niedersetzen. Zwischen dem 2. und 3. Lager von unten wurde eine Sphärosideritlage von 0,6 m durchsunken. Aehnliche Verhältnisse wurden mit einem weiter östlich angesetzten Bohrloch bei Echtz ermittelt. Hier ergab sich für ein Flötz sogar die bedeutende Mächtigkeit von 25,4 m, während die drei hangenden 1,3, 1,7 und 1,9 m, das liegende 0,6 m Stärke aufwiesen, so dass bei 200 m Gesammtteufe 30,3 m reine Braunkohle durchstossen wurden. Da auch hier das Steinkohlengebirge nicht erreicht wurde, ist das Auftreten von noch weiteren Flötzen in der Tiefe wahrscheinlich. Eine 0,3 m starke Schicht Sphärosiderit mit dazwischenliegenden Thonschichten, die bei diesem Bohrloch gefunden wurde, könnte vielleicht zur Identifizirung der Flötze mit denen bei Lucherberg führen und die grosse Verbreitung derselben beweisen.

Noch weiter gegen Osten, in unmittbarer Nähe von Düren, ist das Vorkommen von Braunkohle unter dem Lehm und Geschiebe des Roerthales in inniger Mischung mit schwarzem Thon festgestellt worden, der von zahlreichen dünnen Streifen Braunkohle von 26 mm Stärke durchsetzt ist. In der Stadt Düren endlich, an der östlichen Reviergrenze, hat ein Brunnen bei 9,4 m Tiefe unter Sand und Thon ein Braunkohlenlager angetroffen, von welchem man annimmt, dass es mit dem weiter südlich gelegenen Vorkommen von Stockheim, Frangenheim, Füssenich und Juntersdorf zusammenhängt, auf welchen die zum Bergrevier Brühl-Unkel gehörigen Gruben Eustachia, Proserpina und Astraea gestreckt sind. Da an allen diesen Stellen das Vorkommen von Lignit mit kleinen Schwefel- und Markasitkörnern und von aufrechtstehenden bis zu 3 m im Durchmesser haltenden Baumstämmen eigenthümlich ist, auch sonst die Lagerungsverhältnisse gute Uebereinstimmung zeigen, so erscheint diese Annahme wohl gerechtfertigt. Das fragliche Lager würde hiernach bei 3—7 m Mächtigkeit unter einer Bedeckung von 10—25 m sich auf über 15 km Länge zusammenhängend verbreiten.

Wie nach Osten, so lässt sich auch in nördlicher Richtung das Auftreten von Braunkohlen auf weite Erstreckung hin verfolgen, indem durch zahlreiche Aufschlüsse die Fortsetzung der limnischen kohlenführenden Oligocänschichten durch das Aachener Revier hindurch bis in das nördliche Reviergebiet hinein dargethan ist. Das nördlichste Bohrloch im südlichen Reviertheil liegt zwischen Höngen und Warden, 100 m südöstlich der Reviergrenze oder der Aachen-Jülicher Strasse. Dasselbe zeigte folgendes Profil:

| | |
|---|---|
| Lehm, Sand und Geschiebe . . | 21,6 m |
| Weisser, bläulicher Sand . . . | 16,6 m |

| | |
|---|---|
| Braunkohle mit Thon vermengt | 7,8 m |
| Braunkohle und Lignit . . . | 0,6 m |
| Sandiger und fester Thon . . | 8,8 m |
| Grauer Thon mit Lignit . . . | 8,2 m |
| Braunkohle . . . . . . . . | 6,3 m |
| Grauer Thon . . . . . . . . | 1,3 m |
| Braunkohle . . . . . . . . | 0,9 m |
| Schwarzer, thoniger Sand . . | 1,9 m |
| Braunkohle . . . . . . . . | 6,9 m |
| | 80,9 m |

(Steinkohlengebirge wurde nicht erreicht.)

Dieselbe reiche Kohlenentwickelung fand sich auch in vielen innerhalb des Aachener Reviers in den Thalebenen der Wurm und Roer angestellten Bohrversuchen, und erst bei weiterem nördlichem Fortschreiten über eine Linie Geilenkirchen-Linnich hinaus scheint sie mehr zurückzutreten, so dass die im vorigen Abschnitt mehrerwähnten Bohrarbeiten bei Erkelenz nur vergleichsweise schwache Braunkohlenflötze erschlossen haben. In der petrographischen Beschaffenheit der Nebenschichten scheint sich dabei auch eine Umänderung in der Weise zu vollziehen, dass die thonigen Massen gegenüber den sandigen mehr und mehr zunehmen. Zur Beurtheilung der Zusammensetzung des dem Steinkohlengebirge in dieser Gegend aufgelagerten Gebirges möge die nachstehende Bohrtabelle der Concession Niclas dienen:

| | |
|---|---|
| Grauer Thon . . . . . . . | 2,00 m |
| Kies . . . . . . . . . . . | 1,10 m |
| Grüner Thon . . . . . . . | 16,34 m |
| Sandiger grauer Thon . . . | 2,56 m |
| Feste Sandsteinbank . . . | 0,40 m |
| Grauer Sand . . . . . . . | 12,50 m |
| Grauer, thoniger Sand . . . | 69,29 m |
| Fetter grauer Thon . . . | 12,39 m |
| Braunkohle. . . . . . . . | 1,00 m |
| Grauer Thon . . . . . . . | 12,18 m |
| Fester Sandstein . . . . . | 0,18 m |
| Thon- und Sandsteinlagen . | 13,12 m |
| Fetter grauer Thon . . . . | 33,38 m |
| Mergel . . . . . . . . . | 12,35 m |
| Fetter Thon . . . . . . . | 0,50 m |
| Steinkohle . . . . . . . . | 0,02 m. |

Die letzteren Aufschlüsse vermitteln den Uebergang zu den Braunkohlenvorkommen im nördlichen Theil des Reviers Düren. Hier sind dieselben zwischen München-Gladbach und Viersen am linken Abhange der Niers, ferner bei Brüggen auf dem Terrain der Brüggener Actien-Gesellschaft für Thonwaaren-Industrie, desgleichen bei der Stadt Crefeld mit einem Bohrloch bei 9,75 m Teufe mit 1,57 m Mächtigkeit und endlich bei Tönnisberg mit einem Bohrloch von 16,95 m Teufe mit 3,6 m Stärke und durch blaue Thonschichten mehrfach getrennt, festgestellt worden. Angeblich sollen auch die Bohrlöcher zwischen Nieukerk und Geldern, dann bei Issum und zwischen Waukum und Strälen Spuren von Braunkohle nachgewiesen haben, doch bedürfen diese Angaben noch der näheren Aufklärung, da diese Fundpunkte schon in das Gebiet der marinen Oligocänschichten fallen, die in reicher Gliederung durch die Bohrarbeiten bei Homberg u. a. O. im Kreise Moers aufgeschlossen worden sind.

Im Allgemeinen ist hiernach der Reichthum des Reviers an Braunkohle kein geringer, und wenn auch der Werth derselben durch die vorwiegend erdige Beschaffenheit kein bedeutender sein mag, so würde an manchen Stellen bei der grossen Mächtigkeit des Vorkommens und der leichten Gewinnbarkeit eine lohnende Ausbeute wohl zu ermöglichen sein.

#### d) Eisenerzvorkommen.

Von den im Bereich der unterdevonischen Schichten belegenen Eisenerzgruben des südlichen Reviertheils sind in Folge der langen Betriebseinstellung derselben nur noch spärliche Nachrichten zu erlangen; sie bieten aber auch bei der verhältnissmässigen Geringfügigkeit des Erzvorkommens kein allgemeines Interesse dar. Von den erwähnenswerthen Gruben sei im Einzelnen Folgendes angeführt:

1. Auf der am linken Gehänge der Roer südlich von Schmidt gelegenen Grube Adele sind mehrere Gänge auf eine Länge von über 200 m bekannt, welche sich nach der Teufe verschmälern. Der Hauptgang, der sog. blaue Gang, streicht h. 10, fällt beinahe seiger und führt in einer lettigen Ausfüllungsmasse kleinere und grössere Knollen thonigen Sphärosiderits und feinkörnigen Spatheisensteins. Sowohl bei dem einen wie bei dem anderen Erze zeigen sich Uebergänge in Brauneisenstein. Das Nebengestein besteht aus ganz mildem und aufgelöstem Schiefer. Durch mehrere taube oder etwas Brauneisenstein führende Klüfte, die nach Norden einfallen, wird der Gang mehrmals verworfen. Im tiefen Stollen sind ausserdem 2 Gänge angetroffen worden, die abweichend von den übrigen in h. 7 streichen, mit 45° gegen Norden einfallen, $^1/_2$—1 m mächtig sind und Eisenstein von 15—30 cm führen, der aus dunklem mit Spatheisenstein durchtrümmerten Sphärosiderit besteht und selten kleine Krystalle von Kupferkies einschliesst. Der schon aus der Mitte des 18. Jahrhunderts stammende Betrieb ist seit 1866 eingestellt. Die Erze wurden auf der Hütte zu Simonscall und von 1840 ab auf der 4 km thalabwärts

gelegenen Hütte Zweifallshammer verhüttet. Bebaut worden sind von W. nach O. der Trichtsberggang, der Trichtsgassergang, der Erzreichgang, der blaue Gang, der rothe Gang und der Gang auf der Lei.

2. Auf der Grube Gustav, $^1/_2$ km nördlich von Brandenberg, ist ein in h. 6—7 streichender Gang auf etwa 100 m gebaut worden, dessen Mächtigkeit zwischen 0,10 bis 4,0 m schwankte und dessen Ausfüllungsmasse aus Thon und zertrümmertem Nebengestein mit eingelagertem Braun- und Thoneisenstein bestand. Nach der Teufe keilte sich der Gang aus. Zur Wasserlösung diente ein vom Callbachthale angesetzter Stollen, während der Hauptbetrieb von Reifenschächten ausging. Der Betrieb ist wie bei der vorigen Grube seit 1866 eingestellt.

Im Felde Maubacher-Bleiberg zwischen Schafberg und Kleinhau kommen in sandigem Schiefer viele kleine Quarz und Brauneisenstein führende Gangtrümmer vor, die stellenweise so häufig werden, dass sie einen Stock von Brauneisenstein mit eingeschlossenen Bruchstücken des Nebengesteins bilden. In grösserer Tiefe findet sich eisenhaltiger blauer Thonschiefer, dem Thoneisenstein der vorgenannten Grube ähnlich und in der grössten Teufe, welche mit 30 m erreicht wurde, ein reicher thoniger Sphärosiderit wie auf der Grube Adele. In dem Thoneisenstein tritt auch eingesprengter Bleiglanz auf. Weiter nach Osten, nördlich von Untermaubach, streicht ferner in h. 1 ein $^1/_2$—1 m mächtiger Brauneisensteingang, der mit 60° gegen O. einfällt. Die Schichten des Cambriums, in welchen dieser Gang aufsetzt, treten zungenförmig in den Buntsandstein hinein. In 200 m Entfernung gegen NO. liegt ein Zug alter Pingen auf einem ähnlichen Gange. Nördlich der von Untermaubach nach Strass führenden Strasse zwischen Schafberg und Langenbroich ist endlich noch ein Gang von Brauneisenstein bekannt geworden, der aber nur von mittelmässiger Beschaffenheit war.

4. In den Feldern Elvira bei Grosshau, Andromache, westlich von jenem, und John bei Gey setzen Eisensteingänge auf, die den letztgenannten sehr ähnlich sind.

5. Im Felde Nicolaus am rechten Gehänge des Wehbachthales in der Nähe der Ruine Laufenburg besteht das Vorkommen aus eisenreichem durchtrümmertem Schiefer, während

6. auf den bei Vicht, Mularzhütte, Rott und Relais-Königsberg belegenen und in der obigen allgemeinen Uebersicht namhaft gemachten Gruben oolitische Rotheisensteine mit eisenreichen Schiefern bezw. Thoneisensteine vorkommen, die nesterweise den Schichten folgen.

7. Die innerhalb des Eifelkalksteins belegenen Eisensteingruben haben ausschliesslich auf mehr oder weniger unbedeutenden Nestern von Brauneisenstein gebaut, welche zumeist an der Scheide gegen das Unterdevon auftreten und in mächtigen Lettenmassen eingebettet sind. Im

Uebrigen sind die Eisenerze hier mit Blei- und Zinkerzen vergesellschaftet und werden daher weiter unten bei der Beschreibung der letzteren Vorkommen angeführt werden.

8. Im Oberdevon ist das bedeutendste Eisenerzvorkommen das des Betriebspunktes Hammer der Grube Anfang. Das Feld der letzteren deckt sich mit dem auf preussischem Gebiet belegenen Theil des Altenberger Concessionsfeldes und wird begrenzt im Norden und Westen von der Landesgrenze bis zum Schnittpunkte der letzteren mit der von Eupen über Overoth und Baelen nach Dolhain führenden Strasse, im Südosten und Osten durch eine über Ketteniss, Eynatten bis nördlich von Hauset verlaufende Linie und endlich im Nordosten durch eine den letztgenannten Endpunkt und die Landesgrenze nördlich von Altenberg verbindende Linie. Letztere schneidet die Aachen-Lütticher Strasse am sog. Bildchen. Innerhalb dieser Grenzen treten die Eisenerze an verschiedenen Stellen auf und zwar ähnlich den über dasselbe Gebiet verstreuten Blei- und Zinkerzvorkommen theils auf Gängen theils in Lagern und Nestern. Da nach den bisherigen Aufschlüssen in vielen Fällen ein direkter Zusammenhang zwischen den gangförmigen und lager- bezw. nesterartigen Vorkommen nachgewiesen worden ist, indem letztere sich hauptsächlich an denjenigen Stellen finden, wo der Contact des Kohlenkalks mit den unter- und überlagernden Gebirgsformationen von den Gangspalten geschnitten wird, so erscheint die vielverbreitete Annahme nicht unbegründet, dass die Entstehung der fraglichen Lagerstätten fast ausnahmslos auf Quersprünge zurückzuführen ist, die in den Schiefern des Devons und Carbons zwar vielfach taub und kaum nachweisbar geblieben, in den Kohlenkalken dagegen durch circulirende Wasser meist stark erweitert worden sind und besonders an den Gebirgsscheiden eine nester- und lagerartige Ausbildung erfahren haben Von manchen dieser muthmasslichen Querstörungen nimmt man an, dass sie vom Cambrium ausgehend die ganze Schichtenfolge der darüber lagernden devonischen und carbonischen Formationen durchsetzen, so dass ihre Länge stellenweise bis 20 km und darüber betragen würde. Das in Rede stehende Eisenerzvorkommen am Betriebspunkte Hammer wird nun mit einer grossen Gangspalte in Verbindung gebracht, die, von Süden kommend, die Erzlager bei Belven, Haabenden, Walhornerheide, Fossey und Eyneburg schneidet, und in ihrer weiteren Verlängerung nach Norden auf die im neutralen und belgischen Gebiet belegenen berühmten Lagerstätten von Altenberg und Bleiberg trifft. Entsprechend der Hauptstreichrichtung, in welcher alle diese Lager auftreten, zeigt der Gang des unweit des Geulviadukts an der von Aachen nach Herbesthal führenden Eisenbahn gelegenen Betriebspunktes Hammer ein Streichen von h. 9—10, also ziemlich rechtwinklig zu den Schichten des Lontzen-Asteneter Devonsattels. Die Ausrichtung ist bisher auf eine

Länge von etwa 250 m erfolgt, innerhalb welcher zwei von Süden nach Norden streichende und östlich einfallende Verwerfungen bekannt geworden sind, welche ungefähr 150 m von einander aufsetzen. Zwischen denselben bildet der Gang drei Trümmer, von welchen das Hangende 1—4 m, das Mittlere 0,25 m und das Liegende 0,5—2 m Mächtigkeit besitzen. In oberer Teufe fallen dieselben mit durchschnittlich 75—80° nach SW., in grösserer Teufe dagegen mit steiler Neigung nach NO. ein. In der Nähe der Verwerfungen treten die Trümmer näher zusammen, um sich schliesslich mit einander zu scharen. Die Erzführung besteht in diesem Theil aus vorwiegend manganhaltigem Brauneisenstein, der von Eisenspath durchwachsen ist und untergeordnet auch Manganspath führt. Der durchschnittliche Gehalt der Erze ist 30—32 % Eisen und 8—10 % Mangan. Die westliche Verwerfungskluft hat man wegen der vielen zusitzenden Wasser bis jetzt noch nicht durchfahren, dagegen ist der Gang hinter dem östlichen Sprung noch auf etwa 100 m streichend ausgerichtet worden, wobei seine Mächtigkeit zu 7—8 m ermittelt wurde. Das Liegende desselben bildet hier der oberdevonische Schiefer, das Hangende der Dolomit des Kohlenkalks. Kurz vor der Bahn, nahe dem Geulthal-Viadukt, verdrückt sich endlich der Gang und lässt sich über die Bahn hinaus nur noch als Kluft im Kohlenkalk verfolgen. In diesem südöstlichen Gangtheil ist der Gehalt der Erze an Eisen reicher, nämlich 44 %, dagegen an Mangan ärmer, nämlich nur 2 %. Ausserdem brechen hier noch mit dem Eisenstein Schwefelkies, ferner am Liegenden etwas Bleiglanz und Blende und am Hangenden etwas Galmei. In dem verdrückten Theile des Ganges überwiegen sogar Bleiglanz und Blende, während der Eisenstein ganz zurücktritt. Der gegenwärtige Abbau bewegt sich zwischen der 25 und 48 m-Sohle, während der über der 25 m-Sohle anstehende Erzpfeiler mit Schluss des Jahres 1895 gänzlich zum Verhieb gekommen ist.

Auf den beiden anderen Betriebspunkten der Grube Anfang, Alte Waux und Wahweg, sind bislang noch zu unzureichende Aufschlussarbeiten vorgenommen worden, um jetzt schon bestimmtere Angaben über die Ausdehnung und Beschaffenheit der dort befindlichen Lagerstätten machen zu können, doch treten an beiden Orten die Erze sehr wahrscheinlich in lagerartigen Vorkommen auf. Am Punkte Alte Waux, der nahe der Landesgrenze in der Hergenrather Carbonmulde gelegen ist, hat man von einem 13 m tiefen und fast ganz im Erze stehenden Schacht eine Strecke gegen Norden getrieben, die bei 8 m Länge das Liegende des flach südlich einfallenden Lagers erreichte, während eine zweite in südöstlicher Richtung angesetzte Strecke bei 20 m Entfernung das Hangende anfuhr. Der dann noch mit mehreren Querschlägen durchfahrene Eisenstein zeigte sich nur zu $^{2}/_{3}$ abbauwürdig, da das andere Drittel zu sand- und thonhaltig ist. Man nimmt nach den bisherigen Aufschlüssen an, dass das muldenförmige flach gegen SO. einfallende Lager nur die Nebenmulde eines grösseren von O. nach W. streichenden Lagers ist.

Am Punkte Wahweg, der ebenfalls nahe der Landesgrenze auf dem Walhorner Kohlenkalkzuge liegt, tritt das Lager am Contact einer kleinen Kohlengebirgsmulde auf, die ganz von dem carbonischen Kalk umschlossen ist. Aus einem im Hangenden des Lagers 20 m tief abgeteuften Schacht ist eine Strecke in südwestlicher Richtung zu Felde getrieben, bei 12 m Länge aber wegen zu starker Wasserzuflüsse wieder gestundet worden. Erst nach erfolgter Sümpfung wird es möglich sein, die Versuchsarbeiten weiter fortzusetzen.

9. Ebenfalls am Contact zwischen Kohlenkalk und produktivem Steinkohlengebirge treten die Eisenerze in den Feldern Henriette bei Eich und Cornelia bei Breinig auf. Auf ersterer Grube finden sie sich auf dem Ende des von Eynatten nach Niederforstbach streichenden Kohlenkalksattels in mehreren kleinen Specialmulden, deren Streichen dem allgemeinen Gebirgsstreichen von SW. nach NO. entspricht und welche durch die vielfachen Aus- und Einbuchtungen des Kohlenkalks gebildet werden. Das Liegende der Lager besteht aus einer mehr oder weniger mächtigen Schicht rother Letten, welcher in den oberen Teufen in nicht unerheblichen Mengen Phosphorit enthält. Die Erzlager selber erreichen stellenweise eine Mächtigkeit bis zu 8 m und führen einen Brauneisenstein, der nur selten fest und mit Glaskopfstruktur durch alle Stufen des Eisengehaltes bis zum zähen rothen Letten mit nur ganz geringem Gehalt übergeht. Das Hangende der Lager wird durch gelbe und graublaue Thone gebildet, die als Zersetzungsprodukte der überlagernden Schichten des Steinkohlengebirges angesehen werden müssen. In denselben finden sich öfters Schwefelkiesknollen und Nieren von sandsteinartigem Kohleneisenstein. Die grösste bisher erreichte Tiefe in diesem Lager beträgt 36 m. Gegenwärtig ruht der Betrieb.

Auf der Grube Cornelia kommen die Eisensteine am westlichen Ausheben der Werther Kohlenmulde und in einer in der westlichen Verlängerung derselben gelegenen zweiten kleinen Kohlenmulde vor, welche vom Kohlenkalk ganz umschlossen ist. Die Lager bilden hier die Ausfüllung grosser beckenartiger Vertiefungen in der Oberfläche des Kohlenkalksteins. Innerhalb dieser Vertiefungen tritt der Kalkstein in unregelmässigen Kuppen in die Höhe und theilt dadurch das Ganze in eine grössere Anzahl von kleineren Specialmulden, deren Muldenlinien senkrecht zum Streichen der Schichten verlaufen. Nach der Teufe nimmt die Ausdehnung der trennenden Kalksteinmittel zu und in gleichem Masse die der Eisensteinmittel ab. Die Erzlager folgen den Muldenbiegungen in einer 6—8 m mächtigen Lage, die aber bisweilen bis zum Bestege abnimmt, und füllen die flachen und kleinen Becken ganz aus, während sie in den grösseren durch sandige und lettige Massen von den anstehenden festen Gebirgsarten des Hangenden und Liegenden getrennt werden. Die liegenden Contactsande enthalten oft 10—12 $^0/_0$ Mangan und erscheinen als die aufgelösten Dolomite des Kohlenkalks. An Stelle der Sande treten auch häufig mächtige gelbe Lehmmittel, in denen man mehrere cm mächtige Lagen von Phosphorit mit Eisenstein gefunden hat. Die hangenden Contactschichten bilden schwarze schiefrige Thone, welche dem überlagernden Steinkohlengebirge angehören. Zur Zeit stehen 10 Schächtchen mit Teufen von 10—38 m im Betriebe, von welchen aus mittelst Querschlägen und Strecken die kleinen nesterartigen Lager zum Abbau vorgerichtet werden. Mehrere der Schächtchen dienten ausschliesslich der Wetterführung.

### e) Kupfererzvorkommen.

Von den Kupfererzvorkommen des Reviers ist, abgesehen von dem der unten beschriebenen Grube Georg, nur das der Grube Goldkuhle erwähnenswerth. Diese Grube liegt auf dem linken Roerufer unweit der Ortschaft Hasenfeld und baute auf einem Gang, der in Stunde 7 streichend eine schwankende Mächtigkeit von 0,10—0,50 m besitzt und dessen Ausfüllungsmasse aus zertrümmertem Nebengestein, Thon, Brauneisenstein, Kalkspath und Braunspath besteht, die innig mit Kupfererzen vermengt sind. Unter letzteren herrschen Kupferkies und Buntkupfererz vor, doch wurden auch Umwandlungen in Malachit und Kupferlasur nicht selten beobachtet. Stellenweise konnten Erzadern von 6—8 cm Stärke auf längere Entfernungen verfolgt werden. Grössere Partien derben Erzes fanden sich dagegen nicht oft. Eine mit 75° östlich einfallende und in h. 2 streichende Verwerfungskluft trennt den Gang in einen westlichen und östlichen Theil. Ersterer ist schon vor sehr langer Zeit bis zur Stollensohle (14 m Teufe) gebaut worden, während letzterer erst bei den um Mitte der 60er Jahre angestellten Versuchsarbeiten ausgerichtet wurde. Da die Ergebnisse derselben keine befriedigenden waren, zu einer tieferen Lösung überdies die Mittel fehlten, wurden die Arbeiten 1867 eingestellt und sind bisher auch nicht wieder aufgenommen worden. Angeblich sollen die Analysen der Kupferkiese aus dieser Grube Spuren von Gold nachgewiesen haben.

### f) Blei- und Zinkerzvorkommen.

In den cambrischen Schichten ist das Vorkommen nennenswerther Bleierzablagerungen lediglich auf das Feld:

1. Der Grube Niederlage bei Zweifallshammer im Callbachthale beschränkt. Hier ist ein in h. 8, 7—h. 9 streichender und mit 75°

nördlich einfallender Gang von den Alten bis unter die Thalsohle mit Hülfe von Radkünsten gebaut worden, für welche die Aufschlagwasser aus dem Callbache entnommen wurden. Nach den vorhandenen Pingen zu schliessen, scheint sich die streichende Länge des Ganges auf mehrere hundert Meter auszudehnen, auch deuten viele oberhalb Zweifallshammer befindliche Schlackenhaufen auf das frühere Vorhandensein einer Bleischmelze hin. In den 40er Jahren wurde unterhalb Zweifallshammer durch die Firma Eberhard Hoesch und Söhne unter Benutzung der Callwasser zum Betriebe der Pumpe ein 20 m tiefer Versuchsschacht abgeteuft, der indessen zu keinen Ergebnissen führte. Wegen der nahen Lage der Radstube beim Schachte und in Folge des geringen Gefälles des im Gerölle und Geschiebe angelegten Untergrabens drangen die Wasser in den Schacht ein, und die Arbeit ersoff, bevor noch die Sohle der alten Arbeiten erreicht war. Bei der alsdann in späteren Jahren erfolgten Aufwältigung eines alten Stollens fand man, wie vorauszusehen war, den Gang überall abgebaut, doch konnte man aus der Beschaffenheit der von den Alten zwischen je zwei Abbaustrecken stehen gelassenen Sicherheitspfeiler entnehmen, dass die Erzführung keine unbedeutende gewesen sein muss, da sich in diesen Pfeilern viele grössere Partien derben Bleiglanzes vorfanden. Ein zweiter Gang, der wenige Meter unterhalb der ersten Serpentine des alten Fahrweges nach Schmidt zu Tage ausgeht, ist nur von geringer Mächtigkeit. Die Bleierze setzen darin in etwa zollstarken Schnüren auf. Auf diesen Fund ist das Feld Ostgang verliehen. Endlich sind einige hundert Meter oberhalb Zweifelshammer mehrere unbedeutende Gangmittel am rechten Gehänge des Callbaches mit eingesprengten Bleierzen erschürft worden, welche durch das Feld Westgang gedeckt worden sind.

Auf den in den Schichten des Eifelkalkes vorkommenden Lagerstätten haben folgende Gruben gebaut:

2. Die Grube Breinigerberg. Das Feld derselben erstreckt sich am linken Vichtbachgehänge auf eine Länge von etwa 2 km zwischen den Ortschaften Vicht und Breinig und umschliesst in dieser Ausdehnung die wichtigsten Vorkommen, welche überhaupt in dem ganzen zwischen Eupen und Wenau sich hinziehenden Eifelkalkzuge bekannt geworden sind. Die ganze Schichtenfolge des Eifelkalkes besitzt an dieser Stelle eine Gesammtmächtigkeit von 670—690 m und setzt sich im oberen Theile vorwiegend aus Dolomiten zusammen, während im mittleren und unteren Theile feste bläulich graue Kalksteine mit grauen Mergelschiefern und einzelnen feinkörnigen grauen Sandsteinbänken wechsellagern. Ausserdem sind noch zwei mit Bezug auf das Vorkommen von Versteinerungen sehr bemerkenswerthe Schieferlagen zu erwähnen, welche aus dunkelgrauen, kalkhaltigen und an der Luft ziemlich rasch zerfal-

lenden Schiefern bestehen, und von welchen die obere bei 1—$1^1/_2$ m Mächtigkeit etwa 130 m unter der Scheide des Oberdevons und die untere bei $^1/_2$—$1^1/_3$ m Mächtigkeit etwa 245 m unter der oberen Bank gelegen sind. Dieselben sind namentlich auch dadurch sehr bekannt geworden, weil auf denselben die zwischen den verschiedenen Erzgängen getriebenen Verbindungsstrecken aufgefahren worden sind. Das Einfallen der Schichten ist an der oberen Grenze gegen das Oberdevon widersinnig steil gegen SO. gerichtet, wird dann in südlicher Richtung noch steiler, dann senkrecht, und schliesslich bis gegen die Coblenzschichten hin mit $60^0$ gegen N. gerichtet. Innerhalb dieses Schichtencomplexes treten nun die gang-, lager- und nesterförmigen Erzlagerstätten in zwei getrennten Gruppen auf, in einer westlichen am grossen und kleinen Schlangenberg und in einer östlichen am Richterberg, welche in der ungefähren südlichen Verlängerung der im Kohlengebirge bekannten Verwerfungen Münstergewand und Steinwegsgewand liegen. Da sich in dem Zwischenraume, im Kohlenkalk, die Lagerstätten des Busbacherbergs finden, so weist diese Lage umsomehr auf einen gewissen Zusammenhang dieser Verwerfungen mit den Gangspalten hin, als auch durch den Stollen von Breinigerberg die Fortsetzung der Gänge in den devonischen Schiefern, wenn auch nicht mehr erzführend, so doch als taube Klüfte und milder Schiefer durchbrochen worden sind. Die westliche Gruppe umfasst ein System von zahlreichen Gängen, welche die Gebirgsschichten theils winkelrecht in h. $9^3/_4$—$10^3/_4$, theils diagonal in h. 7—$8^1/_2$ durchsetzen und fast ausnahmslos südwestlich bezw. südlich einfallen. In der östlichen Gruppe hingegen ist das Streichen der Gänge nur winkelrecht (h. 9—h. $12^3/_8$) zur Streichrichtung der Gebirgsschichten und das Einfallen ausschliesslich gegen O. gerichtet. In beiden Gruppen tritt ausserdem noch ein lagerartiger, dem Gebirgsstreichen parallel verlaufender Gang auf, der älter als die übrigen Gänge und für diese von besonderer Wichtigkeit ist, da sich viele an dem Schnittpunkte mit ihm erweitern und mehr oder weniger grosse Stockwerke bilden. Ein gleiches Verhalten zeigen ausserdem mehrere Gänge am Contacte des Eifelkalks mit dem Oberdevon, während endlich unregelmässig verstreut liegende erzführende Nester als Erweiterungen von wenig mächtigen und tauben Klüften zwischen den Gängen auftreten. Die Erzführung besteht allgemein aus Bleiglanz und Speerkies, zu denen sich in oberer Teufe Galmei, in unterer Blende gesellt, die meist innig mit dem Bleiglanz verwachsen sind. Als Gangarten brechen Brauneisenstein, Kalkspath, Kalkstein, Dolomit und Thonschiefer. Auffallend ist die gänzliche Abwesenheit von Quarz, der sonst auf Erzgängen der Devonformation eine gewöhnliche Erscheinung ist. Die Ausfüllungsmasse der Stockwerke bilden mächtige Kalksteinblöcke, welche durch derben Bleiglanz und wenig Schalenblende, zuweilen auch durch Speerkies zusammengekittet sind. Trümmerartige Einlagerungen von Braunstein kommen zwischen Eifelkalk und Coblenzschichten vor. Die Ausfüllung erscheint an einzelnen Stellen bis über 80 m tief unter Tage verwittert, zersetzt und umgewandelt. Aus der Schalenblende ist eisenschüssiger Galmei, seltener Zinkspath, aus Bleiglanz ist Bleimulm und Weissbleierz entstanden.

In der westlichen Lagerstättengruppe heissen die die Gebirgsschichten winkelrecht durchsetzenden Gänge in der Richtung von W. nach O.: 1. Haasgang, 2. Hillmannsgang, 3. Erzgrube, 4. Bleigrubengang und 5. Gosselingang. Die Diagonalgänge in der Richtung von S. nach N. führen die Namen: 1. Nagelmackersgang, 2. Raimbeaugang, 3. Schlüsselgang, 4. Schnellewindgang, 5. Brennesselgang, 6. Schnittchengang und 7. Schafberggang. Der oben erwähnte Lagergang heisst im westlichen Grubenfelde Schmitzgang. Ueber die Lage und Beschaffenheit der einzelnen Lagerstätten ist in Kürze Folgendes anzuführen:

Der Haasgang streicht in Stunde 8 und ist in einem Pingenzug auf 250 m über den kleinen Schlangenberg bis an den Abhang zum Rustbache oder Rustsiefen zu verfolgen. Auf der Höhe des Berges wird dieser Pingenzug von einem anderen in h. 9 geschnitten, der gegen SO. den Hillmannsgang erreicht.

Der Hillmannsgang streicht h. $10^3/_4$ und fällt mit 80—85° gegen W. Auf der 85 m-Sohle hat man ihn bis in die Nähe der nördlichen Gebirgsscheide erzführend gefunden, doch beschränkt sich die Bauwürdigkeit nur auf ein Mittel von etwa 120 m. Die einbrechenden Erze sind Bleiglanz und Schalenblende.

Der Erzgrubengang streicht h. $9^3/_4$ und fällt mit 85° gegen W.; ist von dem vorgenannten etwa 100 m entfernt. Bei einer Mächtigkeit von 1—2 m zeigte er eine gute Erzführung mit stellenweise derben Bleiglanzpartien von $^2/_3$—1 m Stärke.

Der Bleigrubengang streicht im nördlichen Theil in h. 10 mit 85° Fallen gegen W.; im mittleren Theile vermindert sich das Fallen bis 65° und im südlichen Theile wendet sich das Streichen in h. $11^5/_8$ bei dem früheren steilen Fallen. Der Gang, 130 m von dem vorhergehenden entfernt, ist auf eine Länge von über 520 m bekannt und nur an wenigen Stellen ganz taub. Südlich von der Schaarung mit dem Brennesselgang erweitert er sich zu dem 8—10 m mächtigen und bis 70 m langen Bleigrubenstockwerk, das die silberreichsten Bleierze des ganzen Grubenfeldes enthält und sich auch noch bis unter die 85 m-Sohle in bedeutender Ausdehnung niederzieht. Weiter nach Süden ändert der Gang sein Streichen und wird weniger mächtig und edel; nur an dem Schnittpunkte mit der liegenden Thonschieferlage, die er verwirft, bildet er nochmals im Hangenden und Liegenden erzreiche sackartige Erweiterungen. Die weitere südliche Fortsetzung ist noch nicht aufgeschlossen.

Der Gosselingang streicht, 160 m von dem vorhergehenden entfernt, in h. $10^3/_8$ und fällt mit 32° gegen W. ein. Seine Mächtigkeit ist ziemlich regelmässig zwischen $^3/_4$ und 1 m. Die Aufschlüsse bewegten sich zwischen der liegenden und hangenden Thonschieferlage und noch 80 m nördlich der letzteren. In der Mitte führte der Gang einen bläulichen Thon mit Brocken und Nieren von Erzen, während an dem Nebengestein Schalen von Bleiglanz und Blende mit nierenförmiger Oberfläche liegen. Die übrigen Gangarten bestehen aus Kalkspath, Dolomitsand, erdigem Manganerz und Eisenoker. In dem hangenden dolomitischen Nebengestein kommen schlottenartige Räume vor, welche mit dem Gange nur durch kleine Oeffnungen in Verbindung stehen, und deren Wände mit manganhaltigem Brauneisenstein, Bleiglanz und Schalenblende gleichmässig mehrere cm stark überzogen sind, während der innere Raum mit Dolomitsand und Bol erfüllt ist.

Der Nagelmackersgang streicht in h. 8 und fällt mit 80° abweichend von den anderen Diagonalgängen gegen NO. ein. Er ist auf 200 m Länge überfahren, aber nur im mittleren Theile auf 140 m bauwürdig befunden worden. Die Mächtigkeit schwankt zwischen $^3/_4$ bis $1^1/_4$ m. Die Erzführung besteht aus Bleiglanz und Blende, seltener aus Speerkies in Kalkspath.

Der Raimbeaugang streicht h. $7^1/_2$ und fällt mit 75° gegen S. Die Aufschlüsse bewegten sich östlich und westlich von seinem Durchschnitt mit dem Erzgrubengang, doch erwies er sich nur in seinem mittleren Theile auf eine Länge von etwa 60 m bei $^3/_4$ bis 1 m Mächtigkeit bauwürdig.

Der Schlüsselgang streicht h. $8^1/_2$ und fällt mit 75—85° gegen SW. ein. Wie der vorhergehende ist er östlich und westlich vom Erzgrubengang untersucht, doch nur im mittleren Theile auf einem 20 m langen Erzmittel bauwürdig befunden worden.

Der Schnellewindgang streicht h. 7 und fällt mit 75—80° gegen S. ein. Er ist auf über 100 m Länge bis zum Bleigrubengange bekannt, doch nur auf 60 m Länge bauwürdig.

Der Brennesselgang streicht in h. 7 und fällt mit 65—85° gegen S. ein. Von der Scheide des Oberdevons bis zum Bleigrubengang ist er auf eine Länge von 250 m erzführend und grösstentheils bauwürdig überfahren worden. Er endet in dem oben erwähnten Bleigrubenstockwerk. Oberhalb der 65 m-Sohle schaart sich ein Nebentrum an, das dann parallel mit dem Hauptgange streicht und sich schliesslich durch plötzliche Wendung in nördlicher Richtung wieder mit demselben vereinigt.

Der Schmittchengang, nur 16 m von dem Brennesselgang entfernt, streicht und fällt wie dieser und ist auf 40 m Länge bis in die 85 m-Sohle bauwürdig. Gegen W. scheint er sich dem Brennesselgange anzuschliessen.

Der Schafberggang, von dem vorhergehenden nur 8 m entfernt, streicht in h. 10 und fällt mit 85° gegen W. Derselbe ist auf 50 m Länge verfolgt, wobei aber ein nur 16 m langes bauwürdiges Mittel von 15 cm bis 1 m Mächtigkeit in der Nähe der hangenden Thonschieferlage getroffen worden ist.

Der Schmitzgang endlich ist vom Bleigrubenstockwerk bei einem Streichen in h. $4^1/_8$ und einem Fallen von 75° gegen N., also in völliger Uebereinstimmung mit den Gebirgsschichten, sonst aber mit allen Eigenschaften eines Ganges auf 140 m gegen O. aufgeschlossen worden, wobei nur die letzten 40 m taub befunden wurden. Seine Mächtigkeit schwankt zwischen 12 cm bis $^2/_3$ m. In den Verdrückungen zeigen sich deutliche Rutschflächen. Seine Bleierze sind silberärmer als die der anderen Gänge. In der Nähe des Bleigrubenganges und bis zu einer Entfernung von 50 m von demselben ziehen sich kurze Quertrümmer von 2—3 cm Stärke ins Nebengestein; die dem Bleigrubengange näheren ziehen sich in einem Bogen nach diesem hin, die anderen keilen sich bald aus. Von da an nach Osten treten im Liegenden des Ganges unregelmässige Erznester auf, die stellenweise bis 2 m mächtig sind und sich bis auf 16 m ins Liegende fortziehen.

Mit diesem Gange zeigen die sog. Eickhold-Nester einige Aehnlichkeit, welche sich im Liegenden der hangenden Thonschieferlager in mehr oder weniger grosser Entfernung vom Bleigrubengang finden, und die sich bis zu 8 m Breite und 6 m Länge sackartig erweitern. Gegen S. sind sie im Kalkstein stumpf geschlossen und enthalten einen braunen Dolomitsand, in welchem reiche Trümmer und Klumpen von Bleiglanz und Galmei liegen.

Ausser den genannten finden sich in der westlichen Gruppe noch mehrere Lagerstätten, die bislang nur wenig aufgeschlossen sind und über deren Lage in der Hauptsache die auf denselben befindlichen Pingen Aufschluss geben. So treten in der südlichen Verlängerung des Hillmannsganges die Lager Lintert und Wolfsgrube auf, von denen das erstere sich über einen beträchtlichen Raum nach O. zu verbreiten scheint, während das letztere ein deutliches Streichen in h. 8 zeigt. Ferner erstreckt sich etwa 80 m südlich vom Kreuzungspunkt des Erzgrubenganges mit dem Raimbeaugange das Wasserbundlager in südöstlicher Richtung, das vermuthlich als die durch den Bleigrubengang verworfene Fortsetzung des Raimbaeau- und Schlüsselganges angesprochen werden muss. Endlich ist an der nordwestlichen Ecke des Grubenfeldes auf der Hohenburg ein Lager, das sog. Toschée-Stockwerk, aufgeschlossen worden, das sich nahe der Grenze gegen das Oberdevon unregelmässig ausdehnt und bisher von 3 Schächtchen aus bis auf 40 m Teufe untersucht worden ist, ohne besonders günstige Aufschlüsse ergeben zu haben.

Im östlichen Grubenfelde am Richterberg heissen die Gänge in der Richtung von W. nach O. 1. Quarsack oder Quarksack, 2. Lohkuhlgang, 3. Hermannsteingang, 4. Bernhardgang, 5. Königreichgang (oder Butzerei oder Maikuhle), 6. Macnamaragang und 7. Dohmgang. Der im westlichen Felde als Schmitzgang bezeichnete Lagergang setzt sich auch im Ostfelde fort und führt hier den Namen Adolph.

Der Quarsackgang setzt etwa 200 m östlich von Gosselingang auf und ist bei einem Streichen in Stunde 9 in der Nähe des Adolphganges auf etwa 40 m Länge mit 14 m Mächtigkeit aufgeschlossen. In demselben liegen grosse Blöcke von Kalkstein umgeben von Letten, der sandigen Dolomit und Bleiglanz enthält. Nach N. ist der Gang unbauwürdig und nach S. scheint er sich bis zu den durch Pingenzüge erkennbaren Lagern von Loh, Lohlintert und Flicke fortzusetzen.

Der Lohkuhlgang streicht h. 9 und fällt mit 70$^{0}$ gegen O ein. Er ist vom Adolphgang auf 280 m Länge überfahren und mit Ausnahme eines 60 m langen tauben Mittels im Wesentlichen erzreich und bauwürdig. Er führt Bleiglanz und Blende in Mitteln von 1—1$^{1}/_{3}$ m Stärke. Am nördlichen Ende erweitert er sich bis zu 10 und 12 m Mächtigkeit und schliesst hier vornehmlich Speerkies ein.

Der Hermannsteingang streicht h. 9$^{5}/_{8}$ und fällt mit 60—75$^{0}$ gegen O. ein. Zwischen der liegenden und hangenden Thonschieferlage zeigte er sich fast überall bauwürdig. Nördlich der letzteren theilt er sich in zwei 8 m von einander entfernt liegende Trümer, die auf 40 m Entfernung erzreich befunden wurden und sich schliesslich in das sog. Heinrichstockwerk verlaufen, das, etwa 40 m lang und breit, aus vielen Dolomittrümmern mit Bleiglanz und Galmei besteht.

Der Bernhardgang streicht annähernd parallel dem vorhergehenden und ist nur auf eine kurze Länge untersucht, wobei er sich zum grössten Theil als unbauwürdig erwies. Im Hangenden findet sich eine grosse sackartige Erweiterung, das sog. Schwefelkiesstockwerk, das neben mächtigen Blöcken von Kalkstein und Dolomit hauptsächlich Speerkies enthält.

Der Königreichgang (Butzerei, Maikuhle) streicht h. 9$^{1}/_{4}$ und fällt mit 72$^{0}$ gegen NO. Er ist von der Grenze gegen das Oberdevon auf 250 m gegen S. überfahren und fast durchweg bauwürdig befunden worden, so dass er der reichste Gang der östlichen Gruppe bildet. Die Erze bestehen aus blauschwarzem eisenschüssigem Galmei und Blende, wozu sich Bleiglanz und Speerkies gesellen. Unweit der nördlichen Grenze hat der Gang auf 14 m Länge eine Mächtigkeit von 2 m und sendet er hier ein schmales Trum ins Liegende ab, das zuerst Bleiglanz und in weiterer Entfernung Blende führt.

Der Macnamaragang streicht h. $12^3/_8$ und fällt mit 75° gegen O. Er schneidet den vorhergehenden Gang, durch welchen er um 24 m seitwärts verworfen wird. Der östliche Theil ist 120 m, der westliche auf 80 m Länge bei 1 m durchschnittlicher Mächtigkeit unbauwürdig überfahren worden.

Der Dohmgang endlich streicht h. 9 und fällt mit 60° gegen NO. ein. Soweit die Aufschlüsse reichen, scheint er stellenweise von guter Beschaffenheit zu sein.

Ein zwischen dem Königreich- und Dohmgang gelegener und in h. 1 streichender Pingenzug am sog. „Gängelchen" ist noch nicht näher untersucht worden.

Der auf den vorbeschriebenen Lagerstätten umgegangene Bergbau ist schon uralt und stammt, nach den an verschiedenen Punkten gemachten Münzfunden zu schliessen, bereits aus der Römerzeit. Eine tiefere Lösung des Betriebes erfolgte erst in der ersten Hälfte dieses Jahrhunderts mittelst eines im Vichtbachthal am Bernhardshammer angesetzten Stollens, der an dem im westlichen Grubenfelde niedergebrachten Hauptgegenortschachte Emilie eine Teufe von 40 m einbrachte. Später hat sich der Abbau mit Hülfe von starken Dampfmaschinen von verschiedenen Schächten aus bis über 100 m unter der Stollensohle niedergezogen, hatte aber bei der grossen Wasserdurchlässigkeit des Kalkgebirges, die Wasserentziehungen auf grosse Erstreckungen hin zur Folge hatte, stets mit starken Schwierigkeiten zu kämpfen und wurde deshalb aus ökonomischen Rücksichten und trotz mancher guter Anbrüche auf den unteren Sohlen um die Mitte der 70er Jahre eingestellt.

3. Die Grube Georg. Nahe der westlichen Markscheide des Feldes dieser Grube am nordwestlichen Ende von Schmitthof ist ein die Gebirgsschichten quer durchsetzender in h. 10—12 streichender und mit 65° gegen W. einfallender Gang aufgeschlossen worden, dessen Erzführung dadurch besonders interessant ist, dass neben Bleiglanz und Blende auch reiche Kupfererze vorkommen, die sonst im Revier nur selten vertreten sind. Der Gang wurde mit einem am Ursbache angesetzten Stollen bei 160 m Entfernung vom Mundloche angefahren und zeigte sich bei 6 m Mächtigkeit mit Letten angefüllt, in welchem Brauneisenstein, Schwefelkies in grossen Blöcken, Bleiglanz, Blende und Kupferglanz mit einem Ueberzuge von Malachit eingelagert waren. Unter der Stollensohle nach S. führte der Gang Kalkspath mit Brauneisenstein und dünnen Ueberzügen von Malachit und Kupferlasur. Gegen N. fuhr man ein reiches 40 m langes Kupfererzmittel an, das sich jedoch nach allen Seiten hin auskeilte, so dass es sich nur als eine ganz locale Erzanhäufung dar-

stellte. Ebenso ist auch der Versuch, die gemuthmasste nördliche Fortsetzung des Ganges im Cornelimünster-Nüttheimer Kohlenkalkzuge mit einem 50 m tiefen Schachte aufzuschliessen, fehlgeschlagen. An anderen Stellen des Grubenfeldes, wie am sog. Bergfelde bei Schmitthof und bei Friesenrath an der östlichen Markscheide haben sich Bleiglanznester und schmale Bleiglanzgänge im Eifelkalk gefunden, die aber ohne Bedeutung sind.

4. Die Grube Marie Luise bei Wenau. Hier hat man beim Steinbruchsbetriebe mehrfach Klüfte im Eifelkalk angefahren, die mit derbem Bleiglanz erfüllt waren, sich aber bei einer Mächtigkeit von nur wenigen cm bald wieder auskeilten und daher unbauwürdig erschienen. Man ist bis zu 24 m Teufe niedergegangen und fand den anstehenden Bleiglanz an und für sich sehr schön aber in zu geringen Mengen vorhanden. Seit 1839 hat daher kein Betrieb mehr stattgefunden.

5. Die Grube Daenz, nahe der vorgenannten Grube, etwas thalaufwärts gelegen. Die Verleihung dieses Feldes ist auf Grund ganz ähnlicher Vorkommen wie die der letzteren Grube erfolgt, und der Betrieb auch hier seit 1849 wegen Unbauwürdigkeit der Lager gefristet.

Die noch auf demselben Kalkzuge östlich des Vichtbachthales bei Mausbach auftretenden Lagerstätten liegen im Felde der Grube Diepenlinchen und werden weiter unten Erwähnung finden.

6. Die Grube Union. Diese Grube hat auf dem einzigen Erzvorkommen gebaut, welches in der den Aachen-Burtscheider Devonsattel durchziehenden und die Vorbruchsstellen der Burtscheider Thermalquellen tragenden Kalkzone bekannt geworden ist. Die östliche Fortsetzung derselben tritt zwischen Verlautenheide und Haaren auf eine streichende Entfernung von $1^1/_2$ km zu Tage, und hier am Haarener Bache nahe der Kalkgrachter Mühle sind die Funde gemacht worden, auf Grund deren das Feld Union verliehen worden ist. Die Kalksteinschichten fallen mit $70^0$ gegen SO. ein und wechseln in dem oberen Theile mit Thonschiefer und sandigen Schieferschichten, während sie nach N. zu immer reiner und massiger auftreten. Innerhalb derselben sind verstreut liegende Partien von blauem Thon, Dolomit, Bleiglanz und Galmei gefunden worden, die sich aber bei fortgesetzter Untersuchung als unbauwürdig erwiesen. Ein einziges gangartiges Vorkommen, das in h. 10 aufsetzte und bei $^2/_3$ Mächtigkeit mit $70^0$ nach O. einfiel, zeigte sich ebenfalls werthlos, da es nur rauhe Geschicke führte und nach einem Auffahren von nur 10 m im Streichen wieder spurlos verschwand. Nur an Schwefelkies wurden einzelne reiche Anbrüche gemacht, indem derselbe theils in grösseren Massen im Kalkstein, theils als Imprägnationen in mehreren dunkel gefärbten Schieferschichten vorkommt. Die Aufschlussarbeiten sind sowohl von einem bei der Kalkgrachter Mühle angesetzten Stollen, als auch

von einem Schachte aus unternommen worden, der bei 36 m Teufe die Sohle des Stollens erreichte, aber nicht mit letzterem zum Durchschlag gebracht wurde. Nachdem das Gebirge nach allen Richtungen planlos durchörtert worden war, wurde der wenig umsichtig geführte und kostspielige Betrieb — er hatte binnen 2 Jahren 40000 Thaler verschlungen — 1850 endgültig eingestellt.

Von den Erzvorkommen in den oberdevonischen (Verneuille) Schiefern verdient nur dasjenige Erwähnung, auf welchen

7. die Grube Hammerberg bei Stolberghammer baut. Das Feld derselben erstreckt sich auf der rechten Seite des Vichtbaches über den vom Kohlenkalk umschlossenen und in der Richtung von Stolberg nach Hastenrath sich hinziehenden Devonsattel. Innerhalb desselben finden sich 3 Gänge, von welchen der östlichste, der sog. Schürfergang westlich, der mittlere und westlichste oder der sog. Voss-(oder Fuchs-)gang östlich einfallen. Ersterer durchschneidet fast die ganze Breite des oberdevonischen Sattels und fällt bei einem Streichen in h. 10 bis 12 mit 60—70° ein. Er führt Galmei, Bleiglanz, Brauneisenstein mit Kalkspath und Braunspath. Seine Mächtigkeit wechselt vom geringen Bestege bis zu 8 m. Stellenweise ist er durch deutliche Saalbänder vom Nebengestein geschieden, während an anderen Stellen die Begrenzung unregelmässig und undeutlich wird. Da wo die Mächtigkeit sehr bedeutend wird, setzen sich Keile des Nebengesteins in den Gang ein, so dass man ein hangendes und liegendes Trum unterscheiden kann. In der nördlichen Verlängerung trifft der Schürfergang auf die in der Inde-Kohlenmulde bekannte Verwerfung Ewige Gewand, und da in dem Zwischenraume die Eisensteinvorkommen des Feldes Petersglück vorkommen, so erscheint hier der Zusammenhang ebenso unzweifelhaft wie bei den Gängen von Breinigerberg mit der Münster- und Steinwegsgewand, wenn der direkte Nachweis auch ebenso wenig wie dort bisher erbracht ist.

Der mittlere Gang ist nur an einer Stelle am südlichen Abhange des Hammerberges bekannt. Er streicht h. 12 und fällt mit 65—70° ein. Bei einer Mächtigkeit von 1 m führt er vorherrschend Kalkspath, in welchem Bleiglanz, Galmei und etwas Brauneisenstein eingesprengt sind.

Der westlichste oder Fuchsgang streicht h. 8 und fällt mit 60—80° ein. Von einem im Vichtbachthale angesetzten Stollen ist er auf eine Länge von 500 m überfahren worden, wobei sich aber seine Bauwürdigkeit nur mässig zeigte. Seine Mächtigkeit schwankte zwischen wenigen cm bis $^2/_3$ m. Gegen das Nebengestein ist er durch deutliche Saalbänder und Lettenbestege abgegrenzt. Die Erze, Bleiglanz, Schalenblende und Schwefelkies finden sich theils in Braunspath eingesprengt, theils in feinen Schnüren. Ueber der Sohle des Stollens hat auch Galmei angestanden, der aber nicht in grosse Teufe niedersetzte und schon frühzeitig von den Alten abgebaut worden war.

Die Grube ist um die Mitte der 40er Jahre durch die Vorgängerin der jetzigen Rheinisch-Nassauischen Gesellschaft, der Eschweiler Gesellschaft für Bergbau und Hütten, mit einer bis zu 100 Mann starken Belegschaft schwunghaft betrieben worden. Da sich aber die Anbrüche wenig höfflich zeigten, wurde der Betrieb sehr eingeschränkt und vor längerer Zeit ganz eingestellt.

In den Schichten des Kohlenkalks treten die wichtigsten Erzlager. stätten des Reviers auf, und zwar finden sie sich in der Mehrzahl in den die kleine Werther Kohlenmulde und den Hammerberger Devonsattel einschliessenden Zügen des unteren Carbons zusammengedrängt. In dem die Werther Mulde im Süden begleitenden Zug sind zunächst die Vorkommen der bedeutendsten hiesigen Erzgrube, nämlich:

8. der Grube Diepenlinchen eingeschlossen. Das Feld derselben wird im Westen durch den Vichtbach, im Norden durch eine die Binsfeldhammer-Hütte und die Ortschaft Werth verbindende Linie, im Osten durch eine Verbindungslinie zwischen letztgenanntem Ort und Gressenich und endlich im Süden durch eine von hier über Krehwinkel nach Vicht verlaufende Linie begrenzt. In dieser Ausdehnung umfasst das Grubenfeld sowohl Schichten des unteren, mittleren und oberen Devons als auch des Kohlenkalks und des productiven Carbons. Von Wichtigkeit für das Erzvorkommen sind indessen nur die Schichten des mittleren Devons und des Kohlenkalks und unter diesen wieder nur hauptsächlich die letzteren. Die näheren Verhältnisse der einzelnen Lagerstätten haben im Bande 36 (Jahrgang 1888) der Zeitschrift für das Berg-, Hütten und Salinenwesen eine eingehende Beschreibung gefunden, und es kann daher unter Verweisung auf diese Arbeit die Schilderung an dieser Stelle auf wenige kurze Angaben beschränkt werden.

Im Eifelkalk ist das Vorkommen von Erzen an 6 Stellen nachgewiesen worden. An der westlichst gelegenen, am Dörrenberg, 400 m nördlich von Vicht, hat man einen Gang auf 180 m aufgefahren, der in h. 10 streicht, mit 65—80$^0$ westwärts einfällt und etwas Bleiglanz und Galmei in Kalkspath und dolomitischem Kalk führt. Ungefähr 600 m weiter nach Osten befindet sich das zweite Vorkommen beim Lichtloch VII des Dohmstollens, der bei Vicht angesetzt und bis südöstlich Mausbach ziemlich parallel der von Vicht nach Krehwinkel führenden Strasse getrieben worden ist. Es ist ebenfalls ein kleiner nach W. mit 60$^0$ einfallender Gang, der zunächst der Grenze gegen die Vichter Schichten etwas Schwefelkies und dann Blende und Bleiglanz im blauen Thon führt. Das dritte Vorkommen am sog. Theuerkauf unmittelbar östlich von Mausbach besteht aus 2 Gängen, von welchen der grössere (östliche) mit 50 bis 60° westlich einfällt, Spuren von Bleiglanz und Blende in Kalkspath führt und 200 m von der Scheide gegen die oberdevonischen Schiefer aufgefahren worden ist. Der zweite kleinere und dem ersteren ähnliche Gang liegt 180 m weiter westlich und besitzt nur eine durchschnittliche Mächtigkeit von 0,30 m. Der vierte Fundpunkt liegt 250 m weiter östlich vom dritten am sog. Scheidt und zeigt einen nur schwachen Gang, der Weissbleierz und Eisenstein enthielt. Das fünfte Vorkommen, 1 km nordöstlich von Mausbach und $^1/_2$ km südwestlich von Gressenich am Betriebspunkte Mausbacher Hecken ist das bedeutendste. Es treten hier an der hangenden Grenze der Kalksteine neben einem grösseren nestartigen Mittel mehrere Gänge auf, unter denen aber nur zwei auf eine grössere Länge (von 50 bezw. 60 m) bauwürdig sind, während die anderen nur an der Scheide eine ganz geringe Erzführung zeigen. Das Streichen der Gänge ist in h. 8—9, das Einfallen mit 45—70° gegen W. gerichtet. Das 65 m lange und 1—8 m breite Nest liegt theils unmittelbar an der Scheide, theils ist es von derselben durch eine 10 m mächtige Ausfüllung von blauem und schwarzem Thon mit Kalkspathstücken und Bleiglanzfunken getrennt. Der hierselbst in den 60er Jahren geführte Betrieb musste in Folge des Aufgehens der Wasser nach der Ausserbetriebsetzung von Breinigerberg im Jahre 1870 auf den unteren Sohlen eingestellt werden. Der sechste Fundpunkt endlich liegt unmittelbar an der Westseite von Gressenich und enthält ausser geringen Mengen von Bleiglanz und Weissbleierz einen 0,20 m mächtigen Gang mit etwas Malachit und Lasurerz.

Im Kohlenkalk und zwar auf dem Südflügel der Werther Mulde folgen sich in der Richtung von SW. nach NO. folgende Lagerstätten:

1. Ein Gang ohne Namen, etwa 450 m östlich von Bernhardshammer beim Lichtloch VII des Binsfeldhammer-Stollens. Streichen h. 9 bis 10, Einfallen 85° gegen W. Von der liegenden Grenze an führt er auf 60 m Länge sehr silberhaltigen Bleiglanz und etwas Cerussit in Mächtigkeit von 0,10 bis 0,20 m.

2. Die Lagerstätten des Betriebspunktes Henriette, etwa 400 m östlich von 1., bestehend aus zwei Gängen, einem weslichen Gang I, mit einem Streichen in h. 11, einem westlichen Einfallen von 55 bis 90° und einer Mächtigkeit von 0,60 m, und einem östlichen Gang II, mit einem Streichen in h. $9^1/_2$, einem westlichen Einfallen von 60—90° und einer Mächtigkeit von 0,20—0,50 m. In den oberen Teufen (bis 100 m unter Tage) und an der hangenden Scheide des Kohlenkalks vereinigen sich beide Gänge, die an mehreren Stellen nestartige Erweiterungen bilden, zu einem grösseren Nest von 33 m Länge und 20 m grösster Breite. Bei etwa 100 m unter Tage zertrümmert sich dasselbe, während die beiden genannten Gänge bis zur Scheide des Kohlenkalks gegen den Kohlenschiefer fortsetzen und eine Gesammtlänge von etwa 100 m haben. Die

Erzführung besteht in den oberen Teufen vorwiegend aus Cerussit und Galmei, in den unteren Teufen aus Bleiglanz und Blende.

3. Die Lagerstätten des Hauptbetriebspunktes Diepenlinchen, rund 1050 m östlich von 2. Sie verbreiten sich auf eine Länge von 1 km und bestehen nach den bisherigen Aufschlüssen aus 5 Stockwerken, 4 Nestern und 16 Gängen. Sie treten von W. nach O. in nachstehender Reihenfolge auf:

a) Nest No. II mit dem Gange No. IV. Ersteres, an der Hangenden Scheide des Kohlenkalks gelegen, hat bei 160 m unter Tage seine grösste Länge und Breite von 45 bezw. 18 m. Nach oben und unten spitzt es sich rasch zu, so dass es bei 105 m Teufe sich ganz auskeilt und andrerseits bei 200 m Teufe ganz unbauwürdig wird. Auf den obersten Sohlen führt es fast ausschliesslich Schwefelkies, auf den tieferen Sohlen (144 m unter Tage) Bleiglanz, Blende und Schwefelkies, zu unterst endlich nur noch Bleiglanz in einzelnen Stücken, während Blende und Schwefelkies sich in vollständig zerriebenem und zersetztem Zustande befinden. Bei 176 m Teufe setzen mehrere Trümmer nach S. auf, die sich vereinigen und den Gang IV bilden, der bis zur liegenden Grenze des Kohlenkalks in h. $10^1/_2$ streicht, mit 70—80° westwärts einfällt und bei 0,10—0,30 m Mächtigkeit nur streckenweise bauwürdig ist. Es brechen auf ihm Bleiglanz und zerriebene Blende in zerbröckeltem und zerriebenem Kalkspath.

b) Nest No. I mit dem Gang No. III. Ersteres tritt zuerst bei 76 m Teufe als ein 10 m langes und $1^1/_2$—3 m breites Mittel nahe an der Scheide und dem Nest Nr. II auf. Nach unten zu vergrössert es sich aber allmählich, so dass es bei 177 m Teufe etwa 20 m lang und 4—5 m breit ist und sich ausserdem noch an der Grenze gegen den Kohlenschiefer entlang bei 4—5 m Breite auf 25 m hinzieht. Noch weiter nach der Teufe zu trennt es sich in 3 Theile, von denen der westlichste am grössten und 44 m lang und 2—8 m breit an der Grenze gelegen ist, während die beiden anderen kleineren Theile mehr südwärts im Kalk liegen. Die Erzführung ist ähnlich wie bei Nest II. Der Gang III bildet die südliche Fortsetzung des Nestes und streicht wie Gang IV in h. $10^1/_2$ bei 60—75° westlichem Einfallen. In seiner Mächtigkeit, Erzführung und stellenweisen Bauwürdigkeit zeigt er grosse Aehnlichkeit mit Gang IV.

c) Das Schwefelkiesstockwerk. Es liegt ebenfalls nahe der Grenze gegen den Kohlenschiefer und erstreckt sich etwa von 80 m Teufe mit wechselnder Länge und Breite bis zu 180 m Teufe, wo es etwa 30 m lang und 18 m breit ist. Noch weiter nach unten zertrümmert es sich und erscheint bei einer Tiefe von 216 m in mehreren kleinen Mitteln und Nestchen. Die Erzführung besteht in den oberen Teufen fast ausschliesslich aus Schwefelkies, in den unteren vorwiegend aus Blende. Bleiglanz tritt nur untergeordnet auf.

d) Das Brennesselstockwerk. Es liegt südlich von b und c ganz im Kalk eingeschlossen und bildet die grösste und mächtigste Lagerstätte der Grube. Bei 70 m Teufe beginnt es als ein gangartiges Vorkommen von 12 m Länge, das nach unten bis 50 m anwächst, um sich alsdann (bei 85 m Teufe) auch nach der Breite erheblich auszudehnen und nunmehr als eigentliches Stockwerk nach allen Seiten hin zuzunehmen, so dass es bei 115 m unter Tage 53 m lang und breit ist. In noch tieferen Sohlen nimmt es in den Horizontalschnitten eine eiförmige Gestalt an, deren Längsachse westöstlich streicht und deren breiter Theil westlich liegt. Bei 145 m unter Tage beträgt die grösste Länge 90 m, die grösste Breite 40 m; bei 160 m Teufe sind die entsprechenden Zahlen 107 und 50 m, bei 176 m Teufe 150 und 60 m und bei 200 m Teufe 110 und 65 m. Die Stellung des Stockwerks ist im ganzen seiger, die Begrenzung gegen das Nebengestein keine scharfe, und an einzelnen Stellen ist das Erz durch geschlossene Kalkbänke glatt abgeschnitten. Auf den unteren Sohlen laufen kleine gangartige Ausläufer nach S. ab. Die Erze, auf den oberen Sohlen aus Galmei, Bleiglanz, Weissbleierz und Schwefelkies, auf den unteren Sohlen fast nur aus Blende bestehend, treten meist schalenförmig mit Kalkspath in Drusen und Klüften und feinen Schnitten im Dolomit und Kalk auf. Gegen den Rand zu sind sie häufig eingesprengt.

e) Der Brennesselgang. Es ist ein westlich einfallendes nestartiges Mittel, bei 76 m Teufe 20 m lang und 8 m breit, das sich nach unten in 2 Theile theilt, von denen der nördliche sich 95 m unter Tage auskeilt, während der südliche als 55 m langer Gang fortsetzt und sich bei 115 m Teufe mit dem Brennesselstockwerk vereinigt. In den oberen Sohlen findet sich Galmei und Bleiglanz, in den unteren fast nur Blende.

f) Das Weissbleierzstockwerk. Dasselbe liegt nahe dem Schwefelkiesstockwerk an der nördlichen Grenze des Kohlenkalks. Bei 68 m Teufe hat es eine Längenerstreckung von nahezu 100 m und besteht aus zwei mächtigeren Mitteln, die durch einen schmalen Erzstreifen verbunden sind. Das westliche ist 11 m lang und 3,5 m breit, das östliche 25 m lang und 2—4 m breit. Ersteres keilt sich schon bei 115 m Teufe aus, während letzteres nach unten (bei 90 m Teufe) noch auf 50 m Länge und 11 m Breite anwächst, sich aber dann ebenfalls verkürzt und verschmälert, um bei 155 m auszukeilen. Die Erzführung besteht in den beiden mächtigeren Mitteln aus grossen Blöcken Cerussit in buntem Letten, in dem schmalen Verbindungsstreifen aus Galmei. In den unteren Sohlen ist der Cerussit feiner vertheilt, und es tritt auch etwas

Bleiglanz auf. Am Hangenden findet sich ausserdem eine dünne Lage Brauneisenstein.

g) Der Andreasgang. Derselbe beginnt südlich dem vorgenannten Stockwerke 25 m von der hangenden Kohlenkalkscheide, in den oberen Sohlen als ein 2—6 m mächtiges Nest, und zeigt sich erst bei 100 m Teufe als ein schmaler und 45 m langer Gang, der sich der nördlichen Gebirgsscheide bis auf 12 m nähert. Noch weiter tiefer (bei 135 m) erreicht er die nördliche Scheide und bildet hier ein 10 m langes und 9 m breites Nest. Dagegen ist er nach S. auf höchstens 35 m erzführend, in der übrigen Länge (25—50 m) taub. Noch tiefer erstreckt er sich wieder erzführend noch weiter nach S. und erreicht bei 216 m Teufe auch die liegende Kohlenkalkgrenze, so dass hier seine ganze Länge 120 m beträgt. Das Streichen ist in h. 10—11, das Einfallen mit 80° gegen W. gerichtet. Nur in seinem südlichen Theile unter der 200 m-Sohle ist das Fallen flacher (45—60°). Etwa 60 m von der hangenden Scheide entfernt setzten bei 175 m Teufe mehrere Trümmer in das Liegende, die sich nach der Tiefe verbreitern, wieder mit dem Hauptgang vereinigen und so bei 200 m Teufe ein zusammenhängendes Stockwerk von 45 m Länge und 23 m Breite bilden. Eines der Trümmer setzt als Diagonaltrum bis in die Nähe des unter k) beschriebenen Ganges V. Die Erzführung besteht in den oberen Teufen aus silberreichem Bleiglanz, wozu sich in der unteren Teufe Blende gesellt. Im Gang erscheinen die Erze in schmalen Streifen, im Stockwerke in festen Schalen und derben Massen.

h) Der Leongang. Ein schmaler mit 45° westwärts fallender Gang, der bei 100 m Teufe von der östlichen Partie des Weissbleierzstockwerks nach S. absetzt und eine grösste Länge von nur 35 m erreicht. Bei 115 m unter Tage keilt er sich schon vollständig aus. Er führt Bleiglanz und Schwefelkies im Dolomit und dolomitischen Kalk.

i) Das Nest am Fahrschacht. Dasselbe liegt an der nördlichen Kohlenkalkgrenze in grösserer Teufe und hat eine ganz unregelmässige Gestalt. Es besteht bei 150 m unter Tage aus einem 1 m breiten und 15 m in südlicher Richtung sich erstreckenden östlichen Theil, der 12 m nach oben hin sich auf 4 m Länge verkürzt und schliesslich ganz verschwindet, und einem 25 m langen und 3 m breiten westlichen Theil, der sich erst in 112 m Teufe auskeilt und ausserdem einen Ausläufer nach unten zu sendet, der sich bei 120 m auskeilt. Etwa bei 155 m unter Tage werden beide Theile durch einen schmäleren Erzstreifen an der Grenze mit einander verbunden, so dass das Nest hier eine Gesammtlänge von 55 m hat. Bei 186 m Teufe theilt es sich aber wieder und erscheint bei 216 m unter Tage in vier einzelnen Mitteln, die auf einer Länge von 30 m theils im Kalk liegen, theils sich an der Scheide erstrecken.

Die Erzführung besteht vorwiegend aus Bleiglanz in derben Massen und ist schalenförmig dem Kalk und Kalkspath aufgelagert.

k) Der Gang No. V. Er setzt von dem westlichen Theil des vorbeschriebenen Nestes nach S. ab und zwar zunächst nur schwach und undeutlich ausgeprägt, dann aber erzführend und zwar in oberer Teufe bis zur südlichen Kohlenkalkgrenze, in unterer Teufe nur auf kurze Entfernung. Bei 125 m unter Tage und 60 m südlich der Nordgrenze des Kalks legt sich jedoch im Osten ein neues Erzmittel an, das sich nach der Tiefe bedeutend erlängt und mit dem südlichen Gangmittel bei 176 m Teufe vereinigt, so dass der Gang hier wieder bis zur südlichen Grenze bauwürdig wird. Das Streichen ist (bei 115 m Teufe) in h. 10, das Fallen mit 45° gegen W. gerichtet. In der Tiefe wendet sich das Streichen in h. 12, und das Fallen beträgt im Süden 75, im Norden 90°. Bleiglanz und Blende sind die hauptsächlich einbrechenden Erze.

l) Der Gang No. III. Derselbe setzt in h. 12 und mit westlichem Einfallen von 75—80° von einem an der nördlichen Kalkgrenze liegenden Nest ab, welches bei 138 m Teufe beginnt und sich nach unten zu (bis 160 m Teufe) auf 20 m Länge und 4—6 m Breite erweitert. Nach Süden zu erstreckt es sich ausserdem noch 15 m weit bei 5—7 m Mächtigkeit keilförmig in den Kalk, und setzt sich dann als schmaler Gang bis 32 m Entfernung von der Scheide fort. Ein zweites Erzmittel, das sich bei 50 m Entfernung von der Scheide in 170 m Teufe anlegt, nähert sich dem ersteren Mittel bis auf 8 m und erreicht bei 0,2—3,0 m Mächtigkeit eine Länge von 30 m. In den oberen Teufen brechen Bleiglanz und etwas Schwefelkies, in den unteren Bleiglanz und etwas Blende.

m) Das Heinrich-Stockwerk mit den Gängen I und II. Das Stockwerk, nach dem Brennesselstockwerk die bedeutendste Lagerstätte der Grube, tritt an der nördlichen Scheide des Kalks auf eine Länge von nahezu 150 m auf. Hiervon setzt jedoch nur der westliche Theil in einer Länge von 30 m auf weitere Erstreckung in den Kalk, während der östliche eine nur wenig mächtige Contactlagerstätte bildet und sich schon bei 105 m Teufe vollständig auskeilt. Der westliche Theil, das eigentliche Stockwerk, erweitert sich nach der Teufe zu, so dass es bei 115 m an der Scheide 55 m lang ist und sich 70 m weit in den Kalk zieht. Indess wird auch die Erzführung durch mehrere sich nach unten verstärkende Kalkpfeiler vermindert. Das Stockwerk schiebt im Ganzen mit etwa 30° gegen W. ein. Bei etwa 150 m Teufe unter Tage keilt sich der östliche Theil des Stockwerks aus. Im mittleren Theil vereinigen sich die einzelnen Erznester zu einem zusammenhängenden Gange, den Gang II, der bei 2—3 m Mächtigkeit etwa 65 m weit (von der nördlichen Kalkgrenze an gerechnet) in h. 11 nach S. streicht, sich dann, durch eine Thonkluft abgelenkt, in h. 6 wirft und sich endlich mit dem weiter unten beschriebenen Ludwiggang schaart. Da, wo der Gang die Thonkluft trifft, erweitert er sich zu einem 15 m langen und 6 m breiten Nest, das sich jedoch bald nach unten zu auskeilt. In der unteren Teufe (216 m) streicht der Gang in seiner ganzen Länge in h. $10^1/_2$ bei $70^0$ westlichem Einfallen, ist aber im südlichen Theil nur sehr wenig mächtig. Bei etwa 200 m unter Tage trennt sich abermals vom Liegenden des Stockwerks ein Theil als Gang I ab, der bei 1,5—5 m Mächtigkeit wie der erstere bis zu der genannten Thonkluft in h. 10 streicht und dann in h. 7 abgelenkt wird, bis er sich mit dem Gang II und gleichzeitig mit dem Ludwiggang schaart. Das Einfallen ist westlich mit $55^0$. Zwischen den beiden Gängen setzt in der oberen Teufe ein Erzstreifen durch, der sich nach unten in mehrere Trümer zerschlägt, deren man bei 232 m unter Tage 9 zählt. Dieselben bilden meist nur dünne Erzschaalen auf festem Kalk und führen fast nur Bleiglanz. Der hangendste Theil des Stockwerks setzt weiter nach der Teufe zu fort und erweitert sich sogar noch, so dass er in 216 m Teufe 25 m lang und 15 m breit ist. Vom liegenden Theil zieht noch ein 4—1 m mächtiges Mittel auf 40 m gegen S. Die Erze des Stockwerks, in den oberen Sohlen vorwiegend Brauneisenstein, Galmei und Cerussit, in den unteren Bleiglanz, Blende und Schwefelkies, liegen theils in Thon und Dolomitsand, theils zwischen Kalkblöcken schaalenförmig auf festem Kalk. Auf den Gängen brechen in der Hauptsache Bleiglanz und Blende.

n) Der Ludwiggang. Derselbe durchsetzt bei 0,10—0,30 m Mächtigkeit und $45^0$ westlichem Einfallen mit wechselnder Bauwürdigkeit die ganze Mächtigkeit des Kohlenkalks und streicht bis zum Schaarungspunkt mit Gang II in h. 12 und südlich desselben in h. $10^1/_2$. Sowohl an den Scheiden als auch in der Mitte bildet er nestartige Erweiterungen, während sich ins Liegende häufig schmale steiler einfallende Streifen absetzen. Im Süden theilt sich der Gang in mehrere Trümer. Die Erzführung besteht in oberer Teufe aus Bleiglanz mit etwas Weissbleierz und Blende, in unterer Teufe aus Bleiglanz mit wenig Blende.

o) Der neue Franzgang. Derselbe streicht in h. 11, fällt mtt 75 bis $80^0$ westwärts ein und ist von der nödlichen Scheide des Kohlenkalks bis auf 100 m Länge mit wechselnder Bauwürdigkeit aufgefahren worden. Seine Mächtigkeit schwankt meist zwischen 0,10—0,20 m. Im Süden finden sich im Hangenden kleine Erznestchen. Die Erzführung besteht vorwiegend aus Bleiglanz mit etwas Blende in schmalen Streifen.

p) Der alte Franzgang. Derselbe streicht in h. 11 und fällt bis etwa 105 m unter Tage mit $45^0$, dann bis zu 160 m Teufe mit $60^0$ und schliesslich mit 75—$80^0$ westlich ein, bis er sich einige m über der 200 m-Sohle mit dem flacher fallenden und unten beschriebenen Johanngang vereinigt. Die bauwürdige Länge überschreitet nicht 40 m; die

Mächtigkeit beträgt meist 0,20—0,30 m, nur an der Scheide wächst sie bis zu 1,5 m. Die Erzführung gleicht der des vorbeschriebenen Ganges.

q) Der Johanngang. Er streicht bis etwa zur Mitte des Kalkzuges in h. 11, von da ab in h. 12 und fällt westwärts mit 50° ein. Seine grösste bauwürdige Länge beträgt etwa 100 m (in 176 m unter Tage). Ausserdem legt sich an der südlichen Scheide bei 115 m unter Tage ein zweites Erzmittel an, das allmählich zunehmend bis zur 200 m-Sohle eine Länge von 55 m erreicht. In der Nähe der nördlichen Grenze setzt in den unteren Teufen ein 10—12 m bauwürdiges Trum ins Liegende. Im Süden theilt sich der Gang in mehrere Trümer. Die Mächtigkeit beträgt 0,20—0,30 m, und nur auf den unteren Sohlen bildet er an der hangenden Grenze ein 8 m langes und 7 m breites Nest. Die Erzführung besteht aus Bleiglanz und Weissbleierz, das nach unten durch Blende ersetzt wird.

r) Zwei kleine namenlose Gänge. Der westliche derselben erreicht eine Länge von 26 m und hat bei westlichem Einfallen von 55° eine Mächtigkeit von 1,5 m an der Scheide und von 0,10—0,20 m weiter südlich. Der östliche ist 32 m lang und hat bei westlichem Einfallen von 50° eine durchschnittliche Mächtigkeit von 1,5 m. Beide führen Bleiglanz mit etwas Blende.

s) Der Gang No. VI. Derselbe beginnt bei etwa 130 m unter Tage als ein 9 m langes und sich 6 m keilförmig in den Kalk erstreckendes Nest. Nach unten setzt es sich 20 m gegen S. als Gang fort, und bei 160 m Teufe wird der Gang in der ganzen Mächtigkeit des Kalkzuges bauwürdig. Auf den unteren Sohlen wird die bauwürdige Länge wieder geringer. Ausser dem Nest an der hangenden Scheide bildet der Gang bei 200 m Teufe 35 m von der Grenze ein zweites Nest, dass 30 m lang und 8 m mächtig ist; im Uebrigen wechselt die Mächtigkeit zwischen 0,20 und 1,50 m. Das Streichen ist in h. 11—12, das Einfallen im Ganzen mit 50° gegen W. gerichtet. Das Erz, vorwiegend Blende mit etwas Bleiglanz, kommt in schmalen Streifen und kleinen Nestern vor.

t) Das Weissenbergstockwerk. Ungefähr 40 m unter Tage beginnt dasselbe an der nördlichen Kalkgrenze als schmale und kurze Contactlagerstätte, die sich bis zur Teufe von 75 m auf 24 m Länge und 12 m Breite erweitert, sich alsdann ganz von der Scheide entfernt und in den Kalk nach S. zieht, bis es bei 125 m Teufe 20 m von der Scheide abliegt und eine Länge von 22 m bei einer grössten Breite von 9 m erreicht. Noch weiter nach der Tiefe nimmt es bei zunehmender Länge und abnehmender Breite ein gangartiges Aussehen an, wobei es sich als schmale Kluft wieder bis zur Scheide zieht, und löst sich endlich bei etwa 155 m Teufe in mehrere schmale Trümer auf, von denen nur das liegendste in grössere Tiefe, aber vollständig taub, niedersetzt. Bis zu 125 m Teufe schiebt das Stockwerk um etwa 35 m gegen O. ein, nimmt dann aber mit dem Hervortreten der gangartigen Beschaffenheit eine steile Stellung ein und fällt schliesslich mit 60° gegen W. ein. In oberer Teufe brechen Galmei und Bleiglanz mit etwas Cerussit im Dolomitsand und Dolomit, in unterer Teufe nur Bleiglanz mit etwas Blende und zersetztem Kalkspath.

u) Das Schwarzgrubenest. Es bildet das östlichste Vorkommen des Betriebspunktes Diepenlinchen und besteht aus einem an der nördlichen Scheide gelegenen 30 m langem und 1 m mächtigem Nest, das sich aber nach der Teufe bald verkürzt und in 115 m ganz auskeilt. Von seinem östlichen Ende setzt ein schmaler Gang mit schwacher Erzführung eine kurze Strecke in den Kalk, der auch in tiefere Teufe durchsetzt, aber dann nur Spuren von Bleiglanz in Kalkspath enthält. Er fällt mit 75—80° gegen W. ein. Die Erzführung des Nestes besteht aus Bleiglanz und Galmei, in tieferen Sohlen tritt an Stelle des letzteren Blende.

4. Die Lagerstätten des Betriebspunktes Neuer Simon. Dieselben treten etwa 200 m östlich der letztgenannten Lagerstätte auf und beginnen:

a) mit einem schmalen, nur wenige m in den Kalk reichenden Gang, der in geringer Menge Bleiglanz, Weissbleierz und Galmei und in tieferen Sohlen nur Bleiglanz mit Spuren von Blende führt. Dann folgt 30 m östlich:

b) ein schmaler Gang, Streifen No. III genannt, der h. 10 streicht mit 75° westwärts einfällt, bei 61 m Teufe an der Grenze ein 15 m langes und 3—4 m breites erzführendes Nest bildet und im Uebrigen bis zur südlichen Kalkgrenze taub ist. In 5—25 m Entfernung folgen

c) mehrere unbauwürdige Erzstreifen, die sich in 45 m Teufe an der Nordscheide zu einem 15 m langen und 8 m breiten Nest, dem Nest No. II, vereinigen, das jedoch schon 8 m tiefer verschwindet bezw. sich in schwachen Trümmchen auflöst. 25 m östlich von Nest II tritt

d) ein h. 10 streichender und mit 75° östlich einfallender Gang, der Streifen No. I auf, welcher nur stellenweise erzführend und bauwürdig ist. Dann folgt

e) Der Streifen No. IV, der h. $10^1/_2$ streicht und bis 62 m Teufe seiger und dann mit 62° westwärts einfällt. Er ist gleichfalls wenig mächtig und bauwürdig, bildet aber an der Nordscheide des Kalks ein grösseres Nest, das bei 22 m Länge und 6 m Breite bis auf 62 m Teufe niedersetzt, sich dann 5 m tiefer wieder anlegt und auf 12 m Länge und 7 m Breite anwächst. Bei 92 m unter Tage keilt es sich aus. Dann folgt 8 m östlich

f) ein Nest an der nördlichen Scheide, das bis 20 m Länge und 10 m Breite zunimmt, sich aber schon in 45 m Teufe auskeilt, 100 m davon tritt

g) der bis 1,5 m mächtige h. $8^1/_2$ streichende und mit 45—55° gegen W. einfallende Streifen No. V auf, der eine sehr wechselnde Bauwürdigkeit zeigt und sich nach der Teufe sowohl in der Länge wie in der Mächtigkeit vermindert, so dass sich auf den tieferen Sohlen nur noch Erzspuren an der Scheide finden. Schliesslich folgen

h) noch zwei kleine unbedeutende Gänge, die aber nur Erzspuren führen. Alle diese Lagerstätten enthalten in den oberen Sohlen vorwiegend Bleiglanz mit Galmei und Weissbleierz, in den unteren fast nur Bleiglanz.

Die östliche Grenze dieser Betriebsabtheilung bildet eine grössere Verwerfung, die ziemlich in der Verlängerung der im Inde-Kohlenbecken bekannten „Ewigen Gewand“ liegt, und an deren Ostseite der Kohlenkalk sich in mehreren Faltungen nach Norden wendet, so dass hier die Gesammtbreite desselben auf 600 m anwächst, während er in der übrigen Länge nur 200 bis 220 m breit ist. Dabei ist die Lagerung hier eine ganz flache und mit 25° widersinnig gegen S. gerichtet; gleichzeitig lagert sich ein südwestlich erstreckender Ausläufer muldenförmig in den Kohlenschiefer ein. Die ganze Erbreiterung stellt sich also als eine dünne Ueberdeckung des Kohlenschiefers dar, die sich 300—130 m von der östlichen Markscheide wahrscheinlich ebenfalls an einer Verwerfungskluft in ihrer ganzen Breite wieder aushebt, worauf der Kalkzug in einer geringeren Mächtigkeit (von 80—100 m) weiter nach Osten zieht. Innerhalb dieser Ueberlagerung treten nun die Lagerstätten der Betriebspunkte Alter Simon und Hitzberg auf, und zwar:

5. Die Lager des Betriebspunktes Alter Simon im W., in der Hauptsache bestehend aus zwei Nestern, von denen das eine an der südlichen Scheide der erwähnten Kalkzunge, das andere an der nördlichen Scheide der Ueberdeckung gelegen ist. Beide keilen sich im Tiefsten des Kalkzuges, etwa 35 m unter Tage, aus und führen oben Brauneisenstein mit eisenschüssigem Galmei, tiefer reinen Galmei mit etwas Bleiglanz.

6. Die Lagerstätten des Betriebspunktes Hitzberg liegen östlich davon und bestehen, abgesehen von einer Anzahl unbedeutender Erzstreifen und Erznestchen, aus einem 30 m langen und 0,3—1,0 m mächtigen Gang, der 80 m nördlich vom Hitzbergschacht in h. 10 aufsetzt, im nördlichen Theil mit 60° westwärts, im südlichen Theil mit 50—60° ostwärts fällt und sich bei 30 m Teufe schon vollständig auskeilt.

Wie oben bemerkt, wird das Feld der Grube Diepenlinchen im Norden durch eine die Binsfeldhammer-Hütte und die Ortschaft Werth verbindende Linie begrenzt und umschliesst auf diese Weise noch einen kleinen Theil des die Werther Kohlenmulde im Norden umschliessenden Kohlenkalkzuges. Innerhalb desselben treten

7. die Lagerstätten des Betriebspunktes Alter Ravelsberg auf, welche

durch ein an der Gebirgsscheide aufgefahrenes Flügelort des Binsfeldhammer-Stollens bis etwa in der Querlinie der westlichen Vorkommen des Betriebspunktes Diepenlinchen durchörtert worden sind, aber keine günstigen Ergebnisse geliefert haben. Es sind durchweg Gänge, die nur Spuren von Bleiglanz und Schwefelkies theils in Kalkspath, theils in gelbem und schwarzem Thon führen und nur geringe Mächtigkeit haben. Von einiger Bedeutung sind lediglich die beiden westlichsten, welche als Gang I und II bezeichnet worden sind. Ersterer setzt etwa 280 m östlich vom Stollenmundloch in h. 12 auf bei westlichem Einfallen von 65° und enthält auf 65 m Länge ein bauwürdiges Mittel von 0,20—0,40 m Mächtigkeit. Dasselbe keilt sich aber schon 6—10 m über und unter der Stollensohle völlig aus. Die Erzführung besteht hauptsächlich aus Bleiglanz und Galmei. Der Gang II streicht dem Gange I parallel und fällt bis unterhalb der Stollensohle mit 80° gegen O., dann seiger und schliesslich mit 55 bis 60° gegen W. ein. Er bildet ein liegendes Trum des Ganges I und vereinigt sich über der Stollensohle mit letzterem. Im Stollen liegt er 20 m östlich von Gang I. Die Erzführung, die sich auf 45 m Länge bauwürdig erwies, gleicht der des Ganges I.

Schliesslich bleibt noch zu erwähnen, dass sich auf den beiden Scheiden des Kohlenkalks gegen den Kohlenschiefer fast überall Brauneisenstein findet, welcher den Kalk am Ausgehenden oft auf eine beträchtliche Breite überdeckt, nach der Teufe zu aber weniger mächtig ist und sich nur stellenweise (hauptsächlich an den an der Scheide gelegenen grösseren Nestern) weit unter die Stollensohle zieht. Die Gewinnung desselben ist durch die Eigenthümerinnen der Grube, die Actiengesellschaft für Bergbau, Blei- und Zinkfabrikation in Stolberg und in Westfalen und die Rheinisch-Nassauische Gesellschaft, in Pacht an kleinere Unternehmer überlassen worden, während sich der Hauptbetrieb lediglich auf die Ausbeutung der Blei- und Zinkerze erstreckt.

Ausser der Grube Diepenlinchen baut auf dem Südflügel des die Werther Mulde einschliessenden Kohlenkalks nur noch

9. die Grube Roemerfeld, deren Feld, östlich an Diepenlinchen anschiessend, das äusserste Ende des im Osten von Werth durch eine Verwerfung abgeschnittenen Kohlenkalkzuges umfasst. Das Erzvorkommen beschränkt sich hier auf einen einzigen Gang, der in h. 9—10 streicht mit wechselnder Neigung theils gegen O., theils gegen W. einfällt und eine Mächtigkeit besitzt, die vom schwachen Bestege stellenweise bis zu 15 m anwächst. Die Erzführung besteht ausschliesslich aus Bleiglanz und zeigt sich streckenweise sehr edel. Das Erzmittel schiebt nach Süden ein. Der früher ziemlich ausgedehnte Betrieb hat sich nicht bis über die 72 m-Sohle erstreckt, so dass über das Verhalten des Ganges in der Teufe nähere Aufschlüsse fehlen. Die in jüngster Zeit vorgenommenen

geringen Untersuchungsarbeiten zwischen der 58- und 72 m-Sohle sind mit Beginn des Jahres 1896 wieder eingestellt worden.

Ueber den Kohlenkalknordflügel der Werther Mulde erstrecken sich im Osten des Ravelsberger Reviers die Felder Albertsgrube (consolidirt mit Zufriedenheit) und Marienhain.

Die Grube Albertsgrube-Zufriedenheit baut auf 10 Gängen, die in der Richtung von O. nach W. zunächst mit den Ziffern I—VII und dann wieder (weil in dem ehedem selbständigen Felde Zufriedenheit gelegen) mit I—III bezeichnet werden.

Der Gang I (von Albertsgrube) setzt nahe der nordöstlichen Sattelwendung des Kohlenkalks etwa 25 m von der Grenze gegen den Kohlenschiefer in h. $9^1/_2$ mit 70° südöstlichem Einfallen auf und führt bei einer wechselnden Mächtigkeit von wenigen cm bis zu $^2/_3$ m in Dolomitsand und schwarzem Thon Bleiglanz mit Schwefelkies in schmalen Streifen, losen Stücken und Nestern. Am Contact mit dem Kohlenschiefer befindet sich ein grösseres Nest, das sich auf längere Erstreckung lagerartig hinzieht und in breccienartiger Structur Bleiglanz, Kalkspath und Bruchstücke von Kohlenschiefer enthält. Der Gang II liegt 15 m südwestlich von Gang I, streicht in h. $10^3/_4$, fällt mit 70° gegen O. ein und ist bei einer schwankenden Mächtigkeit von 15—65 cm nur auf sehr geringe Entfernungen bauwürdig. Der Gang III streicht in h. $11^1/_4$ und zeigt nur Spuren von Erz. Der Gang IV streicht in h. $11^5/_8$, fällt mit 70—80° ostwärts ein und führt neben Bleiglanz etwas Weissbleierz, Schwefelkies und Funken von Blende. Die gegen N. verlängerte Richtung des Ganges trifft ziemlich genau auf die Sandgewand, und wenn auch die Fortsetzung auf dem Nordflügel des Kohlenkalksattels bisher nicht nachgewiesen ist, so scheint doch über den Zusammenhang kein Zweifel bestehen zu können. Durch mehrere diagonal verlaufende Trümmer, auf welchen reiner Bleiglanz bricht, ist der Gang mit dem vorgenannten Gang III verbunden. An den Schaarungspunkten desselben mit dem ersteren haben sich zwei grössere Nester ausgebildet, die ganz vom Kohlenkalk umschlossen sind und vorwiegend Bleiglanz führen. Der Gang V, etwa 80 m südwestlich von Gang IV entfernt, streicht in seinem nördlichen Theile in h. $10^1/_8$ und fällt mit 80° gegen O. Nach S. wendet er sich in h. $8^1/_2$, wobei das Einfallen mit 85° gegen SW. gerichtet ist. Nach der Teufe zu wird letzteres aber wieder östlich und gleichzeitig flacher, so dass es in der Stollensohle oder 65 m unter Tage nur noch 50° beträgt. Nach dem Liegenden zu sendet der Gang mehrere Trümmer in den Kalk, die sich aber bald wieder auskeilen, während im Hangenden mehrere Paralleltrümmer aufsetzen, deren Erzmittel wie die des Hauptganges vorwiegend nach S. einschieben und sich nach der Teufe zu in einer stockwerkartigen Erweiterung des Hauptgangs vereinigen, welche in der Stollensohle eine

Länge von 50 m bei einer grösseren Breite von 30 m erreicht. Die Ausfüllung des 1—4 m mächtigen Hauptganges besteht in oberer Höhe aus gelbem Letten, mit kleineren und grösseren bis 50 kg schweren Klumpen von Bleiglanz. Nach der Teufe zu tritt an Stelle des Letten Kalkstein, der auch in einzelnen Blöcken und grösseren Keilen die Ausfüllung des Stockwerks bildet und von Bleiglanz und Kalkspath schaalenförmig umgeben ist. Sehr bemerkenswerth ist, dass sich beim alten Betriebe auf den unteren Sohlen mehrere unregelmässige Partieen von erdiger Braunkohle in dem Gangraume gefunden haben, welche theils von Letten umgeben, theils unmittelbar auf den grösseren Kalkblöcken auflagern, und Knochenreste von Säugethieren enthielten, deren genauere Bestimmung indessen bei dem Mangel an charakteristischen Theilen nicht möglich gewesen war. Der auf den Gang V folgende und ihm annähernd parallel streichende Gang VI steht seiger und hat sich nach den bisherigen Aufschlüssen als ganz taub erwiesen. Der Gang VII, welcher als die südliche Fortsetzung des Feldendskropps in der Eschweiler Kohlenmulde angesehen wird, erreicht eine Mächtigkeit von 15 m und ist auf dem grössten Theil seiner Länge durchaus bauwürdig. Die Ausfüllung besteht aus grösseren und kleineren Blöcken Kalkspath, die durch Bleiglanz mit einander verkittet sind. Das Streichen ist in h. 10, das Einfallen, abweichend von dem der bisher genannten Gänge aber in Uebereinstimmung mit dem der folgenden 3 Gänge, im früheren Felde Zufriedenheit gegen W. unter einem Winkel von 70—80° gerichtet.

Der Gang I (Zufriedenheit) streicht in h. $10^1/_4$—$11^5/_8$ und fällt mit 65° gegen W. ein. Seine Mächtigkeit schwankt zwischen 0,30 und 1,60 m. Die Erzführung besteht in oberer Teufe aus Galmei mit wenig Bleiglanz, in grösserer Teufe aus Blende und Schwefelkies mit Kalkspath und Letten. Die bauwürdigen Mittel haben in den verschiedenen Sohlen eine sehr verschiedene Länge, doch ist nach der Teufe zu eine merkliche Abnahme in dem Erzreichthum nicht eingetreten. Der etwa 160 m westlich aufsetzende Gang II streicht in h. 10, fällt westwärts ein und ist 0,30—0,60 m mächtig. In seinem nördlichen Theile ist er ganz taub, und im südlichen Theil führt er nur ein 25 m langes, mit 70° gegen S. einschiebendes Mittel von Galmei mit Bleiglanzknollen. Ein zwischen Gang I und II auftretendes Diagonaltrum von 0,30—0,70 cm Mächtigkeit besteht wesentlich aus Kalkspath und führt nur einzelne nesterartige Mittel von Bleiglanz mit etwas Galmei von 2—6 m Länge. Im Uebrigen ist er unbauwürdig. Sein Streichen liegt in h. 7. Der Gang III endlich, auch Kuckucksgang genannt, streicht h. 10, fällt westwärts ein und führt neben Bleiglanz auch Blende und Schwefelkies.

Der Betrieb der Grube, der lange Zeit fast ganz geruht hat, ist gegenwärtig behufs näherer Untersuchung der Bauwürdigkeit der Gänge in den unteren Sohlen in erweitertem Umfange wieder aufgenommen worden.

11. Die Grube Marienhain liegt südlich von der vorbeschriebenen. Das Feld derselben markscheidet im Süden mit dem der Grube Diepenlinchen und erstreckt sich in seinem östlichen Theile ausschliesslich über Schichten des productiven Carbons; nur der westliche Theil greift über die Scheide des letzteren mit dem Kohlenkalk und hier haben in alter Zeit einige Versuchsarbeiten in oberer Teufe stattgefunden, durch welche ähnliche Vorkommen wie im Felde Zufriedenheit nachgewiesen worden sind.

Auf den den Hammerberger Devonsattel im Norden begrenzenden Kohlenkalkzuge liegen auf dem rechten Ufer des Vichtbachs

12. die Bildsteingrube,

13. die Jeremiasgrube und

14. die Grube Wolseler oder Wolferter-Hoffnung.

In allen drei Gruben sind an der Scheide gegen den devonischen Schiefer kleinere nester- und trumweise Vorkommen von Brauneisenstein und eisenschüssigem Galmei und mit Spuren von Bleierzen im braunen Letten aufgeschlossen worden, ohne dass aber bei der Geringfügigkeit des Vorkommens ein nennenswerther Betrieb stattgefunden hätte.

Auf ganz ähnlichen Lagerstätten hat

15. Die Grube Dommelstein & Rust gebaut, deren Feld sich südlich der von Brand (Freund) nach Stolberg führenden Strasse am linken Vichtbachthal entlang bis an die Concession Breinigerberg, also über die beiden die Werther (oder Burgholzer) Kohlenmulde umschliessenden Kohlenkalkzüge erstreckt. Es sollen hier ausweislich der alten Akten in früherer Zeit Bleiglanz und Galmei gefördert worden sein, indessen scheinen umfangreichere Baue ebensowenig wie auf den vorgenannten Gruben umgegangen zu sein.

Im Westen an diese Grube anschliessend erstreckt sich über den südlichen und nördlichen Kohlenkalkflügel das Hammerberger Sattels das Feld

16. der Grube Busbacherberg. Hier ist von den Alten ein sehr ausgedehnter und angeblich auch sehr ergiebiger Bergbau geführt worden, von welchem die zahlreich über das ganze Feld verstreuten und stellenweise sehr tiefen Pingen noch jetzt ein beredtes Zeugniss ablegen. Die auf diese günstigen Anzeichen gestützten Erwartungen, die Lagerstätten auch in grösserer Teufe im gleichen Umfange und in demselben Adel der Erzführung anzutreffen, wie er sich nach den Ueberlieferungen am Tage gezeigt hatte, wurden aber durchaus getäuscht, und es bleibt hiernach nur anzunehmen, dass sich an der Tagesoberfläche grosse stock- oder nesterartige Lager gebildet hatten, deren Erstreckung nach unten auf eine verhältnissmässig geringe Teufe beschränkt geblieben ist. Das

im Jahre 1846 begonnene Project zur tieferen Lösung der erwarteten Lagerstätten ging dahin, einen 1800 m langen Stollen vom sog. Hammer im Vichtthal bis unterhalb Busbach und von da querschlägig durch die devonischen Schichten des Hammerberger Sattels bis nach dem Brockenberg zu treiben. Zur Beschleunigung des Betriebes sollten gleichzeitig zwei Gegenortschächte, nämlich der Luciliaschacht auf der Büsbacher Heide und der Lillaschacht auf dem Brockenberg abgeteuft werden. Ersterer erreichte bei 50, letzterer bei 80 m Teufe die Stollensohle; die Stollenarbeiten selbst wurden aber, nachdem der Stollen auf 310 m ausgelängt worden war, wegen der ungenügenden Beschaffenheit der durchörterten Gänge (1848) gestundet und die Fortsetzung der Aufschlussarbeiten auf die aus den Schächten aufgefahrenen Strecken eingeschränkt.

Das Ergebniss der Aufschlüsse ist Folgendes: Auf dem nördlichen Betriebspunkte auf dem Busbacher Berge sind 3 Gänge angefahren worden, nämlich 1. der östlichste oder der Gang am Lister, 180 m vom Stollenmundloch entfernt, welcher bei $^2/_3$ m Mächtigkeit im Kalkspath schmale Schnüre von Bleiglanz und Blende führt, die aber nicht bauwürdig sind. In der südlichen Verlängerung trifft dieser Gang auf den Fuchsgang der oben beschriebenen Grube Hammerberg, doch ist der Zusammenhang zweifelhaft. 2. Der mittlere oder der Gang am Sandloche, ein $1^1/_2$ m mächtiger tauber Kalkspathgang, der h. $11^5/_8$ streicht, mit $67^0$ westwärts einfällt und in der Verbindungslinie zwischen der Steinwegsgewand und dem unten folgenden Lillagang auf dem Brockenberg liegt. 3. Der westlichste oder der Gang am Luciliaschachte, ein Kalkspathgang mit Spuren von Bleiglanz, der h. 11 streicht, mit $80^0$ nach W. einfällt und $^1/_2$—1 m mächtig ist. Etwa 140 m westlich vom Luciliaschacht ist eine Lettenkluft erreicht worden, jenseits welcher ein ganz zertrümmertes Gebirge von etwa 60 m Stärke auftritt. Diese Kluft liegt in der südlichen Verlängerung der Münstergewand und bildet offenbar deren Fortsetzung. Auf dem Ausgehenden der Kluft liegt eine 200 m lange und 80 m breite Pinge, die von einer sehr bedeutenden alten Galmeigewinnung herrührt. Die tieferen Aufschlüsse haben gelehrt, dass das Lager nur 40 m tief niedersetzt und nur ein kurzes Erzmittel von etwa 16 m Länge und 4 m Breite sich an der westlichen Seite eines in das Kohlengebirge vorgeschobenen Dolomitkeils bis unter die Stollensohle niederzieht. Dasselbe enthält Bleiglanz, Weissbleierz, Schalenblende mit Schwefelkies, Zinkspath und selten Willemit.

Auf dem südlichen Betriebspunkte Brockenberg ist das östlichste Vorkommen der Gang am Lillaschacht, der wie erwähnt die südliche Verlängerung des mittleren Ganges auf dem Busbacherberg bezw. der Steinwegsgewand bildet. Er streicht h. $11^1/_2$—12, fällt mit $62^0$ gegen W. ein und führt in oberer Teufe vorwiegend Galmei, in unterer Blende und

Bleiglanz. Im Bereich der oberdevonischen Schichten, bis wohin der Gang verfolgt worden ist, ist er vollkommen taub. Ein zweiter Gang ist an der südlichen Grenze des Kohlenkalks beim Annaschachte getroffen worden. Derselbe bildet eine bis über 8 m mächtige mit schwarzem Letten und Sandsteinbrocken erfüllte Kluft, die in h. 12 streicht und mit 80° gegen O. einfällt. Weiter gegen W. setzt sodann eine zweite bis 16 m mächtige taube Kluft auf, die in h. 9 streicht, gegen SW. einfällt und ähnliche Ausfüllung wie die erstere besitzt. Zwischen diesen beiden Klüften streicht in h. $9^1/_2$ der sog. Braunbleierzgang. Er trifft in der südlichen Fortsetzung auf die letztgenannte Kluft und folgt deren nördlichem Saalbande bis an die erstgenannte Kluft am Annaschachte. Das Einfallen ist bis 45 m unter Tage mit 70° gegen W. und unter dieser Sohle ebenso stark gegen O. gerichtet. Die Mächtigkeit wächst bis zu 8 m. Die Ausfüllung besteht aus einem röthlich gelben mageren Letten, welcher Blöcke des Nebengesteins einschliesst und in seiner Mitte ein Trum von Braunbleierz und Brauneisenstein enthält, das sich aber nach der Tiefe zu bald auskeilt. Darunter folgt nur noch ein kleines Nest von Weissbleierz und Braunbleierz. Im Streichen hält das Trum bis zum Schaarungspunkt mit der ersten Kluft aus, doch enthält es, da das Braunbleierz sich gegen S. bald in einzelnen Knoten verliert, nur noch Brauneisenstein in 3 m Mächtigkeit. An der Stelle, wo die westliche Verlängerung der Werther (oder Burgholzer) Mulde aushebt, ist ein 60 m mächtiges Kluftgebirge von Schieferthon und schwarzem Letten angetroffen worden, dessen nordwestliche Begrenzung in h. 10 streicht und das sich an keiner Stelle erzführend erwies. Endlich ist noch weiter gegen W. eine in h. 10 streichende mit Letten und zersetzten Kalkbrocken erfüllte Kluft in hellbraunem zerklüfteten Dolomit angefahren worden, die als die südliche Verlängerung der Münstergewand bezw. der obenerwähnten Klüft im Westen des Luciliaschachtes auf dem Busbacherberg angesehen wird und welche als eine 150 m breite Gangzone in der Nähe des Wilhelmschachtes vorbeigeht. Das ist Alles, was die Aufschlüsse ergeben haben, und es lässt sich hiernach erklären, warum der zuletzt geführte Betrieb der Grube, die in alter Zeit wegen ihrer beträchtlichen Galmeigewinnung eine so grosse Bedeutung für die Stolberger Messingfabrikation besessen hatte, mit so ungünstigem Erfolge geendet hat.

Als letzte Grube, welche auf dem südlichen (Cornelymünsterischen) Kohlenkalkzuge gebaut hat, ist endlich

17. die Grube Marienberg zu erwähnen, die weit entfernt von den bisher genannten Gruben südwestlich von Nüttheim in der Nähe des Hauses Brandenburg liegt. Wie im Felde der Grube Busbacherberg hat auch hier ein grösserer Pingenzug zu der Annahme verleitet, eine reiche Lagerstätte in der Teufe antreffen zu müssen. Bei den Aufschlussarbeiten hat es sich

aber gezeigt, dass von Blei- und Zinkerzen, welche vorwiegend in den alten Halden vertreten waren, nur noch Spuren vorhanden waren, während die Hauptmasse der Lagerstätte, eines Ganges, aus Schwefelkies und Eisenerzen bestand. Die Ausrichtung erfolgte einmal durch Erlängung eines alten im devonischen Schiefer unfern vom Hause Brandenburg angesetzten Stollens und sodann mittelst eines weiter nördlich im Kohlenkalk niedergebrachten Gegenortschachtes, der bei 18 m die Stollensohle erreichte. Bei starkem Wasserzudrang, zu dessen Wältigung die aufgestellte Dampfmaschine kaum ausreichte, teufte man den Schacht später noch weitere 30 m ab. In dieser Teufe hatte der Gang bei 30 m Länge und westlichem Einfallen eine Mächtigkeit bis zu 6 m und enthielt am Liegenden Eisenstein, am Hangenden Schwefelkies und zwischen diesen eine dünne nur stellenweise bis 30 cm anschwellende Lage von porösem Galmei. Im hangenden und liegenden Nebengestein traf man ausserdem vereinzelte kleine Nester von Bleiglanz. Ein günstiges finanzielles Ergebniss konnte unter diesen Verhältnissen der kostspielig und überdies mangelhaft geleitet gewesene Betrieb nicht zeitigen, wesshalb er auch bald eingestellt wurde. Erst später, nachdem durch die Thätigkeit der Pumpstation des Aachener Wasserwerks bei Brandenburg der Betrieb auf den unteren Sohlen ohne Wasserhaltung ermöglicht worden war, wurde die Gewinnung von Eisenstein wieder aufgenommen und ist auch bis in die jüngere Zeit durch Pächter der Grube fortgesetzt worden.

Auf den Erzvorkommen in dem im Norden der Inde-Kohlenmulde von Röhe über Eilendorf nach Schönforst sich erstreckenden Kalkzuge haben vier Gruben gebaut; es sind dies von Osten nach Westen folgende:

18. Die Grube Christine bei Röhe. Hier sind gleich östlich der genannten Ortschaft unfern der von Eschweiler nach Weiden führenden Chaussee in 14—18 m tiefen Schächtchen mehrere Funde schönen Galmeis gemacht worden, der nesterförmig theils im Kalkstein, theils an der Grenze des letzteren gegen das Steinkohlengebirge auftritt. Starke Wasserzuflüsse machten ein weiteres Absinken der Schächte ohne grössere Wasserhaltungsvorrichtungen unmöglich, und man hat daher alsbald unter Verzichtleistung auf tiefere Aufschlüsse den Betrieb an dieser Stelle eingestellt. Die darauf auf der westlichen Seite des Dorfes in der Nähe der dort befindlichen Steinbrüche fortgesetzten Untersuchungsarbeiten führten zur Ausrichtung mehrerer von schwarzem Thon eingeschlossenen Bleiglanznester, unter welchen eins eine Länge und eine Mächtigkeit von 3 m, ein anderes eine Länge von 10 m und eine wechselnde Mächtigkeit von wenigen cm bis zu 2 m besass. Die übrigen waren, wie auch die kleinen an der Scheide gegen den Kohlenschiefer angefahrenen Bleiglanzmittelchen, ohne Bedeutung. Unmittelbar unter dem Rasen haben sich

ausserdem an verschiedenen Stellen des Feldes in der Oberfläche des Kalksteins Vertiefungen gefunden, die mit Eisenerz ausgefüllt waren.

19. Die Grube Bastian, eine kleine Enclave des vorgenannten Grubenfeldes, deren Verleihung sich auf die beim Steinbruchsbetrieb gefundenen Bleiglanztrümmchen und Bleiglanznesterchen gründet. Bei dem vereinzelten Vorkommen und der beschränkten Ausdehnung des Feldes hat eine nennenswerthe Gewinnung überhaupt nicht stattfinden können.

20. Die Grube Glücksburg, südwestlich von Röhe im sog. Reichswald gelegen. In dem hier inselförmig aus der jüngeren Bedeckung zu Tage tretenden Kohlenkalk sind ausser 2 Gängen und einem grösseren Nest noch eine nahe an der Grenze gegen den Kohlenschiefer gelegene Lettenschicht aufgeschlossen worden, die ganz mit Erzen, vorwiegend mit Bleiglanz, dann mit Blende, Weissbleierz und Brauneisenstein imprägnirt ist. Diese, als „schwarze Kruste" bezeichnete Lettenschicht liegt theils direkt auf einer Schieferbank, theils ist sie von derselben durch eine mehr oder weniger starke Galmeilage und einer darauf lagernden Thonschicht mit Brauneisenstein von ihr getrennt. An ihrem östlichen Ende und im Hangenden liegt das erwähnte Nest ganz vom Kohlenkalk umschlossen und mit Letten ausgefüllt, in dem viel Bleiglanz und etwas Weissbleierz brechen. Am westlichen Ende der schwarzen Kruste setzt der in h. 10—11 streichende und westwärts fallende Gang I auf, der gleichfalls in der Hauptsache Bleiglanz, in oberer Teufe Galmei und Weissbleierz führt. Untergeordnet kamen Schwefelkies und Brauneisenstein vor. Der Gang ist bis zum Contact mit den oberdevonischen Schichten verfolgt, dort aber nicht mehr bauwürdig befunden worden. Der weiter westlich aufsetzende und mit dem vorstehenden parallel streichende Gang II fällt gleichfalls nach W. ein und enthält in lettiger Ausfüllung besonders Blende, während Bleiglanz mehr zurücktritt. In oberer Teufe besteht die Erzführung fast ausschliesslich aus Brauneisenstein.

21. Die Grube Kirchfeld und Heidgen bei Eilendorf. An der nördlichen Seite des Kohlenkalks tritt hier Galmei nesterförmig in den Aushöhlungen des dolomitischen und zerklüfteten Kalksteins auf, gewöhnlich in schwärzlichem Letten eingekettet und oft durch Zunehmen des Eisengehaltes in zinkischen Eisenstein übergehend. Eine Gewinnung dieser Erze hat nachweislich schon vor mehreren Jahrhunderten für die Stolberger Messingfabrikation stattgefunden, und es scheint, dass die Lagerstätten nahe unter Tage von grosser Ausdehnung gewesen sind. Nach der Teufe setzen sie aber nur an einzelnen Punkten nieder, indem sie sich trichterförmig verschmälern oder auch wohl in Klüften verengen. In der Sohle des tiefsten der drei Stollen, welche im Laufe der Zeit unter einander herangeholt worden sind (bei 18 m Teufe), finden sich hiernach nur noch schmale Erzmittel, deren gewinnbringende Ausbeutung

umso zweifelhafter erscheinen muss, als die Wasserzuflüsse in dem zerklüfteten Kalkgebirge überaus reich sind und den Betrieb übermässig belasten. Mehr wie 6 m ist desshalb der Abbau auch nirgends unter die Sohle des tiefsten Stollens niedergegangen. Auf der südlichen Scheide des Kalkszuges, welche unregelmässig vor- und zurückspringend mit 30° gegen S. einfällt, findet sich eine 16 m mächtige Schicht schwarzer Letten, die gegen das Hangende hin Brocken von Kohlensandstein, und am Liegenden, nahe dem Kalk, mehrere Nester von thonigem Sphärosiderit enthält, der Adern von Spatheisenstein und mit Zinkspathkrystallen ausgekleidete Drusen enthält. In dem Letten kommen ausserdem kleine Krystalle von Speerkies vor.

Auf dem am Nordflügel der kleinen Nirmer Kohlenmulde von Verlautenheide nach Forst sich erstreckenden Kohlenkalkzug ist lediglich die Lagerstätte

22. der Grube Herrenberg (cons. Herrenberg, Maar und Severin) zu erwähnen. Mit Ausnahme der Grube Altenberg hat keine Grube des Aachener Bezirks in früherer Zeit eine so bedeutende Galmeiförderung aufzuweisen gehabt wie diese, doch ist die Betriebszeit nur von kurzer Dauer gewesen, da es sich nur um ein grosses Nest handelte, das an der Scheide gegen den Kohlenschiefer der Nirmer Mulde nördlich vom Tunnel der Rheinischen Eisenbahn gelegen, an der Oberfläche eine bedeutende Ausdehnung besitzt, sich nach der Tiefe zu aber mehr und mehr verkürzt und verschmälert und in Folge von Hervorhebungen des dolomitischen Nebengesteins gleichzeitig in mehrere kleinere Trümmer zerschlägt. Als ein in Stunde 6 langgezogenes Ellipsoid besitzt das Nest am Tage eine Länge von 120 und eine Breite von 80 m. An der südlichen Seite wird es vom Thonschiefer des Kohlengebirges, an den übrigen Seiten durch den Dolomit des Kohlenkalks begrenzt. Von letzterem ist der das Nest in zusammenhängender Ablagerung und in derben Massen ausfüllende Galmei durch eine mehr oder weniger mächtige Schicht gelben und rothen Thones getrennt, der in grösseren und kleineren Mengen Brocken und Körner eines sehr zinkhaltigen Brauneisensteins einschliesst. In der Sohle des vom Haarener Bache herangeholten Stollens, d. h. bei 33 m Teufe, hat das Nest in Folge des südlichen Einschiessens des Dolomits nur noch eine Länge von 100 und eine Breite von 60 m, während gleichzeitig einige hervortretende Kuppen den oben bestandenen Zusammenhang der Galmeilagerstätte unterbrechen und letztere dadurch nur als eine Ausfüllung mehrerer kleinerer Vertiefungen im Dolomit erscheinen lassen, die sich nach und nach bis zu blossen Klüften verlaufen. 16 m unter dem Stollen, in der Johann-Streckensohle, fanden sich nur noch zwei grössere isolirte Erzpartien, welche durch Dolomit, Thon und Eisenstein von einander getrennt waren. Die nordöstliche derselben ent-

hielt ein Gemenge von Galmei, Blende und Schwefelkies und zog sich etwa noch 12 m unter die besagte Sohle, wo sie bei 3 m Breite unedel wurde und sich schliesslich auskeilte. Das südwestliche Mittel führte in einer Länge von 30 m und in einer Breite von 20 m ziemlich reinen Galmei bis zu einer Teufe von 8 m unter der Johann-Strecke. Hier setzte sich ein Keil von Eisenstein und grau gefärbtem Thon ein, der den Galmei bis auf die geringe Mächtigkeit von $^1/_3$ m verdrückte. 24 m unter der Johannstrecke oder bei 80 m Gesammtteufe fand man nur noch unbedeutende Nester von Galmei, dagegen grosse Massen von Schwefelkies in feinster Zertheiluug im losen Sande. Tiefer sind die Aufschlussarbeiten nicht gegangen; sie würden unter den gegebenen Verhältnissen wahrscheinlich auch aussichtslos gewesen sein. Der in alter Zeit hier geführte Betrieb hat sich nur bis 20 m unter der Tagesoberfläche bewegt. Unter dem 13. März 1830 erhielt dann die Stadt Aachen die Concession, welche 2 Jahre später an John-Cockerill, dann an die metallurgische Gesellschaft zu Bonn und erst von dieser an die jetzige Besitzerin, die Aktiengesellschaft für Bergbau, Blei- und Zinkfabrikation zu Stolberg und in Westfalen überging. Durch diese ist der vollständige Abbau des Nestes bis zum Jahre 1850 erfolgt. Die nach dieser Zeit im nördlichen Feldestheile auf der sog. Wolfsgrube und auf dem Küchengrat vorgenommenen Untersuchungsarbeiten haben nur zum Aufschluss einiger Nester am Contact mit den Schichten des Aachener Devonsattels geführt, deren Erzvorkommen theils aus Galmei im Dolomit, theils aus Blende mit Bleiglanz und Schwefelkies im blauen Thon bestand. Im südlichen Feldestheile dagegen (im früheren Felde Severin) traf man auf einen Gang, der 100 m südlich vom Nirmer Tunnel im Eilendorfer Kohlenkalkzuge in h. 10 aufsetzt und in oberer Teufe bei fast 1 m Mächtigkeit Galmei, in unterer Teufe in 2—4 m mächtigem Thon Bleiglanz, Blende und Schwefelkies führt.

Die ausser den genannten sonst noch im Kohlenkalk aufgeschlossenen Erzlagerstätten des Reviers liegen sämmtlich im Felde:

23. der Grube Altenberg, deren Grenzen, soweit sie preussisches Gebiet umschliessen, bereits oben bei der Beschreibung der Grube Anfang angegeben worden sind. Die übrige Hälfte des Grubenfeldes begreift die südliche Hälfte des neutralen Territoriums und innerhalb des Königreichs Belgien zwei von einander getrennte Gebietsabschnitte in sich, von denen der nördliche durch eine über Belgisch-Moresnet, Montzen nach Grünstrass, und der südliche durch eine von Weisse-Haus über Henri-Chapelle, Dolhain, Baelen, Overoth nach Stockem verlaufende Linie begrenzt wird. Der Flächeninhalt des ganzen Feldes beträgt 8500 ha, wovon 5100 auf den preussischen Antheil entfallen. Unter den vielen in diesem ausgedehnten Gebiet bekannt gewordenen Erzlagerstätten liegt

die bedeutendste, welche auch der Concession und der dieselbe ausbeutenden belgischen Actien-Gesellschaft den Namen gegeben hat, im neutralen Territorium nahe der südlichen Grenze desselben bei der Ortschaft Moresnet. Zwischen zwei Sattelrücken des Oberdevons, die als die südwestliche Fortsetzung des Aachener Sattels anzusehen sind, lagert sich hier eine schmale Kohlenkalkmulde ein, die mit 10—20° gegen SW. einsinkt und in dieser Richtung immer breiter wird, während sie in nordöstlicher Richtung aushebt und in der äussersten Muldenwendung das Liegende der berühmten Galmeilagerstätte bildet, die seit 500 Jahren ununterbrochen Gegenstand der Gewinnung gewesen ist, und deren letzten Reste erst im Jahre 1884 abgebaut worden sind. Der Kohlenkalk, der an dieser Stelle ganz in Dolomit umgewandelt ist und von der Erzmasse an den Rändern übergreifend ganz bedeckt wird, tritt erst weiter gegen SW. auch im Hangenden derselben auf, jedoch auf bedeutende Strecken durch eine lettige eisenschüssige Masse von derselben getrennt. Das Galmeilager hebt sich im nordöstlichen Felde in muldenförmiger Gestalt zu Tage aus, wobei es am Ausgehenden eine Breite von fast 90 m gewinnt. In der Mitte seiner Längenerstreckung tritt ein Dolomitkeil bis zu einer Tiefe von 24—30 m auf, der Veranlassung zur Unterscheidung des Nord- und Südlagers gegeben hat. Ersteres füllt die ganze Mulde aus und keilt sich bei 65 m Teufe aus. In letzterem, das 116 m tief niedersetzt, lassen sich zwei Flügel erkennen, von denen der südliche jedoch sich nicht über die 35 m-Sohle erhebt. Nach SW. vereinigen sich die beiden Flügel wieder. Die Scheide zwischen dem Dolomit und Galmei ist durch viele Hervorragungen und Vertiefungen sehr unregelmässig; auch finden sich Blöcke von Dolomit im Galmei, die aber, wie der das Nord- und Südlager trennende Dolomitkeil von Erztrümmern und Nestern durchzogen werden. Der Zinkgehalt des Dolomits, der in unmittelbarer Berührung mit dem Galmei häufig durch Mangan schwarz gefärbt und dabei zerreiblich oder zu Sand aufgelöst ist, steigt oft bis zu mehreren Prozenten. Die ganze Erzmasse des Lagers besteht aus einem innigen, derben, meist körnigen Gemenge von Kieselzinkerz und Zinkspath, in dem stellenweise bis 100 cbm grosse Partien von Willemit vorkamen. Die Festigkeit des Gemenges war so gross, dass die Gewinnung meist nur durch Schiessarbeit erfolgen konnte. Das Vorherrschen der kieselsauren Verbindungen des Zinkoxyds unterscheidet diese Lagerstätte von den meist kohlensauren Zinkerzvorkommen in der Stolberger Gegend ganz wesentlich. Ausserdem fällt der gänzliche Mangel von Bleiglanz, Blende und Schwefelkies auf, die sonst fast allenthalben mit dem Galmei in Verbindung stehen. Der Kubikinhalt des Nordlagers ist auf 500 000 cbm geschätzt worden, dem eine Förderung von 1 500 000 t entspricht. Die Förderung des Südflügels hat sich dagegen nicht auf $^1/_3$

der vorstehenden Zahl belaufen. Die grösste Jahresförderung mit 137000 t hat im Jahre 1855 stattgefunden. Nähere Einzelheiten dieser eigenartigen und berühmten Lagerstätte finden sich in einer Beschreibung derselben durch den früheren Direktor der Altenberger Gesellschaft M. Braun in der Zeitschrift der deutschen geologischen Gesellschaft B. IX, S. 363, auf welche hier umsomehr verwiesen werden muss, als das fragliche Vorkommen nicht mehr innerhalb der Grenzen des Reviers gelegen ist, und daher ein näheres Eingehen auf dasselbe über den Rahmen dieser Arbeit hinausgehen würde.

Wie schon bei der Schilderung des Eisenerzganges auf dem Betriebspunkte Hammer der Grube Anfang erwähnt wurde, liegt die Altenberger Lagerstätte auf der Streichungslinie einer muthmasslichen grossen Verwerfungsspalte, welche im Norden mit dem auf belgischem Gebiet belegenen Bleiberger Gang zusammenfällt, nach Süden hingegen die Erzvorkommen an der Eyneburg (oder Emmaburg) an dem Betriebspunkte Fossey, bei Walhornerheide, bei Haabenden und bei Belven schneidet. Im Bleiberger Gange zeigt sich die Verwerfungsspalte sowohl in den Schichten des produktiven Steinkohlengebirges als auch in denen des Kohlenkalks erzführend und zwar in ersterem auf 5 km, in letzterem auf 2 km Länge. Bei einem bald westlichen, bald östlichen Einfallen von 75—80° erreicht sie hier stellenweise die grosse Mächtigkeit von 12 m und ist mit Brocken des Nebengesteins ausgefüllt, die durch Bleiglanz, Blende, Schwefelkies, Kalkspath und Quarz zusammengekittet sind. An den Schnittpunkten mit den Gebirgsscheiden haben sich Lager ausgebildet, unter welchen das bedeutendste und erzreichste an dem von Norden her ersten Contacte zwischen Kohlenkalk und produktivem Carbon liegt. Am Oberdevon des Aachener Sattels, an dessen Scheide mit dem Dolomit des Kohlenkalks ebenfalls eine Art Contactlager, aber nicht erzführend, auftritt, schneidet die Spalte ab und ist nun in ihrer weiteren südlichen Fortsetzung nur noch im Gang des Betriebspunktes Hammer erzführend aufgeschlossen, während sie an den anderen Stellen alsbald nach ihrer Bildung durch das Nebengestein ausgefüllt und für den Absatz von Mineralien geschlossen worden zu sein scheint, so dass die Erzbildung lediglich an den Schnittpunkten mit dem Kohlenkalk in dem Altenberger und in den anderen obengenannten Lagern stattgefunden hat. Unter den letzteren besitzt allein das des Betriebspunktes Fossey einige Bedeutung; wenigstens ist an den anderen Stellen in neuerer Zeit kein Betrieb geführt worden, und nach den vorhandenen Nachrichten über die zuletzt umgegangenen Versuchsarbeiten sind solche ohne nennenswerthen Erfolg geblieben. Nur die stellenweise ausgedehnten Halden deuten auf eine sehr alte und grössere Gewinnung hin, so dass der Schluss berechtigt erscheint, dass hier die Vorkommen in nur geringe Teufen niedergesetzt haben und schon frühzeitig gänzlich abgebaut worden sind. Die vier Lager des Betriebspunktes Fossey füllen nestartig tiefe Auswaschungen im Kohlenkalk aus und zeigen ähnliche Verhältnisse wie die Altenberger Lagerstätte. Die Erze bestehen aus vorwiegend mulmigem Zinkspath, sowie aus Kieselzinkerz und Willemit, die in mehr oder weniger grossen Partien einbrechen. Grosse Blöcke zinkhaltigen Dolomits innerhalb der Erzmasse lassen erkennen, dass die Bildungsweise des letzteren wie auch bei den übrigen Lagerstätten auf einem Austausch beruht, der durch die Einwirkung zinkischer Lösungen auf den der Verdrängung unterworfen gewesenen Dolomit hervorgerufen worden ist.

Eine zweite mit der vorgenannten im Norden unter einem spitzen Winkel convergirende muthmassliche Verwerfungsspalte trägt die wichtigen Erzvorkommen der Betriebspunkte Schmalgraf, Lontzen, Poppelsberg und Rudolph. Der nördlichste derselben, Schmalgraf, aus welchem zur Zeit die grösste Erzförderung des Altenberger Feldes stammt, liegt in derselben Kohlenkalkmulde, in der das Altenberger Lager auftritt, und zwar in etwa $2^1/_2$ km südwestlicher Entfernung von diesem an derjenigen Stelle, wo sich in die erweiterte Kalkmulde eine schmale Mulde des produktiven Carbons einlegt. Am Nord- und Südflügel der letzteren nahe der östlichen Muldenwendung finden sich hier je ein grösseres Contactlager im Dolomit, welche als Nord- und Südlager unterschieden werden, und aus welchen die die Gebirgsschichten fast rechtwinklig schneidende gemuthmasste Verwerfungsspalte als sog. Nord- und Südgang im Kohlenkalk erzführend aufgeschlossen worden ist. Die Lager folgen vollkommen dem Verlauf der Gebirgsscheide, aber stark in die Schichten des Kohlenkalks eingreifend, und keilen sich kurz vor der östlichen Muldenwendung aus, so dass ein Zusammenhang derselben hier nicht vorhanden ist. Die grösste streichende Länge des Nordlagers beträgt 73, die grösste Mächtigkeit 85 m. Nach der Teufe verringert sich die Länge auf 30 m, während die Mächtigkeit bis auf 10 m abnimmt. Das durchschnittliche Einfallen ist 45°. Nach den Aufschlüssen auf der untersten (132 m-) Sohle hat sich ergeben, dass das Lager im Muldentiefsten, d. h. ungefähr im Niveau der genannten Sohle nach S. ansteigt und hiernach mit dem Südlager wahrscheinlich in Verbindung steht. Dieses letztere, welches nicht bis zu Tage ausgeht, sondern erst bei 60 m Teufe beginnt, hat eine streichende Erstreckung von 130 m bei einer wechselnden Mächtigkeit von 2—8 m und einem Einfallen von 60—70°. Etwa 50 m von seinem östlichen Ende wendet es sich von der Scheide des Kohlenkalks gegen das produktive Carbon nach Süden und tritt ganz in den Dolomit ein, so dass es einen gangförmigen Charakter annimmt und in dem südöstlich streichenden Südgang seine Fortsetzung findet. Letzterer durchsetzt bei 2—3 m Mächtigkeit und mit einem südwestlichen Einfallen von

60—70° die etwa 80 m starken Kohlenkalkschichten, durchbricht alsdann den südlich vorliegenden devonischen Specialsattel, aber ohne Erzführung, und ist dann noch in dem Kohlenkalk-Nordflügel der anschliessenden Hergenrather Carbonmulde (auf der 92 m-Sohle) eine Strecke verfolgt worden, wobei sich die Erzführung (bei 50 m Entfernung von der Devongrenze) durchaus edel erwies. Die weitere südliche Erlängung der Versuchsstrecke musste der starken Wasserzuflüsse wegen vorläufig gestundet werden und ist daher erst der nächsten Zukunft vorbehalten. Der sog. Nordgang setzt auf der Stollensohle (d. i. bei 42 m Teufe) von dem Nordlager ab und streicht bei einer Mächtigkeit von 0,40—1,50 m in nordwestlicher Richtung durch den Kohlenkalk-Nordflügel der Altenberg-Schmalgrafer Mulde bis zum Contact mit dem nördlich vorliegenden Devon-Specialsattel. In dieser 400 m langen Erstreckung hat sich der Gang jedoch nur auf eine Länge von 130 m (auf der Stollensohle) bezw. von 80 m (auf der 92 m-Sohle) bauwürdig, im übrigen Theil dagegen von rauher Beschaffenheit und geringer Mächtigkeit gezeigt. An seinem nördlichen Ende treten an der Scheide gegen die devonischen Schichten einige Galmeinester auf, die indessen ohne besonderen Belang sind. Desgleichen sind noch mehrere nesterförmige Vorkommen in der südwestlichen Verlängerung sowohl des Südlagers als auch des Nordlagers erschlossen worden, welche zum Theil am Contact mit dem produktiven Carbon, zum Theil ganz im Kohlenkalk gelegen sind und meist eine sehr unregelmässige Gestalt haben. Die Betriebspunkte Eschbroich, Stinkert und Lahn sind auf diese Vorkommen begründet. Die einbrechenden Erze bestehen in den genannten Lagerstätten vorwiegend aus Blende und untergeordnet aus Galmei, Bleiglanz und Schwefelkies meist in schaliger Anordnung. Als Gangarten sind wesentlich Kalkspath, Quarz und lettige Zersetzungsprodukte des Nebengesteins vertreten.

Etwa 2 km südlich der Schmalgrafer Lagerstätte setzt bei Lontzen ein in h. $1^1/_4$ streichender und mit 70° gegen W. gerichteter Gang auf, der als die Fortsetzung des Südganges von Schmalgraf angesehen wird. Er durchbricht die devonischen Schichten des Lontzen-Asteneter Sattels fast rechtwinklig und führt Brauneisenstein mit eingesprengtem Bleiglanz, Weissbleierz und Galmei, in unterer Teufe auch Nieren von Schalenblende und Bleiglanz. Seine südliche Verlängerung trifft auf das Erzvorkommen von Poppelsberg, das an der Scheide gegen die Kohlenkalkschichten auf eine Länge von 80 m untersucht worden ist. Das Einfallen des Kohlenkalks beträgt hier 30° gegen SO. Zwischen demselben und dem unterlagernden Schiefer des Devons liegt eine bis zu 20 m mächtige Masse schwarzen Thons, in welchem mehrere Lagen brauner Zinkblende mit eingesprengtem Bleiglanz auftreten, deren Stärke von einigen cm bis zu $^1/_3$ m wechselt. Stellenweise erweitern sich dieselben auch zu grössern

Nestern, wie denn auch im südwestlichen Fortstreichen der Hauptlagerstätte mehrere Nester und Klüfte im Dolomit des Kohlenkalks aufgeschlossen wurden, die mit derbem Galmei ausgefüllt waren. Die gedachte Gangspalte ist ebenfalls etwas südlich des eben erwähnten Lagers bekannt geworden, hier jedoch nicht erzführend, sondern mit Letten und bröcklichem gelbem Kalkmergel erfüllt. Sie durchsetzt den Kohlenkalkzug bis zu seiner südlichen Grenze gegen das productive Kohlengebirge und erweitert sich hier zu dem genannten Erzvorkommen Rudolph auf der Maezelheide bei der Ortschaft Rabothrath. Die Gangkluft erreicht hier stellenweise eine beträchtliche Mächtigkeit und führt einen rothen Thon, innerhalb welchem mehr oder weniger mächtige Nester von Galmei, Blende und Bleiglanz eingebettet sind. In grösserer Teufe scheint die Kluft enger und gleichzeitig taub zu werden, wenigstens ist ein Niedersetzen der Erznester bis unter 40 m bis jetzt noch nicht beobachtet worden. Im Kalkstein sind an der Gebirgsscheide ausserdem einige Nester angetroffen worden, welche sich auf der südlichen Seite des Ganges anschliessen. In früheren Zeiten, namentlich in der zweiten Hälfte des achtzehnten Jahrhunderts, hat hier ein bedeutender Betrieb stattgefunden, der erst nach dem Abbau der mächtigeren Mittel in den oberen Sohlen wegen nicht zu wältigender Wasser auflässig geworden ist.

Die sonst noch im Altenberger Grubenfelde aufgeschlossenen nennenswerthen Erzablagerungen, wie die Lager von Dickenbusch, Welkenradt, Bruyère, Heggelsbrück, Hoof und Grunhaut liegen alle auf belgischem Gebiet und entziehen sich daher einer näheren Beschreibung an dieser Stelle. Erwähnt sei nur, dass sie gleich der Mehrzahl der erwähnten Vorkommen am Contact des Kohlenkalks mit den über- und unterlagernden Gebirgsschichten auftreten und in mehreren ziemlich parallel verlaufenden Querlinien angeordnet sind, so dass ihre Entstehung auf grössere Gangspalten zurückgeführt wird, welche die ganze Schichtenfolge durchsetzt und an den Gebirgsscheiden die Ausbildung der Lager veranlasst haben.

Das jüngste Formationsglied des Reviers, in welchem eine Gewinnung von Bleierzen stattgefunden hat, ist der Buntsandstein. Die Verbreitung desselben auf dem linken Roergehänge ist auf die Grubenfelder Maubacher-Bleiberg, Hänschen und Lilli und Johanna beschränkt, indem von der grossen südlich von Euskirchen bis nach Call sich ausdehnenden Triasmulde nur der nordwestlichste Flügel über die Roer hinübergreift und dem daselbst anstehenden Unterdevon direkt aufgelagert ist. Das Vorkommen der Bleierze in diesen Buntsandsteinschichten, die zu den liegendsten der Formation gehören und aus Conglomeraten, Sandsteinen und Schieferletten zusammengesetzt sind, ist ein ähnliches wie an dem berühmten Mechernicher Bleiberge, nur mit dem Unterschied, dass nicht wie bei letzterem die weissen Sandsteine die erzreichsten, dagegen die Conglomerate und die roth gefärbten Sandsteine die armen oder tauben Schichten sind, sondern dass grade die Conglomerate (oder Wackendeckel) die Erzknotten enthalten, und dass ausser den Bleierzen auch noch Kupfererze in ansehnlicher Menge und in grosser Ausdehnung in denselben vertreten sind.

Im Felde Maubacher-Bleiberg, südwestlich von Langenbroich, am sog. Teufelsloch, liegt nicht weit von der Auflagerung auf den devonischen Schichten ein aus abgerundeten Geschieben von Quarzit, Devonsandstein und weissem Quarz bestehendes Conglomerat, das in seinem Sandsteinbindemittel Weissbleierz in feinen und groben bis zu einer halben Wallnuss grossen Körnern führt. Namentlich finden sich dieselben in den feinkörnigen Partien des Conglomerates angehäuft. Mit Einschluss einer 1 m starken Sandsteinschicht, welche erdiges Weissbleierz enthält, steigt die ganze Mächtigkeit dieses Wackendeckels bis über 5 m. Die Pingen, welche von dem früher hier umgegangenen Betrieb herrühren, erstrecken sich auf eine Länge von 600—800 m, und spätere Untersuchungen in dem zwischen den Pingen anstehenden Conglomerat haben ergeben, dass dasselbe bis 8 m tief erzführend ist und zwar vorwiegend in den unteren Lagen, woselbst auch das Gestein eine feinkörnige milde Beschaffenheit hat. Braunbleierz (Pyromorphit), das am Teufelsloche nur vereinzelt mit dem Weissbleierz zusammen vorkommt, nimmt in den westlichen Pingen an Menge zu und bildet hier besondere Knotten. Noch weiter gegen Westen, nahe an der Grenze des Buntsandsteins und der Devonschichten, findet sich der wieder Weissbleierz führende Wackendeckel von einem 9 m mächtigen tauben Conglomerat bedeckt. Auch hier ist der Erzgehalt in der Teufe am grössten, und der Cerussit geht vielfach in Bleiglanz über. Als nördliche Fortsetzung dieses Lagers ist wohl eine weisse Conglomeratschicht zu betrachten, die am Wege von Langenbroich nach Horn und Strass im sog. Ussiefen ansteht, und welche, wie die am Teufelsloche mit alten Pingen bedeckt ist.

Im Felde Hänschen besteht die erzführende Schicht aus einer am Hoffenberge zwischen Bergheim und Bilstein auftretenden $^2/_3$ m mächtigen Sandsteinlage. Dieselbe ist in nördlicher Richtung bis auf 200 m Entfernung verfolgt worden und enthält neben sehr kleinen Bleierzknotten auch kohlensaure Kupfererze in beträchtlicher Menge. Nahe an den nördlichen Abschlusspunkten liegt in 14 m Teufe eine $1^1/_2$ m starke Conglomeratlage mit Bleiglanz und in 20 m Teufe wieder eine feinkörnige weisse Sandsteinlage, die ebenfalls neben Bleiglanz gesäuerte Kupfererze und Kupferglanz führt und ausserdem sparsam mit Weissbleierz durchzogen ist. Graubleierz findet sich sowohl in der oberen Conglomeratlage als Ueberzug auf den Geröllen, als auch in dem unteren Sandstein.

Im Felde Johanna endlich findet sich ein Conglomerat unmittelbar auf den Devonschichten aufliegend, das Aehnlichkeit mit dem am Teufelsloche im Maubacher-Bleiberge besitzt, und in welchen das Weissbleierz dünne Lagen zwischen den Geröllen und dem Bindemittel bildet.

---

# V. Technische Bemerkungen über den Grubenbetrieb.

## A. Gewinnung und Förderung.

### 1. Die Grube Rheinpreussen

ist durch eine alte Schachtanlage mit den Schächten I und II und eine neue mit dem Schachte III aufgeschlossen. Ausserdem sind die Schächte IV und V im Abteufen begriffen.

Die Schächte I und II dienen zur Förderung, Fahrung, Wasserhaltung und Wetterführung und sind vom Tage 450 m tief. Der Ausbau besteht aus Mauerung und Gusseisen.

Der Durchmesser von Schacht I beträgt an der engsten Stelle bei 130 m Teufe 2,68 m und im Steinkohlengebirge 3,80 m. Schacht II hat einen lichten Durchmesser von 4,20 m.

Es sind 3 Sohlen vorhanden, deren Tiefe unter der Hängebank 246 m, 310 m und 450 m beträgt. Die Hängebank liegt 30 m über Normal-Null.

Die ersten beiden Sohlen wurden im Jahre 1877 und die 450 m-Sohle im Jahre 1886 angesetzt.

In der 246- und 310 m-Sohle ist das Grubenfeld in nördlicher Richtung 1700 m und in der Streichrichtung 2500 m aufgeschlossen.

Die Durchörterung in der 450 m-Sohle beträgt in querschlägiger Richtung 2300 m und im Streichen 3000 m. Beim Abteufen wurden die Flötze No. 1, $1^1/_2$, 2 bis 12 durchfahren. Die hangenden Flötze, welche beim Auffahren der Querschläge gelöst sind, führen die Bezeichnung A, B, $B_1$, $B_2$, C, D, E, F, G, H. Von diesen Flötzen werden gebaut No. 1, $1^1/_2$, 2, 3, 4, 12, A, B, $B_1$, $B_2$, C, D und E. Sämmtliche Flötze, mit Ausnahme des Flötzes No. 12, gehören der Fettkohlenpartie an, Flötz No. 12 hat magere Kohle. Das Fallen der Flötze ist im Allgemeinen flach zwischen 20 und 30°. Vorherrschend starker Gebirgsdruck aus dem Hangenden zeigt sich bei den Flötzen No. 2, 3, B, $B_1$, $B_2$ und E. Quillendes Liegendes haben die Flötze No. 1, 2, 12 Nordflügel, A, C und D. Die Mächtigkeit der bauwürdigen Flötze einschliesslich der Bergemittel bewegt sich zwischen 0,5 m und 1,8 m. Vorwiegend reine Kohle führen die Flötze No. 3, 4, B und E. Mit Bergemittel von 0,10 m bis

1,20 m Stärke durchsetzt sind die Flötze No. 1, 2, 12, A, $B_1$, $B_2$, C und D.

Die Kohle ist im Allgemeinen hart und fest. Die Schlechten laufen meist diagonal. Das Flötzverhalten im Felde ist häufig durch Verwerfungen, Verdrückungen und Auskeilungen gestört. Das Gebirge ist bei sämmtlichen Flötzen feucht. Durch grössere Verwerfungen sind die einzelnen Flötze in verschieden grosse Baufelder getheilt, und werden die Flötze für den Abbau meist in Gruppen gefasst.

Als Abbaumethoden kommen streichender und diagonaler Pfeilerbau, Stoss-, Streb- und Firstenbau mit und ohne Bergversatz in Anwendung.

Die Bremsberge sind ein- und zweiflügelig und werden als eintrümige mit unterlaufendem Gegengewicht oder als doppeltrümige hergestellt.

Der Durchschlag im Flötze zwischen zwei Sohlen geschieht in der Regel durch gleichzeitiges Auf- und Abhauen. Bei flachem Fallen werden die Bremsberge gleich in voller Weite hergestellt; bei starkem Fallen erfolgt die Erweiterung von oben nach unten. Beim Auf- und Abhauen im flachen Fallen werden die Kohlen direkt in Förderwagen geladen und abgebremst bezw. mittels Haspel hochgezogen. Bei steilem Fallen gelangen die Kohlen durch Rollen zur Förderstrecke.

Das Baufeld der einzelnen Bremsberge beträgt im Streichen 25 bis 120 m und im Fallen 50 bis 130 m.

Die flache Bauhöhe zwischen zwei Sohlen wird durch Hauptförderstrecken getheilt.

Im Monat Mai 1900 betrug die Förderung auf den beiden Schächten zusammen 36 264 t und vertheilte sich auf die verschiedenen Abbaumethoden wie folgt:

| | | | |
|---|---|---|---|
| 1. | Streichender Pfeilerbau . . | 22 108 t = | 52,6 % |
| 2. | Streichender Strebbau . . | 11 127 t = | 38,9 % |
| 3. | Schwebender Strebbau . . | 238 t = | 0,7 % |
| 4. | Stossbau . . . . . . . . | 915 t = | 2,6 % |
| 5. | Comb. Streb- und Pfeilerbau | 1 876 t = | 5,2 % |
| | | 36 264 t = | 100,0 %. |

Es wurden die Kohlen gefördert:

zu 1 aus den Flötzen 1, 2, 3, 4, 12, A, B, D und E,
zu 2 „ „ „ 1, A und C,
zu 3 „ dem Flötze $B_1$,
zu 4 „ den Flötzen $B_1$ und 4,
zu 5 „ „ „ B und C.

Die bei der Vorrichtung (Bremsbergaufhauen und Grundstrecken) gewonnenen Kohlen sind der Abbauart zugerechnet, für welche die betreffenden Vorrichtungsarbeiten dienen sollen. Die für den Versatz benöthigten Berge werden meistens an der Versatzstelle selbst gewonnen und zwar aus Bergemitteln des Flötzes, Nachfall und Nachreissen des Nebengesteins. An einzelnen Stellen werden die Berge aus Gesteins- und Reparaturarbeiten den Versatzstellen zugeführt.

Die Förderwagen von $^1/_2$ t Inhalt sind aus verzinktem Eisenblech hergestellt, Länge = 1600 mm, Höhe = 910 mm, oben Breite = 780 mm. Spurweite = 600 mm. Die aus Gussstahl hergestellten Ränder haben einen Durchmesser von 400 mm, der Durchmesser der Achsen aus Stahl beträgt 40 mm.

Das Gestänge hat für Abbaustrecken eine Höhe von 50 mm, für Hauptförderstrecken von 60 mm und für maschinelle Streckenförderung von 80 mm.

Die Förderung in den Querschlägen und Hauptförderstrecken wird durch Pferde und auf maschinellem Wege vermittelt.

Maschinelle Streckenförderung ist im Betriebe in:

1. nördl. Querschlag, 450 m Sohle, Länge 1500 m,
2. westl. „ 450 m „ „ 850 m.

Der Antrieb erfolgt durch Elektricität. Beide Anlagen arbeiten seit 1898 im nördlichen Querschlag:

mit einer täglichen Maximalleistung von 1290 t km,
„ „ „ Normalleistung „ 758 t km,

im westlichen Querschlag:

mit einer täglichen Maximalleistung von 1200 t km,
„ „ „ Normalleistung „ 500 t km.

Eine automatische Ketten- und Seilförderung für einen Bremsberg von 500 m Länge (Fallen 13°) und einer Querschlagslänge von 250 m ist seit dem Jahre 1894 in Betrieb.

Die Seilförderung im nördlichen Hauptquerschlage hat 10 Anschlagspunkte. Die Entfernung dieser Punkte vom Füllorte beträgt:

1. 630 m, 2. 650 m, 3. 835 m, 4. 950 m, 5. 980 m, 6. 1050 m, 7. 1120 m, 8. 1220 m, 9. 1240 m, 10. 1460 m.

Die einzelnen Anschlagspunkte sind an der Gesammtförderung der Bahn betheiligt mit:

1. 22%, 2. 4%, 3. 3%, 4. 8%, 5. 8%, 6. 24%, 7. 7%, 8. 4%, 9. 12%, 10. 8%.

Die Ueberführung der Wagen erfolgt an 3 Anschlagspunkten durch Weichen; bei allen übrigen sind die Schienen durchgelegt und zwischen diesen Platten in der Höhe der Schienenköpfe eingelegt.

Der Elektromotor arbeitet mit Drehstrom von 1000 Volt Spannung und hat eine Leistung von 45 PS. Das Seil hat einen Durchmesser von 23 mm und eine Bruchbelastung von 130—140 kg für 1 qmm, das Gewicht des lauf. m Seil beträgt 2,2 kg.

Die Seilbahn in dem westlichen Querschlage der 450 m-Sohle arbeitet unter denselben Verhältnissen wie im nördlichen Querschlage mit der Ausnahme, dass die Leistung des Motors 40 PS. und der Durchmesser des Seiles 20 mm beträgt.

Bei der automotorischen Ketten- und Seilförderung wird die überschüssige Kraft, welche bei der Abwärtsbewegung der vollen Wagen im Bremsberge entsteht, für den Antrieb des Seiles in dem 250 m langen Querschlag verwendet. Die Gliederstärke der Kette beträgt hier 24 mm und der Durchmesser des Seiles 18 mm.

Die Förderkörbe in Schacht I haben 4 Etagen für je einen Wagen und in Schacht II zwei Etagen für je 2 Wagen hintereinander. Die Körbe werden auf beiden Schächten vor Kopf in Holz geführt. Als Fangvorrichtungen dienen Excenter (System White & Grant), welche seitlich an den Spurlatten eingreifen.

Die Schachtgerüste von Schacht I und II sind in Mauerung und Eisen ausgeführt. Die Seilscheiben bei Schacht I sind zweitheilig, ganz aus Schmiedeeisen mit Stahlachsen, bei Schacht II sind die Naben und Kränze aus Gusseisen, die Speichen aus Schmiedeeisen und die Achsen aus Stahl gearbeitet. Das Material der Förderseile besteht aus Tiegelgussstahl von 130—140 kg Bruchfestigkeit für 1 qmm. Die Seile bei Schacht I sind conisch mit 45, 40 und 37 mm Durchmesser. Die Seile bei Schacht II sind flach, 93 mm breit und 16 mm dick.

Die Fördermaschine bei Schacht I ist eine Zwillingsmaschine mit Ventilsteuerung und Spiraltrommeln von 2000 m Breite und 6 bezw. 8 m Durchmesser (erbaut 1886), ihre Stärke beträgt 400 PS., der Cylinderdurchmesser 1000 mm, die Hublänge 1900 mm. Die Fördermaschine bei Schacht II ist ebenfalls eine Zwillingsmaschine mit Ventilsteuerung und Bobinen von 0,106 m Breite und 2,85 m Durchmesser; der Cylinderdurchmesser beträgt 940 mm, die Hublänge 1570 mm (erbaut 1857), die Stärke 200 PS.

Vorrichtungen gegen das Uebertreiben sind auf beiden Schächten über der Hängebank im Schachte sowie am Schellenzug an der Maschine angebracht, beide wirken auf die Dampfbremse.

Das Verladen des Fördergutes in Eisenbahnwagen erfolgt mittelst Wipper und Rutschen, des Waschproduktes mittelst Verladetaschen und Wipper.

Der Transport der Kohlen zum Rhein erfolgt durch eine 600 m lange Kettenbahn.

Die Kohlengewinnung in dem Felde des Schachtes III der Grube Rheinpreussen erstreckt sich auf die Flötze 12, 12 Unterbank, 10, 6, 4, 3 und 2, von welchen die ersten beiden der Esskohlenpartie, die letzteren der unteren Fettkohlenpartie angehören. Die Ungleichheiten in der Mächtigkeit der Kohlenflötze, des Bergemittels und des Nebengesteins bedingen, dass die verschiedensten Abbaumethoden zur Anwendung kommen.

Das Fallen der Flötze ist meistens flach und bewegt sich zwischen 10 und 35°, die Mächtigkeit ist 0,5—1,10 m. Hierbei sei bemerkt, dass das Flötzverhalten von Flötz 12 und dessen Bergemittel in der streichenden Richtung wie auch in der Falllinie sehr wechselt. Flötz 12 tritt auf der 450 m-Sohle auf dem Sattel-Nordflügel östlich des Schachtes in einer reinen Mächtigkeit von 1,10 m auf und wird hier durch streichenden Pfeilerbau abgebaut. Dagegen nimmt westlich des Schachtes das Bergemittel, welches Ober- und Unterbank von einander trennt, an Mächtigkeit zu. Hier wird alsdann bis zu einer Mächtigkeit des Bergemittels von 1 m streichender und schwebender Strebbau in Anwendung gebracht, während da, wo die Stärke des Bergemittels mehr wie 1 m beträgt, die 0,8 bis 1 m mächtige Unterbank zunächst allein für sich durch Strebbau abgebaut wird, wobei die zum Ausfüllen nöthigen Berge beim Nachreissen des Nebengesteins in die Strecken fallen. Die Oberbank wird durch Pfeilerrückbau gewonnen. Ist das Bergemittel bis zu 2 m und mehr mächtig geworden, so werden beide Bänke für sich vorgerichtet und abgebaut und die Unterbank in der Regel durch Strebbau, die Oberbank durch Pfeilerbau gewonnen. Flötz 10 und 6, welche eine Mächtigkeit von 0,50 bezw. 0,70 m haben, sind für streichenden Strebbau vorgerichtet und in Abbau genommen; die zum Versatz nöthigen Berge werden beim Nachreissen der Strecke gewonnen.

Die hangenden Flötze 4, 3 und 2 sind augenblicklich in der Aus- und Vorrichtung begriffen, für sie ist Abbau mit Bergeversatz vorgesehen.

Die Gesammtförderung betrug im Monat Mai 1900 = 26 135,5 t, wovon 11 501 t bei den Vorrichtungsbetrieben, 5 885,5 t durch Pfeilerbau und 8 749 t durch Abbau mit Bergeversatz gewonnen wurden.

Der Schacht hat einen runden Querschnitt von 5,7 m Durchmesser bis zu einer Teufe von 72 m, von da ab bis zum Schachttiefsten 4,5 m. Der Ausbau besteht im oberen Theil bis zum Steinkohlengebirge aus gusseisernen Tübbings, der übrige Theil ist in Ziegelmauerung gehalten. Die Eintheilung in zwei Förder- und ein Fahrtrum, ein Pumpentrum und ein Reservetrum ist in Holz ausgeführt. Ein Fördertrum, das Fahr- und Pumpentrum sind durch einen in Holz ausgeführten Wetterscheider von dem übrigen Schachttheil zur Benutzung für den einziehenden Wetterstrom getrennt, der andere Theil dient als Ausziehschacht.

Bei 300 m und 450 m ist je eine Hauptfördersohle zu Felde geführt und zwar in einer streichenden Erstreckung von 1800 m und einer querschlägigen von 2600 m.

Die Förderung im Schachte wird von der 450 m-Sohle durch eine Verbundfördermaschine mit Ventilsteuerung von 950 bezw. 1330 mm Cylinderdurchmesser und 2200 mm Hub bewirkt.

Die Seiltrommeln sind conisch mit aufgenieteten Spiralen und haben einen Durchmesser von 6800 und 10 700 mm und eine Breite von 2200 mm.

Die Seilscheiben sind auf eisernem Schachtgerüst verlagert und haben einen Durchmesser von 5,0 m. Sie bestehen aus einer gusseisernen Nabe mit angeschraubten Flacheisenspeichen, auf welchen der schmiedeeiserne Seillauf ruht. Die Achsen sind aus Stahl angefertigt. Die aus Tiegelgussstahldraht hergestellten Förderseile haben 50 mm Durchmesser und setzen sich zusammen aus 6 Litzen zu 33 Drähten von 2,5 mm Durchmesser, einem Seelendraht in der Litze und einer Hanfseele im Seil. Die Förderkörbe haben 6 Etagen für je einen Wagen.

Es sind 3 Anschlussbühnen vorhanden, so dass bei der Förderung je 3 Etagen gleichzeitig bedient werden können. Für die Fangvorrichtung ist das System White & Grant zur Anwendung gekommen.

Die Körbe werden an beiden Kopfenden im Schachte an eichenen Spurlatten geführt. Zur Verhütung des Treibens über die Seilscheiben ist an der Fördermaschine ein Teufenzeiger angebracht, welcher mit einer helltönenden Schelle versehen ist und dem Maschinisten das Zeichen giebt, wenn der Korb sich noch zwei Trommelumschläge unterhalb der Hängebank befindet. Ausserdem ist der Teufenzeiger durch einen Hebel mit Fallbremse verbunden, welche bei etwaigem Uebertreiben in Thätigkeit tritt. Durch eine Auslösevorrichtung (System Haniel & Lueg) wird die Verbindung zwischen Seil und Förderkorb gelöst, wobei der Korb auf im Schachtgerüst verlagerte Fangkaps aufsetzt.

Zur Förderung von der 300 m-Sohle dient eine kleinere Zwillingsfördermaschine mit Schiebersteuerung von 600 mm Cylinderdurchmesser und 100 mm Hub. Die Trommeln sind cylindrisch und haben 4000 mm Durchmesser und 1295 mm Breite. Die Seilscheiben haben die gleichen Dimensionen und sind aus gleichem Material gefertigt, wie diejenigen bei der vorbeschriebenen Fördereinrichtung. Die aus Tiegelgussstahldraht gefertigten Seile haben einen Durchmesser von 33 mm und bestehen aus Litzen zu 18 Drähten von 2,2 mm Durchmesser, einem Seelendraht und einer Hanfseele im Seil.

Die Förderkörbe haben 3 Etagen für je einen Wagen, welche von einer Anschlagsbühne aus bedient werden. Da nun dieses Fördertrumm zum Ausziehschacht gehört, ist die Anschlagsbühne gegen die Tagesluft dicht abgeschlossen. Die Verbindung mit der Ladebühne wird durch ein ebenfalls abgeschlossenes Bremsschächtchen hergestellt, in welchem sich ein mit Boden und Deckel dicht anschliessender Förderkorb befindet. Die übrigen Fördereinrichtungen, Fangvorrichtungen, Spurlatten und die Vorrichtung zur Verhütung des Uebertreibens sind in derselben Art und Weise ausgeführt, wie bei der vorgenannten Förderung.

Die hier geförderten Kohlen kommen ausschliesslich als Förderkohle zum Versandt. Sie werden mittelst Kreiswipper auf ein Transportband ausgestürzt, welches sie unter Auslesen der Berge in die Eisenbahnwaggons führt.

Die unterirdische Förderung geschieht in den Querschlägen und Hauptsohlenstrecken durch Pferde.

Die eisernen Förderwagen fassen 0,5 t Kohlen. Die Höhe der Wagen ist 910 mm, die Länge 1600 mm und die Spurweite 600 mm. Als Gestänge findet die englische Stahl-Flügelschiene Verwendung und zwar in drei verschiedenen Profilen von 80, 60 und 50 mm Höhe. Letztere werden in Längen von 3 m lediglich auf den Abbauörtern verwendet, während das erstere in Längen von 5 m für Hauptförderstrecken bezw. Brembsberge in Gebrauch ist.

Die Bremsberge sind zum Theil als Gestellberge, zum Theil als Laufberge eingerichtet, und zwar die Gestellberge mit unterlaufendem Gegengewichte oder doppeltrümig. Letztere sind bei grösseren Förderhöhen und da, wo das Einfallen ungleichmässig ist, mit Seil ohne Ende in Anwendung, wobei mehrere Wagen durch Mitnehmer in bestimmten Abständen an das Seil angekuppelt sind.

Die blinden Schächtchen sind ein- und zweitrumig hergestellt, im ersteren Falle mit nebenlaufendem Gegengewichte. Die Bremsgestelle werden an eichenen Spurlatten geführt. Als Bremseinrichtungen sind Scheibenbremsen mit eingegossener Seilnut und Trommelbremsen in Gebrauch.

### 2. Die Grube Eschweiler Reserve

ist durch die Schächte Wilhelm I und Wilhelm II aufgeschlossen. Beide dienen zur Förderung und Fahrung am Seile und sind 502 m tief. Wilhelmschacht I wurde 1865 in Betrieb genommen. Er ist viereckig, bis 270 m bogenförmig ausgemauert, darunter aber mit Bolzenschrotzimmerung ausgebaut. Sein nutzbarer Querschnitt beträgt 8,23 qm. Er hat zwei Fördertrümer, ein Fahrtrum und ein Pumpentrum. Wilhelmschacht II, welcher 1888 dem Betriebe übergeben wurde, ist bis etwa 350 m Teufe in Kreisform theils ausgemauert, theils in Eisen verbaut, im Uebrigen wie Schacht I mit Holz ausgezimmert. Er hat 2 Fördertrümer, ein Fahrtrum und ein Wettertrum. Sein nutzbarer Querschnitt beträgt 16,6 qm.

Die erste Tiefbausohle setzte man bei 212 m unter der Hängebank von Schacht I an und mit ihr bei 170 m Teufe die Wettersohle. Beide mussten indess wegen starker Wasserzuflüsse vorzeitig verlassen und abgedämmt werden. Von den weiteren, bei 280 (II.), 380 (III.) und 490 (IV.) m Teufe liegenden Sohlen ist in der Hauptsache die erste Wetter-, die zweite Förder-, die dritte Ausrichtungssohle. Die Fördermaschine auf Wilhelmschacht I, welche von der zweiten und dritten Tiefbausohle fördert, war ursprünglich eine alte Wasserhaltungsmaschine, die alsdann im Jahre 1866 entsprechend umgebaut worden ist. Sie hat 654 mm Cylinderdurchmesser, ein Schwungrad und einfache Schiebersteuerung. Ihre Leistung beträgt bei $5^1/_2$ Atmosphären Ueberdruck 82 Pferdekräfte. Das Schwungrad und die beiden conischen Seilkörbe sind auf einer Achse verlagert. Letztere haben einen kleinsten Durchmesser von 3400 mm und einen grössten von 4100 mm bei 915 mm Breite. Die Seilscheiben sind auf einem hölzernen Seilscheibengerüste verlagert. Die Förderkörbe sind einetagig, für zwei Wagen von je einer halben Tonne Fassung eingerichtet und mit Fangvorrichtung versehen. Die runden Förderseile bestehen aus Gussstahl. Als Aufsatzvorrichtungen dienen mechanische Caps. Die Fördergeschwindigkeit beträgt 5 m in der Sekunde.

Am Wilhelmschachte II, welcher zur Förderung von der dritten und vierten Sohle bestimmt ist, steht eine Zwillingsfördermaschine mit Ventilsteuerung. Dieselbe entwickelt bei 900 mm Cylinderdurchmesser, 1800 mm Kolbenhub und $5^1/_2$ Atmosphären Ueberdruck 500 Pferdekräfte. Sie wurde 1889 von der Eschweiler Maschinenbauanstalt von Englerth & Künzer gebaut. Ihre conischen Seilkörbe besitzen einen kleinsten Durchmesser von 6400 und einen grössten von 7300 mm bei 1200 mm Breite. Das Seilscheibengerüst ist 28 m hoch. Die Schachtseile bestehen aus Gussstahl. Die Förderkörbe besitzen 2 Etagen für je 2 Wagen und sind mit Fangvorrichtung nach dem System White & Grant versehen. Die durchschnittliche Fördergeschwindigkeit beträgt 11 m in der Sekunde.

Die Streckenförderung ist auf der dritten Sohle grösstentheils maschinell und erfolgt auf eine Länge von 1600 m mit Seil ohne Ende, auf 380 m Länge mit Vorder- und Hinterseil. Im Uebrigen wird sie durch Pferde und vereinzelt auch durch Schlepper bewirkt. Bei der Förderung mit Seil ohne Ende werden die Wagen durch Hasenclever'sche Mitnehmer angeschlagen. Als Betriebsmaschine dient eine beim Füllorte des Schachtes II aufgestellte Zwillingsdampfmaschine von 45 Pferdekräften Leistung. Anschliessend an die Förderung mit Seil ohne Ende erstreckt sich die Förderung mit Vorder- und Hinterseil vom nördlichen Querschlage des vierten östlichen Baufeldes in das fünfte östliche Baufeld hinein. Mittelst Seilknoten und einfacher Mitnehmer nimmt sie Züge bis zu 35 Wagen auf und führt dieselben mit etwa $1^3/_4$ m Geschwindigkeit in der Sekunde der erstgenannten Seilförderung zu. Als Antrieb dient ein Lufthaspel von 6 Pferdekräften.

Die Bremsberge sind ein- und zweiflügelig. An Stelle derselben werden bei steilem Flötzfallen und druckhaftem Hangenden Rolllöcher zur Abwärtsförderung der Kohlen benutzt.

Als Abbaumethode ist vorwiegend streichender Strebbau, untergeordnet Stossbau in Anwendung.

### 3. Altenberg.

Das zerstreute Erzvorkommen in dem ausgedehnten Berechtigungsfelde der Grube Altenberg lässt einen zusammenhängenden Betrieb mit gemeinschaftlicher Schachtanlage nicht zu.

Von den z. Zt. vorhandenen vier Betriebspunkten liegt die seit 1858 betriebene Anlage Schmalgraf 2500 m südwestlich der in Fristen liegenden alten Grube Altenberg, die seit 1880 bestehende Anlage Eschbroich 540 m südwestlich Schmalgraf, die seit 1875 bauende Anlage Fossey 4000 m östlich Schmalgraf und die seit 1896 betriebene Anlage Mützhagen beim Weissen Haus 2500 m südwestlich Schmalgraf.

Der Betriebspunkt Schmalgraf ist durch die 30 m von einander entfernten Maschinenschächte I und II bis 132 m Teufe aufgeschlossen. Von denselben dient Schacht I mit einem lichten Querschnitt von 2,5 × 3,0 m lediglich zur Wasserhaltung. Schacht II ist zur Förderung und Wasserhaltung bestimmt. Der Querschnitt seines Fördertrums beträgt 2,50 × 1,70 m, und des Pumpentrums, das auch den Fahrschacht umschliesst, bis zur Stollensohle 2,50 × 2,00 m, bis 67 m Teufe 3,0 × 3,0 m und bis 132 m = 3,3 × 2 m im Lichten. Beide Schächte besitzen Bolzenschrotzimmerung aus geschnittenem Eichenholz von 20 × 20 cm.

Der 42 m Teufe einbringende Tagesstollen mündet 500 m von den beiden Schächten entfernt im Hohethale.

Endlich sind die Luftschächte zu erwähnen, die bis zur Stollensohle heruntersetzen und in ganzer Schrotzimmerung aus Tannenrundholz von 16—20 cm Durchmesser stehen.

Der Betrieb findet z. Zt. über der 92 m- und der 132 m-Sohle statt. Gebaut wird auf dem südlichen und nördlichen Contactlager, welche beide von sehr erheblich wechselnder streichender Ausdehnung und Mächtigkeit sind, ferner auf dem mit ersterem in Verbindung stehenden südlichen und nördlichen Gange und endlich auf einem dem letztern parallelen Gange, der erst auf der 132 m-Sohle 50 m südwestlich desselben überfahren und durch Versuchsarbeiten 50 m in nordwestlicher Richtung verfolgt worden ist. Der nördliche Gang ist etwa 250 m vom nördlichen Contactlager gegen Nordwesten durch den Kalkstein bis in den Dolomit verfolgt worden. Der südliche Gang ist von dem südlichen Lager aus auf 300 m nach Südosten aufgeschlossen und zwar durch Kalkstein, Dolomit und Oberdevon bis in den Dolomit.

Abgebaut ist das Nordlager und der Südgang über der 92 m-Sohle, das Südlager und der Nordgang über der 42 m-Sohle. Als Abbaumethoden stehen in den Lagern Etagenbruchbau und in den Gängen meist zweiflügeliger Firstenbau mit Bergeversatz und Querbau in Anwendung.

Beim Etagenbruchbau, der selbstredend von oben nach unten fortschreitet, fährt man eine Abbaustrecke von 2 m Breite und 2 m Höhe im Streichen des Lagers bis an das Nebengestein auf. Dann beginnt man mit dem Ausqueren, d. h. man fährt von dem Streckenende aus in wechselnder Richtung 2 m breite und hohe Querstrecken von der Abbaustrecke bis an das Nebengestein auf. Die Sohle des abgebauten Raumes wird mit Schwartenbrettern zugelegt und alsdann die Zimmerung geraubt und das Gebirge zu Bruch geworfen, nachdem die beim Abbau gefallenen Berge in dem leeren Raum versetzt worden sind.

Zur Aufrechterhaltung des Wetterzuges während der Vorrichtung der nächsten Abbausohle wird in der Sohle der Abbaustrecke ein Wetterkanal ausgespart, der die abziehenden Wetter in ein Ueberhauen leitet, das mit der Hauptwetterstrecke in Verbindung steht.

Der Bergeversatz für den Firsten- und Querbau wird, soweit die bei dem Abbaubetriebe fallenden Berge nicht ausreichen, aus den Vorrichtungsarbeiten herbeigefahren. Der Querbau findet namentlich auf der Gangerweiterung des Nordganges (Rolle 21) statt. Es wird zunächst eine Strecke im Gangstreichen aufgefahren, dann ein Querschlag durch die Mitte der Erweiterung mit 2 m Breite und Höhe bis ans Hangende vorgetrieben und alsdann die Weitung durch 2 m hohe und 2 m breite Abbaustrecken ausgequert und Bergeversatz nachgeführt. Ist der Abbau auf der Sohle beendet, so wird die 2 m höher anstehende Erzpartie von der Stürzrolle aus in gleicher Weise vorgerichtet und abgebaut. Sämmtliche Rollen sind auch zur Fahrung und zum Holzeinhängen eingerichtet.

Die hereingewonnenen Erze werden durch die Häuer im Gedinge mittelst Hunden von $^1/_8$ cbm Fassung oder Schiebkarren in die Stürzrollen gestossen und von diesem aus durch Schlepper in Förderwagen von $^1/_2$ cbm Inhalt zum Schachte II gebracht. In Förderung stehen z. Zt. die 92 und 132 m-Sohle.

Die Fördergestelle sind einetagig und für 1 Wagen eingerichtet. Sie dienen gleichzeitig zur Seilfahrung für je 5 Mann.

Die Abmessungen der Fördermaschine siehe unten.

Der Betriebspunkt Eschbroich besitzt die drei Schächte VI, VII und VIII.

Schacht VI, der zur Förderung dient, ist 100 m tief, in ganzer Schrotzimmerung aus Tannenrundholz ausgebaut und besitzt 2,2 × 1,00 m Weite.

Schacht VII ist 50 m tief, für die Fahrung auf Fahrten eingerichtet, in gleicher Weise ausgezimmert und 1,75 × 1,25 m weit.

Schacht VIII ist 20 m tief, dient ebenfalls nur zur Fahrung, ist in gleicher Weise wie Nr. VI ausgezimmert und 1 : 1 m weit.

Es sind vier Sohlen vorhanden und im Bau begriffen, nämlich die 28, 50, 74 und 100 m-Sohle. Die Grube baut auf vier Lagern, nämlich dem Mittellager im Kalkstein, dem Südlager auf dem Contact zwischen

Kalkstein und Kohlenschiefer, dem Westlager und einem Blendestockwerke mit gangförmiger Verzweigung im Kalksteine. Die Ausdehnung dieser Erzvorkommen ist sehr schwankend und unregelmässig. Es sind abgebaut das Mittellager und das Westlager über der 28 m-Sohle und das gangförmige Vorkommen zwischen der 58 und 74 m-Sohle.

Der Abbau geht augenblicklich um im Mittellager und Westlager über der 50 m-Sohle, im Südlager über der 28 m-Sohle, im Blendestockwerk über der 74 m-Sohle und in der gangförmigen Verzweigung über der 58 m-Sohle.

Angewendet wird meist Etagenbruchbau oder Querbau mit Bergeversatz, stellenweise auch Firstenbau mit Bergeversatz, wie oben beschrieben.

Die Förderhunde haben $^1/_8$ cbm Fassungsvermögen. Die Abmessungen der Fördermaschine sind unten angegeben.

Bei der Anlage Mützhagen sind die beiden Schächte I und II in 35 m Entfernung von einander niedergebracht und zwar Schacht I bis 42 m und Schacht II bis 32 m Teufe.

Der Hauptförderschacht I hat einen Querschnitt von 2,8 × 2,8 m und ist 50 cm stark mit gewölbten Stössen ausgemauert. Er besitzt Einstriche aus Eichenschneidholz, ein eisernes Seilscheibengerüst und ist in Trüme für Förderung, Wasserhaltung und Fahrung eingetheilt. Schacht II ist 2,35 × 2,50 weit und steht in Bolzenschrotzimmerung aus Eichenschneidholz von 20 × 20 cm Stärke. Er dient als Fahrschacht für die Belegschaft und zum Herabbremsen der Berge von Tage aus auf die obere Sohle. Es sind hier die 32 und 42 m-Sohle vorhanden. Gesenke bis zur 52 m-Sohle sind z. Zt. ersoffen.

Die Grube baut auf dem nesterweisen Vorkommen derselben Contactlinie, auf der das nördliche Lager von Schmalgraf liegt, d. i. zwischen dem Kohlenkalk nordwestlich und dem Kohlenschiefer südöstlich. Der bisherige Betrieb ist über den Charakter von Aufschlussarbeiten kaum hinausgekommen. Abbau geht zwischen der 32 und 42 m-Sohle seit Anfang des Jahres 1901 um. Die Förderung geschieht im Schacht I auf einetagigen Fördergestellen für 1 Wagen zu $^1/_3$ cbm Fassung.

Die Abmessungen der Fördermaschine sind in der nachstehenden Zusammenstellung angegeben.

Auf Grube Fossey wurde ehemals Tagebau getrieben, dem jetzigen Betriebe dient der Schacht 26 von 23 m Teufe als Fahrschacht; er ist 1,5 × 1,5 m weit und steht in ganzer Schrotzimmerung. Ein mit diesem in Verbindung stehender Tagesstollen bringt 34,5 m Teufe ein und ist von dem bei Hammer im Geulthale gelegenen Stollenmundloche bis zum ersten Lager 650 m lang. Verschiedene Luftschächte sind bis zur Stollensohle niedergebracht. Ausser der letzteren ist noch eine 23 m-Sohle vorhanden. Die Grube baute ursprünglich auf 4 Galmeilagern, nämlich dem Ost-, Süd-, Südwest- und Westlager und seit kurzer Zeit auf den beiden Blei- und Zinkerzgängen Prester und Lindengraf. Hiervon sind das Ost- und Westlager bereits abgebaut, auch der Abbaubetrieb auf dem Süd- und Südwestlager geht dem baldigen Verhieb entgegen. Die Abbaumethode ist in den Lagern ausschliesslich Etagenbruchbau.

Für den Betrieb auf dem Gange Prester dient eine besondere Schachtanlage mit den Schächten I, IV und V. Schacht I ist 1 × 1,5 m weit und 76 m tief und dient zur Wetterführung und als Stürzrolle. Schacht IV, der für die Wasserhaltung und Förderung sowie zur Fahrung bestimmt ist, wird z. Zt. zur 105 m-Sohle abgeteuft. Er ist 1,25 × 1,25 m weit bis zur Stollensohle, darunter 2,25 × 1,25 m. Schacht V ist 76 m tief und dient als Wasserhaltungs-, Förder- und Seilfahrtschacht. Sein Querschnitt beträgt 3 × 3 m. Er steht in Bolzenschrotzimmerung, die beiden übrigen Schächte in ganzer Schrotzimmerung.

In Abbau stehen z. Zt. die 11, 13 und 24 m-Sohle der in den oberen Teufen trichterförmigen Erweiterung des Ganges. Daselbst geschieht die Hereingewinnung der Erze mittelst Etagenbruchbaus, im Gange selbst kommt der Firstenbau mit Bergversatz zur Anwendung. Die Erze werden durch den Stollen zu Tage gefördert.

Der Lindengrafer Gang ist durch ein 270 m langes Flügelort vom Stollen aus aufgeschlossen worden. Z. Zt. wird auf dem Gange ein Schacht von 2,2 m Querschnitt in Bolzenschrotzimmerung bis 30 m unter Stollensohle abgeteuft. Auf dem Gange sind bisher nur Versuchsarbeiten umgegangen, die zu sehr günstigen Aufschlüssen geführt haben.

Abmessungen der Fördermaschinen.

| Grube | Kolbendurchmesser mm | Hub mm | Trommeldurchmesser mm | Grösste Förderlast kg | Seilgeschwindigkeit m/sec. | Bauart der Maschine |
|---|---|---|---|---|---|---|
| Schmalgraf | 260 | 550 | 2000 Breite 425 | 1800 | 2 | Zwillingsmaschine |
| Eschbroich | 180 | 500 | 1500 Breite 300 | 250 | 1 | Eincylindermaschine |
| Mützhagen | 250 | 350 | 1600 Breite 300 | 850 | 1,5 | Zwillingsmaschine |
| Fossey | 150 | 250 | 600 Breite 365 | 830 | 1,0 | Zwillingsmaschine |

Maschineller Bohrbetrieb mit Pressluft findet nur auf Grube

Mützhagen statt (System der Duisburger Maschinenbau-Aktiengesellschaft). Die Abmessungen der Luftcompressionsmaschine sind:

| | |
|---|---|
| Dampfkolbendurchmesser: | 330 mm |
| Presskolbendurchmesser: | 300 „ |
| gemeinsamer Hub: | 350 „ |
| Hubzahl pro Minute: | 70—140. |

Bei 140 Hüben liefert die Maschine 6,2 cbm angesaugter Luft, welche auf 5 Atmosphären comprimirt wird. Als Sprengmaterial wird ausnahmslos Guhrdynamit verwandt.

### 4. Diepenlinchen.

Im Gegensatze zu dem Altenberger Grubenbetriebe ist der Betrieb der Grube Diepenlinchen, abgesehen von einigen Versuchsarbeiten, ein einheitlicher mit einer grossen Förderanlage. Dem Betriebe dienen insgesammt 5 Schächte und zwar:

1. Der Hauptförderschacht von 300 m Teufe und 3,0 × 1,25 m Querschnitt, ausgebaut mit Bolzenschrotzimmerung. Die Fördergestelle haben eine Etage für je 2 Wagen zu 1200 kg Fassung.

2. Der Fahrschacht für Fahrung, auf der Fahrt, 20 m östlich des ersteren, von gleicher Teufe und mit gleichem Ausbau.

3. Zwei nebeneinanderliegende 306 m tiefe Pumpenschächte (Widman und Blume), 160 m nordwestlich des Hauptförderschachtes. Der Widmanschacht ist bis zu 150 m Teufe oval ausgemauert und 5,65 × 3 m weit, von da an steht er in Bolzenschrotzimmerung von 5,5 × 3,3 m Querschnitt. Der Blumeschacht besitzt Bolzenschrotzimmerung und bis 196 m Teufe 2,5 × 3,9 m, von da an 3,3 × 4,3 m Querschnitt.

4. Der Froschschacht von 252 m Teufe als ausziehender Wetterschacht 160 m östlich des Hauptförderschachtes. Er ist rechteckig mit abgerundeten kurzen ausgemauerten Stössen und hat 1,5 × 2,0 m Querschnitt.

Das Stollenmundloch liegt am Binsfeldhammer im Vichtthale ungefähr 2400 m westlich der Hauptförderanlage.

Der Grubenbetrieb erstreckte sich bisher auf:

1. Gang IV,
2. Brennesselstockwerk mit Schwefelkiesstockwerk,
3. Andreasgang,
4. Gang V,
5. Gang VII,
6. Ludwigsgang,
7. Johanngang,
8. Gang VI.

Die Aufschliessung der Sohlen werden im Allgemeinen die einzelnen

Erzmittel mit einer Richtstrecke von dem Hauptförderschachte aus querschlägig in östlicher und westlicher Richtung überfahren. Von der Richtstrecke aus werden Flügelörter in der nöthigen Anzahl im Streichen der Erzmittel aufgefahren. Zur weiteren Aufschliessung des Brennesselstockwerks wird in 40 m Entfernung von der Richtstrecke eine südliche Parallelstrecke auf etwa 160 m Erstreckung aufgefahren.

Die Verbindungsstrecke zwischen Richtstrecke und Pumpenschächten dient gleichzeitig als Sumpfstrecke.

Die Grube ist z. Zt. über der 216 m-Sohle abgebaut. Abbaubetrieb ist über der 232, 252, 276 und 300 m-Sohle. Der Verhieb einer Sohle erfolgt durchschnittlich in vier Jahren.

Auf den Gängen geht meist einflügeliger Firstenbau mit Bergeversatz um, in den Stockwerken findet ausschliesslich Querbau Anwendung in der Weise, dass zunächst mittels 14 m von einander angesetzter als Fahrschächte und Stürzrollen dienender Ueberhaue die Verbindung mit der oberen Sohle hergestellt wird. Alsdann werden die Rollen durch eine Abbaustrecke von 1,25 m Breite und 2 m Höhe mit einander in Verbindung gebracht und diese Strecke bis an das Nebengestein verlängert. Nunmehr wird das Erzmittel zunächst nach dem einen Stosse der Abbaustrecke hin durch Querörter von 1,25 m Breite und 2 m Höhe bis zum Nebengestein hereingewonnen und der entstandene Hohlraum eines jeden Querortes durch die beim Auffahren eines weiteren Querortes fallenden bezw. von Tage aus herbeigeschafften Berge vollständig versetzt. Ist der eine Flügel abgebaut, so wird die alte Abbaustrecke abgeworfen und gleichzeitig eine neue aufgefahren, von der aus der andere Flügel in gleicher Weise abgebaut wird. Gleichzeitig wird der Abbau des ersten Flügels 2 m höher in Angriff genommen. Durch diese Abbaumethode in dem sehr druckhaften Gebirge ist eine erhebliche Holzersparniss erzielt worden, da die einzelnen Strecken nur kurze Zeit offen gehalten werden müssen, und ein grosser Theil des Holzes bei dem Abwerfen derselben wieder geraubt werden kann.

Als Sprengmaterial steht lediglich Guhrdynamit in Anwendung.

Die Vorrichtungsstrecken werden theilweise unter Benutzung der Schramm'schen Bohrmaschine aufgefahren. Zum Betriebe derselben dient ein bei der Wasserhaltungsmaschine am Blumeschacht aufgestellter Luftcompressor der Siegener Maschinenbau-Aktiengesellschaft. Derselbe ist berechnet, 6 cbm Luft auf 5 Atmosphären Ueberdruck zu pressen, und als liegende doppeltwirkende Verbundmaschine mit Condensation gebaut. Die Dampfcylinder haben 350/500 mm Durchmesser, die Luftcylinder 340/530 mm Durchmesser bei 500 mm Hub. Die Anlage leistet 30 Pferdestärken bei 30 Umdrehungen in der Minute.

Die hereingewonnenen Erze werden mittelst Handkarren durch die

Hauer in die Rolllöcher gestürzt und von Schleppern über die als Hauptfördersohlen dienende 300 bezw. 276 m-Sohle zum Hauptförderschachte gestossen.

Die Seilfahrung im Hauptförderschachte ist für je 6 Mann auf einer Förderschale genehmigt.

Die Hauptfördermaschine ist eine doppelt wirkende Kurbelzwillingsmaschine ohne Condensation mit zwei Bobinen für flache Hanfseile von oben 160/33 mm und unten 150/31 mm Stärke.

Die Dampfcylinder haben 476 mm Durchmesser, der Kolbenhub beträgt 1100 mm und die Hubzahl 48 in der Minute. Die Maschine leistet 100 Pferdekräfte eff. Die grösste zu hebende Last ist $= 2 \times 1200 + 1400$ (Seilgewicht) kg $= 3800$ kg.

## B. Wetterversorgung.

1. Der Wetterwechsel in den Grubenbauen der alten Förderanlage der Grube Rheinpreussen wird durch einen Ventilator (System Geisler) bewirkt, welcher in der 246 m-Sohle steht. Dieser wird von einer im Jahre 1888 erbauten Zwillingsdampfmaschine von 80 Pferdekräften angetrieben. Der Cylinderdurchmesser beträgt 300 mm, der Kolbenschub 600 mm. Bei einer Tourenzahl der Dampfmaschine von 50 und einem Uebersetzungsverhältnisse von 1 : 3 leistet der Ventilator bei 150 Umdrehungen 2000 cbm. Der Ventilator hat einen Durchmesser von 3500 mm und 48 Flügel, deren Breite am äusseren Umfang 170 mm und am Einlauf 324 mm beträgt. Der freie Querschnitt der einseitigen Einströmungsöffnung ist 1,84 qm.

Die frischen Wetter fallen im Schachte II ein, die verbrauchte Luft wird in der 246 m-Sohle zum Ventilator angesaugt und durch Schacht I und das Wettertrum in Schacht II zu Tage gefördert. Der freie Querschnitt in Schacht II ist für den Einziehstrom 10 qm, für den Ausziehstrom in Schacht I 2,05 qm und für das Wettertrum in Schacht II 1,28 qm.

Die Hauptwetterstrecken liegen in Flötzen mit gutem Nebengestein, sowie auch im Nebengestein selbst. Die Bewetterung der Vorrichtungsarbeiten erfolgt:

beim Auffahren von Querschlägen und Richtstrecken durch gemauerte Wetterscheider oder Lutten;

beim Aufbrechen und Abteufen von blinden Schächten durch Lutten von 400 und 500 mm lichter Weite und beim Auffahren von Strecken im Flötz durch Parallelörter und Durchhiebe, Wetterröschen, Wetterscheider und Lutten.

Der Wetterwechsel wird stellenweise durch Strahlapparate oder

Ventilatoren mit Turbinenantrieb befördert. Den oberen Sohlen werden die frischen Wetter direkt oder von tieferliegenden Sohlen durch besondere Aufhauen und blinde Schächte zugeführt.

Die durchschnittliche Temperatur in der Grube beträgt im Einziehstrom 18° und im Ausziehstrom vor dem Ventilator 21°. In der am stärksten belegten Schicht kommen auf den Kopf der Belegschaft 2,57 cbm frische Wetter. Die durchschnittliche Länge der Wetterwege von der Hängebank des einziehenden Schachtes bis zu der des ausziehenden beträgt 4000 m und die grösste 8000 m.

Die Bewetterung der Grubenbaue des Schachtes III wird durch einen über Tage stehenden Mortier-Ventilator bewirkt. Das Flügelrad hat 2,4 m Durchmesser und ist 1,4 m breit. Der Ventilator wird von einer Verbunddampfmaschine mit Ventil-Präcisionssteuerung für den Hochdruckcylinder und zwangläufig angetriebenen Drehschiebern für den Niederdruckcylinder angetrieben. Die Cylinder haben einen Durchmesser von 525 bezw. 800 mm bei einem gemeinschaftlichen Hube von 1000 mm. Die normale Arbeitsleistung der Maschine beträgt 250 Pferdestärken und kann bis zu 400 Pferdestärken gesteigert werden. Der Ventilator saugt bei 56 Touren der Maschine in der Minute, 246 Touren des Flügelrades und 85 mm Depression 2700 cbm Luft aus der Grube an; es entspricht dies einer Grubenweite von 1,90 qm. In der Hauptschicht beträgt die Belegschaft, die Pferde zu je 4 Mann gerechnet, 680 Mann; es kommen also in der Minute auf den Mann 3,98 cbm frische Luft.

Die Aus- und Vorrichtungsbetriebe werden theilweise durch Sonderventilation, welche von einem von comprimirter Luft betriebenen Ventilator oder durch Wasserdüsen erzeugt wird, bewettert. Sämmtliche verbrauchten Wetter werden durch die Grundstrecken und Querschläge der 300 m-Sohle dem Ausziehwettertrumm des Schachtes zugeführt.

2. Zur Bewetterung der Grube Eschweiler Reserve dient ein Pelzer-Ventilator von 300 mm Durchmesser, 3,56 qm Einströmungsöffnung und 590 mm kleinster Flügelbreite. Sein Antrieb erfolgt mittelst Riemen durch eine Zwillingsdampfmaschine von 400 mm Cylinderdurchmesser und 600 mm Kolbenhub. Das Uebersetzungsverhältniss beträgt 1 : 4,4, so dass der Ventilator bei normalem Gange der Maschine mit 54 Umdrehungen in der Minute deren 233,7 macht. Hierbei werden 81 mm Depression erzielt und 1200 cbm Wetter angesaugt. Schacht I zieht ein, Schacht II aus.

3. Die Bewetterung der Grubenbaue der Erzbergwerke des Reviers geschieht im Allgemeinen durch Benutzung des natürlichen Wetterzuges. Der Wetterzug in den Wetterschächten und Stollen pflegt sich dabei im Frühjahr und Herbst umzukehren. Sonderventilation mit blasend wirkendem Pelzer Handventilator und Turbinen wird zuweilen zur Bewet-

terung von Versuchs- und Vorrichtungsörtern angewandt. Zu demselben Zwecke ist auf der 132 m-Sohle des Betriebspunktes Schmalgraf im Schachte II eine Wassertrommel eingebaut, welcher Wasser von der 92 m-Sohle zufallen.

4. Auf Grube Diepenlinchen fallen die Wetter durch den Hauptförderschacht, den Fahrschacht und den Widmanschacht bis auf die tiefste Sohle und bewettern von hier aus aufwärts steigend die Vorrichtungs- und Abbaubetriebe. Die verbrauchten Wetter ziehen gemeinschaftlich im Froschschachte aus, bei dem auf der 232 m-Sohle zur Verstärkung des natürlichen Wetterzuges ein mit altem Grubenholz gespeistes Rostfeuer unterhalten wird.

## C. Wasserhaltung.

Zur Wältigung der starken Wassermengen, welche sowohl den Steinkohlen- wie auch den Erzgruben zusitzen, haben entsprechende Wasserhaltungsanlagen geschaffen werden müssen.

1. Auf Zeche Rheinpreussen sind 5 Wasserhaltungsmaschinen vorhanden von zusammen 10 cbm Normalleistung in der Minute.

Auf Schacht II werden die Wasser von der 310 m-Sohle durch 2 Woolf'sche Maschinen von je 500 Pferdekräften gehoben. Erbaut sind dieselben in den Jahren 1875 und 1886. Die Cylinder dieser Maschinen stehen hintereinander und haben einen Durchmesser von 1100 und 1500 mm; Hubhöhe der Kolben 2400 und 3700 mm. Die Durchmesser der Plunger sind bei den 3 Sätzen jeder Pumpe gleich und messen 390 mm. Das Gestänge besteht aus Rundeisen. Die Hubhöhe der Pumpen beträgt 2000 mm, die Leistung einer Pumpe bei 6 Hüben 1,5 cbm.

Eine dritte Woolf'sche Maschine steht auf Schacht I, hat 1000 Pferdekräfte und wurde im Jahre 1880 erbaut. Die Cylinder liegen nebeneinander, haben Durchmesser von 1050 und 1650 mm und eine Hubhöhe der Kolben von 3600 mm. Die Pumpe hat Rundgestänge und 3 Sätze in 150, 310 und 450 m Teufe. Die Plunger der beiden oberen Sätze haben 390 mm und des untersten Satzes 470 mm Durchmesser. Die Hublänge der Pumpe beträgt 2,4 m und die Leistung bei 7 Hüben in der Minute 2 cbm.

Zwei hydraulische Pumpen von je 250 Pferdestärken stehen in der 450 m-Sohle. Die Pumpen sind rotirend mit je 3 Kraftplungern von 100 mm Durchmesser und 800 mm Hublänge. Der Durchmesser der Pumpenplunger beträgt 150 mm. Beide Pumpen haben eine gemeinschaftliche Kraft-, Steig- und Rückleitung und arbeiten mit einem Druck von 19,5 Atmosphären.

Die schmiedeeiserne Kraftleitung hat eine lichte Weite von 105 mm, die Steigleitung 200 mm und die Rückleitung 120 mm lichter Weite. Steigleitung und Rückleitung sind von Gusseisen.

Zur Erzeugung des Wasserdruckes stehen über Tage 2 Compound-Dampfmaschinen, deren verlängerte Kolbenstangen je eine doppeltwirkende Pumpe treiben. Die Abmessungen betragen:

Cylinderdurchmesser der Maschine 760 und 1200 mm; Hublänge 1000 mm; Plungerdurchmesser 88 mm. Bei 80 Umdrehungen in der Minute hebt jede Pumpe 2,5 cbm.

Ausser den genannten 5 Pumpen steht auf der 450 m-Sohle noch eine Wassersäulenmaschine von 2 cbm minutlicher Leistung bei einer Steighöhe von 150 m. Diese Pumpe arbeitet mit einem Druck von 45 Atmosphären und drückt das Wasser bis zum Sumpfe in der 310 m-Sohle.

Der Fassungsraum des Sumpfes beträgt in der 310 m-Sohle 2400 cbm und in der 450 m-Sohle 2250 cbm. Zur Zeit (1900) beträgt der Wasserzufluss 5,33 cbm in der Minute, es würde daher bei Stillstand der Maschine der Sumpf in der 310 m-Sohle in einer Zeit von 25 Stunden und der Sumpf in der 450 m-Sohle in 10 Stunden vollgelaufen sein. Sämmtliche Zuflüsse sind salzhaltig.

Bei Schacht III geschieht die Wältigung der Grubenwasser durch eine oberirdische indirekt wirkende Woolf'sche Maschine mit Rittingersätzen. Sämmtliche in der Grube erschrotenen Wasser werden in dem auf der tiefsten Sohle (450 m) in Flötz 12 angelegten Sumpf gesammelt und von hier aus zu Tage gefördert. Letzteres geschieht durch 3 Rittingersätze, von welchen dem untersten auf der 420 m-Sohle stehenden die Wasser durch eine provisorische Zubringepumpe zugeführt werden. Der Wasserzufluss beträgt 2,13 cbm in der Minute, und der Sumpf ist so gross bemessen, dass der Zufluss von 24 Stunden darin aufgenommen werden kann.

Die Wasserhaltung leistet bei 5 Hüben zu 4 m Höhe 6 cbm in der Minute. Die Zubringepumpe ist eine Differentialpumpe. Die Ventile sind hierbei wie auch bei den Rittingersätzen Etagenventile mit Lederdichtungsringen. Die Ausgleichung des Gestängegewichtes geschieht durch eine hydraulische Ausgleichung von 150 Tonnen. Die Arbeit der Maschine wird von den beiden Kolbenstangen durch einen Balanzier auf das Gestänge übertragen. Die Abmessungen der Cylinder sind 1720 bezw. 2300 mm bei einem Hube von 2800 bezw. 4500 mm. Bei etwaigem Versagen der Pumpe oder bei grösseren Reparaturen können die Wasser vermittelst zweier durch comprimirte Luft betriebener Duplex-Pumpen nach Schacht I, dessen Sohlenniveau 1,5 m höher liegt, gepumpt werden.

2. Zur Wältigung der Wasser auf der Grube Eschweiler Reserve sind über Tage zwei, unter Tage drei Dampfmaschinen aufgestellt. Die ersteren, darunter eine nach Woolf'schem Systeme gebaute, sind älteren

Ursprungs und bedienen mittelst Rundeisengestängen Pumpensätze, durch welche die Wasser theils nach einer höheren Sohle, theils zu Tage gehoben werden. Die unterirdischen Maschinen sind aus der Fabrik von Ehrhardt & Sehmer zu Schleifmühle bei Saarbrücken. Zwei derselben sind direkt doppeltwirkende Compound-Receiver-Maschinen, welche bei 725/1150 mm Cylinderdurchmesser und 1300 mm Kolbenhub 450 Pferdekräfte entwickeln und deren Pumpen bei 155 mm Plungerdurchmesser im Höchstfalle 5 cbm Wasser in der Minute zu Tage heben können.

Die dritte Maschine ist eine Zwillings-Tandem-Maschine. Ihre Abmessungen sind denjenigen der vorgenannten Maschinen gleich und sie vermag bei 212 mm Plungerdurchmesser der Pumpen im Höchstfalle 10 cbm Wasser in der Minute zu wältigen. Die Hubhöhe beträgt 380 m.

Eine weitere unterirdische, aus Riedler'schen Expresspumpen bestehende Wasserhaltungsanlage ist für die 490 m (4. Tiefbausohle) vorgesehen und bereits in der Ausführung begriffen.

3. Im Felde der Grube Altenberg sind zur Wältigung der dem Betriebspunkte Schmalgraf aus dem stark zerklüfteten Kalkstein zusitzenden grossen Wassermassen auf dem Schachte I zwei oberirdische und am Schachte II zwei oberirdische und eine unterirdische Wasserhaltungsmaschinen eingebaut, und zwar:

a) Eine doppeltwirkende Woolf-Kley'sche Maschine der Firma Marcellis in Lüttich mit Hoch- und Niederdruckcylinder von 940/1150 mm innerem Durchmesser und 1250/2500 mm Hub. Die Leistung der Maschine beträgt für den Hub 594 l bei durchschnittlich 4 bis 5, höchstens 7 Hüben in der Minute; bei dieser Höchstleistung entwickelt sie 1200 Pferdestärken und bei ihrer Durchschnittsleistung 53 Pferdestärken. Das Pumpengestänge besteht aus ╡╞ Eisen. Die Maschine bewegt zwei Druckpumpen von je 500 mm Plungerdurchmesser, von welchen die eine die Wasser von der 132 auf die 92 m-Sohle und die andere von dieser auf die 46 d. i. die Stollensohle drückt, wo die Wasser abfliessen. Ausserdem wird von der Stollensohle eine Druckpumpe von 250 mm Plungerdurchmesser zum Heben der für den Betrieb erforderlichen Condensationswasser betrieben.

b) Eine Kley'sche Maschine derselben Firma mit einem Cylinder nebst Expansion und Condensation. Sie hat einen Cylinderdurchmesser von 750 mm und einen Hub von 1200 mm. Sie betreibt eine Rittinger-Pumpe, deren unterer Plunger 550 mm und deren oberer Plunger 390 mm Durchmesser hat bei 1500 mm Hub und 12 Hüben in der Minute im Durchschnitt. Sie bringt für den Hub 356 l Wasser, ist mit hydraulischer Gestängeausgleichung versehen und leistet höchstens 115, durchschnittlich 60—70 Pferdestärken. Ihr Rundeisengestänge verjüngt sich von oben

110 mm nach unten auf 90 mm Durchmesser. Die Wasser werden in einem Satz von der 132 m-Sohle zur Stollensohle gehoben; ein Theil wird mittelst einer besonderen Druckpumpe von 90 mm Plungerdurchmesser von der Stollensohle zu Tage gefördert.

c) Zwei genau gleiche Maschinen von Kley (Humboldt in Kalk bezw. Marcellis) mit Expansion und Condensation auf Schacht II. Cylinderdurchmesser 750 mm, Hub 1200 mm, mit höchstens 75, durchschnittlich mit 43 Pferdestärken, Hubzahl 11—12, Leistung für den Hub 294 l. Jede Maschine betreibt eine Saugpumpe von 450 mm Kolbendurchmesser, welche die Wasser von der 132 m-Sohle auf die 92 m-Sohle hebt. Von dort drückt je eine Druckpumpe von 500 mm Kolbendurchmesser und 1500 m Hub auf die Stollensohle.

Das Gestänge der Druckpumpen ist ╬ Eisen, das der Saugpumpen Vierkanteisen mit Zahn- und Muffenkuppelung. Von demselben Gestänge werden zwei Nahrungspumpen von 120 bezw. 160 mm Plungerdurchmesser und 1500 mm Hub betrieben, welche die Kesselspeisewasser von der Stollensohle zu Tage heben, und ferner je eine Druckpumpe von 200 mm Plungerdurchmesser zum Heben der erforderlichen Condensationswasser.

d) Die unterirdische Wasserhaltungsanlage steht auf der 132 m-Sohle und ist eine liegende doppeltwirkende Zwillings-Verbund-Maschine mit Condensation von Ehrhardt & Schmer. Ihr Cylinderdurchmesser ist 550/860 mm, der Plungerdurchmesser 255 mm, der gemeinsame Hub 1 m. Sie giesst die Wasser auf die Stollensohle aus und liefert für den Hub 194 l, arbeitet mit 42, 52 und 67,5 Hüben und besitzt also eine Höchstleistungsfähigkeit von etwa 13 cbm in der Minute. Ihre Höchststärke beträgt 345 Pferdekräfte, die durchschnittliche 275 Pferdestärken.

Die Maschinenkammer ist zum Schutze gegen ein Ersaufen betonirt und mit Dammthür verschliessbar und steht durch ein besonders ausbetonirtes Ueberbrechen mit der 92 m-Sohle in Verbindung. Bei geschlossener Dammthür hat eine Worthingtonpumpe die etwa in der Maschinenkammer sich ansammelnden Wasser aus derselben in den Querschlag zu drücken.

Im I. Halbjahr 1901 wurden in der Minute durchschnittlich 12,8 cbm Wasser aus der Grube Schmalgraf gehoben.

Der Betriebspunkt Eschbroich hat nur geringe Wasserzuflüsse. Zu ihrer Hebung ist auf der 100 m-Sohle eine Duplexsenkpumpe ohne Expansion mit Condensation der Firma Weise & Monski in Halle eingebaut. Es beträgt der Cylinderdurchmesser 265 mm, der Hub 150 mm, der Plungerdurchmesser 120 mm, der Plungerhub 150 mm.

Die Pumpe bringt durchschnittlich 300—350 l in der Minute und erfordert dabei 6 Pferdestärken. Die Pumpe ist etwa den vierten Theil des Jahres während der feuchten Jahreszeit in Betrieb.

Der Betriebspunkt Mützhagen ist sehr trocken, so dass er zeitweise nicht einmal das nöthige Kesselspeisewasser liefern kann. Im Hauptschachte ist auf der 42 m-Sohle eine freistehende Verbund-Dampfpumpe der Firma Weise & Monski in Halle eingebaut. Der Cylinderdurchmesser beträgt 220/325 mm und der Hub 250 mm. Die Plunger haben denselben Hub und 180 mm Durchmesser. Sie macht maximal 60 Hübe und leistet dabei 750 l. Sie wältigt die Wasser in ein hochgestelltes Becken über Tage, von dem aus sie für den Betrieb benutzt werden.

Bei Schacht Prester V des Betriebspunktes Fossey ist ein liegende oberirdische eincylindrige Wasserhaltungsmaschine mit Expansion und ohne Condensation aufgestellt. Sie hat 365 mm Kolbendurchmesser, 800 mm Hub und betreibt mittelst Zahnradübertragung, Kunstkreuzes und Pumpengestänges von Vierkanteisen eine Saugpumpe von 465 mm Durchmesser und 1500 mm Hub. Sie macht durchschnittlich 10 Hübe in der Minute und liefert für den Hub 25 l. Die Förderhöhe von dem Sumpfe der 76 m-Sohle bis zur Stollensohle, auf der die Wasser ausgegossen werden, beträgt etwa 50 m.

4. Der Grube Diepenlinchen sitzen z. Zt. etwa 9 bis 9,5 cbm Wasser in der Minute zu. Zur Wältigung derselben aus 306 m Teufe dienen folgende Maschinen:

Auf dem Blumeschachte steht eine liegende direkt und doppeltwirkende Woolf'sche Verbund-Dampfmaschine mit Kraft'scher Ventilsteuerung und Abfallcondensation zur Stollensohle (90 m unter Tage). Ihr Kolbendurchmesser beträgt 1340/2120 mm, ihr Hub 2660 mm, der Hub der Pumpen 2250 mm. An jedem der mit der Antriebsmaschine durch Feldgestänge verbundenen Kunstwinkel hängen zwei Gestänge mit kreisförmigem Querschnitte, an die auf 306 m und 282 m Teufe je eine Saugpumpe von 630 mm Kolbendurchmesser und auf 235 m Teufe eine Zugpumpe von 620 mm Durchmesser angeschlossen sind. Letztere giesst die Wasser auf der Stollensohle aus. Dort hängt an jedem Gestänge je ein Zwillingsdrucksatz von 215 mm Durchmesser, welcher das für die Aufbereitung und zum Theil auch für die Kesselspeisung erforderliche Wasser zu Tage hebt. Die übrigen Wasser fliessen durch den Stollen ab. Ein Akkumulator von 90000 k Belastung dient zur hydraulischen Ausgleichung des Gestänges und der halben Wassersäule. Die in dem Abfallcondensator sich ansammelnde Luft wird durch eine Entlüftungsmaschine bei der Antriebsmaschine abgesaugt. Die Höchstleistung der Wasserhaltungsmaschine ist auf 12 cbm Wasser in der Minute bei 10 Umdrehungen berechnet.

Auf dem Widmanschachte wird z. Zt. an Stelle einer alten abgeworfenen Wasserhaltungsanlage eine neue zu 1500 Pferdestärken der Firma Haniel & Lueg in Düsseldorf eingebaut. Sie ist eine stehende direkt und doppeltwirkende Woolf'sche Receiver-Wasserhaltungsmaschine und ist berechnet, aus 380 m Teufe 12 cbm Wasser bei $6^1/_2$ Atmosphären Dampfüberdruck zur Stollensohle bei 9 Hüben zu fördern und von dieser aus 2,5 cbm in der Minute bis zu Tage zu heben. Ihr Dampfkolbendurchmesser ist 1500/2400 mm, ihr Hub 2200 mm. Die von den Kunstkreuzen angetriebene Kurbelwelle hat 2000 mm Hub. Für die Anlage ist pneumatische Gestängeausgleichung von je 190000 kg Auftrieb auf jeden Plunger vorgesehen. Auch soll die Anlage mit Abfallcondensation zur Stollensohle und Dampfentluftungspumpe über Tage versehen werden. An das Rundeisengestänge sollen angeschlossen werden in 306 m Teufe zwei Rittingerpumpen mit beweglichem Steigrohr von je 460/648 mm Plungerdurchmesser und 2200 mm Hub für 70 m Druckhöhe, auf der 236 m-Sohle zwei Rittingerpumpen mit festem Steigrohre von 440/646 mm Durchmesser und 2200 mm Hub für 146 m Förderhöhe (also bis zur Stollensohle), auf der Stollensohle endlich zwei Zwillingsdrucksätze von je 215 mm Plungerdurchmesser.

## D. Aufbereitung und Kokerei.

1. Sieberei und Wäsche auf den Schächten I und II der Zeche Rheinpreussen sind in ihrer Construktion gleich. Die normale Leistung beträgt in der Stunde bei Schacht I 45 t und bei Schacht II 55 t.

Für den Antrieb in den Aufbereitungen dient je eine Dampfmaschine von 35 Pferdestärken, in den Wäschen von je 120 Pferdestärken. In der Aufbereitung werden die Stückkohlen auf einem Rollenrost von 80 mm Lochung abgesiebt. Die Kohle unter 80 mm Korngrösse wird der Wäsche zugeführt und hier in einer Siebtrommel in 5 verschiedene Korngrössen getheilt. Die Mäntel des Siebes haben Lochungen von 10, 16, 28 und 45 mm. Von hier gelangen die einzelnen Sorten zu den Setzmaschinen, und zwar Korngrösse 80—45 mm für Nuss I, 45—28 mm für Nuss II, 28—16 mm für Nuss III und 16—10 mm für Nuss IV. Nach Scheidung der beigemengten Berge werden die Nusskohlen durch Transportbänder zu den Verladetaschen ausgetragen.

Die Korngrösse unter 10 mm fällt von der Trommel senkrecht herab und wird im Fallen von einem horizontal gerichteten Luftstrom durchquert. Bei dieser Durchströmung der Luft werden die leichteren Kohlentheilchen mitgerissen und auf ein Transportband geworfen, welches die trockene Kokskohle dem Kokskohlenbecherwerk zuführt. Die noch durchfallende Masse, welche von dem Luftstrom mitgenommen wird, gelangt in ein Gerinne zu den Feinkornsetzmaschinen und wird hier von den beigemengten Bergen befreit.

Die nunmehr gereinigte Kokskohle wird in einen Vorrathssumpf geleitet, von hier durch ein Entwässerungsbecherwerk auf ein Schwingsieb und alsdann durch ein Entwässerungstransportband zum Kokskohlenbecherwerk geführt, hier mit der vorher trocken abgeblasenen Kokskohle vereinigt und durch das Kokskohlenbecherwerk in einen Vorrathsthurm gehoben. Eine weitere Entwässerung wird nicht vorgenommen, so dass die Kohle direkt in die Koksöfen gegeben werden kann.

Die abgeschiedenen Berge aus den Setzkästen werden durch Becherwerke ausgetragen.

Zum Abblasen des Staubes dienen 2 Ventilatoren von je 500 cbm Leistung pro Minute.

Das Wasser für die Setzmaschinen wird bei seinem Kreislauf durch Spitzkästen und Klärsümpfe geleitet, wo sich die Trübe absetzt, und alsdann durch eine Centrifugalpumpe wieder gehoben.

Das durchschnittliche Ausbringen ist:

| | |
|---|---|
| Stückkohlen | = 14,20 % |
| Nusskohlen I—IV | = 33,57 % |
| Kokskohlen | = 45,00 % |
| Schlämme | = 1,74 % |
| Berge | = 5,49 %. |

Es sind 160 Stück Koksöfen nach dem System Coppé ohne Nebengewinnung in Betrieb; hiervon liegen bei Schacht I = 60 und bei Schacht II = 100 Stück.

Die ersten 30 Oefen wurden bei Schacht II im Jahre 1876, eine zweite Batterie im Jahre 1884 hergestellt. Später sind bei Schacht I zwei Batterien von je 30 Oefen in den Jahren 1890 und 1894 angelegt. Im Jahre 1900 sind bei Schacht II noch weitere 40 Oefen hinzugekommen.

Die Länge der Oefen beträgt 9 und $9^1/_2$ m, die Breite vorn 720 mm, hinten 600 mm, die lichte Höhe im Scheitel gemessen 1870 mm. Die Füllung eines Ofens ist $6^1/_2$—7 t, die Brenndauer 48 Stunden, das Ausbringen im Mittel 70 %. Für das Herausdrücken des Koks aus den Oefen werden 4 Stück Ausdruckmaschinen von je 10 Pferdestärken verwendet.

Der Kleinkoks wird in eine Sieberei, deren Antrieb durch eine Dampfmaschine von 10 Pferdestärken erfolgt, für den Verkauf in gleiche Korngrössen getheilt.

Die abziehenden Gase der Oefen werden für Kesselfeuerung benutzt und zwar von 60 Oefen bei Schacht I für 8 Kornwallkessel von je 100 qm Heizfläche, so dass auf 1 Ofen rund 13 qm Heizfläche kommen, und bei Schacht II von 100 Oefen für 6 Hentschel- und 4 Fairbairn-Kessel mit zusammen 100 qm Heizfläche, wobei auf 1 Ofen 12 qm Heizfläche kommen.

Die Gase haben vor den Kesseln im Gaskanal eine Temperatur von 1500°, hinter den Kesseln im Abzugskanal 350°. Die Abzugskanäle führen nach 2 Kaminen von 30 und 50 m Höhe.

2. In der Aufbereitung der Grube Eschweiler-Reserve wird das Fördergut durch Schüttelrost von 30 mm Stabweite in Stück- und Kleinkohle und letztere sodann auf nassem Wege in Nuss-, Koks- und Schlammkohle geschieden. Sie wird gegenwärtig durch Neuanlagen vervollkommnet.

Die Kokerei umfasst 30 Otto-Hoffmann-Oefen und ebensoviele Ruppert-Oefen, in welchen täglich etwa 280 t Kohle mit einem Ausbringen von rund 75 % Grosskoks und 4 % Perlkoks verkokt werden. Die Ofengase werden in besonderer Anlage auf Rohtheer, Amoniakwasser und Benzol verarbeitet und dienen schliesslich zur Kesselheizung.

3. Zur Aufbereitung sämmtlicher Erze der Grube Altenberg ist neben der alten, nunmehr ausser Betrieb befindlichen Wäsche eine nene etagenförmig angeordnete Aufbereitungsanlage erbaut worden, welche seit dem August 1900 in Betrieb steht. Dieselbe besitzt eine Mindestleistung von 11 t in der Stunde. Bei ihrem Entwurfe ist namentlich auf die Verarbeitung des lettigen und kalkigen Haufwerks des ergiebigsten Betriebspunktes Schmalgraf Rücksicht genommen worden.

Das im Allgemeinen ungeschieden zu Tage geförderte Stückerz und Grubenklein wird von den bis zu 5 km enfernten Betriebspunkten Schmalgraf und Fossey auf Pferdeschleppbahnen, Eschbroich mit Fuhrwerk und Mützhagen mittelst Lokomotiven auf einer Schmalspurbahn angefahren. Die Ungleichartigkeit des aus Gängen, Lagern, Stockwerken und Nestern stammenden, mit Kalkstein, Dolomit, Thon, Thonschiefer oder Kohlensandstein verunreinigten Fördergutes erfordert eine nach den einzelnen Betriebspunkten getrennte Aufbereitung zur Gewinnung der Fertigprodukte Bleiglanz, Zinkblende, Galmei und Schwefelkies.

Die Aufbereitungsanlage besteht aus dem Hauptsystem oder der Grubenkleinwäsche, dem Zwischenproduktsystem und der Schlammwäsche. Das Hauptsystem dient zur Gewinnung und Herstellung fertiger verhüttbarer Produkte und namentlich zur Darstellung verschiedener Sorten verwachsenen Erzes, das Zwischenproduktsystem besorgt die Aufschliessung dieses Scheidegutes durch weitere Zerkleinerung und Verwaschung; die Schlammwäsche verarbeitet alles Korn unter 0,25 mm Grösse.

Der Verlauf der Aufbereitung ist im Allgemeinen folgender:

Die beladenen Wagen werden vermittelst Aufzuges in das oberste Stockwerk der Aufbereitungsanstalt gehoben und dort über einen Planrost von 100 mm Lochweite entleert. Die Stücke über 100 mm sortirt ein Mann und wirft die Scheideerze nach den Scheideständen, die verwachsenen Erze in den Steinbrecher des Zwischenproduktsystems.

Das Haufwerk unter 100 mm Grösse fällt in eine Vorrathstasche, von welcher aus ein mechanischer Aufgabeapparat fortgesetzt und selbstthätig eine Läutertrommel von 50 mm Lochweite mit Haufwerk beschickt. Das Erz von über 50 mm Grösse fällt auf einen rotirenden Klaubtisch, woselbst Klaubemädchen Scheideprodukte und Fertigprodukte ausklauben. Das Haufwerk von unter 50 mm Korngrösse geht zur Crickboom'schen Läutertrommel (d. i. Blechtrommel mit entgegengesetzt rotirender Messerwelle) und von dieser zu einer Siebtrommel mit 22 und 16 mm Lochung. Das Korn von 50—22 mm fällt auf Klaubtische und wird in der bereits angeführten Weise sortirt. Das Korn von 22 bis 16 mm fällt in die Vorsetzmaschine (Bergeabzugmaschine) und geht erst von dieser zu den Klaubtischen. Das Korn unter 16 mm wird durch das Hauptbecherwerk zum Separationstrommel-System gehoben und dort in folgende Kornklassen abgesiebt:

16—14,2, 14,2—12,5, 12,5—10,9, 10,9—9,4, 9,4—8,1, 8,1—6,9, 6,9—5,8, 5,8—4,9, 4,9—3,9, 3,9—3,1, 3,1—2,4, 2,4—1,8, 1,8—1,25, Sande I, II und III.

Die Erze einer jeder dieser 16 Klassen werden einer besonderen 5theiligen Setzmaschine zugeleitet, welche separiert:

1. Bleiglanz,
2. Bleiglanz und Schwefelkies als Nachsetzgut,
3. Zinkblende und Schwefelkies als Nachsetzgut,
4. Zinkblende als Fertigprodukt,
5. Zwischenprodukt, die Zinkblende mit Berge (Kalkstein und leichtem Galmei) als Nachsetzgut,
6. Berge.

Die Kornberge gleiten dem Bergeaustragebecherwerk selbstthätig zu und gelangen von der Bergetasche zur Abfuhr auf die Halde. Die Sandberge werden nach vorheriger Klassirung auf zwei besonderen dreitheiligen Setzmaschinen nachgesetzt.

Alles Setzgut unter 3 mm Korngrösse wird auf Durchsetzmaschinen, dasjenige über 3 mm auf Rohraustragmaschinen gesetzt.

Als Bett der Durchsetzmaschinen dienen Graupen von Bleiglanz, Eisen, Hochofenschlacken, Schwefelkies oder Zinkblende.

Alle fertigen Produkte der Rohraustragmaschinen gelangen continuirlich entwässert in die Abfuhrtaschen unter den Setzmaschinen. Die Fertigprodukte der Durchsetzmaschinen müssen aus den Unterfässern in die Taschen mit der Hand geschlagen werden.

Das Nachsetzen erfolgt auf 3- und 4-siebigen Setzmaschinen. Auf letzteren werden die bleihaltigen Erze getrennt von den blendehaltigen nachgesetzt. Sie liefern neben fertigem Bleiglanz, Zinkblende und Schwefelkies zwei Zwischenprodukte, und zwar ein kiesig-bleireiches und ein kiesigblendereiches, welche im Zwischenproduktsystem getrennt weiter verarbeitet werden.

Ausser den vorgenannten Erzen werden auch die Zwischenprodukte von den Klaubtischen und Scheidewänden in dem Zwischenproduktsystem verarbeitet. Die letztern gelangen mittelst Aufzuges nach dem Aufgabetrichter für das Zwischenproduktsystem. Von diesem aus giebt eine mechanische Aufgabevorrichtung das Gut gleichmässig auf die Vortrommel von 40 mm Lochweite. Der Ausfall und das verwachsene Stückerz vom obersten Klaubtisch des Grubenkleinsystems bis zu 100 mm Korngrösse geht zum Steinbrecher. Von diesem geht das aufgeschlossene Gut nach der Walzwerkstrommel mit 16 mm und 9 mm Lochung. Der Ausfall über 16 mm gelangt zu einem rotirenden Klaubtisch, auf welchem die Fertigprodukte und Berge ausgehalten werden.

Das Gut unter 9 mm Korngrösse wird durch ein Becherwerk zu dem Trommelsysteme gehoben. Das verwachsene Stufferz vom Klaubtisch fällt auf das Grobkornwalzwerk, während das Gut von unter 40 mm von der Vortrommel zur Walzwerkstrommel mit 16, 9 und 4 mm Lochung geht. Davon kommt das Korn

40 bis 16 mm zum Grobwalzwerk,
16 bis 19 mm zum Mittelkornwalzwerk,
9 bis 4 mm zum Feinkornwalzwerk,
4 bis 0 mm zur Huntington-Mühle.

Die Klassirtrommeln des Zwischenproduktsystems zerlegen das Walzgut nach folgenden Korngrössen in mm:

9—7,5, 7,5—6,2, 6,2—5,0, 5,0—3,8, 3,8—2,8, 2,8—2,0, 2,0—1,4, Sand I, II und III.

Die Zwischenprodukte der Setzmaschinen werden nachgesetzt und die unfertigen Produkte dieser Nachsetzmaschine einer Walzwerkstrommel des Zwischenproduktsystems zugeführt. Das Entwässern und Abfahren der Produkte erfolgt wie beim Hauptsystem aus den Taschen.

Alles Korn, das kleiner als Sand III (unter 0,25 mm) ist, wird in der Schlammwäsche weiter verarbeitet. Dasselbe wird in eine Doppeltspitzkastenabtheilung geleitet, wo seine Trübe verdichtet und alsdann über 12 Planherde verbesserter Stein'scher Construktion mit doppelter Neigung vertheilt wird. Da es ausserordentlich schwierig ist, aus diesem Rohschlamm unmitelbar fertige Produkte herzustellen, was bei sehr grosser Aufmerksamkeit nur beim Bleischliech gelingt, und es andererseits vortheilhafter ist, mehrere verschiedene Zwischenprodukte herzustellen, welche sich einzeln besser trennen lassen, so wird bei der erstmaligen Schlammaufgabe nur Zwischenprodukt hergestellt, und zwar:

1. Nachwaschbleischliech,
2. bleiig-kiesiges Zwischenprodukt,
3. blendig- „ „
4. Nachwaschblendeschliech,
5. armes Zwischenprodukt,
6. unreine Berge.

Jedes dieser Zwischenprodukte wird durch Elevatoren in einen Spitzkasten gehoben, von dem es auf Plan- oder Rundherde zur weiteren Verwaschung fliesst. Die Wiederholung des Nachwaschens aller unfertigen Produkte erfolgt selbstthätig so lange, bis Fertigprodukte hergestellt sind.

Sämmtliche gleichartigen Maschinen der Anlagen liegen auf einem Niveau, und besonders in Folge dieser Anordnung ist der Betrieb sehr übersichtlich. Die Beleuchtung erfolgt durch elektrische Bogenlampen, welche an die Centrale des Werkes angeschlossen sind.

Den Antrieb der Hauptwäsche besorgt eine liegende Verbundmaschine mit Corlisssteuerung und Condensation durch Riemenübertragung. Der innere Cylinderdurchmesser beträgt 630/400 mm, der Hub 800 mm, die Leistung 180 Pferdestärken.

Der Antrieb der Schlammwäsche erfolgt gewöhnlich durch eine vom Geulbache gespeiste Turbine mittelst Hanf- und Drahtseilübertragung. Doch kann die Wäsche auch von der Hauptbetriebsmaschine betrieben werden.

Als Wasch-, Brause- und Condensationswasser dienen die Aufschlagewasser der Turbine. Dieselben werden durch zwei mit der Betriebsdampfmaschine in gleichem Raume aufgestellten und mittelst Riemenübertragung gekuppelten Doppeltplungerpumpen auf die entsprechende Etage gedrückt. Ausserdem braucht die Schlammwäsche 2,5 cbm Wasser, die aus dem Turbinengraben zufliessen. Die Brausewasserpumpe für die Separationstrommeln hat 230 mm Plunger-Durchmesser, 300 mm Hub und liefert bis zu 1380 l vorher zur Condensation benutzte Wasser in der Minute. Die übrigen Waschwasser liefert eine Pumpe von 400 mm Plunger-Durchmesser, 500 mm Hub und 5230 l Höchstleistungsfähigkeit.

Die Dampfmaschine erhält den Dampf von zwei Sicherheitsröhrenkesseln, System Petry & Derenx, mit je 164 qm Heizfläche und 10 Atmosphären Ueberdruck. Einer der beiden Kessel ist mit einem Ueberhitzer versehen. Für den Betrieb genügt ein Kessel.

Das Ausbringen aus dem Erzhaufwerke beträgt:

| bei | Bleierz % | Zinkblende Korn % | Zinkblende Schlamm % | Schwefelkies % |
|---|---|---|---|---|
| Schmalgraf | 2,5 | 30 | 17 | 3,5 |
| Eschbroich | 15,0 | 30 | 12 | 2,6 |
| Mützhagen | 3,0 | 14 | 16 | 5,0 |
| Fossey | 1,0 | 23,5 | 17 | 6,5 |

4. Die Aufbereitungsanlage bei dem Hauptförderschachte des Bergwerks Diepenlinchen besteht aus zwei völlig gleichen Systemen zu je 100 t durchschnittlich im Tage aufzubereitenden Fördergutes sowie einer Schlammwäsche.

Die ungeschieden zu Tage geförderten Erze werden in Trichter gekippt, aus denen sie selbstthätig und gleichmässig in eine Läuterdoppeltrommel von 65 und 35 mm Lochweite gelangen. Der Ausfall geht über ein breites Leseband zum Steinbrecher und fällt nach der Zerkleinerung in die Hauptbecherwerksgrube. Auf dem Leseband werden Stückblei, Stückblende und Berge ausgeschieden.

Das Korn von 65 bis 35 mm geht über dasselbe Leseband, wird in gleicher Weise ausgehalten und fällt alsdann in die erwähnte Grube, in die das Korn unter 35 mm unmittelbar geht.

Von hier wird das Gut in die Sortirungstrommeln der Vorwäsche mit 35, 25, 15 und 10 mm Siebweite gehoben.

Der Ausfall über 35 mm geht auf einen Rundlesetisch, wo reines Erz und Berge ausgeklaubt werden. Der Rest fällt in das Grobwalzwerk und wird nach seiner Zerkleinerung durch Trommeln von 15, 10, 7, 4, $2^1/_4$ und 1,5 mm Lochweite gesiebt.

Das in den Sortirungstrommeln der Vorwäsche gesiebte Gut geht auf zwei- oder viertheilige Setzmaschinen für Korn von 35—25, 25—15, 15—10 mm. Diese setzen nur Zwischenprodukte und zwar: reiches kiesig-, blei- und blendehaltiges zum Nachsetzen und armes zum Walzen. Das Nachsetzen geschieht auf hydraulischen eintheiligen Setzmaschinen und durch Abheben des Setzgutes mit der Hand.

Alles Gut unter 10 mm Korngrösse geht in die Setzwäsche, woselbst 5 Setzkästen für Korn von 10—7, 7—4, 4—$2^1/_4$, $2^1/_4$—1,5 mm Grösse betrieben werden. Die Setzkästen liefern nur zum Theil reines Blei- und Blendeerz, das reiche Zwischenprodukt geht zum Nachsetzen auf Handsiebe, soweit es über 4 mm Korngrösse, und zum Nachsetzen auf Bettsetzmaschinen, soweit es unter 4 mm Korngrösse besitzt. Das arme Zwischenprodukt wird mit den beim Handsetzen erfolgten Zwischenprodukten in den Feinwalzen weiter zerkleinert.

Das Walzgut wird in Trommeln von $1^1/_2$ bis 4 mm Lochweite gesiebt und in fünftheiligen Setzkästen für Korngrössen von $1^1/_2$ bis $2^1/_4$ und $2^1/_4$ bis 4 mm gesetzt. Aus denselben erfolgt: 1. reines Bleierz, 2. reiches Zwischenprodukt, 3. Blende, 4. Blende, also zweimal reine Blende, 5. Blende und Berge.

Das Zwischenprodukt wird durch das 262 mm Walzwerk weiter gemahlen, dann durch Sortirtrommeln und Feinsetzmaschinen wiederholt weiter verarbeitet bis zur Zerlegung in reine Erze und Pochtrübe.

Die Pochtrübe aller Apparate fliesst in die Schlammgrube der

Schlammwäsche, von wo sie durch eine Centrifugalpumpe zur Anreicherung in ein Spitzkastensystem gehoben wird. Die angereicherte Trübe wird über flache Stossherde verbesserter Stein'scher Construktion geleitet, auf denen reines Bleierz, reiches Zwischenprodukt, reine Blende, Blendezwischenprodukt und Berge von einander getrennt werden. Die Zwischenprodukte werden auf Herden nachgesetzt.

Die weniger angereicherte Pochtrübe wird entweder auf einem festen Rundherd mit rotirender Brausevorrichtung separirt oder gelangt als Waschwasser in die Wäsche zurück. Der Rest, d. i. der Ueberfall aus dem Spitzkastensystem, wird durch lange Gräben in Klärteiche geleitet.

Die Berge endlich werden mittelst maschineller Kettenförderung auf die Bergehalde abgefahren.

Das erste System hat als Antriebmaschine eine liegende doppeltwirkende Kurbelmaschine mit Expansion und Condensation, einem Cylinderdurchmesser von 350 mm und einem Hube von 700 mm. Die durchschnittliche Tourenzahl beträgt 72 in der Minute, wobei die Maschine 57 Pferdestärken bei 5 Atmosphären Ueberdruck entwickelt.

Das zweite System hat eine liegende doppeltwirkende Kurbelmaschine mit Expansion und Condensation, einem Cylinderdurchmesser von 350 mm und einem Hube von 800 mm. Die durchnittliche Tourenzahl ist 72 in der Minute, wobei 52 Pferdestärken bei 5 Atmosphären Ueberdruck geleistet werden.

Die Schlammwäsche hat eine liegend doppeltwirkende Verbund-Kurbelmaschine mit Expansion und Condensation. Ihr Cylinderdurchmesser hat 300/470 mm bei 700 mm Hub.

Die durchschnittliche Tourenzahl ist 90 in der Minute. Die Maschine leistet dann 72 Pferdestärken bei 5 Atmosphären Ueberdruck.

Im Jahre 1901 wurden 52 784 331 kg Haufwerk aufbereitet und daraus gewonnen:

1. Bleierze.

| | Menge | | Gehalt an | | | | | |
|---|---|---|---|---|---|---|---|---|
| | | | Blei | | Silber | | Zink | |
| | kg | % der Bleierzproduktion | % | kg | gr | kg | % | kg |
| Graupenbleierz v. Sand bis 35 mm | 160 817 | 26,19 | 81,10 | 130 422 | 7,88 | 12 683 | 1,40 | 2 245 |
| Sandbleierz vom Schlamm bis $1^1/_2$ mm . . . | 487 826 | 69,66 | 75,69 | 323 819 | 8,68 | 37 118 | 2,99 | 12 786 |
| Schlammbleierz. . | 25 481 | 4,15 | 63,55 | 16 192 | 8,70 | 2 218 | 2,86 | 729 |
| Summe Bleierze . | 614 124 | 100,00 | 76,60 | 470 433 | 8,47 | 52 019 | 2,57 | 15 760 |

2. Zinkerze.

| | Menge | | Gehalt an | | | |
|---|---|---|---|---|---|---|
| | | % der Zinkerzproduktion | Zink | | Blei | |
| | kg | | % | kg | % | kg |
| Stückblende und Lesegraupen bis 25 mm . . . . . . . . | 179 057 | 2,23 | 56,97 | 102010 | 1,97 | 3 527 |
| Setzgraupen von 25—15 mm . | 5 858 535 | 73,07 | 49,59 | 2905459 | 2,38 | 139 599 |
| Sand bis 1,5 mm . . . . . . | 1 757 988 | 21,93 | 43,71 | 768357 | 2,97 | 52 179 |
| Schlamm . . . . . . . . . | 221 844 | 2,77 | 36,32 | 80582 | 3,88 | 8 616 |
| Summe Zinkerze . . . . . . | 8 017 424 | 100,00 | 48,10 | 3856408 | 2,54 | 203 921 |

Das gesammte Haufwerk von 52 784 331 kg enthielt an Blei 1,48 %, an Zink 8,27 %, das Ausbringen an Blei betrug 0,89 %, an Zink 7,31 %.

# VI. Hüttenbetrieb.

Wie der Bergbau, so zeichnet sich auch die metallurgische Industrie des Reviers durch eine verhältnissmässig reiche Mannigfaltigkeit aus, denn sie ist durch nicht weniger als 4 grössere Metallhütten, nämlich 2 Blei- und 2 Zinkhütten, und 7 Eisenhütten vertreten, unter welchen sich zwei Roheisenhütten befinden, während sich zwei ausschliesslich oder vorwiegend mit der Darstellung von Flusseisen bezw. Flusseisenfabrikaten und zwei mit der Erzeugung von Schweisseisen bezw. Schweisseisenfabrikaten befassen. Bei einer Hütte endlich liegt der Schwerpunkt der Fabrikation in der Herstellung von Draht, für welchen das Rohmaterial aber, nachdem das früher bestandene eigene Puddelwerk inzwischen abgeworfen worden ist, von anderen Hüttenwerken bezogen wird.

## a) Bleihütten.

Von den Bleihütten gehört die zu Münsterbusch der Aktiengesellschaft für Bergbau, Blei- und Zinkfabrikation zu Stolberg und in Westfalen, die Bleihütte Binsfeldhammer, südlich von Stolberghammer gelegen, der Rheinisch - Nassauischen Bergwerks- und Hüttenaktiengesellschaft zu Stolberg. Bei beiden Hütten war bis in die jüngste Zeit das Röstreduktionsverfahren oder die sog. ordinäre Bleiarbeit in Anwendung. Seit Kurzem hat man jedoch das Huntington-Heberlein-Verfahren angeblich mit gutem Erfolge eingeführt, ein Verfahren, welches sowohl in technischer als auch in hygienischer Beziehung grosse Vortheile bringen soll. Die Einzelheiten des neuen Verfahrens werden geheim gehalten, doch geht aus der Patentschrift hervor, dass die gepulverten sulfidischen Erze mit dem gepulverten Oxyde eines Erdalkalimetalles, z. B. Kalciumoxyd, oder mit Eisen- oder Manganoxydul gemengt und erhitzt werden. Alsdann bläst man durch die heisse Charge Wind, wodurch eine vollständige Zersetzung des Schwefelbleies unter lebhafter Entwickelung von $SO_2$ und Oxydation des Bleies bei gleichzeitiger Sinterung erfolgt. Das auf diese Weise gewonnene Röstgut wird dann im Schachtofen reduzirend nach bekannten Methoden verschmolzen.

Auch bezüglich der Entsilberung und der Raffination des Bleies, sowie hinsichtlich der weiteren Verarbeitung des Steins wird bei beiden Hütten im Wesentlichen nach denselben Methoden gearbeitet. Im Einzelnen ist über den Betrieb der beiden Hütten das Nachstehende anzuführen:

1. Die Bleihütte Münsterbusch bezieht ihre Erze zum Theil aus den der Stolberger Gesellschaft gehörigen Gruben des In- und Auslandes, insbesondere von Diepenlinchen, Mühlenbach bei Ehrenbreitstein und aus Spanien, zum Theil aus fremden in- und ausländischen Gruben, z. B. aus Siegen, von der Gesellschaft Vieille Montagne, aus England, Frankreich, Spanien, Süd-Amerika u. s. w. Der durchschnittliche Gehalt beträgt:

| bei den Erzen von | Pb % | $SiO_2$ % | Fe % | S % | Ag & Au gr in 100 kg | Zn % | CaO % | Cu % |
|---|---|---|---|---|---|---|---|---|
| Diepenlinchen | 50—80 | 1—8 | unbest. | 8—20 | 50—100 | 7,25 | unbest. | unbest. |
| Mühlenbach | 60—75 | unbest. | „ | unbest. | 25—50 | 4—8 | 0,8 | „ |
| Siegen | 48—68 | „ | „ | „ | 40—70 | 3—9 | 0,0 | 1—2 |
| Frankreich | 62—63 | „ | „ | „ | 150 | 4,9 | 0,7 | unbest. |
| Spanien | 70—80 | 2—3 | 0,5—1 | „ | 30—40 | 0 | 0,2 | „ |
| Amerika | 60 | 4—6 | 4—8 | 15 | 100—120 | 6 | unbest. | „ |
| Australien (Concentrates) | 57—65 | 4—14 | 1—8 | 12—16 | 70—80 | 4—9 | 0,25—2 | 0,10—0,20 |
| Australien (Tasmanien) | 58—63 | 2,5—7 | 3—7 | 9—16 | 180—400 | 2—3 | 0,10—0,25 | 0,10—0,40 |

Alle Stückerze werden auf einem Quetschwerk gemahlen, das mit einer Trommel von 6 mm Lochweite versehen ist. Das Abrösten der Erze erfolgt in 13 Oefen. Von diesen sind 2 Huntington-Heberlein-Oefen, 7 Fortschaufelungs- und 4 Landsberg-Oefen. Die Fortschaufelungsöfen sind einsöhlig, etwa $3^1/_2$ m breit und 14 m lang mit einem Sumpf vor der Feuerbrücke. Die Arbeitsöffnungen befinden sich an beiden Längsseiten, die Feuerung besteht aus einer einfachen Rostfeuerung in der Breite der Oefen. Die Beschickung beträgt in 24 Stunden etwa 6 Tonnen, und es wird in je 3 Stunden eine Tonne in verschlacktem Zustande gezogen. Das Röstprodukt enthält etwa noch $3^1/_2$—$4^1/_2$ % Schwefel. Die Rauchgase werden nach einem 750 m langen Hauptcanal und durch diesen zu einer 122 m hohen Esse abgeführt. Die Bedienung der Rostöfen wird durch 6 Arbeiter besorgt. Die Landsberg-Oefen unterscheiden sich von den vorstehend beschriebenen durch einen beweglichen Herd, zwei Feuerungen und eine um die Hälfte grössere Durchsatzmenge.

Der Schmelzprozess wird in 6 Hochöfen — sog. Stolberger Oefen — vorgenommen, die in gewöhnlichen Ziegelsteinen aufgeführt, etwa 4—6 m hoch sind und 6—14 Formen haben, welche bei 6—8 cm lichtem Durchmesser doppelwandig sind und mit Wasser gekühlt werden. Im Uebrigen findet ein Kühlen des Ofenschachtes mit Wasser nicht statt. Die Windpressung beträgt 25—35 cm Wassersäule. Die Rauchgase durchstreichen ausgedehnte Condensationskammern und werden alsdann durch die oben erwähnte hohe Esse abgeführt. Die Dauer der Ofencampagne schwankt zwischen 6 Monaten und 1 Jahr. Die Beschickung beträgt auf 100 Theile geröstete Erze 30—40 % Eisenschlacken, 10—15 % Kalksteine, 20 % Koks und 30—40 % eigene Schlacke. In 24 Stunden werden je nach Grösse des Ofens 35—65 Tonnen abgerösteter Erze und bleiischer Zuschläge durchgesetzt. Das jährlich verhüttete Erzquantum beträgt etwa 25 000 Tonnen, woraus rund 15 000 Tonnen Werkblei und 10 % Stein erzielt werden. Die Schlacke, welche früher, soweit sie nicht in die Möllerung zurückging, beim Bau von Eisenbahndämmen und als Wegematerial Verwendung fand, gegenwärtig aber zur Halde abgefahren wird, enthält durchschnittlich:

| Pb | Cu | S | Fe | Zn | CaO | $SiO_2$ | $Al_2O_3$ |
|---|---|---|---|---|---|---|---|
| 0,4 | Spur | 4,50 | 33,0 | 6,0 | 8—12 | 26—28 | 4—12 %. |

Der Bleistein hat einen durchschnittlichen Gehalt von:

| Pb | Cu | Fe | S | Ag |
|---|---|---|---|---|
| 5,0 | 2—4 | 47—52 | 15—25 | 0,03—0,06 %. |

Der kupferreiche Bleistein wird nach wiederholtem Abrösten und Umschmelzen auf Kupferstein mit 14—30 % Cu verarbeitet und an Kupferhütten abgesetzt. Der kupferarme wird gemahlen, unter frisches Erz gemengt und in den Rostöfen wieder abgeröstet. — Der um die Mitte der 80er Jahre eingeführte electrolytische Prozess von Marschese zur Extraktion des angereicherten Kupfersteins ist schon seit längerer Zeit wegen seiner Unrentabilität wieder aufgegeben worden. Das stets etwas Antimon führende Werkblei wird raffinirt und nach dem Parke'schen Verfahren entsilbert, wofür 14 gusseiserne oder gussstählerne Kessel von je 300 t Inhalt vorhanden sind. Das Zink wird je nach dem Silbergehalt des Bleis in 4—5 Portionen zugegeben, und beträgt der Zinkverbrauch etwa $1^1/_2$—$2^0/_0$ des zur Entsilberung kommenden Werkbleis. Das entsilberte Armblei wird nach dem Cordurié'schen Verfahren mittelst Wasserdampf entzinkt und die dabei entfallende zinkische Krätze geschlämmt, getrocknet und als Farbmaterial verkauft. Das gereinigte Weichblei enthält etwa noch 0,0004—0,0005 $^0/_0$ Ag. Der bei der Entsilberung gewonnene Reichschaum gelangt, mit Holzkohlen vermengt, in einem durch Gasfeuerung geheizten Retortenofen zur Destillation. Die Retorten — sog. Landsberg'sche Retorten — mit einer Länge von 1,60 m und einem lichten Querschnitt von 0,31 m bestehen aus Graphit und sind mit einem feuerfesten Thonmantel umgeben. Etwa 58 $^0/_0$ des zur Entsilberung verbrauchten Zinks werden wieder zurückgewonnen. Das entfallende Reichblei wird theils auf einem deutschen, theils auf englischen Herden, deren 2 vorhanden sind, abgetrieben und das erhaltene Silber unmittelbar auf denselben Herden feingebrannt. Die Ofensohle des deutschen Herdes ist aus künstlichem Mergel (einer Mischung von gemahlenem Kalk und Lehm) gestampft, während die Sohle der englischen Herde aus Cement besteht. Die Grösse des Einsatzes richtet sich nach dem Silbergehalt des Bleis. Die jährliche Silberproduktion beträgt etwa 55 000 kg und der Feingehalt 998/1000. Der Abstrich und die Glätte gelangen mit dem Flugstaub, dem Geschur, dem Gekrätz und den Ofenbrüchen zum Erzschmelzen zurück. Die durchschnittliche Arbeiterzahl beträgt 330.

2. Die Bleihütte Binsfeldhammer verarbeitet gleichfalls die in den eigenen Gruben der Gesellschaft, nämlich in „Holzappel“ in Nassau und „Weiss“ bei Bensberg gewonnenen Erze, ist aber ebenso wie die Hütte zu Münsterbusch gezwungen, noch grosse Mengen in- und ausländischer Erze hinzuzukaufen. Der Gehalt der eigenen Erze beträgt etwa 60—70 $^0/_0$ an Blei und 70—75 gr Silber in 100 kg. Die Röstung erfolgt, wie oben erwähnt, nach dem Huntington-Heberlein-Verfahren in mehreren neuerbauten Oefen. Die Zerkleinerung der Erze und Zuschläge geschieht in einer Kugelmühle. Für den Schmelzprozess sind vorhanden zwei viereckige sog. Stolberger Schachtöfen und neuerdings ein von Hasse für das neue Röstgut construirter Rundofen. Ausserdem ist ein kleinerer quadratischer Ofen zur Verarbeitung von Zwischenprodukten vorhanden.

Der Wind sowohl für die Röstung als auch für die Schachtöfen wird durch Kapselgebläse erzeugt, ersterer mit einer Pressung von

50—60 cm, letzterer mit 28 cm Wassersäule. Die Rauchgase gelangen durch ein ausgedehntes theils unterirdisch, theils oberirdisch angeordnetes Kanalsystem, in welchem sich der Flugstaub abscheidet, zu einer 72 m hohen Centralesse, deren Höhe über der Umgebung noch dadurch vermehrt wird, dass sie auf einem Hügel steht.

Die in einer Sohle angelegte Entsilberungsanlage umfasst 5 Entsilberungskessel aus Gussstahl von je 35000 kg Inhalt und 1 Saigerkasten. Das Zink wird in 3—4 Portionen zugegeben, und übersteigt nicht 1,3 % des Werkbleis. Die Raffination des Armbleies erfolgt wie auf Münsterbusch mittelst Wasserdampfes. Das dabei entfallende antimonigsaure Bleioxyd wird auf Hartblei verblasen, die zinkische Krätze als Farbe verkauft oder im Schachtofen verfrischt. Der Reichschaum wird gesaigert und in einem Retortenofen mit direkter Feuerung unter Zusatz von Kohlenstoff destillirt. Jede Retorte fasst 200 kg.

Zum Abtreiben und Feinbrennen des Reichbleies dienen zwei kleine englische Treiböfen mit 80 cm langen und 60 cm breiten ovalen Testen aus natürlichem oder künstlichem Mergel oder mitunter auch aus Portland-Cement. Das Treiben geschieht unter stetem Nachsetzen von Werkblei, und es können täglich 1000 kg Reichblei in jedem Ofen verarbeitet werden. Die bleiischen Zwischenprodukte, Glätte und Rückstände, gelangen zum Erzschmelzen zurück. Die Steinverarbeitung ist wie auf Münsterbusch. Ausser in den Fortschaufelungsöfen wird auch der Stein in Stadeln abgeröstet. Der Kupfergehalt des absetzbaren Steins ist verschieden. Im Jahre 1900 wurden 7676 Tonnen Handelsblei und 9450 kg Silber produzirt; doch soll die Leistungsfähigkeit der Hütte nach Durchführung des neuen Verfahrens erheblich erhöht werden. Durchschnittlich sind 190—200 Arbeiter beschäftigt.

### b) Zinkhütten.

Es sind zwei Zinkhütten vorhanden, von denen der Stolberger Gesellschaft die in unmittelbarer Nähe ihrer Bleihütte belegene Heinrichshütte und der Rheinisch-Nassauischen Gesellschaft die Wilhelmshütte oder Zinkhütte Birkengang gehört. In den Betriebsverhältnissen und den gesammten Einrichtungen herrscht auch bei diesen Hütten eine grosse Uebereinstimmung, welche noch umsomehr in die Augen fällt, als beide Anlagen ziemlich die gleiche Produktion haben. Im Einzelnen ist über den Betrieb derselben Folgendes zu bemerken:

1. Die Zinkhütte Münsterbusch deckt ihren Bedarf an Erzen zum Theil aus den eigenen Gruben (wie Diepenlinchen, Mühlenbach), zum Theil aus fremden Gruben (aus dem Siegerlande, aus Frankreich, Algier, Schweden, Australien, China etc.). Das hauptsächlichste Erz ist Blende, Galmei gelangt nur in geringen Mengen zur Anfuhr. Zur Heizung wer-

den Westfälische und Aachener Kohlen verwandt, als Reduktionskohlen beim Destillationsprozess nur magere (Staub-)Kohlen aus dem Wurmrevier. Zum Zwecke einer möglichst vollständigen Abröstung der Blende wird das Röstgut in zwei doppeletagigen Walzwerken aufs feinste vermahlen und auf Sieben von 2 mm Lochweite durchgesiebt. Zur Röstung dienen 9 dreisöhlige Fortschaufelungsöfen, von denen 7 bis 8 im Betriebe sind, und von denen jeder 8000 kg abgeröstetes Produkt, entsprechend einem Durchsatzquantum von 9500 kg roher Blende, täglich zu liefern vermag. Die hierbei entweichende $SO_2$ wird in vier Kammersystemen mit 23600 cbm Inhalt auf Schwefelsäure verarbeitet. Die Kammern sind Eigenthum der chemischen Fabrik Rhenania, welcher die $SO_2$ gegen entsprechende Vergütung überwiesen wird. Die Destillation erfolgt unter einem Zusatz von 40 % Reduktionskohle in 8 dreietagigen Muffelöffen zu 240 Muffeln, 7 in Betrieb. Letztere, wie auch die feuerfesten Steine der Röst- und Destillationsöfen, werden auf der Hütte gefertigt, und die Rohmaterialien hierzu aus Belgien und vom Rhein bezogen. Zur Befeuerung der Oefen werden Generatorgase benutzt und die Verbrennungsluft in Ponsard'schen Recuperatoren vorgewärmt. Die Leistung eines jeden Ofens beläuft sich in 24 Stunden auf 3800—4000 kg Zink einschliesslich Zinkstaub, was einer Charge von 8000 kg Erz entspricht. Der jährliche Erzverbrauch beträgt etwa 25000 Tonnen, die Produktion rund 9500 Tonnen Zink und 300 Tonnen Zinkstaub. Ungefähr 5000 Tonnen Rohzink werden jährlich auf dem mit der Hütte verbundenen Zinkwalzwerk zu Blech verwalzt. Die Zahl der Arbeiter schwankt zwischen 440 und 450.

2. Die Zinkhütte Birkengang verarbeitet ebenfalls vorwiegend Blenden, die zum grössten Theil von den der Rheinisch-Nassauischen Gesellschaft gehörigen Gruben bei Bensberg und in Nassau stammen. Zur Zerkleinerung des Röstgutes werden 1 Steinbrecher, 2 Kollergänge und 2 Quetschwalzen betrieben. Seit dem Jahre 1893 sind die früheren 16 kleinen Röstöfen durch 11 dreisöhlige Muffelröstöfen von derselben Grösse und Einrichtung wie diejenigen auf Münsterbusch ersetzt worden. Die Röstgase werden ebenfalls zur Darstellung von Schwefelsäure in vier der chemischen Fabrik Rhenania gehörigen Bleikammersystemen benutzt. Zur Reduktion dienen 14 dreietagige Muffelöfen zu 108 Muffeln mit Gasfeuerung. Behufs Erzeugung der Heizgase stehen sowohl Siemens'sche Generatoren als auch solche des Systems Platz, sämmtlich mit Unterwind, unter Anwendung Körting'scher Injectionsapparate in Betrieb. Gase und Verbrennungsluft werden in Siemens'schen Regeneratoren vorgewärmt. Die Heizkohle wird etwa zur Hälfte aus dem Aachener und zur Hälfte aus dem westfälischen Revier bezogen, die Reduktionskohle aber etwa nur zu 20 % aus letzterem. Die Bedienung der Destillationsöfen erfolgt auf jeder Ofenseite in 24 Stunden durch 4 Schmelzer und einen Heizer

in Schichtlohn unter Gewährung von Prämien für hohes Ausbringen. An den Rostöfen, die durch 8 Mann in 24 Stunden gewartet werden, wird die Arbeit im Accord vergeben, ebenfalls mit Zahlung von Prämien. Wie die Zinkhütte auf Münsterbusch stellt auch die Birkenganger Hütte ihre Muffeln und feuerfesten Materialien selbst her und betreibt zu diesem Zweck einen Rundofen (mit 9 Feuerungen an der Peripherie) und 4 gewöhnliche Kammeröfen. Sechs Temperöfen dienen zum Vorwärmen der mittelst einer Dor'schen Presse hergestellten Muffeln. Das Rohmaterial wird aus Belgien und vom Rhein bezogen. Für Steine geringerer Qualität werden die zersetzten Schichtenköpfe des Steinkohlengebirges benutzt. In 1900 wurden 9426 Tonnen Rohzink und 785 Tonnen Zinkstaub hergestellt. Auf 100 kg Zink werden annähernd 715 kg Rohmaterialien (Erze, Heiz- und Reduktionskohle, feuerfeste Rohprodukte und Sonstiges) verbraucht. Die Arbeiterzahl schwankt zwischen 390 bis 400.

### c) Eisenhütten.

Von den Eisenhütten des Reviers stellen zwei Roheisen dar, nämlich die dem Eschweiler Bergwerksverein gehörige, an dem durch den Ichenberg führenden Tunnel der Rheinischen Eisenbahn gelegenen Concordiahütte und das Krupp'sche Hüttenwerk Rheinhausen in den Gemeinden Bliersheim und Hochemmerich des Kreises Moers. Das grösste Hüttenwerk ist das Eisen- und Stahlwerk Rothe Erde an der Station gleichen Namens der Rheinischen Eisenbahn. Dasselbe ist Eigenthum des Aachener Hüttenaktienvereins, welcher ausser der genannten Anlage auch noch ausgedehnte Eisenerzgruben in Lothringen und Luxemburg mit 2500 Tonnen arbeitstäglicher Förderung und ausserdem in Esch an der luxemburgisch-lothringischen Grenze 5 Hochöfen mit rund 800 Tonnen täglicher Roheisenproduktion besitzt. Das Werk fertigt ausser Siemens-Martin-Flusseisen vorwiegend Thomas-Flusseisen und hat, nachdem es als eines der ersten deutschen Stahlwerke den basischen Converter-Prozess eingeführt und zu dessen Ausbildung wesentlich beigetragen hat, fast stets die höchste Jahresproduktion an Stahl nach diesem Prozess aufzuweisen gehabt. Ausschliesslich Flusseisen (nach dem Martin-Prozess) fertigt das der Aktiengesellschaft Phönix zu Laar bei Ruhrort gehörige Walzwerk zu Eschweileraue, bei welcher der Schwerpunkt der Fabrikation in der Herstellung von Blechen für den Dampfkessel- und Schiffsbau und sämmtlicher zum Schiffsbau erforderlichen Profile, sowie in der Darstellung von Eisenbahnradsätzen, Stahlfaçonguss und Schmiedestücken liegt. Die zur Fertigstellung der letzteren dienenden Bandagen und Axen kommen aus dem der Gesellschaft gehörigen Stahlwerke zu Laar. Ebenfalls zu Eschweileraue gelegen sind die beiden Schweisseisen produzirenden Hütten des Reviers, nämlich das der Firma Englerth & Künzer gehörige Eisenwalzwerk Eschweilerpümpchen und das im Besitz einer Aktiengesellschaft befindliche Eschweiler Eisenwalzwerk. Ersteres, das älteste der gegenwärtig in Betrieb befindlichen Eisenwerke, stellt Röhreneisen, Handelseisen und Brückeneisen her, ferner Radsätze, Schmiedestücke und Eisenconstruktionen. Die Firma hat ihr Walzwerk und ihre Räderfabrik Hasselt anfangs des Jahres 1900 mit der Kölner Eisenröhren- und Bleiwalzwerke-Aktiengesellschaft zu der Hütten-Aktiengesellschaft Eschweiler-Köln mit dem Sitze in Eschweilerpümpchen vereinigt. Die Maschinenfabrik, welche mit der Firma Englerth & Künzer verbunden war, ist seit dem 1. Juli 1899 selbständig unter der Firma Eschweiler Maschinenbau-Aktiengesellschaft in Eschweileraue. Das Eschweiler Eisenwalzwerk produzirt neben Stabeisen, Stahl und Eisendraht auch Röhren, Hufeisen, Schienennägel, Schrauben und Nieten. Das 7. Werk endlich, welches der Eschweiler Aktiengesellschaft für Drahtfabrikation gehört und in der Stadt Eschweiler liegt, fabrizirt ausschliesslich Stahldraht, Springfedern, Stifte und Sohlennägel. Nachstehend sind die Betriebsanlagen und die Produktionsverhältnisse für die einzelnen Werke getrennt aufgeführt.

1. Das Hochofenwerk Concordia verhüttet theils Luxemburger Minetten, theils Brauneisenstein der hiesigen Gegend. Ausserdem werden Puddel-Schweiss-Martinstahl und Converter- (sog. Kamin-) Schlacken der umliegenden Werke verarbeitet. Der Zuschlagskalk stammt aus eigenen Brüchen bei Hastenrath. Der Koks wird in 64 Coppe-Oefen dargestellt, durch deren Abhitze 5 Bonilleurkessel geheizt werden. Die Kokskohle wird von Grube Anna bezogen. Die Hochöfen, zur Zeit zwei, sind 20 m hoch, im Gestell 3 m, im Kohlensack 6 m und an der Gicht 4,4 m weit. Die aus feuerfesten Steinen der Umgegend ohne Rauhgemäuer aufgeführten und mit starken eisernen Bändern gebundenen Ofenwände werden vom Sohlstein bis über die Formen ausgiebig mit Wasser gekühlt. Zur Winderhitzung dienen je vier Cowper-Apparate. Der von zwei neueren liegenden Compound-Gebläsemaschinen von je 550 Pferdestärken und einer Woolf'schen Balanciergebläsemaschine (Reserve) von 300 Pferdestärken gelieferte Wind wird auf $^1/_2$ Atmosphäre gepresst. Jeder Ofen hat 6 Formen von je 150 mm lichtem Durchmesser. In jedem Ofen werden täglich durchschnittlich 40 Gichten von 12 Tonnen Erz, Kalksteinzuschlag und etwa 4 Tonnen Koks durchgesetzt. Die Zusammensetzung der Gichten schwankt nach der Art der Materialien und der beabsichtigten Roheisenqualität (Thomas- oder Puddelroheisen), und bestehen gewöhnlich aus 60 $^0/_0$ Minette, 3 $^0/_0$ Brauneisenstein von Grube Anfang, 8 $^0/_0$ desgleichen von Grube Cornelia und der belgischen Grenze bei Herbesthal, 10 $^0/_0$ Puddelschlacken, je 5 $^0/_0$ Schweiss-Martinsstahl und Converterschlacken und 4 $^0/_0$ verschiedener Manganerze. Die tägliche Leistung jedes Ofens beträgt im Maximum 150 Tonnen, das Ausbringen

aus der ganzen Möllerung 35—38 % (entsprechend 40 % aus dem reinen Erze). Die Schlacke, deren Menge der Eisenerzeugung annähernd gleichkommt, wird granulirt und theils abgesetzt, theils zur Darstellung von Bausteinen verwandt. Neben dem Eisen werden noch geringe Mengen Hochofenblei gewonnen. Ebenso wird auch das zur grössten Menge aus den sehr zinkhaltigen Erzen von Grube Anfang und Cornelia stammende und als Zinkschwamm und Zinkstaub in den Oefen bezw. Gasreinigungsapparaten sich absetzende Zink gesammelt und von Zeit zu Zeit verkauft. Die Roheisenproduktion betrug 1900 91 900 Tonnen, die Zahl der Arbeiter im Durchschnitt 262.

2. Das Krupp'sche Hüttenwerk Rheinhausen. Mit dem Baue des Werkes, zur Zeit bestehend aus 3 Hochöfen, wurde im Mai 1896 begonnen. Die Inbetriebsetzung der ersten zwei Hochöfen erfolgte im Dezember 1897, die des dritten im November 1898. Das Werk arbeitet hauptsächlich auf Bessemer- und Hämatit-Giesserei-Roheisen, zu welchen ausser Siegener Erzen grossentheils ausländische Erze verwendet werden.

Die ausländischen Erze, in erster Linie aus den Gruben bei Bilbao stammend, an welchen die Firma Fr. Krupp betheiligt ist, werden nach Umschlag in Rotterdam auf dem Rheine herangebracht und im eigenen Hafen des Werkes ausgeschifft. Zu dem Zwecke finden sich in Letzterem 4 Brown'sche Entladevorrichtungen, von denen jede eine Leistungsfähigkeit von 250—350 t in 10 Arbeitsstunden hat.

Die Siegener Erze sowie Koks aus dem Ruhrrevier und als Zuschlag Kalkstein aus Dornap gelangen über die Station Rheinhausen auf der Anschlussbahn zu dem Hüttenwerke.

Sämmtliche Erze und Zuschläge werden, soweit es der zeitige Bedarf erfordert, in unterfahrbare, vor den Gichtaufzügen liegende Vorrathsräume gestürzt und aus diesen in die Gichtwagen übernommen; Wintervorräthe kommen auf besondere Plätze zu liegen.

Die Hochöfen sind 23 m hoch, im Gestelle 3,5 m, im Kohlensacke 6,5 m und an der Gicht 4,5 m weit und mit Langen'schem Gasfange geschlossen. Boden, Gestell und Rast sind in Blechpanzer gesetzt und werden ausreichend gekühlt.

Jeder Ofen hat 4 Cowper'sche Winderhitzer von 31 m Höhe und 6 m Durchmesser sowie 8 Windformen von 200 mm Durchmesser.

Der Wind wird durch 4 stehende Compound-Gebläsemaschinen (1 für jeden Ofen und 1 Reservemaschine), welche je 900 cbm Wind in der Minute leisten können, mit einer Pressung von durchschnittlich 0,6 Atmosphären geliefert.

In jedem Ofen werden täglich im Mittel 48 Gichten, bestehend je aus 3700 kg Koks, 7000—7400 kg Erz und 1300—1500 kg Kalkstein durchgesetzt; die Erzgichten setzen sich je nach der Qualität des zu erblasenden Eisens aus 40—60 % Siegener Erzen mit 60—40 % Bilbao-Erz zusammen. Das Ausbringen aus den Erzen beträgt durchschnittlich 51 %, aus dem Möller 42 %, die tägliche Produktion eines Ofens etwa 175 t.

Das erblasene Roheisen wird zum grössten Theile auf der Krupp-schen Gussstahlfabrik in Essen weiter verarbeitet, ein geringer Theil, fast nur Hämatiteisen, auch anderweit verkauft.

Die Hochofenschlacke wird fast ausschliesslich granulirt und als Mauersand abgesetzt.

Im Jahre 1900 wurden 178665 t Roheisen erzeugt bei einer durchschnittlichen Belegschaft von 413 Mann.

Im Anschlusse an das Hochofenwerk ist im Jahre 1900 ein Martinstahlwerk, bestehend aus 2 Oefen von je 25 t Fassung, erbaut worden, von denen jedoch immer nur einer im Betriebe ist. Das Werk dient Versuchszwecken. Nähere Angaben darüber können deshalb noch nicht gemacht werden.

3. Das Eisen- und Stahlwerk Rothe Erde besteht zur Zeit aus folgenden Anlagen:

a) einem Siemens-Martin-Stahlwerk mit 5 basisch zugestellten Oefen zu 20 Tonnen Fassungsvermögen, 8 Generatoren, einer elektrisch betriebenen Beschickungsmaschine, 2 elektrisch betriebenen Laufkrähnen zu 50, 1 zu 15 und 1 zu 5 Tonnen Tragfähigkeit;

b) einem Bessemer Stahlwerk (für das Thomas-Gilchrist-Verfahren) mit 3 Birnen von je 15½ Tonnen Inhalt, 5 Cupolöfen, 2 Zwillings-Gebläsemaschinen von je 1600 Pferdestärken, 4 Zwillings-Dampfpumpen für die hydraulischen Apparate, einer Zwillings-Ventilatorenmaschine, 6 Ventilatoren, 16 hydraulischen Hebekrahnen, einem hydraulischen Giesskrahn, 2 fahrbaren Dampfgiesskrahnen, 2 Probedampfhämmern und einer Centralcondensationsanlage, bestehend aus Dampfmaschine mit Luftpumpe und 2 Pumpen von 7800 cbm stündlicher Leistung;

c) zwei Blockwalzwerken zum Verwalzen der Rohblöcke, bestehend aus einem Duo-Reversir-Walzwerk mit Walzen von 1000 mm Durchmesser, mit hydraulischer Anstellvorrichtung, Dampfhebelvorrichtung und einem durch Zwillingsmaschinen bewegten Rollgang und Laufhebekrahn von 12,5 bezw. 15 Tonnen Tragfähigkeit. Zum Betrieb der Walzenstrassen dient je eine Zwillingsmaschine von 2000 Pferdestärken;

d) 2 Trio-Walzenstrassen mit je 3 Gerüsten von 800 mm Walzendurchmesser für Schienen und schwere Formeisen bis zu 550 mm Höhe, jede mit Dampfhebe- und Rollwerken, Dampfschleppapparat, Dampflaufkrahn, 2 Warmsägen und 3 Blockwärmeöfen. Das Walzwerk wird angetrieben durch eine Maschine von 2000 Pferdestärken;

e) einem Trio-Walzwerk mit 2 Gerüsten von 650 mm Walzendurchmesser für Knüppel, Platinen, mittlere Formeisen und Schwellen. Dasselbe ist ebenfalls versehen mit Dampfhebe- und Rollwerken, ferner mit 2 Dampfkrahnen, 2 Blockwärmöfen, einer Dampf- und einer hydraulischen Scheere und 1 Warmsäge und wird durch eine Dampfmaschine von 1200 Pferdestärken angetrieben;

f) einem Trio-Walzwerk mit 3 Gerüsten von 650 mm Walzendurchmesser für mittlere Formeisen, Schwellen, Laschen, Unterlagsplatten und leichte Schienen mit Dampfhebe- und Rollwerken, 2 Dampfkrahnen, 3 Blockwärmöfen, Dampfscheere und Warmsägen und einer Drillings-Walzenzugmaschine von 2400 Pferdestärken;

g) und h) zwei Trio-Walzenstrassen mit je 3 Gerüsten von 550 mm Walzendurchmesser für kleinere Formeisen, gröberes Stabeisen, Grubenschienen u. s. w. mit Dampfhebe- und Rollwerken, 4 Warmsägen, 4 Dampfkrahnen und 2 Walzenzugmaschinen von 1500 und 1000 Pferdestärken;

i) zwei Trio-Walzwerken zur Herstellung von Universaleisen bis zu 1000 mm Breite und herab bis zu 3 mm Dicke, jede mit Dampfhebe- und Schleppapparat und Tandem-Walzenzugmaschine von 2000 Pferdestärken und grosser Dampfscheere;

k) einer Walzenstrasse zur Herstellung von Draht mit 1000pferdiger Zwillings-Verbundmaschine, 2 Schweissöfen und allem sonstigen Zubehör;

l) zwei Trio-Walzenstrassen für Stabeisen und Kleinformeisen mit Dampfmaschinen von 500 und 300 Pferdekräften, 2 Schweissöfen und sonstigem Zubehör;

m) einer Central-Condensationsanlage, bestehend aus Dampfmaschine, Luftpumpen, 2 Pumpen und Gradirwerk für die Dampfmaschinen zu c und i (k uud l werden von der Central-Condensation unter b bedient);

n) einer Adjustage-Werkstätte für gewöhnliche und Blattstossschienen, eiserne gerade und gepresste Schwellen, Laschen, Unterlagsplatten, Presstheile für Eisenbahnwaggons, Klemmplättchen u. s. w.;

o) einer Construktions-Werkstätte zur Herstellung genieteter Träger, fertiger Säulen aus ⊢⊣ und Quadranteisen und von Eisenfachwerk;

p) einer mechanischen Werkstätte, bestehend aus Schmiede, Schlosserei, Schreinerei mit zahlreichen Werkzeugmaschinen;

q) einer Eisengiesserei nebst Walzendreherei mit 2 Cupolöfen, 2 elektrisch betriebenen Laufkrahnen zu 30 und 7,5 Tonnen Tragfähigkeit, 25 Walzendrehbänken und Dampfmaschinen mit 150 Pferdestärken;

r) einer Anlage zur Herstellung des basischen feuerfesten Materials mit 2 Dampfmaschinen, 1 Dolomitbrennofen, Zerkleinerungsmaschine, Kollergang, Steinpresse, Bodenstampfapparat und Bodenbrennöfen;

s) einer Mühlenanlage für Thomasschlacke mit Zwillings-Betriebsmaschine von 500 Pferdekräften und 12 Kugelmühlen nebst grossem Lagerraum bis für 23000 t Phosphatmehl;

t) einem Wasserwerk zur Versorgung der Werksanlagen, welches täglich bis zu 7500 cbm Wasser zu liefern vermag;

u) einer elektrischen Licht- und Kraftanlage mit 2 Dynamomaschinen und 2 Zwillings-Dampfmaschinen von je 650 Pferdestärken;

v) einem chemischen Laboratorium mit Einrichtung zur mechanischen Vorbereitung der zu untersuchenden Materialien, getrieben durch eine 12pferdige Locomobile;

w) einer Drahtseilbahn zum Transport der Kohlenasche, Schlacken u. s. w. auf die Schlackenhalde mit besonderer Dampfmaschine.

Insgesammt sind 131 stationäre Dampfmaschinen mit 15600 Pferdestärken durchschnittlicher und 34500 Pferdestärken Maximalleistung vorhanden, ferner 5 Dampfhämmer, 108 verschiedene Maschinen, wie Richtpressen, Bohrmaschinen, Fraisen, Drehbänke u. s. w. Der zur Bewegung nöthige Dampf wird von 75 Dampfkesseln geliefert. Der Güterverkehr wird auf ungefähr 12 km normalspurigen und 4 km schmalspurigen Schienengeleisen durch drei 300, zwei 180 und vierzehn 30—50pferdige Locomotiven besorgt; ausserdem sind 2 Locomotivhebekrahnen vorhanden.

Im Jahre 1900 betrug die Produktion des Werkes an Thomasrohblöcken 240840 Tonnen, an Siemens-Martin-Rohblöcken 3438 Tonnen, die Produktion des Walzwerkes 259450 Tonnen. Ausserdem stellte das Werk in demselben Zeitraume 11347 Tonnen Gusswaaren zweiter Schmelzung dar.

Der Aachener Hüttenaktienverein besitzt ausser den Anlagen in Rothe Erde ausgedehnte Kalksteinbrüche in der Gemeinde Stolberg bezw. Büsbach, welche arbeitstäglich rund 45000 kg gebrannten Kalk liefern.

Die Zahl der beschäftigten Beamten und Arbeiter betrug 1900 durchschnittlich 3300 Mann.

4. Die Walzwerke und die Räderfabrik der Aktiengesellschaft Phönix bestehen aus:

a) einer Martin-Anlage von 3 basischen Oefen zu 15 t und 1 Ofen zu 25 t Fassung;

b) einem Reversir-Walzwerk für Grobbleche mit 3 Gerüsten für Bleche bis 6000 kg Gewicht und 5—60 mm Stärke;

c) einer Trio-Walzenstrasse mit 3 Gerüsten, davon 2 für Bleche von 0,75—30 mm Stärke und 1 zur Herstellung von Universaleisen in Breite von 100—500 mm und bis zu 70 m Länge;

d) zwei Walzenstrassen für Façoneisen, deren eine mit 700 mm Walzendurchmesser für schwere Profile, eine mit 500 mm Walzendurchmesser für mittleres Formeisen und eine damit verbundene Strasse mit 300 mm Durchmesser für kleineres Formeisen arbeitet;

e) einer Räderfabrik mit zugehöriger Räderschmiede und einem Räderpresswerk;

f) einer Construktions-Werkstätte für die Bearbeitung von Maschinentheilen;

g) drei Hämmern zur Fertigstellung von rohen Schmiedestücken.

Bei einer Arbeiterzahl von 1200 wurden im Jahre 1900 rund 50000 Tonnen produzirt. Die Räderfabrik vermag bei forcirtem Betrieb jährlich 7500 Radsätze zu 780000 kg zu liefern.

5. Das Eisenwalzwerk Eschweilerpümpchen besteht aus einem Puddelwerk mit 2 einfachen und 14 Doppelöfen (für 300 und 350 bezw. 600 und 650 kg Einsatz) und 7 Schweissöfen sowie aus einem Walzwerk mit 5 Walzenstrassen von 550, 500, 450, 450 und 315 mm Walzendurchmesser. Vier Walzenzugmaschinen von 150, 200, 800 und 1200 Pferdestärken dienen zum Antrieb. Sämmtliche Oefen werden durch Generatoren mit Unterwind betrieben. Zum Betriebe der Maschinen wird Dampf- und Wasserkraft benutzt. Den Dampf erzeugen 5 Kessel, das Betriebswasser wird aus dem durch das Werk fliessenden Mühlenbach entnommen, welcher auch das Wasser für die in Anwendung stehenden Wasserstrahlcondensatoren liefert. Durch einen unter dem Werke liegenden Stollen der Grube Centrum, der eine Gefällhöhe von $6^1/_2$ m bietet, werden die gebrauchten Wasser der Inde zugeführt. Das Roheisen wird von der Concordiahütte und von Luxemburger und Siegerländer Hochöfen bezogen. Ausserdem wird auch Schweisseisen-Altmaterial verarbeitet.

Die normale Produktion beläuft sich auf rund 20000 t Luppeneisen und 25000 t Walzfabrikat.

Die Arbeiterzahl beträgt rund 600.

6. Das Eschweiler Eisenwalzwerk besteht aus:

a) einem Puddel- und Walzwerk mit 6 einfachen und 5 doppelten Puddelöfen, 3 Schweissöfen, 3 Luppenhämmern, 1 Luppenstrasse, 1 Grobstrecke, 1 Feinstrecke, 1 Drahtstrasse, 14 Dampfkesseln, 4 Dampfpumpen, 1 Dampfscheere, 3 Walzenzugmaschinen, 2 Dampfmaschinen für Haspel und Dreherei, 1 Dampfsäge und 4 Walzendrehbänken;

b) einem Röhrenwerk mit 2 Röhrenöfen mit Zubehör, einer Betriebsmaschine von 40 Pferdekräften, Dampfmaschine und Akkumulator, Fittings- und Anschlagfeuer, sowie Werkstätte zur Anfertigung der Röhren und Fittings und 12 Gewindeschneidmaschinen für Röhren und Fittings;

c) einem Kleineisenwerk mit 17 Specialmaschinen;

d) einer grossen mechanischen Werkstatt und Schlosserei mit sehr vollständigen Einrichtungen.

Die Produktion betrug im Jahre 1900 2230 t Schienenbefestigungstheile, 4534 t Handelseisen, 8356 t Draht, 300 t Röhren und 199 t Nieten, Muttern u. s. w.

Die Zahl der im Jahre 1900 beschäftigten Arbeiter belief sich auf 500—600.

7. Die Eschweiler Aktiengesellschaft für Drahtfabrikation zu Eschweiler besitzt:

a) ein Walzwerk mit 2 Schnellwalzstrassen von 300 bezw. 230 mm Walzendurchmesser, einer Tandem- und einer Compoundmaschine von 900 bezw. 1000 Pferdekräften und 2 Schweissöfen:

b) zwei Drahtziehereien mit einer Tandem- und einer Compoundmaschine von 250 bezw. 350 Pferdekräften;

## VII. Produktions-

### 1. Produktion

| Jahr | Mittlere Belegschaft incl. Beamte | Zahl der ernährten Familienangehörigen | Steinkohlen. | | Braunkohlen. | | Bleierze. | |
|---|---|---|---|---|---|---|---|---|
| | | | Produktion in Tonnen | Geldwerth in Mark | Produktion in Tonnen | Geldwerth in Mark | Produktion in Tonnen | Geldwerth in Mark |
| 1834 | 980 | 1980 | 64805 | 591633 | 450 | 960 | 102,1 | 10906 |
| 1835 | 1076 | 2040 | 72309 | 644907 | 400 | 840 | 89,3 | 11422 |
| 1836 | 1221 | 2395 | 76821 | 786839 | 375 | 700 | 89,6 | 12521 |
| 1837 | 1227 | 2477 | 87106 | 815318 | 375 | 700 | 142,4 | 19056 |
| 1838 | 1196 | 2458 | 94663 | 903712 | 375 | 800 | 130,2 | 19538 |
| 1839 | 1395 | 3882 | 99062 | 971380 | 375 | 800 | 106,1 | 12733 |
| 1840 | 1482 | 4076 | 101959 | 962001 | 712 | 1170 | 110,8 | 15486 |
| 1841 | 1525 | 3757 | 98100 | 930983 | 360 | 807 | 105,8 | 15848 |
| 1842 | 1871 | 5171 | 128945 | 1231943 | 427 | 992 | 63,6 | 7308 |
| 1843 | 1949 | 4840 | 129038 | 1329368 | 305 | 650 | 93,8 | 9280 |
| 1844 | 1883 | 4740 | 129436 | 1333314 | 460 | 981 | 63,7 | 5747 |
| 1845 | 2203 | 4492 | 158917 | 1556908 | 250 | 800 | 93,0 | 11160 |
| 1846 | 2471 | 4692 | 170561 | 1666050 | 281 | 600 | 57,5 | 6906 |
| 1847 | 2690 | 5046 | 167609 | 1619085 | 415 | 887 | 491,0 | 44190 |
| 1848 | 2711 | 5242 | 148896 | 1482384 | 364 | 729 | 3212,6 | 289133 |
| 1849 | 2770 | 5661 | 141772 | 1403028 | 360 | 898 | 3106,7 | 279607 |
| 1850 | 2824 | 5871 | 176193 | 1750308 | 360 | 898 | 2883,9 | 569145 |
| 1851 | 2878 | 4588 | 174498 | 1559762 | 135 | 288 | 4308,9 | 516142 |
| 1852 | 2961 | 4643 | 206385 | 1844047 | 138 | 294 | 2628,0 | 374106 |
| 1853 | 3883 | 8354 | 233928 | 1955604 | 204 | 435 | 2754,4 | 448494 |
| 1854 | 4542 | 9154 | 273626 | 2442411 | 230 | 573 | 2820,2 | 461772 |
| 1855 | 4404 | 9137 | 304596 | 2843656 | 217 | 474 | 3627,4 | 652941 |
| 1856 | 4163 | 9014 | 322813 | 3131323 | 195 | 418 | 4133,6 | 652194 |
| 1857 | 4087 | 9012 | 333885 | 3198405 | 150 | 320 | 3721,5 | 624117 |
| 1858 | 3915 | 6267 | 327532 | 3167589 | 150 | 321 | 2851,3 | 512481 |
| 1859 | 3765 | 6643 | 281872 | 2624256 | 121 | 259 | 4047,4 | 548676 |
| 1860 | 3926 | 7142 | 240138 | 2297811 | 93 | 198 | 3840,7 | 751365 |
| 1861 | 3823 | 7279 | 291525 | 2443385 | 112 | 240 | 4410,8 | 952690 |
| 1862 | 4201 | 7557 | 297945 | 2394730 | 90 | 192 | 5901,1 | 1092180 |
| 1863 | 3878 | 7603 | 299694 | 2292924 | 101 | 216 | 5476,4 | 1016536 |

c) eine Stiften- und Sohlennägelfabrik mit 100pferdiger Betriebsmaschine und einem mittelschlägigen Wasserrad von 30 Pferdestärken;

d) eine Springfedernfabrik und

e) eine 5 Pfannen umfassende Verzinkungsanstalt.

Verarbeitet wird nur Flusseisen. Die Produktion des Walzwerks beläuft sich auf 4000 Tonnen Walzdraht im Monat. Vorwiegend wird Draht von 5 mm Durchmesser dargestellt. Die Drahtzieherei liefert monatlich 2000 Tonnen gezogenen Draht und Springfedern, die Stiftefabrik 330 Tonnen Drahtstifte. Die Arbeiterzahl beträgt durchschnittlich 400.

---

## tabellen.

der Bergwerke.

| Zinkerze. | | Eisenerze. | | Manganerze. | | Schwefelkies. | | Kupfererze. | |
|---|---|---|---|---|---|---|---|---|---|
| Produktion in Tonnen | Geldwerth in Mark | Produktion in Tonnen | Geldwerth in Mark | Produktion in Tonnen | Geldwerth in Mark | Produktion in Tonnen | Geldwerth in Mark | Produktion in Tonnen | Geldwerth in Mark |
| 639,6 | 25515 | 1635,6 | 7236 | — | — | — | — | — | — |
| 1753,0 | 59850 | 1492,0 | 6224 | — | — | — | — | — | — |
| 6707,2 | 197942 | 7404,0 | 33093 | — | — | — | — | — | — |
| 1970,2 | 68217 | 5820,8 | 27915 | — | — | — | — | — | — |
| 2301,2 | 59832 | 7078,8 | 33599 | — | — | — | — | — | — |
| 2689,1 | 72615 | 7760,0 | 35195 | — | — | — | — | — | — |
| 3273,6 | 85014 | 5030,0 | 23583 | — | — | — | — | — | — |
| 4781,5 | 114765 | 5285,2 | 27774 | — | — | — | — | — | — |
| 6469,5 | 142115 | 4756,0 | 30132 | — | — | — | — | — | — |
| 9415,5 | 301132 | 3607,2 | 15524 | — | — | — | — | — | — |
| 10708,9 | 260443 | 3262,8 | 22262 | — | — | — | — | — | — |
| 13322,1 | 398823 | 3297,6 | 22803 | — | — | — | — | — | — |
| 12716,3 | 381491 | 3795,6 | 26345 | — | — | — | — | — | — |
| 11810,7 | 355822 | 6018,8 | 37616 | — | — | — | — | — | — |
| 8585,3 | 257559 | 4036,0 | 25225 | — | — | 790,3 | 7903 | — | — |
| 9925,4 | 297762 | 2562,8 | 16017 | — | — | 2271,9 | 22719 | 34,2 | 2052 |
| 6005,5 | 180167 | 5176,0 | 32350 | — | — | — | — | 3,7 | 444 |
| 5391,6 | 107833 | 5553,6 | 22210 | — | — | — | — | — | — |
| 6369,8 | 152875 | 5718,4 | 35740 | — | — | 1441,2 | 21618 | — | — |
| 5776,9 | 184512 | 6166,4 | 43947 | — | — | 332,4 | 5062 | — | — |
| 7720,1 | 252597 | 28826,3 | 220428 | — | — | 1247,7 | 19029 | — | — |
| 8720,1 | 306664 | 29911,0 | 242969 | — | -- | 1259,6 | 20134 | — | — |
| 6761,6 | 242738 | 16227,2 | 102659 | — | — | 1672,3 | 28170 | — | — |
| 5878,7 | 296020 | 32010,0 | 248432 | — | — | 1623,1 | 30583 | — | — |
| 4601,0 | 168867 | 40321,6 | 367860 | — | — | 2262,7 | 36042 | 5,0 | 150 |
| 5163,1 | 152043 | 23773,6 | 142292 | — | — | 1502,3 | 19979 | — | — |
| 7063,9 | 297378 | 31904,8 | 181335 | — | — | 2585,4 | 35670 | — | — |
| 5958,5 | 237178 | 53360,0 | 240744 | — | — | 1591,6 | 24828 | — | — |
| 5336,1 | 195641 | 58745,6 | 366573 | — | — | 342,0 | 5250 | — | — |
| 6268,6 | 242970 | 60026,4 | 382464 | — | — | 244,0 | 2550 | — | — |

| Jahr | Mittlere Belegschaft incl. Beamte | Zahl der ernährten Familienangehörigen | Steinkohlen. | | Braunkohlen. | | Bleierze. | |
|---|---|---|---|---|---|---|---|---|
| | | | Produktion in Tonnen | Geldwerth in Mark | Produktion in Tonnen | Geldwerth in Mark | Produktion in Tonnen | Geldwerth in Mark |
| 1864 | 3800 | 7949 | 317018 | 2349192 | 110 | 231 | 5043,1 | 948171 |
| 1865 | 3695 | 7107 | 309344 | 2369586 | 91 | 243 | 3770,2 | 637684 |
| 1866 | 3734 | 6757 | 303489 | 2243793 | 73 | 165 | 4720,9 | 783543 |
| 1867 | 4108 | 8144 | 264486 | 2130717 | 75 | 201 | 5351,9 | 672691 |
| 1868 | 4038 | 7211 | 290542 | 2279196 | 73 | 198 | 4703,7 | 748681 |
| 1869 | 3859 | 6970 | 285651 | 2130306 | — | — | 6269,8 | 955839 |
| 1870 | 3020 | 5360 | 274620 | 2066154 | — | — | 5832,1 | 865350 |
| 1871 | 3046 | 5269 | 287912 | 2241225 | — | — | 4131,5 | 597393 |
| 1872 | 3085 | 6358 | 293810 | 2362032 | — | — | 4140,4 | 604581 |
| 1873 | 2821 | 5380 | 239819 | 2875869 | — | — | 3676,8 | 567288 |
| 1874 | 2769 | 5080 | 220974 | 2408379 | — | — | 3211,6 | 498381 |
| 1875 | 2414 | 4630 | 202256 | 1657181 | — | — | 3918,4 | 520961 |
| 1876 | 2367 | 4393 | 210633 | 1669092 | — | — | 3581,3 | 510648 |
| 1877 | 2762 | 6242 | 221162 | 1615850 | — | — | 4475,2 | 651382 |
| 1878 | 3230 | 6887 | 224712 | 1493833 | — | — | 6441,7 | 836260 |
| 1879 | 3084 | 6502 | 219092 | 1366723 | — | — | 5439,6 | 620545 |
| 1880 | 2820 | 5661 | 207478 | 1307529 | — | — | 5892,1 | 739096 |
| 1881 | 2864 | 6017 | 217737 | 1338798 | — | — | 7401,3 | 914757 |
| 1882 | 2929 | 5969 | 240440 | 1470569 | — | — | 7565,7 | 924698 |
| 1883 | 2922 | 5955 | 226722 | 1356136 | — | — | 6463,3 | 727155 |
| 1884 | 2739 | 6550 | 205311 | 1150439 | — | — | 6139,9 | 632047 |
| 1885 | 2608 | 5465 | 208226 | 1143390 | — | — | 5928,7 | 534400 |
| 1886 | 2585 | 5434 | 212494 | 1138491 | — | — | 4036,5 | 471041 |
| 1887 | 2522 | 5322 | 213196 | 1141260 | — | — | 4096,9 | 477854 |
| 1888 | 2330 | 5065 | 177334 | 969399 | — | — | 4467,9 | 534816 |
| 1889 | 2189 | 5225 | 172590 | 999299 | — | — | 4411,0 | 519246 |
| 1890 | 2116 | 4873 | 162293 | 951432 | — | — | 4140,5 | 480931 |
| 1891 | 2090 | 5009 | 147783 | 878030 | — | — | 3910,0 | 460590 |
| 1892 | 3477 | 7566 | 514951 | 3452814 | — | — | 3177,3 | 344862 |
| 1893 | 3689 | 7827 | 507928 | 3383710 | — | — | 3611,1 | 358318 |
| 1894 | 3794 | 8410 | 542294 | 3596259 | — | — | 3299,2 | 303782 |
| 1895 | 3923 | 8547 | 560204 | 4172887 | — | — | 3099,4 | 284570 |
| 1896 | 4109 | 9319 | 565632 | 4432309 | 629 | 2516 | 2639,8 | 273862 |
| 1897 | 4193 | 9120 | 554236 | 4214611 | 1504 | 2482 | 1541,1 | 173222 |
| 1898 | 4222 | 9250 | 654492 | 5076089 | 4817 | 6744 | 1303,3 | 168649 |
| 1899 | 4617 | 10206 | 762090 | 6817951 | 10055 | 14077 | 1021,8 | 157627 |
| 1900 | 5133 | 11878 | 897058 | 8110410 | 20174 | 36313 | 964,4 | 184768 |

| Zinkerze. | | Eisenerze. | | Manganerze. | | Schwefelkies. | | Kupfererze. | |
|---|---|---|---|---|---|---|---|---|---|
| Produktion in Tonnen | Geldwerth in Mark | Produktion in Tonnen | Geldwerth in Mark | Produktion in Tonnen | Geldwerth in Mark | Produktion in Tonnen | Geldwerth in Mark | Produktion in Tonnen | Geldwerth in Mark |
| 8342,9 | 256767 | 61001,2 | 368691 | — | — | 372,0 | 3897 | — | — |
| 6236,6 | 250608 | 38478,8 | 218805 | — | — | 417,7 | 4431 | 31,2 | 936 |
| 6460,3 | 277716 | 34311,6 | 180633 | 18,8 | 753 | 431,2 | 4471 | — | — |
| 7513,0 | 299472 | 19343,7 | 124620 | — | — | 428,8 | 4662 | — | — |
| 9655,7 | 377532 | 27197,5 | 161409 | — | — | 189,4 | 2079 | — | — |
| 12325,3 | 466683 | 32568,9 | 194955 | — | — | 156,2 | 1728 | — | — |
| 10413,5 | 398754 | 18342,5 | 109992 | — | — | 791,9 | 8709 | — | — |
| 4799,0 | 166455 | 15368,3 | 92001 | — | — | 1326,8 | 14595 | — | — |
| 5305,5 | 216795 | 7274,9 | 45498 | — | — | 1023,7 | 11262 | — | — |
| 5628,7 | 263466 | 14059,0 | 85611 | — | — | 2057,5 | 22632 | — | — |
| 4812,1 | 229314 | 4476,7 | 45075 | — | — | 1260,6 | 13833 | — | — |
| 12746,9 | 609138 | 5901,6 | 38185 | — | — | 235,4 | 2589 | — | — |
| 9433,0 | 452017 | 794,1 | 5241 | — | — | 89,0 | 979 | — | — |
| 10600,1 | 470740 | 6586,3 | 55888 | — | — | 4,6 | 51 | — | — |
| 10722,1 | 402340 | 6370,2 | 44256 | — | — | 406,7 | 4474 | — | — |
| 13130,7 | 455501 | 8330,6 | 53080 | — | — | 505,0 | 5555 | — | — |
| 16943,5 | 680791 | 22042,4 | 135995 | 10,2 | 820 | 286,9 | 3156 | — | — |
| 14271,9 | 515046 | 28860,0 | 174378 | 30,8 | 2655 | 414,0 | 4554 | — | — |
| 16464,4 | 622352 | 24977,4 | 145388 | 18,5 | 1591 | 327,4 | 3602 | — | — |
| 12840,4 | 423229 | 23422,8 | 132570 | 27,9 | 2230 | 289,3 | 3182 | — | — |
| 16308,1 | 559419 | 25599,8 | 126810 | 8,2 | 660 | 307,2 | 3380 | — | — |
| 22404,7 | 435423 | 24998,8 | 129579 | — | — | — | — | — | — |
| 22030,6 | 773110 | 31852,0 | 161730 | — | — | 47,8 | 487 | — | — |
| 22391,8 | 775006 | 39126,4 | 197230 | — | — | 150,4 | 1504 | — | — |
| 20999,2 | 844842 | 23818,0 | 115853 | — | — | 46,4 | 465 | — | — |
| 20566,8 | 775037 | 22663,5 | 119404 | — | — | 99,0 | 990 | — | — |
| 18542,7 | 805359 | 20781,4 | 105640 | — | — | 137,3 | 1373 | — | — |
| 15620,7 | 755682 | 13675,3 | 74302 | — | — | 119,7 | 1286 | — | — |
| 19999,4 | 915829 | 14165,5 | 71553 | 32,8 | 350 | 150,5 | 1505 | — | — |
| 18111,5 | 683879 | 18533,7 | 93847 | 23,5 | 229 | 242,6 | 2426 | — | — |
| 20309,3 | 792806 | 20615,0 | 87221 | — | — | 208,3 | 2083 | — | — |
| 20882,5 | 815177 | 21885,3 | 94967 | — | — | 323,1 | 2584 | — | — |
| 21732,5 | 986744 | 30336,2 | 139557 | — | — | 340,9 | 2728 | — | — |
| 20541,4 | 1039786 | 27054,1 | 130806 | — | — | 157,4 | 1259 | — | — |
| 18679,1 | 1166812 | 22320,7 | 98088 | — | — | 171,1 | 1369 | — | — |
| 20262,6 | 1687938 | 16584,7 | 71311 | — | — | 192,0 | 1152 | — | — |
| 17869,8 | 1317964 | 15665,8 | 80334 | — | — | 196,8 | 1181 | — | — |

## 2. Dachschieferproduktion.

| Jahr | Zahl der betriebenen Werke | Mittlere Belegschaft incl. Beamte | Zahl der ernährten Familien-angehörigen | Produktion in laufenden Metern | Geldwerth in Mark |
|---|---|---|---|---|---|
| 1838—1843 | 6 | 85 | 172 | 60055 | 164273 |
| 1844—1849 | 6 | 68 | 191 | 11724 | 29172 |
| 1850—1855 | 6 | 56 | 172 | 11554 | 25812 |
| 1856—1861 | 5 | 56 | 125 | 7508 | 22731 |
| 1862—1867 | 6 | 57 | 135 | 6814 | 24634 |
| 1868—1873 | 4 | 30 | 68 | 4768 | 14970 |
| 1874 | 3 | 22 | 56 | 3005 | 10524 |
| 1875 | 3 | 29 | 52 | 4281 | 16487 |
| 1876 | 4 | 38 | 75 | 5591 | 21804 |
| 1877 | 4 | 36 | 73 | 6831 | 26312 |
| 1878 | 3 | 25 | 54 | 5440 | 20304 |
| 1879 | 3 | 19 | 58 | 4350 | 16630 |
| 1880 | 3 | 21 | 56 | 4330 | 18552 |
| 1881 | 2 | 16 | 33 | 2952 | 11964 |
| 1882 | 2 | 16 | 35 | 2992 | 11968 |
| 1883 | 2 | 15 | 39 | 3313 | 13352 |
| 1884 | 2 | 13 | 38 | 3814 | 15256 |
| 1885 | 2 | 13 | 39 | 3190 | 12760 |
| 1886 | 2 | 23 | 56 | 2285 | 9180 |
| 1887 | 2 | 28 | 45 | 3280 | 12520 |
| 1888 | 2 | 21 | 31 | 3000 | 12000 |
| 1889 | 2 | 18 | 38 | 3280 | 12816 |
| 1890 | 2 | 17 | 23 | 3014 | 11599 |
| 1891 | 2 | 18 | 24 | 3400 | 10800 |
| 1892 | 2 | 17 | 30 | 3390 | 10790 |
| 1893 | 2 | 13 | 29 | 2530 | 8090 |
| 1894 | 2 | 14 | 32 | 2094 | 6361 |
| 1895 | 2 | 30 | 59 | 3380 | 12679 |
| 1896 | 2 | 23 | 45 | 4860 | 15712 |
| 1897 | 2 | 13 | 22 | 4350 | 13050 |
| 1898 | 1 | 10 | 20 | 2880 | 8640 |
| 1899 | 1 | 9 | 21 | 2550 | 7650 |
| 1900 | 1 | 5 | 14 | 2050 | 6150 |

## 3. Produktion der Thon- und Sandgruben, der Steinbrüche u. s. w.

| Jahr | Belegschaftszahl | Zahl der ernährten Angehörigen | Thon. | | Sand. | | Sandstein. | | Kalkstein. | | Schieferstein. | | Raseneisenerz. | | Eisenocker. | | Bemerkungen |
|---|---|---|---|---|---|---|---|---|---|---|---|---|---|---|---|---|---|
| | | | Tonnen | Mark | Tonnen | Mark | Tonnen | Mark | Tonnen | Mark | Tonnen | Mark | Tonnen | Mark | Tonnen | Mark | |
| 1872 | 422 | 758 | — | — | — | — | 30969 | 71316 | 216141 | 200052 | — | — | — | — | — | — | |
| 1873 | 525 | 801 | — | — | — | — | 22476 | 67965 | 106147 | 260721 | — | — | — | — | — | — | |
| 1874 | 379 | 845 | 1653 | 2800 | — | — | 7720 | 25521 | 102907 | 220053 | — | — | — | — | — | — | |
| 1875 | 339 | 712 | 50 | 150 | 2460 | 2460 | 10465 | 17840 | 108616 | 227209 | — | — | — | — | — | — | |
| 1876 | 300 | 482 | 955 | 2820 | — | — | 14931 | 34495 | 67861 | 186892 | — | — | — | — | — | — | |
| 1877 | 327 | 503 | 910 | 2548 | — | — | 14835 | 32475 | 78074 | 192228 | — | — | — | — | — | — | |
| 1878 | 262 | 410 | 860 | 2408 | 395 | 395 | 12456 | 19859 | 80574 | 170724 | — | — | — | — | — | — | |
| 1879 | 273 | 428 | 750 | 1800 | 375 | 375 | 10917 | 24145 | 71515 | 140860 | — | — | — | — | — | — | |
| 1880 | 285 | 682 | 2063 | 4128 | 1885 | 1885 | 16149 | 28042 | 71095 | 138108 | — | — | — | — | — | — | |
| 1881 | 265 | 698 | 1998 | 3996 | 1678 | 1678 | 20361 | 31349 | 50809 | 130103 | — | — | — | — | — | — | |
| 1882 | 289 | 761 | 2401 | 4802 | 1778 | 1778 | 20708 | 26926 | 72655 | 146680 | — | — | — | — | — | — | |
| 1883 | 251 | 581 | 1375 | 2750 | 1450 | 1450 | 16914 | 24869 | 57303 | 108100 | — | — | — | — | — | — | |
| 1884 | 274 | 617 | 3660 | 15256 | 5998 | 5998 | 15490 | 23787 | 68453 | 116205 | 595 | 1981 | — | — | — | — | |
| 1885 | 229 | 521 | 5655 | 12760 | 5000 | 5000 | 11296 | 16956 | 66848 | 112692 | 195 | 1755 | 1400 | 6300 | — | — | |
| 1886 | 241 | 380 | 5545 | 9180 | 4770 | 4770 | 10864 | 16308 | 64816 | 127700 | 160 | 1875 | 500 | 2250 | — | — | |
| 1887 | 273 | 737 | 9550 | 12520 | 8599 | 8637 | 17824 | 24156 | 67131 | 159476 | 150 | 2150 | — | — | — | — | |
| 1888 | 276 | 711 | 10381 | 12000 | 10741 | 11101 | 20074 | 29409 | 74999 | 163134 | 3015 | 6675 | — | — | 60 | 540 | |
| 1889 | 279 | 722 | 12145 | 12816 | 11112 | 11512 | 22764 | 32905 | 88219 | 166476 | 725 | 3160 | — | — | — | — | |
| 1890 | 252 | 560 | 11442 | 11599 | 9677 | 9677 | 18179 | 29314 | 82688 | 156818 | 2780 | 6375 | — | — | — | — | |
| 1891 | 253 | 630 | 12821 | 10800 | 9133 | 10786 | 18986 | 24423 | 93585 | 161459 | 1845 | 2900 | — | — | — | — | |
| 1892 | 230 | 558 | 13193 | 10790 | 13057 | 16004 | 15115 | 21240 | 98969 | 194184 | 2065 | 3700 | — | — | — | — | |
| 1893 | 231 | 528 | 14368 | 8090 | 11425 | 11455 | 15718 | 26946 | 97065 | 200735 | 1575 | 3040 | — | — | — | — | |
| 1894 | 229 | 558 | 12618 | 6361 | 8512 | 8882 | 15921 | 32373 | 86176 | 184105 | 1875 | 3200 | — | — | — | — | |
| 1895 | 226 | 524 | 7975 | 16040 | 9731 | 9475 | 14521 | 27259 | 91879 | 192089 | 1575 | 3040 | — | — | — | — | |
| 1896 | 222 | 489 | 9232 | 18406 | 8511 | 8556 | 9014 | 18021 | 100357 | 205284 | 1875 | 3200 | — | — | — | — | |
| 1897 | 258 | 660 | 7935 | 16600 | 12770 | 11053 | 14278 | 23095 | 112729 | 266254 | 550 | 1270 | — | — | — | — | |
| 1898 | 278 | 720 | 8760 | 17430 | 37395 | 32489 | 10301 | 17036 | 143484 | 283821 | — | — | — | — | — | — | |
| 1899 | 123 | 326 | 8808 | 17716 | 40932 | 35994 | 8460 | 11460 | 33355 | 106601 | — | — | — | — | — | — | |
| 1900 | 290 | 858 | 7513 | 17196 | 47702 | 42323 | 18120 | 29590 | 79086 | 899214 | — | — | — | — | — | — | |

# VIII. Geschichtliches und bergrechtliche Verhältnisse.

## 1. Allgemeines.

Während im nördlichen Theile des Reviers die Geschichte des Bergbaus erst mit der Erbohrung des Steinkohlengebirges zu Anfang der fünfziger Jahre dieses Jahrhunderts anhebt, reicht sie im südlichen Reviertheile bis in die frühesten Zeiten zurück, da es nach den neueren Forschungen als unzweifelhaft gelten muss, dass schon die Römer bei Gressenich und Breinig Bleierze gewonnen und verschmolzen haben. Die Die Gewinnung des Eisensteins und die Darstellung des Eisens sind vermuthlich sogar schon in vorrömischer Zeit im Schwunge gewesen. Die Geschichte des Kohlenbergbaus lässt sich hierselbst auf mehrere Jahrhunderte zurückverfolgen, denn die ältesten schriftlichen Zeugnisse über denselben stammen schon aus dem 16. Jahrhundert, und da sie ihn bereits in einem sehr vorgeschrittenen Zustande seiner Entwickelung zur Darstellung bringen, ist man berechtigt, den Anfang der Kohlengewinnung noch auf 1 bis 2 Jahrhunderte zurückzuverlegen.

In seinem weitaus grössten Umfange gehörte der alte Reviertheil zum Gebiet des ehemaligen Herzogthums Jülich, nur der Kreis Eupen nebst dem norwestlich angrenzenden neutralen Gebiet bildete einen Bestandtheil des Herzogthums Limburg. Ein schmaler Streifen im Norden fiel in das Gebiet der früheren Reichsstadt Aachen, und endlich gehörte ein beschränkter, wenn auch in bergbaulicher Hinsicht nicht unwichtiger Theil, zu den Besitzungen der ehemals reichsunmittelbaren, von Ludwig dem Frommen gegründeten Benedictiner Mannsabtei Cornelimünster. Da die politischen Schicksale dieser Herrschaften, insbesondere der beiden erstgenannten, auf die Gestaltung der bergbaulichen und bergrechtlichen Verhältnisse nicht ohne Einfluss geblieben sind, so sei darüber in Kürze Folgendes vorausbemerkt.

Das Herzogthum Jülich war schon im Jahre 1423 in Folge Aussterbens seiner Herrscher und der testamentarisch bestimmten Nachfolge der Herzöge von Berg mit dem Herzogthum Berg und kaum ein Jahrhundert später (1511) durch Erlöschen der männlichen Linie der Herzöge von Jülich und Berg und durch Anfall ihrer Gesammtbesitzungen an die mit dem Prinzen Johann von Cleve vermählte Erbtochter Maria auch mit dem Herzogthum Cleve vereinigt worden. Als nun im Jahre 1609 auch die Familie Cleve ausstarb, machten mehrere Fürsten, insbesondere die von Brandenburg und Pfalz-Neuburg ihre Ansprüche auf die Hinterlassenschaft in dem sogenannten Jülich-Cleve'schen Erbfolgestreit geltend, welcher mittelst Erbvergleich vom 9. September 1666 dadurch seinen endgültigen Abschluss fand, dass Cleve mit Mark und Ravensburg an Brandenburg, dagegen Jülich mit Berg und Ravenstein an Pfalz-Neuburg und somit später (1685) an die Kurpfalz fiel. Seit dieser Zeit blieb das Herzogthum Jülich mit der Pfalz vereinigt, bis es im Jahre 1794 — ebenso wie auch die übrigen linksrheinischen Gebiete — durch Frankreich besetzt und im Lüneviller Frieden 1801 an Letzteres abgetreten wurde. Nach dem Wiener Congress im Jahre 1814 gelangten sie alle an Preussen, welches dieselben den anfänglich gebildeten Provinzen Niederrhein bezw. Jülich-Cleve-Berg zuertheilte, aus welchen seit 1822 die jetzige Rheinprovinz entstanden ist.

Von dem Herzogthum Limburg, welches seit dem 15. Jahrhundert abwechselnd in österreichischem, spanischem und holländischem Besitz gewesen ist, blieb bei der Theilung der Länder im Wiener Frieden ein Stück der alten Limburgischen Gemeinde Kelmis [1]), die das gegenwärtige Preussisch-Moresnet und den grössten Theil des sogenannten „neutralen Gebietes" umfasste, unberührt. Unter der französischen Herrschaft war die Gemeinde Kelmis mit der Nachbargemeinde Moresnet zu einer einzigen Gemeinde unter dem gemeinschaftlichen Namen Moresnet verschmolzen und dem Kanton Aubel, Departement der Ourte, einverleibt worden. Der Artikel II des Wiener Traktats vom 19. Juni 1815 bestimmte, „dass die Grenze zwischen Preussen und dem vereinigten Königreich der Niederlande mit derjenigen zwischen den Departements der Ourte und der Roer zusammenfallen, alsdann aber der östlichen Grenze des Kantons Eupen bis zu dem Punkte, wo die drei Departements der Ourte, der Roer und der unteren Maas zusammenstossen, in der Weise folgen sollte, dass ein kleiner Theil des Kantons Aubel noch zur Rechten dieser Grenzlinie verbleiben sollte." Die im Jahre 1816 zur Absteckung der Grenzen ernannten Kommissarien vermochten sich darüber nicht zu verständigen, wie jener kleine Theil des Kantons Aubel abgeschnitten werden sollte, und sie kamen in dem Grenzvertrag vom 26. Juni 1816 dahin überein, „dass die Demarkationslinie in der Ausdehnung von der Eupener Chaussee bis zu dem erwähnten Grenzpunkte der drei Departements der Ourte, der Roer und unteren Maas vorläufig unbestimmt und der streitige Theil der Gemeinde Moresnet so lange einer gemeinschaftlichen Verwaltung unterworfen sein sollte, bis eine diesbezügliche höhere Entscheidung seitens der beiderseitigen Regierungen ergangen sei". Da indessen eine solche Entscheidung

1) Kelmis bedeutet im Altdeutschen und im Plattdeutschen der Gegend um Aachen soviel wie Galmei, und es ist augenscheinlich, dass der Name der alten Gemeinde Kelmis von den sehr alten Galmei-Bergwerken des Altenbergs herrührt.

nicht getroffen wurde, so blieb das Gebiet der alten Gemeinde Moresnet in einen preussischen, einen niederländischen und einen ungetheilten oder neutralen Antheil getrennt, welch letzterer eine Grundfläche von 271 Hectaren und 56 Aren umfasst. Auch die belgische Revolution im Jahre 1830 führte hierin keine Aenderung herbei, sondern bewirkte nur, dass der bisherige niederländische Antheil an das Königreich Belgien überging[1]).

Der öftere Besitzwechsel, dem gerade die beiden grössten Länder, die Herzogthümer Jülich und Limburg unterworfen gewesen sind, hat naturgemäss auch eine häufige Aenderung in der Verwaltungsorganisation und in der Gesetzgebung daselbst zur Folge gehabt, und insonderheit sind auf dem Gebiete des Bergrechts nacheinander Bestimmungen in Kraft gewesen, welche die ganze bergrechtliche Materie von verschiedenen Gesichtspunkten aus geregelt haben.

Zunächst schieden sich das Limburger Land und die Jülicher, Aachener und Cornelimünstrischen Länder dadurch grundsätzlich von einander, dass in ersterem unter der damaligen österreichischen und später spanischen Regierung in enger Anlehnung an die Gesetzgebung Frankreichs das Recht der Grundeigenthümer auf die unter ihren Grundstücken brechenden Mineralien durch die sog. paix de Jaques von 1487 und demnächst durch das General-Reglement Karls II. von Spanien 1694[2]) mit nur geringen Einschränkungen bestätigt worden war, während in den letztgenannten Gebieten die deutsch-gemeinrechtlichen Grundsätze galten und auch schon sehr frühzeitig zur gesetzlichen Anerkennung gekommen waren. So erging bereits unter dem 27. April 1542 die alte, der herzoglich sächsischen Bergordnung von 1509 nachgebildete Cleve-Bergische Bergordnung, nach deren einleitenden Worten auf eine noch frühere Codification der bis dahin mehr in Gewohnheiten zur Erscheinung gekommenen Rechtsgrundsätze geschlossen werden muss[3]). Indessen liegen von dieser älteren Ordnung keine näheren Nachrichten vor, und es muss dahingestellt bleiben, ob damit etwa die alten „Bergwerksrechte von Gressenich und Eschweiler“ gemeint seien, die nach Hocker[4]) der Herzog Wilhelm von Jülich um 1492 nach dem Bergweisthum von Call habe entwerfen lassen. Später wurde die alte Bergordnung von 1542 durch die vom 21. März 1719 ersetzt, ohne dass damit eine materielle Aenderung in der bestehenden Rechtslage herbeigeführt worden wäre, weil letztere Bergordnung eine fast wörtliche Wiedergabe der ersteren war und keinen grundsätzlichen Unterschied gegen dieselbe aufwies. Ausser

1) Rutsch: Die Umgegend von Eupen 1878.
2) Wagner: Beschreibung des Bergreviers Aachen S. 571 ff.
3) Brassert: Bergordnungen S. 762.
4) Hocker: Topographie von Eschweiler 1861.

diesen allgemeinen Bergordnungen bestanden für das Eschweiler Kohlenrevier noch zwei Spezialverordnungen, die sogenannten „Eschweiler Kohlbergsordnungen“ von 1747 und 1775, von denen die erstgenannte neben Vorschriften über den Debit, die Anlage von Wegen und die Preisfestsetzung für die einzelnen Kohlensorten auch noch besondere Instructionen über die Pflichten und Obliegenheiten der Bergbeamten enthielt, während die letztere hauptsächlich von den Abgaben der Gewerken handelte. Auf sie wird weiter unten in dem Kapitel über die Steuerverhältnisse näher eingegangen. Dasselbe gilt von den General-Edicten vom 10. März 1752 „betreffend die Entrichtung der Quatember- und Fristgelder“ und vom 16. November 1752 „betreffend die Zehnd-Freiheits-Jahre p. p.“ Eine besondere Erwähnung verdient endlich die im Gebiet des Reichstiftes Cornelimünster und in den benachbarten Jülich'schen Districten verbreitet gewesene Eigenthümlichkeit der Packen-Berechtigungen oder Pfahlwerksverleihungen, bei welchen, entgegengengesetzt den sonst üblichen Belehnungen auf Fundgruben und Massen, kreisförmige, auf der Oberfläche abgemessene Felder ertheilt wurden, deren Grösse gemäss der unter dem 18. Juni 1790 erneuerten Cornelimünstrischen Bergordnung vom 27. Juni 1747 vier Lachter und zwei Fuss im Halbmesser betrug. In einer Belehnung waren mitunter mehrere Pfähle oder Packen vereinigt, und der Betrieb wurde mittelst kleiner runder Schächte — Reifenschächte — geführt, deren Form zu der kreisförmigen Gestalt des Grubenfeldes selbst Veranlassung gegeben zu haben scheint. Die Vermessung erfolgte durch Einschlagen eines Pfahls in die Erde, um welchen herum ein Kreis beschrieben wurde[1]).

Alle die genannten Bergordnungen wurden ausser Kraft gesetzt, als nach der 1801 erfolgten Abtretung der linksrheinischen Gebiete an Frankreich das französische Berggesetz vom 28. Juli 1791 eingeführt wurde. Indem dieses Gesetz die nutzbaren Mineralien „zur Disposition der Nation stellte“ in dem Sinne, dass dieselben lediglich unter Genehmigung und Aufsicht des Staates gewonnen werden durften, beseitigte es sowohl das im Limburger Lande anerkannt gewesene ausschliessliche Recht der Grundeigenthümer als auch das in den anderen Ländern gültig gewesene deutschrechtliche Regal. Es leitete das Concedirungsrecht der Nation allein aus der hoheitsrechtlichen Gewalt des Staates ab und wurde in diesem Punkte vorbildlich sowohl für das spätere französische Berggesetz von 1810 als auch für das Preussische Allgemeine Berggesetz von 1865. In enger Anknüpfung an die historische Entwickelung, welche das Bergrecht bis dahin in Frankreich genommen hatte, beschränkte es jedoch

1) cf. Brassert: „Bergordnungen“ S. 806, und Maas in der Zeitschrift für Bergrecht. 3. Jahrgang 1862 S. 369 ff.

das staatliche Hoheitsrecht durch die Beibehaltung der den Hüttenpermissionären von jeher zugestandenen Berechtigungen und durch die Einräumung weitgehender Befugnisse an die Grundbesitzer und engte auf der anderen Seite die allgemeine Bergbaufreiheit wesentlich dadurch ein, dass es den nach deutschrechtlichen Grundsätzen durch eine ordnungsmässige Muthung begründeten Rechtsanspruch auf die Verleihung gänzlich ausschloss und die Ertheilung der letzteren lediglich von dem Befinden der massgebenden Behörde abhängig machte. Auch setzte es die Dauer der Concessionen nur auf höchstens 50 Jahre fest und schuf somit überhaupt kein eigentliches Bergwerks-Eigenthum, sondern nur eine zeitlich beschränkte servitutähnliche Belastung des Grund und Bodens. Die bei der Publikation des Gesetzes schon bestandenen früheren Bergbau-Berechtigungen wurden mit der Beschränkung aufrecht erhalten, dass dieselben in keinem Falle länger als 50 Jahre dauern und an das vorgeschriebene Feldesmaximum von 6 Quadratmeilen gebunden sein sollten. Desgleichen sollten sie wie auch die neuen Concessionen wieder erlöschen, wenn eine einjährige ungesetzliche Unterbrechung des Betriebes festgestellt worden war.

Nur zwei wichtige Concessionen sind unter der Herrschaft dieses Gesetzes innerhalb des Reviers unter den weiter unten näher beschriebenen Umständen ertheilt worden, nämlich auf das Kohlenbergwerk Centrum an Englerth und Wültgens und auf die Galmeibergwerke am Altenberge an Jean Jacques Daniel Dony. Uebrigens hat die Geltungsdauer des Gesetzes nicht lange gewährt, da schon am 1. Mai 1810 das neue Gesetz vom 21. April desselben Jahres promulgirt wurde, mit welchem abermals in den grundlegenden Prinzipien wichtige Neuerungen hervorgerufen wurden. Als die bedeutsamste und folgenschwerste derselben muss ohne Zweifel die Schaffung eines dauernden, unwiderruflichen, von Grund und Boden abgelösten Bergwerkseigenthums bezeichnet werden, da dadurch die Unsicherheit, welche bisher in Folge der zeitlichen Beschränkung auf die Entwickelung des Bergbaus hemmend eingewirkt hatte, mit einem Male beseitigt wurde. Als eine natürliche Folgerung aus diesem Cardinalpunkte des Gesetzes ergab sich ferner eine wesentliche Beschränkung der bisherigen ausgedehnten Grundeigenthümerrechte, die in der Hauptsache auf den Anspruch auf die sogenannte Grundrente eingeschränkt wurden. Wenn allerdings diese Rechtsbeschränkung in etwa dadurch gemildert wurde, dass man den Betroffenen weitergehende Befugnisse auf die neben den Bergwerken und den Steinbrüchen unterschiedene Klasse der „Gräbereien" einräumte, so hoben doch andrerseits die Ausnahmen, welche man rücksichtlich der Eisengräbereien wegen der Beibehaltung der alten Rechte der Hüttenpermissionäre machen musste, diese Vergünstigung zum grossen Theil wieder auf. Die vor dem Erlass des Gesetzes beliehenen Concessionäre wurden vom Tage der Veröffentlichung desselben ohne Erfüllung irgend einer Formalität ebenfalls unwiderrufliche Eigenthümer, während diejenigen, deren Berechtigungen aus der Zeit vor dem Gesetz vom 28. Juli 1791 stammten, und welche eine Regularisation ihrer Feldesgrenzen gemäss den Bestimmungen dieses Gesetzes nicht nachgesucht hatten, für ihren dermaligen Betrieb neue Concessionen auf Grund des neuen Gesetzes erhalten sollten. Noch manche andere minder tief einschneidende Aenderungen brachte das neue Gesetz mit sich, indessen die grossen Mängel, welche schon bei dem Gesetz vom 28. Juli 1791 hervorgetreten waren, insbesondere die Beschränkung der allgemeinen Bergbaufreiheit, die Nichtanerkennung des Finderrechts, die Willkür der Behörden bei der Ertheilung des Bergbaurechts, das schleppende Verfahren bei der Instruction der Concessionsgesuche und nicht zuletzt endlich der Mangel näherer Bestimmungen über die Rechtsverhältnisse zwischen den Bergwerksbesitzern und den Bergleuten wurden auch durch das Gesetz vom 21. April 1810 nicht überwunden. Durch die Handhabung, welche das Gesetz Seitens der preussischen Bergverwaltung nach der Einverleibung der linksrheinischen Provinzen mit Preussen erfuhr, machten sich die angedeuteten Mängel freilich weniger fühlbar, weil bei der Auslegung des Gesetzes nicht ohne Noth die bewährten Grundsätze des deutschen Bergrechts ausser Acht gelassen wurden, und andrerseits spätere Gesetze in wesentlichen Punkten Abhülfe schufen. So haben z. B. Fundentschädigungen, welche den Findern für den Fall zustanden, dass Dritten die Concession ertheilt wurde, unter preussischer Verwaltung nur in den seltensten Fällen stattgefunden, indem fast regelmässig den Findern die Concession ertheilt und auch das Recht des älteren Muthers gegenüber jüngeren Muthungen stets anerkannt wurde. Damit war auch eine willkürliche Auswahl unter mehreren Concessionsbewerbern von vornherein ausgeschlossen. Desgleichen erlitt das umständliche Verfahren bei der Instruction der Concessionsgesuche eine wesentliche Vereinfachung, da die Concessionsdecrete weder im Staatsrathe beraten noch vom Könige vollzogen, sondern nach Massgabe der inländischen Gesetzgebung allein von dem betreffenden Ressortminister ausgefertigt wurden, bis das Gesetz vom 10. Juni 1861 über die Competenz der Oberbergämter den letzteren, vorbehaltlich eines Recurses an den Minister, die Entscheidung über die Gesuche und die Ausfertigung der Urkunden übertrug. Auch die künstlichen und verwickelten Bestimmungen über die Hütten und den Betrieb der Gräbereien bezw. über die niemals recht praktisch gewordenen Rechte der Hüttenpermissionäre gegenüber den Grundeigenthümern wurden zum grössten Theil durch das genannte Gesetz beseitigt, indem der § 12 desselben die Hüttenwerke dem Ressort der Regierungen überwies mit der Bestimmung, dass sie nur den Gewerbegesetzen unterworfen sein sollten. Es fiel damit die bergrechtliche Permission der Hütten für die Zukunft weg, und nur die polizeiliche Erlaubniss nach Massgabe der Gewerbegesetze sowie die Beachtung der für Wassertriebwerke und Dampfkessel erlassenen Vorschriften blieb noch übrig. Selbstverständlich hörte in Folge dessen auch das Recht der Hütten auf die Gräbereien formell auf. Endlich fanden auch die Verhältnisse der Bergleute durch das Gesetz über die Vereinigung der Berg-, Hütten- und Salinenarbeiter in Knappschaften vom 10. April 1854 ihre gesetzliche Regelung, und es waren somit die grössten Mängel und Lücken bereits gehoben, als durch das Allgemeine Preussische Berggesetz vom 24. Juni 1865 die ganze bergrechtliche Materie einer abermaligen und für die ganze preussische Monarchie einheitlichen Neuordnung entgegengeführt wurde. Mit dem Erlass dieses Gesetzes schliesst die 300jährige Geschichte des Bergrechts auf der linken Rheinseite endgültig ab, und wenn auch im Laufe der Zeit manche Bestimmungen in Folge der fortschreitenden preussischen und deutschen Gesetzgebung hinfällig, bezw. abgeändert und erweitert worden sind, so sind doch die eigentlich bergrechtlichen Vorschriften unberührt geblieben und haben sich in ihrer ebenso erschöpfenden wie klaren und kurzen Fassung seit ihrer mehr als dreissigjährigen Geltungsdauer aufs vortrefflichste bewährt.

Wie bereits Eingangs erwähnt, hat im nördlichen Reviertheil der Bergbau eine nur kurze Geschichte. Für den vorliegenden Zweck bietet daher die politische und bergrechtliche Entwickelungsgeschichte der daselbst bestandenen alten Herrschaften auch weniger Interesse dar, gleichwohl mögen der Vollständigkeit halber folgende kurze Angaben hier Platz finden.

Das fragliche Reviergebiet umfasste in früherer Zeit Theile der Herzogthümer Cleve, Geldern und Jülich, ferner des Fürstenthums Moers und endlich des Kurfürstenthums Cöln.

Das Herzogthum Cleve war, wie schon oben angeführt, seit 1511 bis zur Beendigung des Jülich'schen Erbfolgestreits mit dem Herzogthum Jülich vereinigt gewesen und gehörte demgemäss während dieser Periode ebenfalls zum Gesetzesbereich der alten Jülich'schen Bergordnung von 1542. Dieselbe wurde nach dem Anfall des Herzogthums an Brandenburg durch den Kurfürsten Georg Wilhelm unter dem 3. Februar 1639 aufs Neue bestätigt und publicirt, später aber durch die im Jahre 1766 „revidirte Bergordnung“ vom 18. Juli 1737 ersetzt[1]).

Die beiden letztgenannten Ordnungen galten auch für das Herzogthum Geldern und für das Fürstenthum Moers. Ersteres war nach dem spanischen Erbfolgekriege im Utrechter Frieden 1713 mit dem hier in Rede stehenden Theile an Preussen, im Uebrigen an Oesterreich und

1) Brassert: Bergordnungen S. 817 ff.

Holland gefallen, während letzteres als ein Cleve'sches Lehen früher den Grafen von Moers angehörte, seit dem 15. Jahrhundert aber durch Heirathen und Erbschaften unter die Herrschaft verschiedener Familien gelangte, bis es durch den König Friedrich I. von Preussen als Lehnsherr und Herzog von Preussen wieder eingezogen und 1707 zum Fürstenthum erhoben wurde.

In dem Kurfürstenthum Cöln endlich, welches aus dem rheinischen Erzstifte, dem Herzogthum Westfalen und der Grafschaft Recklinghausen bestand, reicht die Geschichte der Berggesetzgebung bis zum Jahre 1533 zurück, von welcher Zeit an in kurzen Zwischenräumen nicht weniger als 6 Bergordnungen ergangen sind, deren letzte vom 4. Januar 1699 [1]) in den ostrheinischen Bestandtheilen des Kurstaates bis zum Erlass des Allgemeinen Preussischen Berggesetzes als gemeinsames Particularrecht in Geltung geblieben ist. In den westrheinischen Landestheilen wurde dagegen, wie in den anderen vorgenannten Herrschaften, das einheimische Bergrecht seit 1801 durch die französische Gezetzgebung verdrängt, worauf die weitere Entwickelung denselben Verlauf genommen hat, wie es beim alten Reviertheil geschildert ist.

## 2. Geschichte des Steinkohlenbergbaues.

Ueber die Entstehung und die erste Entwickelung des Kohlenbergbaues im Inderevier fehlen jegliche Nachrichten. Man vermag nur aus den Thatsachen, dass im benachbarten Wurmrevier die Kohlen bereits im ersten Viertel des zwölften Jahrhunderts entdeckt und gewonnen wurden [2]), dass ferner hier wie dort durch das Ausgehen der Flötze an den Thalgehängen dieselben günstigen Bedingungen für die Auffindung und Ausbeutung derselben vorhanden waren, und dass endlich die ältesten schriftlichen Zeugnisse aus dem 16. Jahrhundert bereits von einem ausgedehnten Tiefbau handeln, den Schluss zu ziehen, dass die Anfänge des Kohlenbergbaues bis in die erste Hälfte des 15. Jahrhunderts zurückreichen. Unzweifelhaft erfolgte in dieser frühesten Periode die Gewinnung theils mittelst Tagebau, theils mittelst kleiner Reifenschächte, aus denen man ähnlich wie bei den Pfahlwerken (siehe Seite 178) nach beiden Richtungen im Flötze auffuhr, bis zusitzende Wasser oder schlechte Wetter zum Verlassen des alten Baues und zum Abteufen eines neuen Schächtchens nöthigten. Aus der Lage einer grossen Zahl solcher Schächtchen, von welchen man späterhin allein im Felde der Grube Centrum mehrere Hunderte zur Verhütung des Abflusses der Tagewasser in die tieferen Grubenräume zugeschüttet hat, darf man schliessen, dass grössere Abbau-

1) Brassert: Bergordnungen S. 516 ff.

2) Wagner: Beschreibung des Bergreviers Aachen.

felder als von 21 m streichender Länge nach beiden Seiten hin nicht genommen wurden. Erst als auf diese Weise die Flötze bis zum Niveau des natürlichen Wasserspiegels abgebaut worden waren, ging man zur tieferen Lösung derselben durch Stollen über, für welche in den Thälern der Inde und deren Nebenflüsse geeignete Ansitzpunkte gegeben waren. Da aber die dadurch erzielten Abbauhöhen wegen der geringen Niveauunterschiede zwischen den Thalsohlen und den obersten Hügelrücken keine bedeutenden sein konnten, so musste der Uebergang zum Tiefbau schon sehr frühzeitig erfolgt sein, und hatte sich thatsächlich auch zu Beginn des 17. Jahrhunderts mit Hülfe von Wasserrädern, für welche die Betriebswasser aus den vielen Flussläufen mit Leichtigkeit abgeleitet werden konnten, schon allenthalben vollzogen.

Im Felde der Grube Centrum, mit deren Geschichte als der ältesten und inhaltreichsten begonnen werden soll, waren nach Aufschluss der Lagerstätten durch je einen Stollen im östlichen und westlichen Feldestheil die ersten Tiefbauanlagen auf Rechnung der landesherrlichen Regierung in Angriff genommen worden. Sie bestanden aus zwei im Liegenden des Flötzes Padtkohl (Nordflügel) in der Nähe der späteren Herrenkunst niedergebrachten Schächten, deren jeder mit einer Radkunst ausgestattet war. Von einem der Schächte erfolgte mittelst des sog. „Durchfahrtsbetriebes“ in 24 m Teufe die querschlägige Lösung der übrigen Binnenwerksflötze. Obwohl die Teufe eine sehr geringe war, bedurfte es doch eines Zeitraumes von fast 150 Jahren, um die darüber anstehenden Kohlenpfeiler zum vollständigen Verhieb zu bringen, weil einerseits die durch den Jülich-Cleve'schen, den 30jährigen und durch die Eroberungskriege Ludwigs XIV. hervorgerufenen politischen Unruhen vielfach störend in die ruhige Entwickelung des Bergbaues eingriffen, und andererseits die Berechtigungsverhältnisse eine weitgehende Zersplitterung des Betriebes verschuldet hatten. Abweichend von den Verleihungen nämlich, welche auf den Aussenwerken für die Gesammtheit der daselbst aufsetzenden Flötze innerhalb der mit den heutigen Markscheiden ziemlich übereinstimmenden Grenzen ertheilt worden waren, umfassten die Felder auf den Binnenwerken meist nur ein einziges oder nur eine geringe Anzahl von Flötzen und waren entsprechend dem nach älterem Recht üblichen Verfahren nach gevierter Vermessung auf der Lagerstätte gestreckt. Einige gute Flötze, welche sich die churfürstliche Regierung reservirt hatte, waren in gleicher Weise in eine Unzahl kleiner Felder aufgetheilt und an Private verpachtet, die eine feste Pachtsumme jährlich zu entrichten hatten, während die Gewerken Bruchtheile ihrer Ausbeute unter der Bezeichnung der „Gewinnpfennige“ zahlten. Berücksichtigt man nun, dass im einen wie im anderen Falle die Abgaben ausserordentlich hoch waren, überdies die Pachtungen hinsichtlich ihrer Zeitdauer nur auf ein bis wenige Jahre beschränkt waren, so ist es verständlich, dass das Bestreben nach Ausbeute schlechterdings zum Raubbau führte, und fortgesetzte Collisionen bei der engen Begrenzung der Felder unvermeidlich wurden. Dem in Eschweiler ansässigen Bergvogt oder Kohlbergsdirector, welchem unter Beistand eines Bergmeisters und 4 Berggeschworenen die örtliche Verwaltung oblag, war zwar zufolge des scharf ausgebildeten Directionsprincips eine weitgehende Einwirkung auf die Betriebsleitung der einzelnen Werke eingeräumt, doch konnte dies nichts an der Thatsache ändern, dass beabsichtigte oder unbeabsichtigte Verstösse gegen die gewöhnlichsten Forderungen der Vorsicht oft ganze Grubencomplexe in Folge von Wettermangel oder von Wasserdurchbrüchen zur zeitweiligen Einstellung der Arbeiten nöthigten. Insonderheit für die Wasserhaltung wuchsen die Schwierigkeiten, je mehr sich die Baue nach dem Streichen und der Teufe ausdehnten, und die Verwaltung sah sich daher veranlasst, im Jahre 1740, bevor der Abbau auf der in 39 m Teufe gefassten II. Tiefbausohle beendigt worden war, mit der Ausführung eines tiefen Stollens zu beginnen, um der steigenden Wassernoth für längere Zeit wirksam zu begegnen. Bevor der Stollen aber, der im Omerbachthale unweit der Einmündung desselben im Indethale angesetzt wurde und 32 m Teufe unter dem Indespiegel eingebracht hätte, sein Ziel erreichte, ging er nach einer Erlängung von $1^1/_2$ km im schwimmenden Gebirge zu Bruch und konnte trotz aller Bemühungen nicht mehr aufgewältigt werden. So blieb nichts anders übrig, als die vorhandenen Wasserhaltungsanlagen durch neue zu verstärken, zu welchem Zwecke die Herrenkunstschächte und wenige Jahre darauf die Padtkohlschächte abgeteuft und mit grossen Wässerrädern ausgerüstet wurden. An Stelle des bisher benutzten, nur 3,5 m unter Tage liegenden Wasserabflusscanals wurde ausserdem ein neuer Stollen 9 m tiefer angelegt und bis zum Jahre 1778 auf 615 m aufgefahren. Mit Hülfe dieser Neuanlagen gelang es, die Vorrichtung der III. Tiefbau- oder Herrenkunstsohle ohne besondere Hindernisse zu Ende zu führen. Als jedoch der Abbau über derselben weitere Fortschritte gemacht hatte, und vollends zu Ende der 70er Jahre des vorigen Jahrhunderts behufs Bildung einer tieferen (IV.) Bausohle mit dem weiteren Abteufen des Padtkohlschachtes begonnen wurde, wiederholten sich die früheren Schwierigkeiten der Wasserhebung derart, dass ein Zeitaufwand von über 10 Jahren erforderlich war, um den Schacht nur 50 m seiger unter der Herrenkunstsohle niederzubringen. Behufs gründlicher Beseitigung dieser auf die Dauer unhaltbaren Zustände wurde durch eine eigens zu diesem Zweck von der churfürstlichen Regierung bestellten Commission ausser dem Um- und Neubau einiger Räder angeordnet, dass unter der Herrenkunstsohle auf sämmtlichen Flötzen zur Abhaltung der Wasser von der tiefsten (Padtkohl-)Sohle ein Sicherheits- oder Reservepfeiler von

33 m seiger (d. h. bei einem durchschnittlichen Einfallen von 40°—50 m tonnlägige Kohlenhöhe) anstehen bleiben und zur Unterstützung der alten Wasserkünste eine atmosphärische Dampfmaschine aufgestellt werden sollte. Mit dem Einbau dieser letzteren, die eine der ersten Dampfmaschinen in Deutschland war, wurde im Jahre 1793 in der Nähe der Herrenpumpe begonnen. Es ist unzweifelhaft, dass die beregten Massnahmen bei den immerhin geringen Productionsmengen der damaligen Zeit den ungestörten Fortgang des Betriebs für eine längere Reihe von Jahren verbürgt hätten, doch ebenso unzweifelhaft wäre es gewesen, dass die Schwierigkeiten der Wassergewältigung bei der Inbetriebnahme der nächsten tieferen Sohlen sich abermals eingestellt hätten, wenn die bisherige Zersplitterung der Besitzverhältnisse auch in Zukunft bestehen geblieben wäre. Zum Segen für die fernere Entwickelung der Grube war das nicht der Fall, denn zu Anfang dieses Jahrhunderts wurde durch die Verleihung eines die gesammten Flötze der Binnenwerke umfassenden Feldes an die Eschweiler Bürger Englerth und Wültgens der ganze Betrieb in einer Hand vereinigt. Den genannten Concessionären war schon unter der kurpfälzischen Regierung in den Jahren 1784 und 1785 mittelst vier besonderer Belehnungsurkunden abweichend von der sonst üblichen Verleihungsart ein die Flötze 24—34, d. i. Padtkohl bis einschl. Fornegel, einschliessendes Feld bis zur ewigen Teufe verliehen worden. Als nun durch die Occupation der linksrheinischen Länder seitens Frankreich im Jahre 1794 den Gewerken des Eschweiler Kohlbergs eine unliebsame Concurrenz durch die Einlegung neuer Verleihungsgesuche auf die bei Weisweiler ausgehenden Kohlenflötze drohte, reichten Englert und Wültgens, um den neuen Bewerbern zuvorzukommen, unter dem 24. Juni 1798 auf Grund der Artikel 4 und 7 des französischen Berggesetzes vom 28. Juli 1791 ein Concessionsgesuch auf Ausbeutung aller im Kanton Eschweiler befindlichen Steinkohlenvorkommen mit der Forderung ein, dass ihnen neben der Ueberlassung der landesherrlichen Wasserhaltungsanlagen und sämmtlicher aus den Eschweiler Gruben von der Staatskasse bisher eingezogenen Abgaben und Nutzungen auch das Recht zugestanden würde, die Gegenstände des Verleihungsgesuchs nach eigenem freien Ermessen und unter Leitung eigener Beamten auszubeuten. Dafür wollten sie sich andrerseits verbindlich machen, die fraglichen Bergwerke auf eigene Kosten sowohl durch Unterhaltung der vorhandenen als auch durch Einrichtung der später erforderlich werdenden Wasserkünste, Dampfmaschinen und anderen Anlagen für ein ganzes Jahrhundert auszurichten, und überdies eine Abgabe zu zahlen, die für die ersten vier Betriebsjahre je 10000 frcs., für die folgenden vier je 15000 frcs. und von da ab bis zum Ablauf der 50jährigen Concessionsfrist je 24000 frcs. betragen sollte. Der öffentlichen Bekanntgabe dieses Gesuches folgten vielfach Oppositionen

insbesondere seitens der Stolberger Messingfabrikanten, welche als Folge einer solchen Monopolisirung des Bergbaues eine Beschränkung der Production und eine Erhöhung der Kohlenpreise befürchteten. Sei es nun, dass diese Befürchtungen von der französischen Verwaltung als stichhaltig anerkannt wurden, oder dass ihr das Geldanerbieten der Bewerber, trotzdem es bald nachher auf 18 000 frcs. für die ersten 6 und auf 26 000 frcs. für jedes der folgenden Betriebsjahre erhöht worden war, als zu niedrig erschien, wurde die Instruction des Gesuches so säumig betrieben, dass Englerth und Wültgens zwei Jahre später (1800) einen neuen Verleihungsantrag übergaben, der sich nur auf die Binnenwerksflötze von 15—23 (d. i. von Flötz Stock bis Kirschbaum) und auf die dermalen ins Freie gefallene Grube Birkengang bezog. Auf dieses letzte Gesuch folgte unter dem 6. Dezember 1800 eine provisorische Betriebserlaubniss. Die landesherrlichen Wasserhaltungseinrichtungen jedoch, welche bei dem letzten Gesuch unberücksichtigt geblieben waren, wurden im folgenden Jahre besonders zur 50jährigen Verpachtung unter der Bedingung ausgeschrieben, dass der Ansteigerer die Unterhaltung der Anlagen wie deren Erweiterung und Verstärkung nach einem aufgestellten Betriebsplan zu übernehmen und demnächst nach Ablauf der Pachtzeit an das Gouvernement wieder abzutreten habe, dafür sollte ihm der Bezug der bisher vom Staate bezogenen „Gewinnpfennige“ und anderer Abgaben, darunter auch des Kohlenzehnten von den 6 Aussenwerken (Birkengang, Münsterberg, Atsch, Probstei, Aue und Ichenberg) zustehen. In dem am 5 vendemiaire XI (27. Sept. 1802) stattgefundenen Versteigerungstermin wurde den ebenfalls mitbietenden Englerth und Wültgens der Zuschlag für eine jährliche Pachtsumme von 19 149 frcs. und gegen Erlegung einer Caution von 200 000 frcs. ertheilt und dieses Abkommen später durch kaiserliches Decret vom 10. brumaire XIV (1. Nov. 1805) bestätigt. Behufs Ueberwachung der Ausführung des dem Vertrage zu Grunde gelegten Betriebsplanes wurde die Anstellung eines mit 3000 frcs. zu besoldenden Ingenieurs für Eschweiler angeordnet. Damit waren Englerth und Wültgens thatsächlich in den Besitz der gesammten Binnenwerke[1]) des Eschweiler Kohlbergs sowie des Birkenganger Concessionsfeldes gelangt. Aber trotz des dadurch erreichten Uebergewichts gegenüber allen anderen Gewerken erlahmten sie nicht in der beharrlichen Verfolgung ihres ersten auf die Unterdrückung jeder neuen Concurrenz gerichteten Zieles und hatten schliesslich auch den Erfolg, von der französischen Regierung noch die vertragsmässige Zusicherung zu erhalten, dass die benachbarten Weisweiler

1) Die hangendsten Flötze 1—4 (d. i. Furth bis Stock) waren zu der Zeit schon abgebaut und kamen deshalb für die Kohlengewinnung nicht mehr in Betracht.

Kohlenflötze während eines Zeitraums von 60 Jahren nicht in Concession gegeben werden sollten. Die Verleihungsurkunde für die Felder Centrum und Birkengang wurde unter dem 3. Nivose XIV (24. Dezember 1805) ertheilt.

Nach der solchermaassen herbeigeführten Vereinigung des Betriebes nahm derselbe bald einen regen Aufschwung. Während sich bisher die Gewinnungsarbeiten in der Hauptsache nur in dem westlichen, d. h. in dem im Hangenden der „Dicken Gewand" belegenen Feldestheil bewegt hatten, rückte in der Folgezeit der Schwerpunkt des Betriebes immer mehr nach dem östlichen Feldabschnitt, zu dessen Ausrichtung zwei neue Förderschächte niedergebracht wurden, von welchen der eine, Namens Gyr, das zwischen der „Dicken Gewand" und dem „Feldendskropp" sich erstreckende Baufeld zugewiesen erhielt, während aus dem anderen, mit Namen Christine, die östliche Partie bis zur Feldesgrenze d. i. bis zur Sandgewand bezw. bis zum „Verbotenen Kropp" in Angriff genommen wurde. Beide Schächte erreichten bei annähernd 146 m Teufe die Padtkohlsohle. Zum Zwecke der Wasserhaltung, für welche bei der zunehmenden Ausdehnung der Grubenbaue die vorhandenen Pumpenanlagen auf den Herrenkunst- und Padtkohl-Schächten nicht mehr ausreichten, wurden ausserdem sowohl für den östlichen als auch für den westlichen Feldestheil je ein neuer Schacht ausgeführt, nämlich für den ersteren der bei 110 m südöstlicher Entfernung vom Gyrschachte angesetzte Neugrosskohlschacht[1]), und für letzteren der Gerhardschacht im Süden des alten Förderschachtes „Durchfahrt". Auf dem Schachte Neugrosskohl montirte man eine 36zöllige einfachwirkende Watt'sche Dampfmaschine, auf dem Gerhardschachte eine 70zöllige Niederdruckmaschine. Beide Schächte wurden bis zu der 85 m seiger unter der Padtkohlsohle gefassten V. Tiefbausohle oder Catharinensohle abgesunken. Mit letzterer Sohle fand im westlichen Feldestheile die Sohlenbildung ihren Abschluss, da wegen der Aushebung der Muldenlinie nach Westen die Kohlenpfeiler bis zum Muldentiefsten nur noch eine geringe Höhe hatten und daher mittelst Gesenkbau zum Verhieb gelangen konnten. In dem östlichen Feldesabschnitt hingegen unternahm man die tiefere Lösung von zwei neuen Schächten, dem Wilhelminen- und dem Friedrich-Wilhelm-Schachte aus, welche im Süden des Christine- bezw. des Gyrschachtes abgeteuft wurden und bis zur Mitte der dreissiger Jahre in rascher Aufeinanderfolge den Aufschluss der VI., VII., VIII. und IX. oder Beustsohle vermittelten. Trotz der bedeutenden Produktionssteigerung, welche diese Vermehrung

1) Der im Südwesten der Padtkohlschächte belegene, schon aus alter Zeit stammende Förderschacht Grosskohl wurde nach Anlage des Neugrosskohlschachtes und zum Unterschiede von diesem als Altgrosskohlschacht bezeichnet

der Arbeitspunkte zur Folge hatte, reichte die Förderung kaum hin, um der stetig wachsenden Nachfrage zu genügen. Da nun ausserdem die Errichtung mehrerer neuer gewerblicher Anlagen im Stolberger Thale, insbesondere der Münsterbuscher Zinkhütte, der Eisenhütte Eschweilerpümpchen sowie einiger Glashütten und nicht zuletzt auch der Bau der Rheinischen Eisenbahn eine fernere Erweiterung des Absatzgebietes in sichere Aussicht stellten, so war man genöthigt, an eine baldige Ausrichtung des zum grössten Theile noch unverritzt anstehenden Muldensüdflügels zu denken. Der Plan ging dahin, sowohl für das östlich als auch für das westlich der Dicken Gewand belegene Feld je einen Förderschacht und überdies für beide zusammen einen gemeinschaftlichen Wasserhaltungsschacht niederzubringen. Um indessen nicht schon bei den Abteufarbeiten des zunächst ins Auge gefassten östlichen Förderschachtes, der beiläufig bemerkt in 523 m südlicher Entfernung vom Wilhelminenschachte angesetzt und späterhin mit dem Namen „Kronprinz" belegt wurde, durch zusitzende Wasser behelligt zu werden, sollten gleichzeitig die Schächte Friedrich Wilhelm und Wilhelmine weiter abgesunken und von letzteren aus in der XIII. (oder Gräser-)Sohle der Kronprinzschacht unterfahren werden. Indem man weiterhin den Durchschlag zwischen dem Wilhelminen- und dem Friedrich-Wilhelm-Schacht in der unteren Sohle herstellte und eine Verbindung zwischen den letztgenannten und dem Neugrosskohlschachte durch eine schwebende Strecke vermittelte, vermochte man vorderhand die Wassergewältigung dem Neugrosskohlschachte zu übertragen, der zu diesem Behufe mit einer neuen 44zölligen Hochdruckmaschine ausgestattet wurde. Mit der Ausführung dieses Planes begann für die Grube eine neue Zeit regen Aufschwungs, dessen Anfang auch in anderer Hinsicht durch den Eintritt mehrerer auf die Entwickelung der Grube tief einwirkender Ereignisse gekennzeichnet wurde. Wie schon oben im allgemeinen Theile dieses Kapitels erwähnt, gingen alle unter der Herrschaft des Berggesetzes vom 28. Juli 1791 verliehenen Concessionen, mithin auch diejenige der Grube Centrum, nach dem Erlass des neuen Gesetzes vom 21. April 1810 ohne Erfüllung irgend einer Formalität in das unwiderrufliche Eigenthum der bisherigen Concessionäre über, in dem Pachtverhältnisse indessen, welches bezüglich der Wasserhaltungsanlagen seit dem Jahre 1802 bezw. 1805 zwischen der Regierung und den Besitzern von Centrum bestand, wurde hierdurch in keiner Weise etwas geändert, so dass letztere nach wie vor ihre alljährliche Pachtsumme von 19149 Francs zu entrichten hatten. Erst im Jahre 1832 erwarben Englerth & Wültgens durch Ankauf auch die Wasserhaltungsanlagen und wurden dadurch endgültig Eigenthümer des ganzen Berechtigungsfeldes nebst allen Anlagen und deren Zubehör. Als ferner nach dem bald darauf erfolgten Tod der beiden Gründer die Grube an deren

Erbin und Rechtsnachfolgerin, der Wittwe Englerth geb. Christine Wültgens, fiel, gründete dieselbe mit ihren 7 Kindern die unter dem 31. Mai 1835 bestätigte anonyme Gesellschaft des Eschweiler Bergwerksvereins mit dem Sitze zu Eschweilerpumpe, deren Gesellschaftsstatut, wie gleich vorausbemerkt werden mag, später eine Erweiterung dahin erfuhr, dass dem Verein ausser der Berechtigung zum Kohlenbergbau auch die Gewinnung von Eisen- und anderer Erze und zum Hüttenbetriebe zugestanden wurde. Die Genehmigung dieses erweiterten Statuts, in welchem der Verein ein Vermögen von 9 Millionen Mark nachwies, erfolgte durch Allerhöchste Kabinetsordre vom 4. März 1850. Weiterhin wurde das Feld der Grube namhaft vergrössert durch die Vereinigung mit den Feldern der Gruben Ichenberg, Aue und Probstei (1831 bezw. 1833), während zur gleichen Zeit das Feld Eschweiler-Reserve dem Verein neu verliehen wurde. In den Jahren 1836 und 39 wurden die Verleihungsurkunden aller der genannten Felder auf die Berechtigung zur Gewinnung von Eisenstein declarirt. Schliesslich verdient noch der Umstand Erwähnung, dass in dieser Zeit behufs Sesshaftmachung der Belegschaft der Anfang zur Erbauung der ersten Arbeiterwohnungen gemacht wurde, da wegen des lebhaften Aufschwungs der Industrie im Inde- und Stolberger Thal und in Folge der Errichtung mehrerer neuer grosser Werke, wie des Eisenwerks Eschweileraue, des Schienenwalzwerks von Eberhard Hoesch & Söhne, der Zinkhütte Birkengang und der Stolberger Bleihütten die Nachfrage nach Arbeitskräften bedeutend stieg, und die Arbeiter zum häufigen Wechsel ihrer Beschäftigung veranlasste. Es liegt auf der Hand, dass diese industrielle Regsamkeit sehr fördernd auf den Kohlenabsatz zurückwirken musste, und die Grube Centrum, deren Produktion 1847 bereits auf 2089309 Scheffel (d. i. 17000 Scheffel täglich) gestiegen war, sah sich daher gezwungen, auf dem Schachte Kronprinz, der im Jahre 1847 mit der XIII. (oder Graeser-)Sohle durchschlägig wurde, den Abbau einzuleiten, noch bevor die Vorrichtung daselbst auf den verschiedenen Sohlen halbwegs beendigt war. Auf dem Wilhelminen- und Friedrich-Wilhelm-Schacht ging man 1845 bezw. 1847 schon zur Lösung der tiefsten (d. i. XVII.) Sohle vor. Damit zusammenhängend trat auch bald die Nothwendigkeit ein, zur Durchführung des zweiten Theils des obenerwähnten Planes, nämlich zur Herstellung des neuen Wasserhaltungsschachtes für den Muldensüdflügel, zu schreiten, da die Anlagen des Neugrosskohl-Schachtes bei dem raschen Fortschritt der Baue dem Bedürfniss kaum mehr genügten. Um mit dem Schacht den alten Bauen fern zu bleiben, und die Abteufarbeiten nicht durch Anzapfen der darin angesammelten Wasser zu erschweren, wählte man als Ansitzpunkt einen zwischen der Sandgewand und dem Verbotenen Kropp 84 m südlich der Muldenlinie gelegenen Ort, indem man annahm, dass letzterer Verwurf die östlichste Grenze der von den Alten geführten Baue gebildet habe. In der Folge erwies sich zwar diese Vermuthung als unrichtig, denn man traf schon bei 9 m und später noch bei 44 m unter Tage auf den alten Mann, gleichwohl gingen die Abteufarbeiten, die 1847 begonnen wurden, glatt von statten, so dass der mit dem Namen Heinrich getaufte Schacht bis Mitte 1855 die tiefste Sohle bei 362,66 m Teufe erreichte. Bei 150 bis 175 m Teufe hatte er den Verbotenen Kropp durchörtert. Es war beabsichtigt, die Wasser aus dem Heinrichschacht auf den alten Omerbachstollen auszugiessen, der zu diesem Zweck wieder aufgewältigt und durch die Sandgewand bis ins Feld von Centrum herangeholt werden sollte. Nachdem er jedoch bis zum Jahre 1857 mit grosser Mühe bis südlich von Rötgen auf eine Länge von 1800 m vom Mundloch gesäubert bezw. verlängt worden war, ergab sich, dass die inzwischen auf dem Heinrichschachte aufgestellten Wasserhaltungsmaschinen fast $^{2}/_{3}$ der gehobenen Wasser zur Condensation bedurften, und daher der Plan wieder aufgegeben werden musste. Man führte nunmehr die überflüssigen Wasser oberirdisch bis zum Feldort des Stollens, liess sie hier durch einen kleinen Schacht in den Stollen fallen und durch diesen ihren Abfluss zur Inde nehmen. Ein ebenfalls in diese Zeit fallender Versuch, das Feld Eschweiler-Reserve vom Kronprinzschachte aus in der Beust-Sohle zu lösen, misslang vollständig, da man in der Störungszone der Sandgewand so viele Wasser erschrotete, dass vorübergehend die Tiefbaue bis zur Gräser-Sohle ersoffen, und erst nach mehreren Jahren (1860), nachdem die Zuflüsse durch einen gemauerten und einen hölzernen Keildamm abgedämmt worden waren, wieder gesümpft werden konnten. Die Unterbrechung, welche der Betrieb auf den unteren Sohlen dadurch erlitt, war um so empfindlicher, als der flotte Absatz ungeachtet der politischen Unruhen zu Ende der 40er und Anfang der 50er Jahre nach wie vor die höchsten Ansprüche an die Leistungsfähigkeit der einzelnen Förderpunkte stellte. Neben der im Jahre 1852 erfolgten Erbauung der chemischen Fabrik Rhenania trug hierzu vor allem die Betriebseröffnung der Concordiahütte (1856) bei, die insofern schon von vornherein zum Eschweiler Bergwerksverein in naher Beziehung stand, als ihre Gründung hauptsächlich durch Betheiligung der Aktionäre des Bergwerksvereins ins Leben gerufen war, und ihr ganzer Kohlenbedarf gemäss eines mit ihm abgeschlossenen Lieferungsvertrages ausschliesslich durch die Grube Centrum gedeckt werden sollte. Ueber die Ausführung dieses Vertrages entstanden, wie gleich den Thatsachen vorauseilend bemerkt werden mag, im Jahre 1872 Differenzen, die indessen noch vor dem Austrag eines dieserhalb anhängig gewesenen Prozesses durch einen Vergleich beigelegt wurden, demzufolge die Concordiagesellschaft sich auflöste und mit dem Eschweiler Bergwerksverein in der Art verschmolz, dass neun Aktien der ersteren acht Aktien des letzteren gleichgestellt wurden. Das Grundkapital des Eschweiler Bergwerksvereins vermehrte sich dadurch von 9 auf 12 Millionen Mark. Eine Folge der Gründung der Concordiahütte war die im Jahre 1859 ausgeführte Anlage einer Kohlenwäsche, um den erhöhten Bedarf an Kokskohlen, welche bis dahin durch Mahlen der reinen Stückkohlen hergestellt wurden, direkt aus der abgerätterten feinen Kohle decken zu können. Alle Förderpunkte wurden zu diesem Zwecke mit Rätteranlagen versehen und durch schmalspurige Pferdeeisenbahnen mit der Wäsche am Kronprinzschacht verbunden. Mit dem Umbau und der Erweiterung der Kokerei ist auch diese alte Wäscheanlage später bedeutend vergrössert worden. Die Produktion von Centrum hatte 1857 bei den erwähnten guten Absatzverhältnissen den höchsten Stand von 4113678 Scheffel erreicht, der nur noch in den 60er Jahren nach Inbetriebnahme des Förderpunktes Probstei vorübergehend überschritten wurde. Mit der Ausrichtung des südlichen Westfeldes durfte unter diesen Umständen nicht länger gezögert werden, und indem man nunmehr zur Vollendung des für die Erschliessung des Muldensüdflügels aufgestellten Projectes schritt, teufte man in 1000 m Entfernung vom Kronprinzschachte den vorgesehenen neuen Förderschacht ab, welchem zuerst der Name Ferdinand, später aber (1856) anlässlich eines Besuches der Prinzessin Luise, nachmaligen Grossherzogin von Baden, der Name Luise beigelegt wurde. Bis 1856 hatte derselbe eine Teufe von 144 m erreicht, woselbst man die erste Sohle ansetzte. Die Wasser wurden nach erreichtem Durchschlag mit dem Alt-Grosskohlschachte, der zwar 1854 schon abgeworfen, dann aber wieder aufgezogen und bis zur Padtkohlsohle abgesunken worden war, durch die Padtkohl-Künste bezw. durch eine an Stelle eines schadhaft gewordenen Rades aufgestellte Wassersäulenmaschine zum Abflussstollen gehoben. Man entlastete dadurch die Maschinen auf dem Heinrichschachte und verschaffte andererseits den in bedeutenden Mengen aus den alten Bauen über der Herrenkunstsohle angezapften Wassern einen kürzeren Abfluss. Mit dem südlichen Sohlenquerschlag erreichte man bei 263 m vom Schachte das liegendste Flötz Padtkohl, fuhr dann aber noch behufs Lösung der Aussenwerke 472 m weiter auf. Obgleich die gleicher Zeit rüstig fortgesetzten Abteufarbeiten zeitweise durch starke Wasserzuflüsse unterbrochen wurden, gelang es doch rasch mittelst Bohrlöcher, welche man von der Schachtsohle auf die aus dem Kronprinz- und Friedrich-Wilhelm-Schacht in der Beust- bezw. Gräser-Sohle hergestellten Unterfahrungsstrecken niedergestossen hatte, alle Schwierigkeiten zu heben und bis zum Jahre 1863 die nächsten drei Sohlen anzusetzen, nämlich die II. in 186, die III. in 236 und die IV. in 298 m Teufe. Von diesen vier Sohlen, deren Abstände erheblich grösser, als bei den anderen Schächten gewählt waren, lag die I. in Höhe der III. Sohle des

Wilhelminen-Schachtes und dementsprechend die II. in Höhe der VI., die III. in Höhe der IX. (oder Beust-)Sohle und die IV. in Höhe der XIII. (oder Gräser-)Sohle. Der Beginn der Gewinnungsarbeiten auf der I. Sohle verursachte ein nochmaliges Steigen der Produktion, so dass dieselbe im Jahre 1864 mit Einschluss der auf dem Betriebspunkte Probstei eröffneten Förderung 4584000 Scheffel betrug. Damit war aber auch der Höhepunkt erreicht. Die bald darauf eintretenden kriegerischen Ereignisse in den Jahren 1864 und 1866 sowie die im letzteren Jahre sich verbreitende Cholera-Epidemie wirkten überaus lähmend auf das ganze Gesellschaftsleben ein. Dazu gesellten sich empfindliche Betriebsstörungen, welche sowohl durch einen Gestängebruch der 96zölligen Wasserhaltungsmaschine auf dem Heinrichschachte als auch durch reiche Niederschläge verursacht wurden, welche einen Wasseraufgang über die untersten Sohlen zur Folge hatten. Als deren Nachwirkungen kaum behoben waren, brach der Krieg von 1870 aus, durch welchen neben Arbeitermangel und Verkehrsbeschränkungen eine allgemeine Flaue des Marktes hervorgerufen wurde. Zwar dauerte dieselbe wegen der glücklichen Erfolge der deutschen Truppen nicht lange, es trat sogar nach Beendigung des Krieges ein beispielloser, vielfach schwindelhafter Aufschwung auf allen Industriegebieten ein, indessen hatte nunmehr die Grube Centrum durch den inzwischen erfolgten Verhieb der letzten Kohlenpfeiler in den Feldern der Schächte Wilhelmine und Friedrich-Wilhelm die Grenze ihrer vorherigen Leistungsfähigkeit überschritten und vermochte daher umsoweniger die frühere Höhe ihrer Produktion zu erreichen, als im Felde Probstei der Betrieb eingestellt werden musste, und ausserdem neue Gestängebrüche an den Wasserhaltungsmaschinen und abermalige reiche Niederschläge die an und für sich schon schwierige und langwierige Ausrichtung der gestörten untersten Muldenpartien aufs Höchste erschwerten. Die Einstellung der Förderung auf dem Schachte Friedrich-Wilhelm erfolgte 1873. Der Schacht selbst wurde verfüllt, und die Schachtgebäude wurden zu Arbeiterwohnungen eingerichtet. Das Gleiche geschah 2 Jahre später mit dem Schachte Wilhelmine. Zur selben Zeit musste auch wegen des eingetretenen Rückschlags der Conjunctur auf dem Eisenmarkte der Hochofen auf der Concordiahütte ausgeblasen und für längere Zeit kalt gelegt werden. Auf dem Kronprinzschachte hatte sich, da die oberen Sohlen schon abgebaut waren, der Betrieb auf die tiefsten Sohlen gezogen und näherte sich ebenfalls langsam seinem Ende, so dass nur noch der Luiseschacht, der 1871 bis zu seiner tiefsten (der V.) Sohle auf 350 m abgeteuft worden war, im Stande war, für längere Zeit die Förderung zu unterhalten. Erst als auch hier nach Verlauf von $1^1/_2$ Jahrzehnten die letzten Kohlenreste ausgewonnen waren und allenthalben der Abbau des unter der Herrenkunstsohle verbliebenen Reservepfeilers endete, kam im

Jahre 1891 der ganze, durch Jahrhunderte hindurch für die Entwickelung der Stolberger und Eschweiler Industrie so bedeutungsvoll gewesene Betrieb zur endgültigen Einstellung. Einen Ersatz für den dadurch bewirkten Kohlenausfall lieferte der inzwischen von dem Eschweiler Bergwerksverein eröffnete Abbau im Felde Eschweiler-Reserve. Bevor jedoch zur Geschichte dieser Grube übergegangen werden soll, mögen vorerst einige Bemerkungen über die mit Centrum vereinigten Gruben Ichenberg, Aue und Probstei sowie über die auf den Aussenwerken verliehenen Felder Birkengang, Atsch und James vorangeschickt werden.

Im Felde Ichenberg ist der erste Aufschluss mittelst eines vom Indethal herangeholten Stollens bewirkt worden, worauf bis zu 149 m seigerer Teufe unter der Stollensohle ein Tiefbau eingeleitet wurde, durch welchen die Aussenwerksflötze Kleinkohl, Grosskohl, Spliss und Jülcher von der Sandgewand bis zur Dicken Gewand mehr oder weniger vollkommen abgebaut worden sind. Zur Wasserhaltung diente ein unterschlägiges Wasserrad von 11,5 m Durchmesser, welches durch die von den Herrenkünsten kommenden Wasser mit einem Gefälle von 7 m getrieben wurde. Den Antrieb des Kunstkreuzes vermittelte ein 72 m langes Feldgestänge. Als im Jahre 1822 mehrere Brüche in der tiefsten Sumpfstrecke ein Aufgehen der Wasser verursachten, musste der Betrieb eingeschränkt und der grösste Theil der Belegschaft entlassen werden. Durch einen späteren Betriebsplan, in welchem der Einbau eines zweiten Wasserrades und die Aufstellung einer Förderdampfmaschine geplant waren, wurde zwar die Wiederaufnahme des Betriebes im vorherigen Umfange vorgesehen, indessen ist dieser Plan nicht mehr zur Ausführung gekommen, da die Grube bald darauf durch Ankauf in den Besitz der Wittwe Englerth kam und auf deren Ansuchen unter dem 11. Mai 1831 mit der Grube Centrum unter dem Namen „Vereinigte Centrum und Ichenberg“ consolidirt wurde. Der Betrieb war schon 1825 vollständig eingestellt und seit der Zeit nicht wieder aufgenommen worden.

Im Grubenfelde Aue sind die am südlichen Gehänge des Probsteier Waldes aufsetzenden Flötze von den Alten zuerst durch einen 75 m östlich der Kirschbaumgewand vom Indethal aufgefahrenen Stollen und demnächst mittelst Wasserräder in tieferen Sohlen gelöst worden. Wie tief sich der Betrieb gezogen hat, ist nicht genau bekannt, wahrscheinlich nur bis etwa 70 m. In der ersten Hälfte des 18. Jahrhunderts hat die Grube noch in Förderung gestanden, ist aber danach, auch nach ihrer Vereinigung mit der Grube Centrum im Jahre 1833, immer auflässig geblieben.

Eine wichtigere Rolle hat die in demselben Jahre mit Centrum vereinigte Grube Probstei gespielt. Daselbst waren die Flötze Jülcher bis Kleinkohl bis auf stellenweise 60 m unter Tage mit Hülfe eines Kunstschachtes abgebaut worden, der dicht am östlichen Ufer des Sod- oder Saubaches (am Wege vom Bahnhof der Rheinischen Eisenbahn nach Stolberg) gelegen war. Zur Wasserhaltung diente auch hier ein Wasserrad, dessen Betriebswasser aus dem Sodbache abgeleitet wurden. Ganz in der Nähe dieses alten Kunstschachtes wurde 1860 behufs Wiederaufnahme des Betriebes ein neuer Maschinenschacht abgesunken, aus welchem 62,7 m unter der 12 m hoch aufgesattelten Hängebank die I. und bei 92 m Teufe die II. Sohle aufgefahren wurden. Gleichzeitig wältigte man an der westlichen Feldesgrenze einen alten auf dem Flötze Kleinkohl stehenden Schacht auf, welcher als Fahr- und Wetterschacht ausgebaut wurde, während im östlichen Feldestheil auf einem Tagesüberhauen im Flötze Spliss ein Wetterofen errichtet wurde. Das ganze 1255 m lange Feld theilte man sodann in 5 Bauabtheilungen ein, und richtete sämmtliche Flötze, mit Ausnahme des unbauwürdigen Flötzes Spliss, in welches die zur Pferdeförderung eingerichtete Hauptförderstrecke verlegt wurde, zum Abbau vor. Die Wasserhebung sollte auf Grund eines mit den Concessionären der westlich angrenzenden Grube Atsch abgeschlossenen Vertrages die Wasserhaltungsmaschinen der letztgenannten Grube übernehmen. Zu diesem Zweck durchörterte man in der dortigen II. Bausohle (117 m unter Tage) die Zittergewand und strebte vermittelst eines Querschlags die Verbindung mit der II. Sohle der Grube Probstei zu erreichen. Hierbei wurden indessen so viele Wasser erschroten, dass die Atscher Maschinen sie nicht zu wältigen im Stande waren und die IV. Sohle daselbst unter Wasser zu stehen kam. Eine weitere Verfolgung des Lösungsplanes hätte unter diesen Umständen und nach den vertragsmässigen Abmachungen eine Verstärkung der Atscher Wasserkünste auf Kosten der Concessionärin von Probstei nothwendig gemacht. Um dem jedoch überhoben zu sein, stand letztere von dem fraglichen Uebereinkommen ganz ab und liess die alte Hochdruckmaschine des Schachtes Neu-Grosskohl, welche dort inzwischen entbehrlich geworden war, nach Probstei versetzen. Mitte 1863 wurde die Maschine angelassen und mit ihrer Hülfe binnen 2 Jahren auch der Aufschluss der beiden weiteren Tiefbausohlen, der III. und IV. in 126 bezw. 182 m Teufe bewirkt. Die Förderung stieg dabei über 2200 Centner täglich, so dass sie fast den 7. Theil der von den Gruben Centrum und Probstei gemeinsam aufgebrachten Production ausmachte. In der Folgezeit jedoch wurden diese günstigen Fortschritte durch übermässige Wasserzuflüsse stark gehemmt. Schon das weitere Abteufen des Schachtes bis zur V. Sohle, welche bei 241 m Teufe gefasst wurde, nahm drei volle Jahre in Anspruch, während der Sohlenquerschlag erst bis Ende 1870 fertiggestellt werden konnte. Als man dann im Jahre 1873 zur Ausrichtung der VI. oder 300 m-Sohle schritt, gestaltete sich die Lage noch misslicher. Man vermochte nur in grösseren Unterbrechungen zu arbeiten und benöthigte trotz der thunlichsten Beschleunigung des Abteufens mit Hülfe von Bohrmaschinen und ungeachtet der Verbesserung der Maschine durch eine Condensationseinrichtung 2 Jahre, um den Anschluss an die 300 m-Sohle zu erreichen. Unglücklicherweise trat nun auch noch, als man gerade mit dem Ausbruch des Füllortes begonnen hatte, ein Bruch am Balancier der Wasserhaltungsmaschine ein, so dass die weiteren Ausrichtungsarbeiten vorderhand ganz aufgegeben werden mussten. Späterhin ist dann noch der Querschlag der IV. Sohle ziemlich weit zu Felde getrieben worden, doch zum Abbau kam man nicht mehr, da derselbe ohne vorherige Verstärkung bezw. Erneuerung der Wasserhaltungsanlagen unmöglich gewesen wäre. Hierzu konnte sich aber die Grubenverwaltung bei der damaligen Geschäftslage nicht entschliessen, und so erfolgte 1876 die gänzliche Einstellung der Grube. Ihre Wiederaufnahme ist übrigens beabsichtigt, sobald die Verhältnisse dies angezeigt erscheinen lassen.

Im Grubenfelde Birkengang, das nach den bereits weiter oben gemachten Angaben den Besitzern von Centrum unter dem 24. Dezember 1805 in Concession gegeben worden war, sind nach Ausweis der vielen Pingen allenthalben sehr alte Baue geführt worden. Im Osten der Zittergewand haben sich dieselben nur an wenigen Stellen unter Anwendung von Handpumpen bis unterhalb des natürlichen Wasserspiegels bewegt, während sie im westlichen Felde vermittelst eines „an den Birken" bestandenen Wasserrades bis zur sog. Wasserkunstsohle niedergegangen sind, welche bei der Ewigen Gewand 47 m und bei der Zittergewand in Folge des Ansteigens des Geländes 94 m Teufe eingebracht hat. Als im Jahre 1817 die Grube von Neuem eröffnet wurde, teufte man ziemlich in der Mitte zwischen den genannten Störungen einen neuen Wasserhaltungsschacht ab, der mit einer 22zölligen Niederdruckmaschine ausgestattet wurde, und aus welchem man bei 103 m Teufe die Vorrichtungsarbeiten zum Abbau der II. Tiefbausohle in Angriff nahm. Zur Förderung diente ein in 126 m westlicher Entfernung belegener alter Göpelschacht, der zu diesem Zweck wieder aufgewältigt und mit einem neuen Pferdegöpel ausgerüstet worden war. Aus Furcht vor Wasserzugängen aus den vielen unmittbar im Liegenden der Zittergewand befindlichen alten Bauen hatte man die östliche Baugrenze vorderhand nur bei 251 m Entfernung vom Kunstschachte festgelegt und schritt erst einige Jahre später (1825), nachdem in der Wasserkunstsohle zur Abfangung der Wasser eine Strecke bis nahe an die Zittergewand vorgetrieben worden war, zur Lösung des östlich vorliegenden Feldes mit Hülfe eines besonderen Schachtes, der 63 m westlich von der Zittergewand angesetzt und auf 110 m Tiefe niedergebracht wurde. Aus letzterem Schacht bewirkte man dann auch den Aufschluss der sich zwischen der Zitter- und der Kirschbaumgewand erstreckenden Flötzpartie in der I. und II. Tiefbausohle. Bis zum Jahre 1834 war der Abbau über den genannten Sohlen bei einer durchschnittlichen Jahresförderung von 122 000 Scheffel so weit vorgeschritten, dass die Ausrichtung der III. Tiefbausohle nothwendig wurde, welche man indessen mit Rücksicht auf die voraussichtliche Unzulänglichkeit der vorhandenen Schachtanlagen von einem ganz neuen Schachte, Christina, aus in Angriff nahm, der 115 m nördlich vom alten Kunstschacht abgeteuft wurde. Da man erst nach Verlauf von 5 Jahren die vorgesehene Teufe von 195 m erreichte, war man zur Vermeidung einer Stockung in der inzwischen auf 300 000 Scheffel gestiegenen Förderung gezwungen, bei 138 m eine Mittelsohle einzulegen, deren Verhieb bei dem günstigen Flötzverhalten derart beschleunigt wurde, dass im Jahre 1841, als die Vorrichtung auf der untersten (195 m) Sohle gerade beendet war, nur noch einige Pfeilerreste vorhanden waren. Mit dem Beginn des Abbaues auf der letzteren Sohle hatte man in Folge dessen abermals sogleich wieder die Lösung einer weiteren Abbausohle ins Auge zu fassen. Von einer Vertiefung des Christinaschachtes, die zur Erreichung dieses Zweckes wohl am nächsten lag, nahm man Abstand, weil man sich scheute, die im Liegenden des Flötzes Kleinkohl auftretenden wasserreichen Sandsteinschichten zu durchsinken. Es war vielmehr beabsichtigt, den tieferen Aufschluss durch einen blinden Schacht zu bewirken, welcher am Ende des auf 418 m zu erlängenden Ausrichtungsquerschlags der 195 m-Sohle angesetzt werden sollte. Bevor jedoch dieses Project zur Ausführung kommen konnte, d. h. ehe der Querschlag noch zum kleineren Theil in seiner vorgesehenen Länge fertiggestellt worden war, drängten die Verhältnisse schon zum Abteufen eines Gesenks bei 71 m Entfernnng vom Schachte, weil einerseits der Querschlagsbetrieb keinen dem raschen Fortschritt der Abbauarbeiten entsprechenden Fortgang nahm, und andrerseits der vom Christinaschachte aus beabsichtigten Ausrichtung der III. Tiefbausohle zwischen der Zitter- und Kirschbaumgewand durch starke Wasserzuflüsse aus ersterer Störung unerwartete Schwierigkeiten erwuchsen. Als das fragliche Gesenk 35 m tief war, setzte man die IV. Bausohle an. Ferner ermöglichte man die Durchörterung der Zittergewand durch Aufwältigung eines im Osten derselben belegenen alten Schachtes, durch welchen man mit Hülfe einer 16pferdigen Dampfmaschine die zusitzenden Wasser wältigte, so dass die Vorrichtung der III. Sohle bis zur Kirschbaumgewand ungehindert vor sich gehen konnte. Trotz der erhöhten Anforderungen, welche an die Leistung der Grube in Folge der 1848 eröffneten Zinkhütte Birkengang gestellt wurde, hatte man durch diese Massnahmen ein genügend grosses Feld zum Abbau vorgerichtet, doch war man inzwischen auch zur Erkenntniss gekommen, dass das erwähnte Project der tieferen Lösung mittelst eines blinden Schachtes von vornherein

ein verfehltes gewesen war. Denn abgesehen von der umständlichen Kohlenförderung, die dasselbe bedingte, erschien es auch sehr zweifelhaft, ob der Christinaschacht in seinem beschränkten Querschnitte und seinem mangelhaften Einrichtungen den stetig wachsenden Ansprüchen an eine grössere Förderleistung gewachsen war. Man sah deshalb von der weiteren Ausführung des Planes ganz ab, richtete vielmehr, um nicht abermals wegen der rückständigen Ausrichtungsarbeiten in Verlegenheit zu kommen, noch die V. Tiefbausohle aus dem Gesenk vor, und schritt sodann (1857) zum Abteufen eines ganz neuen Schachtes, des Mathiasschachtes, dessen Ansitzpunkt man in 477 m nördlicher Entfernung vom Christinaschachte, bezw. in 167 m nördlicher Entfernung von der Concessionsgrenze gegen das Feld Centrum, wählte. Mit Unterbrechungen wurde der Schacht bis zum Jahre 1866 auf 274 m niedergebracht, und in dieser Teufe die VI. Tiefbausohle gefasst. Nachdem der Abbau daselbst über $1^1/_2$ Jahrzehnte gedauert hatte, kam der Betrieb, ohne dass man weiterhin den Aufschluss der im Osten der Zittergewand belegenen Bauabtheilungen in den tieferen Sohlen versucht hätte, im Jahre 1883 zum Erliegen.

Wie im Grubenfelde Birkengang finden sich auch im Felde Atsch die Spuren der alten Baue in Gestalt von Pingen, die den Zug der Flötze am Ausgehenden deutlich kennzeichnen, vielfach verbreitet, aber nur an drei Stellen sind die Betriebe im Laufe des achtzehnten Jahrhunderts mit Hülfe von Wasserrädern bis unter die Thalsohle des Münsterbaches niedergegangen, nämlich einmal im Osten bei der sog. Atscher- oder Schneidemühle (einem vormaligen Kupferhammer und jetzigen Glashütte), sodann westlich hiervon zwischen der Nepomucenus- und der Hammmühle und endlich an der westlichen Muldenwendung bei der Buschmühle. An letzterer Stelle sollen von der sogenannten Münsterpumpe aus die Baue die grösste Tiefe erreicht haben. Nachdem zu Ende des achtzehnten Jahrhunderts ein von den Besitzern des Münsterkohlbergs (der späteren Jamesgrube) unternommener Versuch, das Feld der Grube Atsch auf Grund des Berggesetzes vom 28. Juli 1791 zu erwerben, an der Opposition der früheren Gewerken gescheitert war, wurde nach längerer Betriebsunterbrechung die Grube unter dem 22. Sept. 1834 von Neuem verliehen und nach mehreren Versuchsarbeiten im Jahre 1846 mittelst einer neuen Tiefbauanlage in den unteren Teufen in Angriff genommen. Der Ansitzpunkt des neuen Schachtes wurde 130 m nördlich vom alten Kunstschachte an der Schneidemühle, also ziemlich in der Mitte zwischen Steinwegs- und Zittergewand gewählt, da nur in diesem östlichen Feldesabschnitt bei dem steileren Flötzfallen von durchschnittlich 40° ein ausreichend hoher Kohlenpfeiler innerhalb der Feldesgrenzen fiel, während im Westen die Flötze bei dem schwachen Einfallen der Schichten von 12—18° schon in geringer Teufe über die Markscheide gegen den Münsterkohlberg

(d. i. über den Münsterbach) hinausgriffen. Mit mehrfachen Unterbrechungen, welche durch starke Wasserzuflüsse verursacht wurden und wiederholte Umänderungen und Verstärkungen der vorhandenen Wasserhaltungseinrichtungen nothwendig machten, wurden in einem Zeitraum von $1^1/_2$ Jahrzehnten (bis 1860) die Flötze in 4 Sohlen bei 79,5, 117, 167 und 220 m Teufe vorgerichtet und abgebaut. Bei der starken Concurrenz und den schwierigen Absatzverhältnissen betrug die Förderung in den ersten Jahren des Betriebes nur wenig über 150 000 Scheffel im Jahr, nahm dann aber besonders in Folge des 1852 begonnenen Baues der chemischen Fabrik Rhenania, deren arbeitstäglicher Bedarf allein schon auf 400—600 Scheffel veranschlagt werden konnte, einen lebhaften Aufschwung und überstieg im Jahre 1857 sogar 1 Million Scheffel. Seit dieser Zeit begann eine rückläufige Bewegung, da sich der Betrieb allmählich den Grenzen von Probstei und James näherte und in Folge dessen einer um so stärkeren Einschränkung unterliegen musste, als inzwischen auch der Verhieb der Pfeiler über der I. und II. Sohle erfolgt war. Durch eine anderweite Festlegung der östlichen Markscheide und einen Feldesaustausch zwischen den Gruben James, Birkengang und Atsch, welcher zwischen dem Eschweiler Bergwerksverein und den Besitzern der Jamesgrube auf Grund von Verträgen vom 5. April 1856 und 19. Juli 1865 vereinbart worden war, wurde zwar der gänzlichen Erschöpfung noch für mehrere Jahre vorgebeugt, indessen konnte durch diese Massnahmen nicht verhindert werden, dass die Production von Jahr zu Jahr abnahm, so dass dieselbe 1866 nur noch $^1/_2$ Million Scheffel betrug und bis zum Jahre 1870 auf den niedrigen Stand der ersten Betriebsjahre zurückfiel. Im Oktober 1870 erfolgte alsdann die Einstellung der Arbeiten.

Im Felde der auf ehemaligem Cornelimünster'schen Gebiet belegenen Jamesgrube (des sog. Münsterkohlbergs) haben sich die alten Baue unter Anwendung von Radkünsten sowohl im Westen der Steinwegsgewand zwischen Busch- und Hammmühle als auch im Osten dieser Störung im Vichtthale bis rund 80 m seiger unter Tage bewegt. Ein unbedeutender Betrieb war ausserdem noch auf dem Nordflügel der hangendsten Flötze Leimberg und Langenberg zwischen der Hamm- und Schneidemühle umgegangen. Als im Jahre 1793 den Geschwistern de Berghes seitens des Abtes von Cornelimünster die Concession zur Steinkohlengewinnung im ganzen Bereiche des Cornelimünstrischen Landes ertheilt worden war, nahmen dieselben an letztgenannter Stelle den Betrieb wieder auf, indem sie einen 29 m tiefen Schacht abteuften, aus welchem die Wasser vermittelst einer kleinen Dampfmaschine bis auf einen von der Hammmühle herangeholten Stollen gehoben wurden. Bevor jedoch noch mit der Kohlenförderuug begonnen werden konnte, ersoff die Arbeit und wurde in Folge dessen ganz eingestellt. Weitere Versuche wurden alsdann gegenüber dem sog. „untersten Hofe Stolbergs“ sowie weiter thalwärts unweit der Schneidemühle und endlich in der Nähe der nördlichsten Markscheide von Birkengang auf den daselbst im Hangenden von Flötz Langenberg auftretenden Flötz Klein-Padtkohl unternommen, ohne jedoch zu irgend welchen bemerkenswerthen Resultaten geführt zu haben. Erst zu Anfang der 30er Jahre des vorigen Jahrhunderts, nachdem ein Besitzwechsel eingetreten, und durch den neuen Eigenthümer der Ausbau eines auf der Höhe des Münsterkohlbergs gelegenen alten Schachtes (des späteren Jamesschachtes) bewirkt worden war, konnten die Vorbereitungen zur Kohlenförderung im grösseren Umfange mit Erfolg durchgeführt und die Production rasch gesteigert werden. Es wurden von der in 100 m Teufe angesetzten Jamessohle zunächst die über derselben anstehenden Kohlenpfeiler bis zum alten Manne ausgewonnen und alsdann in Abständen von je 16 m von dem unter der Jamessohle im Flötze Grosskohl tonnlägig niedergebrachten Schachte aus mehrere neue Sohlen bis zu 149 m seigerer Teufe angesetzt und in schwunghafter Weise zum Abbau vorgerichtet. Zum Zweck der Wasserhaltung teufte man gleichzeitig 104 m nördlich vom Jamesschachte einen Kunstschacht mit Namen Caroline ab, der bis zum Jahre 1832 das Niveau der XI. Sohlenstrecke (in 149 m Teufe) erreichte und mit einer 20zölligen Hochdruckmaschine ausgestattet wurde. Zur grösseren Sicherstellung der tieferen Baue folgte demselben schon nach wenigen Jahren eine zweite Kunstschachtanlage, weil eine Zunahme der Wasserzuflüsse mit der Ausdehnung der Baue sicher erwartet werden musste. Mit dieser Ausdehnung war zu rechnen, da die von dem derzeitigen Besitzer der Grube bezw. dessen Bruder begonnene Inbetriebsetzung zweier grossen Werke, nämlich einer Glashütte und der Zinkhütte zu Münsterbusch, eine weitere Steigerung des Absatzes und dementsprechende starke Erhöhung der bisherigen Förderung vorhersehen liess. Der neue Schacht, der den Namen Veltheim erhielt, wurde in 50 m nördlicher Entfernung vom Carolinenschachte angesetzt und bis 1840 auf die vorgesehene Teufe von 176 m niedergebracht. Behufs Aufschluss des im Westen der Steinwegsgewand belegenen Feldestheils teufte man zur selben Zeit unmittelbar im Hangenden der genannten Störung den Glückaufschacht und einige Jahre später 335 m weiter westlich den Amaliaschacht ab. Ersterer wurde in der James-(100 m-)Sohle, letzterer in der Carolinensohle (d. i. in der IX. Sohlstrecke) durch je eine die Steinwegsgewand durchörternde Strecke mit dem Ostfelde verbunden und an die dort befindlichen Wasserhaltungsanlagen angeschlossen. Damit hatte man vorderhand ein für eine längere Reihe von Jahren hinreichendes Abbaufeld im Westfelde ausgerichtet. Dagegen musste für das Ostfeld eine baldige tiefere Lösung in nähere Erwägung gezogen werden, und nachdem die Grube 1843 in den Besitz des Gründers der Actiengesellschaft für Bergbau und Zinkfabrikation, der Rechtsvorgängerin der jetzigen Actiengesellschaft für Bergbau-, Blei- und Zinkfabrikation zu Stolberg und in Westfalen, übergegangen war, wurden auch durch den neuen Eigenthümer die diesbezüglichen Arbeiten unverzüglich in Angriff genommen. Man fuhr zu diesem Zweck in der 12. Sohlstrecke einen 86 m langen Querschlag nach Norden auf und teufte am Endpunkte desselben einen blinden Schacht 52 m seiger ab. Gleichzeitig wurde der Carolinenschacht bis zur neuerschlossenen Sohle im Flötze Grosskohl tonnlägig niedergebracht und nach erfolgtem Durchschlag mit dem Gesenk als Förderschacht eingerichtet, während in letzterem die Pumpen eingebaut und mittelst eines Feldgestänges an die Maschine des Veltheimschachtes angeschlossen wurden. Der Jamesschacht trat mit diesem Zeitpunkte aus der Reihe der Förderschächte aus. Im Jahre 1853 wurden der Carolinen- und der blinde Schacht abermals bis zu der in 260 m Seigerteufe gefassten Jacobssohle tonnlägig abgesunken und alsdann der noch anstehende Kohlenrest bis zum Muldentiefsten mittelst Unterwerksbau und unter Anwendung von Handpumpen binnen wenigen Jahren ausgewonnen. Im Westfelde dagegen bewirkte man den tieferen Aufschluss durch den im Jahre 1853 begonnenen Heinrichschacht, welcher in der Ebene der Muldenlinie 80 m westlich der Steinwegsgewand angesetzt wurde und bis zum Jahre 1860 das Flötz Grosskohl in der Muldenwendung bei 204,5 m Teufe erreichte. Der Betrieb hat daselbst noch bis zum Jahre 1891 gedauert.

Was nun endlich die Geschichte der einzigen gegenwärtig noch in Betrieb befindlichen Grube Eschweiler-Reserve anbelangt, so liegt es in der Natur der Sache, dass in deren ausgedehntem Felde die ältesten Baue sich nur an denjenigen Stellen bewegt haben konnten, wo das Steinkohlengebirge zu Tage ausgeht und daher die Flötze den nur mit geringen Hülfsmitteln arbeitenden Alten ohne Schwierigkeiten zugänglich waren. Dies war allein in der früheren Unterherrschaft Weisweiler der Fall, und in der That sind auch die alten Betriebe lediglich auf diese Gegend beschränkt geblieben. Einer alten Nachricht zufolge sollen zunächst im Dorfe Weisweiler selbst — am Köttelbache — auf dem Nordflügel der Binnenwerke mit Hülfe eines Wasserrades Abbaue geführt worden sein, denen späterhin solche auf den Aussenwerken am Hause Frenz am nördlichen Ufer der Inde gefolgt sind. Ferner sollen um das Jahr 1630 westlich vom Dorfe Hücheln auf dem Südflügel der Binnenwerke umfangreiche Arbeiten ebenfalls unter Anwendung einer Wasserkunst stattgefunden haben, die ihre Betriebswasser aus dem von Hücheln herabkommenden und früher ohne Zweifel wasserreicheren Waldbach erhalten und das Grubenwasser bis zu einem aus dem Indethal herangeholten Stollen gehoben hat. Endlich ist dann noch 120 Jahre später etwas weiter gegen Osten mittelst eines Pferdegöpels ein Betrieb auf den 5 liegendsten Binnenwerkflötzen des Muldensüdflügels eingeleitet worden, der sich bis 42 m unter Tage erstreckt hat und erst dann zum Erliegen gekommen ist, als bei einem Versuch, die Aussenwerke aufzuschliessen, die ganze Arbeit ersoff. Im Jahre 1785 ging die Herrschaft Weisweiler durch Kauf in den Besitz des Kurfürsten Karl Theodor über, der sie seinem Sohne, dem Prinzen von Bretzenheim, unter dem Vorbehalte schenkte, dass das jus subterraneum dem Landesherrn verblieb. Unzweifelhaft ist nach dieser Zeit noch Betrieb geführt worden, denn als im Jahre 1794 die Franzosen die linksrheinischen Länder besetzten, wurde durch eine Specialverordnung des Kurfürsten die Einstellung sämmtlicher Arbeiten bei Weisweiler angeordnet. Es ist indessen nicht bekannt, wo und in welchem Umfange die Arbeiten stattgefunden haben. Bei der Geschichte der Grube Centrum ist schon geschildert worden, dass nach Erlass des französischen Berggesetzes vom 28. Juli 1791 neue Concessionsgesuche auf die Weisweiler Flötze eingelegt worden sind, dass es aber den Concessionären von Centrum gelang, nicht nur die vorläufige Abweisung der fraglichen Gesuche zu bewirken, sondern auch noch die vertragsmässige Zusicherung zu erhalten, dass binnen 60 Jahren keine Verleihungen ertheilt werden sollten, sofern die Eschweiler Gruben den ihnen auferlegten Verpflichtungen gegen die Consumenten nachkämen. Auch die preussische Regierung hielt sich später durch dieses Abkommen gebunden und beschied dementsprechend alle nach dem Jahre 1815 wiederholt eingebrachten Verleihungsanträge abschlägig. Dagegen entstanden bald darüber Zweifel, ob die Bestimmungen des in Rede stehenden Vertrages nach dem strengen Wortlaut desselben blos für die bei Weisweiler oder auch für die weiter westlich, also in der Gemeinde Nothberg etwa auftretenden Kohlenvorkommen Geltung haben sollten. Durch eine Cabinetsordre vom 21. April 1822 wurde diese Frage dahin entschieden, dass der Bergbau in der Gemeinde Nothberg keinen Privaten überlassen werden, sondern der landesherrlichen Administration vorbehalten bleiben sollte. In der That hat denn auch eine Zeit lang die Absicht bestanden, für landesherrliche Rechnung einen Betrieb daselbst zu eröffnen, und es sind nicht allein diesbezügliche Pläne ausgearbeitet, sondern auch mehrfache Aufschlussarbeiten begonnen worden, die jedoch zur Ausrichtung der Lagerstätten nicht geführt haben. Mehrere Jahre später griff dann aber wieder bei der Regierung die Auffassung Platz, dass es ungerechtfertigt sein würde, den zweifelhaften Wortlaut des Vertrages sinnwidrig zum Nachtheile der Concessionäre von Centrum auslegen zu wollen, und als daher die letzteren ihren Antrag auf Verleihung des ganzen von der Sandgewand bis über Weisweiler sich hinaus erstreckenden Feldes erneuerten, wurde diesem Antrag ohne Weiteres stattgegeben und unter dem 25. October 1833 die Urkunde auf das Feld „Eschweiler-Reserve“ ausgefertigt. Durch Declaration vom 12. Februar

1839 wurde auf Grund des Vorkommens von Sphärosideritlagern bei einzelnen Flötzen im Weisweiler Walde auch die Berechtigung zur Eisensteingewinnung im ganzen Bereich des Feldes bewilligt. Fast 20 Jahre hat alsdann der Betrieb geruht, und erst im Jahre 1853, nachdem ein am südlichen Indegehänge zur Untersuchung des alten Baues betriebener Stollen ein günstiges Resultat geliefert hatte, schritt man zur Anlage eines neuen Förder- und Kunstschachtes, der südwestlich von Weisweiler und 146 m von der durch einen grossen Verwurf bezeichneten westlichen Baugrenze entfernt angesetzt wurde. Bei 21 m Teufe unter der Stollensohle wurde die I. und bei 88 m Gesammtteufe die II. Bausohle gefasst. Da aber die dabei erzielten Aufschlüsse nicht derart waren, dass man auf eine lange Unterhaltung der in Aussicht genommenen starken Kohlenförderung rechnen konnte, wurden die Abteufarbeiten vor Beginn des Abbaues (Ende 1858) wieder aufgenommen und bis zur Ausrichtung der III. Bausohle in 130 m Teufe (Anfang 1860) fortgesetzt. Der hierselbst angesetzte Sohlenquerschlag erreichte bei 319 m Entfernung vom Schacht das Flötz Grosskohl und wurde, nachdem er 2 Jahre gestundet worden war, noch auf 42 m bis zum Flötze Schlemmerich erlängt. Von allen Flötzen erwiesen sich in der Hauptsache nur Gross- und Hartekohl auf die ganze Feldeslänge als bauwürdig. Da aber letztere nur eine sehr beschränkte war, indem nach Westen schon bei 146 und nach Osten bei 711 m vom Schachte das Steinkohlengebirge durch grosse Störungen nach der Teufe verworfen wird, überdies der Abbau des mächtigsten Flötzes Grosskohl durch die zur Sicherung des Ortes Weisweiler erforderlichen Sicherheitspfeiler mit grossen Verlusten verbunden war, und nicht zuletzt endlich die im Inundationsgebiet der Inde befindlichen alten Schächtchen den Grubenbauen viele Wasser zuführten und den Betrieb überaus erschwerten, so konnte dem Betriebe keine lange Dauer beschieden sein. Schon in den Jahren 1869, 1870 und 1871 traten längere Unterbrechungen ein, weil die unterste Sohle in den regenreichen Perioden dieser Jahre wiederholt unter Wasser gesetzt und nur mit Mühe wieder gesümpft werden konnte. Eine stärkere als die vorhandene 50zöllige Wasserhaltungsmaschine that dringend Noth, aber die Grubenverwaltung konnte sich zu einer Neuanschaffung nicht entschliessen, und als daher der Abbau der Flötze Gross- und Hartekohl beendet war, stand sie von einer tieferen Lösung ab und stellte im April 1873 die Arbeiten ein. Zwar hat die Absicht bestanden, den Schacht noch bis zur 221 m Sohle abzusinken und einen Durchschlag mit den von hier aus nach Osten ausgehenden Vorrichtungsstrecken herzustellen. Es wurden zu diesem Zweck auch noch alle Querschläge durch Mauerdämme abgeschlossen, um die Wasser den Abteufarbeiten fern zu halten. Indessen ist dieser Plan nicht mehr zur Ausführung gekommen, sondern der Betrieb am 1. October 1874 endgültig eingestellt worden.

Wie bereits erwähnt, hatte schon in den Jahren 1821 und 1822 der Fiskus auf eigene Rechnung mehrere Versuchsarbeiten in dem zwischen der Sandgewand und dem Weisweiler Flötzvorkommen gelegenen Feldestheil vornehmen lassen, um die Lage des Steinkohlengebirges unter dem dortigen Deckgebirge feststellen zu lassen, dabei aber keinen Erfolg gehabt. Erst die vom Jahre 1859 ab durch den Eschweiler Bergwerksverein vielfach ausgeführten Bohrarbeiten vermittelten die genauere Kenntniss des im IV. Kapitel geschilderten Gebirgsbaues und gaben Veranlassung, im Süden von Nothberg eine Tiefbauanlage einzurichten, weil hier das Kohlengebirge am wenigsten tief und die aufliegenden Schichten in der geringsten Mächtigkeit gefunden worden waren. Im II. Quartale 1861 wurde mit dem Abteufen des Schachtes Wilhelm begonnen und dieser innerhalb vier Jahren bis auf 226 m niedergebracht. Im Jahre 1871 folgte in 44 m südlicher Entfernung der Schacht II. Entsprechend dem anfänglichen Plane wurden sodann bei 170 m Teufe die Wetter- und bei 212 m die I. Abbausohle angesetzt. Doch konnte ein ausgedehnter Abbau hier nicht geführt werden, da der Sicherheitspfeiler gegen das Deckgebirge zu gering bemessen worden war und die Wasserzuflüsse aus letzterem zu stark wurden. Die nächsten Sohlen wurden daher bei 280 und 380 m Teufe gefasst, und diese sind es, über welchen gegenwärtig noch der Betrieb ausschliesslich umgeht. Die Ausrichtung einer tieferen Sohle ist neuerdings in Angriff genommen worden. Wesentlich von den Aufschlüssen im Nothberger Felde wird es somit abhängen, ob der Steinkohlenbergbau im Inderevier noch eine lange Dauer haben wird oder nicht[1]).

### 3. Geschichte des Erzbergbaues und der Hüttenindustrie.

Die älteste und wahrscheinlich bis in vorrömische Zeit zurückreichende Industrie des Bezirks gründete sich auf die Gewinnung von Eisenstein und die Darstellung von **Eisen**, und man muss nach den zahlreichen Ueberresten von alten Rennfeuern, den unter dem Namen der „Römerschlacken" bekannten Eisenschlackenlagern, annehmen, dass diese Betriebe in einer nicht unbedeutenden Verbreitung geführt worden sind. Im Laufe der Zeit haben sie sich behufs Nutzbarmachung der Wasserkraft hauptsächlich in die Flussthäler gezogen, und die vielen bei Stolberg und Eschweiler verbreiteten auf „Hütte" oder „Hammer" endigenden Ortsnamen (wie Schevenhütte, Mulartshütte, Binsfeldhammer, Dollardshammer) deuten die Stätten an, an welchen sich die alte Industrie bis in das späte Mittelalter und in die Neuzeit erhalten hat. An Stelle der unmittelbaren Dar-

1) Ueber die Entwickelung der Steinkohlengrube Rheinpreussen finden sich die näheren Angaben in der Beschreibung des Bergreviers Aachen.

stellung von schmiedbarem Eisen in Renn- und Luppenfeuern war dabei die Erzeugung von Roheisen in Wolfs- und Stücköfen und endlich in Hochöfen getreten, wobei als Brennmaterial ausschliesslich Holzkohlen verwandt wurden. Erst nachdem zu Anfang des vorigen Jahrhunderts die von England aus verbreitete Anwendung von Koks- und Steinkohlen beim Hochofenbetrieb grossen Umfang angenommen hatte, und insbesondere die Benutzung der Steinkohlen zur Fabrikation des Stabeisens, nicht zuletzt auch durch die auf der Lendersdorfer Hütte bei Düren ausgeführten Versuche, allgemeinere Einführung gefunden hatte, konnten sich die alten Werke des dadurch heraufbeschworenen scharfen Wettbewerbes nicht mehr erwehren und mussten einer neuen Eisenindustrie weichen, die sich ausschliesslich auf die Verwendung mineralischer Brennstoffe gründete und deshalb grade an denjenigen Stellen zur Entfaltung gelangte, wo die Kohlen zunächst waren. So entstand zu Anfang der 30er Jahre in der Nähe der Grube Centrum und unter der Firma Englerth und Cünzer das älteste Walzwerk des Reviers, Eschweilerpümpchen, dem etwa ein Jahrzehnt später ein zweites folgte, das im Jahre 1853 die Basis für die Gründung der zu Laar bei Ruhrort domilizirten Actiengesellschaft Phoenix wurde und von dieser auch jetzt noch betrieben wird. Sodann wurden das Walzwerk Eschweileraue und das der Firma Eberhard Hoesch & Söhne errichtet, auf dessen Stelle gegenwärtig die Verzinkerei von Neumann sich befindet. Endlich gründete 1845 der Aachener Hüttenactien-Verein in der Nachbarschaft von Aachen das Puddel- und Walzwerk Rothe-Erde, das sich im Laufe der Jahre zu einer der bedeutendsten Thomashütten des Continents herausgebildet hat. Der Umstand, dass einestheils in den genannten Walzwerken ein starker Consument von Roheisen gesichert, anderntheils die Kohlen und der Eisenstein in ausreichender Menge und Güte vorhanden waren, legte ferner den Gedanken nahe, auch Hochofenanlagen in Betrieb zu setzen, und so wurde im Jahre 1853 zunächst das Hochofenwerk Concordia durch eine Actiengesellschaft gleichen Namens eingerichtet, über deren spätere Verschmelzung mit dem Eschweiler Bergwerksverein bereits bei der Grube Centrum die näheren Angaben gemacht worden sind. Ein zweites durch französische Speculanten zwischen der Stadt und der Eisenbahnstation Stolberg am Atscher Wald ins Leben gerufene Hochofenwerk wurde 1857 dem Betriebe übergeben, doch vermochte dasselbe niemals recht zu prosperiren und wurde deshalb, als während des Kriegsjahres 1866 die zu dessen Betrieb bestehende Gesellschaft in Konkurs gerieth, wieder eingestellt und demnächst ganz niedergelegt. Bei der Anlage der genannten Hütten war, wie gesagt, in erster Linie die Nähe der Kohlengruben massgebend gewesen. Heute indessen beziehen die Werke nur noch den geringsten Theil ihres Brennstoffbedarfs aus dem Indebezirk, weil die Kohle desselben zum Betriebe der

Wärm- und Flammöfen mit Gasfeuerung wenig geeignet ist und zum Mindesten einer starken Beimischung von gasreicher westfälischer Kohle bedarf. Neben diesem die Selbstkosten ungünstig beeinflussenden Umstande hat auch die Erfindung des Flusseisen- und Flussstahlprozesses wesentlich dazu beigetragen, den Concurrenzkampf, den die Hütten von jeher zu bestehen gehabt haben, erheblich zu verschärfen. Die Werke wurden gezwungen, sofern sie nicht auch zur Einführung dieser Prozesse schritten, ihre Fabrikation auf besondere Specialitäten zu beschränken. Gleichwohl gewährt die Eisenindustrie, wie die im VI. Kapitel angeführten Productionsziffern beweisen, ein Bild gesunder Entwickelung, und in der grossen Reihe der in hiesiger Gegend vertretenen Gewerbezweige nimmt sie noch immer eine der vordersten Stellen ein.

Ebenfalls sehr alt ist der Bleierzbergbau und das Bleihüttenwesen, und wie die alten Eisenwerke so haben auch die alten Bleiwerke ihre Spuren in Gestalt von Bleischlacken hinterlassen, deren Ursprung nach den dabei gefundenen Münzen und Geräthen auf die Römerzeit zurückgeführt wird. Vorwiegend vorhanden sind sie in der Gegend von Diepenlinchen, in der Mausbacher Heide bei Gressenich und am Breinigerberg, und es lässt sich nach dem Auftreten von Bleierzen annehmen, dass auch nur hier die Betriebe von grösserem Umfange sich zusammengedrängt haben. Ueber ihre Entwickelung sind die Nachrichten spärlich. Aus dem Jahre 1793 datirt ein Befahrungsprotokoll des Jülichschen Berggeschworenen von Eschweiler, welches zum Zweck der Ermittelung der für 1793 und 1794 zu zahlenden Quatembergelder aufgenommen worden ist. Es geht aus demselben hervor, dass die Mausbacher Heide mit vielen kleinen Concessionsfeldern bedeckt war, die theils nach Fundgruben und Massen, theils als Pfahlwerke verliehen waren. Alle diese Berechtigungen wurden aufgehoben, als die Gewerken Bäumer, Buchacker & Cie. auf Grund des französischen Berggesetzes vom 28. Juli 1791 durch kaiserliches Dekret vom 9. Dezember 1809 ungeachtet der von den früheren Betreibern dagegen erhobenen Opposition mit der Blei-, Galmei- und Eisenstein-Concession Diepenlinchen beliehen wurden. Behufs Eröffnung eines rationellen und intensiven Betriebes schritten die neuen Eigenthümer alsbald zur Herstellung einer grösseren Tiefbauanlage. Doch schon bei 80 m Teufe erlitten die Abteufarbeiten eine Unterbrechung, weil der zur Wasserhaltung aufgestellte Pferdegöpel sich als unzureichend erwies und durch eine 36 zöllige Dampfmaschine ersetzt werden musste. Bei zunehmender Teufe vermochte aber auch diese bei dem starken Wasserandrang ihren Zweck nicht zu erfüllen und wurde desshalb gegen eine 42 zöllige Maschine ausgewechselt, mit deren Hülfe man glücklich die Lagerstätte anfuhr. Kaum hatte man indessen mit dem Abbau begonnen, als die Wasser wiederum 18 m im Schachte aufgingen, und überdies die Concessionäre von dem Missgeschick betroffen wurden, dass der Kaufpreis der neuen Wasserhaltungsmaschine im Betrage von 4000 Thaler verloren ging, indem der damalige General-Empfänger von Aachen, an welchen die Summe behufs Zahlung an den Lütticher Fabrikanten übergeben worden war, Bankrott machte. Alle diese Misserfolge wirkten so entmuthigend auf die Besitzer, dass sie von einer weiteren Fortsetzung ihres Betriebes Abstand nahmen und unter Zertheilung ihres Feldes in kleine Packen die letzteren gegen eine Abgabe an die Bergleute von Mausbach und Gressenich verpachteten. Ein am 19. Februar 1820 an die Preussische Bergbehörde gerichtetes Gesuch, ihnen gegen Abtretung der Hälfte der Concession einen Staatszuschuss zur Aufschliessung des Bergwerks zu gewähren, hatte keinen Erfolg, so dass wieder für lange Zeit wie vordem der Betrieb in kleinen Reifenschächten geführt wurde. Erst im Jahre 1845 ging der grösste Theil der Antheile an der Concession Diepenlinchen in den Besitz der Actiengesellschaft für Bergbau, Blei- und Zinkfabrikation zu Stolberg und in Westfalen über. Diese nahm 1846 den Betrieb wieder auf und wurde mit einem vollständigen Erfolge gekrönt. Das günstige Resultat veranlasste die Eschweiler Gesellschaft für Bergbau und Hütten, die sich später mit der Gesellschaft Holzappel im vormaligen Herzogthum Nassau unter dem Namen Rheinisch-Nassauische Bergwerks- und Hütten-Actiengesellschaft in Stolberg verschmolzen hat, und ungefähr $^1/_4$ der Concession Diepenlinchen bis vor einigen Jahren besass, sich an den Arbeiten zu betheiligen, die sodann seit 1849 für gemeinschaftliche Rechnung beider Gesellschaften geführt wurden. Die reiche Ausbeute an Bleierz, welche die Grube Diepenlinchen lieferte, rief auch wieder die alte, längst untergegangene Hüttenindustrie ins Leben. Im Jahre 1848 errichtete die Stolberger Gesellschaft auf dem Münsterbusch in der Nähe ihrer daselbst seit 1834 bestehenden Zinkhütte eine Bleihütte, und bald darauf folgte die Eschweiler Gesellschaft für Bergbau und Hütten diesem Beispiele, indem sie das im Vichthale oberhalb Stolberg gelegene alte Hammerwerk, den Binsfeldhammer, in eine Bleihütte umwandelte. Trotz der zunehmenden Förderung nicht allein auf Diepenlinchen, sondern auch auf den anderen Bleierzgruben, hat die heimische Production nicht lange ausgereicht, um den wachsenden Bedarf der beiden Hütten zu decken. Dieselben waren daher schon früher genöthigt, grössere Mengen Erz von auswärts zu beziehen, und die Stolberger Gesellschaft hat auf diese Weise seit dem Jahre 1852 bis 1868 die ganze Production der Gruben von Commern auf Münsterbusch verhüttet und ist für diese Zeit die grösste Bleiproducentin des Kontinents gewesen. Seitdem der Mechernicher Bergwerks-Actien-Verein, der Besitzer des Commerner Bleibergs, dessen Production selbst zu Gute macht, hat die Stolberger Gesellschaft den dadurch entstandenen Ausfall anderweitig gedeckt und bezieht, wie auch die Rheinisch-Nassauische Actiengesellschaft, grosse Mengen Erz aus dem Auslande. Diese sowie andere Zufuhren haben es den beiden Hütten möglich gemacht, die Stellung zu behaupten, welche sie seit langen Jahren in der Bleifabrikation eingenommen haben. Dass auch in technischer Beziehung die Stolberger Bleihütten stets im ersten Gliede gestanden haben, und manche der daselbst zuerst eingeführten Neuerungen, sei es in der constructiven Ausbildung der Apparate, sei es in der Durchführung der Hüttenprocesse, als mustergültig und vorbildlich anerkannt worden sind, ist allgemein bekannt.

Weniger alt, aber darum nicht minder bedeutungsvoll ist der Zinkerzbergbau und die darauf sich stützende Messing- und Zinkindustrie. Ohne Zweifel haben auf dem im jetzigen neutralen Gebiete belegenen Altenberge die ersten Zinkgewinnungen stattgefunden, da die frühesten urkundlichen Nachrichten hierüber schon aus dem Anfang des 15. Jahrhunderts datiren. In einer Rechnung des herzoglich limburgischen Generalempfängers vom Jahre 1414 findet man nämlich bereits die interessante Bemerkung: „von der Ausbeute der Gruben, aus denen man eine Art Erz fördert, mit Namen Kelme in der Gemeinde Walhorn — Nichts — weil sie nichts davon bezahlen wollen, obgleich Kraft des Hoheitsrechtes Niemand in der Erde Erz, von welcher Natur es auch sein mag, ohne Erlaubnissbriefe des Fürsten wegnehmen darf". Diese Auslassung kennzeichnet sehr deutlich die Rechtsunsicherheit, die damals im Limburger Lande geherrscht haben muss, und ohne Frage ihre Ursache in dem häufigen Wechsel der Gesetzgebung gehabt hat, welche, wie die ältere französische Gesetzgebung, bald die Rechte der Grundeigenthümer unbedingt anerkannte, bald die hoheitsrechtliche Gewalt des Landesherrn als obersten Grundsatz aufstellte, oder aber bis in's Ungeheuere gehende Monopole und Privilegien schuf. Etwa ein Jahrzehnt nachher wurde laut einer Urkunde aus dem Jahre 1421, bestätigt durch Kaiser Sigismund 1423, der Stadt Aachen das ausschliessliche Ausbeutungsrecht an dem Galmei-Berge zuerkannt, von welchem indessen schon 1439 der Herzog Philipp von Burgund, Brabant und Limburg wieder mit Gewalt Besitz nahm. Seit dieser Zeit wurden die Bergwerke abwechselnd theils an mehrere, theils an einzelne Personen meist auf die Dauer von 12 Jahren verpachtet, bis endlich gegen Ende des 16. und Anfang des 17. Jahrhunderts die Regierung versuchte, den Betrieb selbst in die Hand zu nehmen. Hauptsächlich wurde sie hierzu durch Klagen der Kaufleute und Kupferschläger von Aachen, Stolberg, Namur u. s. w. über die schlechte Beschaffenheit der von den Pächtern gelieferten Erze veranlasst. Nach einer Reihe von Jahren liess sie indessen die Werke wieder verpachten, um bald darauf abermals zur Selbstverwaltung zu schreiten, und so ging es abwechselnd bis zum Jahre 1648, von welchem Zeitpunkte ab die

Regierung endgültig die Verwaltung übernahm. Der letzte Pächter war ein gewisser Johann Stappaert, Kaufmann zu Aachen. Es wurde eine besondere Direktion gebildet, welche aus einem Direktor, einem Galmei-Wieger, Controleur und Geschworenen zusammengesetzt war. Bei der Besitznahme Limburgs durch die Franzosen wurde zunächst in diesen Verhältnissen keine Aenderung vorgenommen und erst im Jahre 1805 der Entschluss zur Veräusserung dieser weltberühmten Werke gefasst. Ein kaiserliches Dekret vom 30. ventôse XIII (21. März 1805) stellte die Grenzen der künftigen Concession Altenberg (les mines de calamine dites de la vieille Montagne[1])) fest, während in dem beigeschlossenen Lastenheft die Bedingungen der Veräusserung näher angegeben waren. Hiernach sollte die Concession den Bestimmungen des Berggesetzes vom 28. April 1791 gemäss 50 Jahre dauern und dem Concessionär ein genauer Betriebsplan seitens der Verwaltung vorgeschrieben werden. Ein besonderer Ingenieur sollte die Ausführung der im Lastenhefte auferlegten Bedingungen überwachen. Als Minimalgebot war eine jährliche Abgabe von 40000 frcs. festgesetzt. Daneben aber sollte der Concessionär noch den Zwanzigsten des Bruttoertrages von dem bis zu 28 m Tiefe, ferner den Sechzigsten von dem bis 50 m, und endlich den Hundertsten von dem bei grösserer Tiefe geförderten Galmei an die Staatskasse entrichten, und zur Sicherstellung des Staates eine Caution von 80000 frcs. bestellen. Der Belgier Abbé Jean Jacques Daniel Dony bot 40500 frcs. jährliche Abgabe und erhielt in Folge dieses Meistgebots die Concession. Bei den schweren Lasten hatte aber Dony schon in wenigen Jahren seine Hülfsmittel erschöpft und sah sich zu einer Anleihe von 300000 frcs. genöthigt, welche er unter der Bedingung von einem gewissen Chaulet erhielt, dass er diesen auf 12 Jahre an dem Gewinn seines Unternehmens theilnehmen liess. Jedoch auch diese Hülfe sowie der Verkauf von 3 Viertheilen seiner Concession waren nicht ausreichend, ihn vom Untergange zu retten, und so ging von 1813 an das Eigenthum am Altenberge nach und nach in die Hände eines gewissen Mosselmann aus Lüttich über, welcher noch im Jahre 1821 zur Zahlung der von 1811 bis dahin rückständigen Abgaben aufgefordert wurde, und erst nach langen vergeblichen Processen eine Ermässigung sowohl der rückständigen, als auch der künftigen Abgaben von Preussen und Belgien zugestanden erhielt. Im Jahre 1837 endlich erwarb die Société anonyme des mines et fonderies de zinc de la vieille Montagne das Concessionsfeld, in welchem seit 1884 nach Erschöpfung der Hauptlagerstätte nur noch die im Kap. IV aufgeführten Betriebspunkte in Förderung stehen. Die Dauer der Gesellschaft ist durch

1) Der Name „Vieille Montagne“ findet sich schon in einer Verleihungsurkunde (Octroi) vom 3. August 1455.

Erlass des Königs von Belgien vom 22. Februar 1847 auf 90 Jahre vom 1. Januar 1837 ab festgestellt worden mit der Befugniss, nach Ablauf dieser Frist ihr Bestehen auf einen neuen Zeitraum von 90 Jahren zu verlängern. Vor Einführung der durch den ersten Concessionär Dony bei Beginn des vorigen Jahrhunderts zuerst erfundenen Zinkdarstellung wurde der Galmei ausschliesslich zur Fabrikation von Messing verwandt, und schon sehr frühzeitig hat die Messingindustrie von Aachen einen wohlbegründeten Weltruf genossen. Von der Picardie (besonders Amiens) und Belgien hierher verpflanzt [1]), wurde sie namentlich von den im 16. Jahrhundert den religiösen Verfolgungen entweichenden französischen und belgischen Protestanten mächtig gefördert und bildete für die Verfolgten bald eine reiche Erwerbsquelle. Zu Ansehen und Reichthum dadurch gelangt, bemächtigten sich 1590 die Protestanten mit Gewalt des Stadtregiments der katholischen Reichsstadt und da alle kaiserlichen Ermahnungen und Befehle zur Wiederherstellung des vorigen Zustandes erfolglos blieben, so wurde die Stadt durch einen im Jahre 1598 erlassenen Beschluss des Reichshofrathes in die Acht erklärt und 1614 von dem spanischen Feldobersten Ambrosius Spinola behufs Vollstreckung der Achterklärung besetzt. Die Protestanten wurden vertrieben und die Aachener Messingindustrie mit einem Schlage für immer vernichtet. Die Fabrikanten wandten sich nach Stolberg und den benachbarten Jülichschen Districten, woselbst vorher schon vereinzelte Messinghämmer errichtet worden waren, und da sie hier alle Voraussetzungen für die Wiederaufnahme ihres Gewerbes vorfanden, wie Ueberfluss an Feuerungsmaterial über und unter der Erde, Wasserkraft, leicht zu gewinnende Erze, und, was in jener Zeit nicht hoch genug anzuschlagen war, Gewissensfreiheit für ihre Person und Schutz und Fürsorge für ihr Geschäft von Seiten der Jülich'schen Regierung, so blühte die Industrie alsbald wieder mächtiger empor denn je zuvor. Anfangs des 18. Jahrhunderts bestanden 30 und Mitte desselben Jahrhunderts schon 50 Firmen, die alle mit ausgedehnten Privilegien ausgestattet waren, unter denen die zum Bezuge von Brennmaterial aus den Staatswaldungen (Holz und Holzkohlen), welche noch heute unter dem Namen der Kohlzirkel bekannt sind, für die Berechtigten besonders werthvoll waren. Im Jahre 1794 brannten in Stolberg 130—140 und 1816: 196 Schmelzöfen mit einer Production von 75—80000 Centnern Rohmessing. Zu dessen Bearbeitung dienten nicht weniger als 54 Hammerwerke zur Herstellung von Blechen, 15 Hammerwerke zur Herstellung von Kesseln, 34 Drahtziehereien und 10 Blechwalzwerke. Ausserdem wurden 16 Mühlen zum Mahlen des gebrannten

---

1) Schon 1450 ertheilte der Magistrat von Aachen einem gewissen Daniel von der Thamme die Freiheit zur Errichtung einer Messingschmelze.

Galmeis, 8 Pochwerke zum Reinigen der Giessereirückstände und 4 Raffinirhütten zur Wiedergewinnung des Kupfers aus den gereinigten Rückständen betrieben. Die Arbeiterzahl belief sich auf 12—1300. Während der Galmei den benachbarten Gruben entnommen wurde, bezog man das Kupfer zum grössten Theile von der Saugerhäuser Hütte im Mansfeldschen. Nachdem der Abbé Dony durch Decret vom 19. Januar 1810 ein Erfindungspatent auf 15 Jahre für die Aufstellung eines Ofens zur Darstellung des metallischen Zinks aus dem Galmei erhalten und bald darauf die Zinkdarstellung weitere Verbreitung gefunden hatte, nahm die blühende Messingindustrie mit Riesenschritten ab, so dass sie gegenwärtig nur noch durch 4 Firmen (William Prym, M. L. Schleicher Sohn, van Asten & Lynen und R. Lynen & Schleicher) vertreten ist, deren Production allerdings, Dank den Vervollkommnungen in den Fabrikationsmethoden, fast auf das zehnfache der Production im Jahre 1832 gestiegen ist. An Messingblech, Stangen, Draht, geschlagenen Kesseln, Schalen, Becken, gedrückten und polirten Messingartikeln aller Art erzeugen diese vier Werke jährlich $4^1/_2$ bis 5 Millionen kg. Von den beiden Firmen Prym und Schleicher Sohn wird ausserdem ein Theil des Messingblechs und Drahtes zu Panzerwaaren (Haken und Oesen, Stecknadeln, Ketten, Sicherheitsnadeln, Schnallen etc.) verarbeitet, deren Production unter Zuziehung des zur Verwendung kommenden Eisen- und Stahldrahtes über 2 Millionen kg jährlich beträgt. In dem Maasse wie die örtliche Beschränkung der Messingindustrie zunahm, gewann das Zinkhüttenwesen einen immer breiteren Boden. Nachdem die von dem Abbé Dony auf dem Altenberg zunächst in kleinem Umfange angelegte, dann aber erheblich vergrösserte Zinkhütte günstige Resultate aufzuweisen gehabt hatte, ging die Metallurgische Gesellschaft in Bonn daran, auch auf dem Münsterbusch eine solche Hütte anzulegen, welche den auf dem Aachener Herrenberge und Busbacherberg gewonnenen Galmei verarbeiten sollte. Dieser Hütte gegenüber auf der anderen Seite des Vichtthales wurde dann später von der im Jahre 1848 gegründeten Eschweiler Gesellschaft für Bergbau und Hütten die Birkenganger Zinkhütte errichtet und in ihrem Erzbezug u. a. auch auf die von derselben Gesellschaft erworbenen Gruben Breinigerberg, Kirchfeld und Heidgen angewiesen. Bekanntlich ist erstere Hütte gegenwärtig im Besitz der Stolberger und letztere im Besitz der aus der Eschweiler Gesellschaft hervorgegangenen Rheinisch-Nassauischen Gesellschaft. Wie aber bei der Bleiindustrie die einheimische Erzproduction sehr bald nach der Vergrösserung der Hüttenanlagen zur Deckung des Bedarfes nicht mehr ausreichte, so haben sich auch die Zinkhütten sehr früh genöthigt gesehen, auf den Erwerb ihrer Rohmaterialien aus anderen Bezugsquellen Bedacht zu nehmen, da die vorhandenen Lagerstätten sich bei Weitem nicht so ausgiebig zeigten, als man erwartet hatte. Die Grube Herrenberg, auf der wohl der gewinnreichste Betrieb geführt worden ist, war bald erschöpft, Breinigerberg, Kirchfeld und Heidchen verschlangen unverhältnissmässige Wasserhaltungskosten und wurden wegen der daraus folgenden fortgesetzten Zubussen eingestellt. Der Betrieb auf Busbacherberg endlich, der Mitte der 40 er Jahre durch eine zu diesem Zweck gebildete Actiengesellschaft nach Erwerbung der zahlreichen Packenberechtigungen mit grosser Energie einheitlich eröffnet worden war, musste nach 10 Jahren als aussichtslos aufgegeben werden, und die Actiengesellschaft liquidirte mit einem Verlust von 530 000 Thalern. Mit der Einführung ausländischer Erze begann aber gleichzeitig die Blendeverarbeitung, und da die übrigen Zinkproductionsbezirke, namentlich Oberschlesien, erst weit später hierin nachfolgten, so sind gerade Altenberg und Stolberg die Ausgangspunkte für diese neue Seite der Zinkgewinnung geworden. Viele Apparate tragen in der Litteratur den Namen dieser Orte, und der erste hier betriebene Blenderöstofen mit kontinuirlichem Betrieb ist der Urahn der neuerdings immer mehr ausgebildeten Forstschaufelungsöfen geworden. Ueberaus fördernd hat denn weiter die durch die Fabrik Rhenania im Dürener Revierbezirk vertretene chemische Industrie auf eine gewinnbringende Ausgestaltung der neuen Zinkgewinnungsmethode eingewirkt, indem sie sich mit regstem Eifer der Frage der Ausnutzung der Röstgase angenommen und dabei solche Erfolge erzielt hat, dass, wie schon im Kapitel II erwähnt, nunmehr in unmittelbarem Anschluss an die Zinkhütten Bleikammersysteme erbaut worden sind, deren Rohsäure der Fabrik Rhenania durch Leitungen zugeführt wird. Endlich sind im Laufe der Zeit die vielfältigsten Verbesserungen an den Destillationsapparaten, den Feuerungsanlagen sowie auf dem Gebiet der Gefässherstellung und der Zinkblechwalzerei vorgenommen worden, und wesentlich diesen technischen Fortschritten ist es zuzuschreiben, wenn die Zinkhütten nach wie vor gute finanzielle Ergebnisse geliefert haben, obgleich sie hinsichtlich des Bezuges ihrer Rohmaterialien viel schlechter gestellt sind wie vorher.

### 4. Geschichte des Braunkohlenbergbaues.

Die Schätze an Braunkohlen haben bisher wenig Beachtung gefunden, was zum Theil daran liegt, dass die Ablagerungen meist verhältnissmässig tief und unter dem Wasserspiegel liegen. Im Jahre 1819 wurde in Lucherberg, welches nördlich von der Eisenbahnstation Langerwehe auf einem aus der Ebene mässig ansteigenden Hügel liegt, beim Graben eines Brunnens Braunkohlen gefunden und hierauf im Jahre 1820 eine Concession mit einem Flächeninhalte von 189 ha unter dem Namen Goltsteingrube ertheilt. Ein Betrieb wurde auch alsbald eröffnet und bis zum Jahre 1868 aufrecht erhalten. Die Production blieb mässig und erreichte ihre höchste Ziffer im Jahre 1840 mit 712 t. Dann sank sie schnell bis auf 73 t im Jahre 1868, worauf die Einstellung erfolgte. Im Jahre 1896 wurde der Betrieb wieder aufgenommen. Bohrversuche in der Nähe führten zur Feststellung einer weiteren Verbreitung des Braunkohlenvorkommens und zu einer Anzahl neuer Verleihungen, für welche sich nach Ankauf der Goltsteingrube im Jahre 1898 die Gewerkschaft Lucherberg bildete. Diese betreibt neben der Braunkohlengewinnung eine grosse Dampfziegelei und eine Sandwäsche und errichtete im Jahre 1900 eine Briketfabrik mit Schulz'schen Röhrentrockenapparaten und Pressen. Im Jahre 1900, also noch vor der Fertigstellung der Briketfabrik, war die Production an Braunkohlen bereits auf 20174 t gestiegen.

## IX. Steuerverhältnisse.

Uebereinstimmend mit der im älteren deutschen Bergrecht üblichen Besteuerung wurde auch innerhalb des Dürener Reviergebietes in früherer Zeit durch die Regalinhaber von allen Bergwerksproducten der Zehnte entweder in Natur oder von dem beim Verkauf gelösten Gelde erhoben, wobei gewöhnlich für die ersten Betriebsjahre den Bergwerksbesitzern eine Zehntbefreiung eingeräumt war, deren Dauer z. B. in den Jülichschen Landen in Ermangelung näherer Bestimmung durch die Bergordnungen von 1542 und 1719 durch das unter dem 16. November 1752 erlassene General-Edikt betreffend die Zehnd-Freiheitsjahre auf drei Jahre vom Tage der eingelegten Muthung ab festgesetzt worden war. Eine Verlängerung dieser Frist bezw. eine Ermässigung der Abgabe war ausserdem für den Fall in Aussicht gestellt, dass durch die vorgelegten Rechnungen der Nachweis erbracht worden war, dass die Zeche auch nach Ablauf der 3 Freiheitsjahre noch mit Zubusse bauen musste[1]). Die auf den Binnenwerken der Eschweiler Kohlenmulde betriebenen Gruben unterlagen mit Rücksicht auf die Uebernahme der Kosten für die Wassergewältigung auf landesherrliche Rechnung einer durchschnittlich höheren Besteuerung, denn stellenweise beliefen sich daselbst die Abgaben, welche, wie bei der geschichtlichen Darstellung des Kohlenbergbaues schon erwähnt, unter der Bezeichnung der „Gewinnpfennige" eingezogen wurden, auf den vierten Theil der verkauften Förderung. Indessen galt auch

1) cf. Brassert: Bergordnungen 5, S. 810 ff.

hier als Maassstab bei der Einschätzung der Gruben keineswegs etwa die Tiefe derselben und der dadurch bedingte grössere oder geringere Antheil an der Leistung der landesherrlichen Wasserhaltungsanlagen, sondern ganz allein die Ertragsfähigkeit, so dass z. B. auf den 7 hangendsten Flötzen, trotzdem sie gar nicht in die gemeinschaftliche Wasserhaltung einbegriffen waren, gleichwohl die höchsten Abgaben lasteten, während sie sich bei den tieferen Gruben wegen der Kostspieligkeit des dortigen Abbaues und der Förderung bis auf den 14. Pfennig ermässigten. Als mit dem Fortschreiten des Abbaues über der im Jahre 1713 eröffneten II. Tiefbausohle die Wasserhebungskosten eine merkliche Steigerung erfuhren, entschädigte sich die churfürstliche Regierung durch die Einführung des sogenannten „Verhöhungsgeldes", welches nach Maassgabe der Kohlbergsordnung vom Jahre 1775 mit $^1/_8$ Stüber[1]) für den Kübel Grieskohlen und mit $^1/_2$ Stüber für den Centner Stückkohlen von den Kohlenkäufern erhoben wurde. Dieselbe Verordnung traf auch Bestimmungen über die Höhe und die Form der Erhebung der fixen Gebühren, welche neben dem Zehnten theils bei der Ertheilung der Bergbauberechtigungen theils als sog. „Wege-" und „Briefgesgeld" von den Gewerken bezw. den Kohlenkäufern geleistet werden mussten. Das „Wegegeld" diente zur Bestreitung der dem Landesherrn durch die Unterhaltung der Wege und Strassen erwachsenden Unkosten und war bei ausser Landes gehenden Fuhren auf $^1/_2$ Stüber für jedes Pferd, bei inländischen Transporten dagegen für eine einspännige Karre auf 4,5 Stüber, für harte Kohlen insbesondere aber auf 9 Stüber bemessen. Das „Briefgesgeld" war eine Gebühr für die von den Kohlenschreibern ausgestellten Kohlenscheine, welche als Berechtigungsausweis bei der jedesmaligen Entnahme von Kohlen gelöst werden mussten, und welche die Reihenfolge bestimmten, in der die Käufer zum Verladen zugelassen wurden. Eine vorzeitige Abfertigung ausserhalb dieser sonst immer strenge innegehaltenen Reihenfolge war nur den Stolberger Kupfermeistern mit Rücksicht auf ihren grossen Kohlenbedarf ausdrücklich eingeräumt worden. Das Verladen durfte nur in Gegenwart der vereidigten Kohlschreiber und Kohlmesser geschehen, denen dieserhalb durch die fragliche Verordnung die Dauer ihrer Dienststunden für die verschiedenen Jahreszeiten genau vorgeschrieben war. Die Errichtung von Kohlenniederlagen seitens dieser Personen in der Nähe der Gruben war wie auch der Kohlenverkauf „von der Karre aus an die Bewohner Eschweilers" unter Androhung der Confiscation verboten. Ausser den aufgeführten Abgaben wurde ferner für die über die Jülich'sche Grenze hinaus abgesetzten Kohlen ein Ausfuhrzoll erhoben, der für jedes Tragpferd ohne Rücksicht auf die Qualität der Kohlen

1) 1 Stüber entspricht annähernd $4^1/_2$ Pfg. der heutigen Währung.

3 Stüber, dagegen für jedes Zugpferd bei kleinen Kohlen $4^1/_2$ und bei Stückkohlen 9 Stüber betrug. Endlich bestand für alle Gruben, d. h. für die Erzgruben nicht minder wie für die Kohlenbergwerke, die Verpflichtung zur Zahlung des Quatembergeldes, welches durch den Artikel 42 der Bergordnung vom Jahre 1719 auf ein Reichsorth[1]), gleichviel ob die Gruben in Betrieb standen oder nicht, festgesetzt war. Erst das General-Edict betreffend die Entrichtung der Quatember- und Fristgelder vom 10. März 1752 ermässigte für die fristenden Gruben die Abgabe und bestimmte: „. . . . 1 mo. Sollen zu Eschweiler von denen Gewerkschafften, so am Feld-Busch-Hundt-End, entweder auf Adit[2]) obrist- oder unterster Deufften würcklich Kohlen bearbeiten und gewinnen, von jeder Zeche . . . . quartaliter ein Reichs-Orth, oder 20 Alb., von denenjenigen Zechen oder Bäncken aber, so mit Frist erhalten werden, nur die Halbscheid ad. 10 Albus an Recess-Gelderen ins zukünftige abgeführt werden und . . . . 2 do . . . von jeder bauenden Fundgrube und Maassen quartaliter ein Reichs-Orth oder 20 Alb und von jeder Fundgrube und Maassen, so mit Frist erhalten wird, nur die Helfte ad. 10 Albus zu entrichten gehalten seyn, . . . und in so ferne die gantze Zeche nur in einer Fundgrube oder in einer Maasse bestunde, selbige dem ohnegeachtet das ganze Quantum solcher Quater-Temper oder Frist-Gelder abzutragen schuldig, hingegen diejenigen Zechen, so aus mehr als einer Fundgrube und einer Maassen, oder aus mehr als einer, zwey Maassen bestehen, solche Zechen über dies noch vor jede dritte, vierte, fünfte Maasse etc. quartaliter 10 Alb. Recess- oder 5 Alb. Frist-Gelder abzuführen haben, forth auf gleiche Weise es mit denen im Gülischen in der Wild-Bahnen Call, Honnschafft Keldenich aufm Finken und der Orthen mehr befindlichen Berg-Werken[3]) mit diesem Unterschied jedoch gehalten werden soll, dass von einem daselbst gebräuchlichen, aus sechs Pfählen bestehenden Berg-Werck quartaliter nur 10 Alb. Quater-Temper- oder 5 Alb. Frist-Gelder, mithin, wan die gantze Zeche aus mehr oder weniger Pfählen bestehet, a Proportion das Quantum erstattet werden"[4]).

Einen Unterschied zwischen Quatember- und Recessgeldern, wie ihn die späteren revidirten Bergordnungen in dem Sinne machten, dass sie unter erstere eine zur Unterhaltung des Bergamts bestimmte Abgabe, unter letzteren hingegen eine Recognitionsgebühr verstanden, deren Nichtzahlung den Verlust des Bergwerkseigenthums zur Folge hatte, kennt nach Vorstehendem das General-Edict von 1752 noch nicht; hier gelten

1) 1 Reichsorth = 20 Albus; 1 Albus etwas mehr als 3 Pfennige.

2) Adit ist ein Provinzialismus für Stollen.

3) Hier sind die Pfahlwerke oder Packenberechtigungen gemeint; vergl. Seite 181.

4) Brassert: Bergordnungen S. 803 ff.

vielmehr beide Bezeichnungen noch für ein und dieselbe Abgabe, welche einerseits den Zweck jenes Quatember-Geldes, andrerseits aber auch die rechtliche Bedeutung des Recessgeldes hat.

Den Gewerken des Eschweiler Kohlbergs wurde die Zahlung des Quatembergeldes im Jahre 1782 erlassen. Im Uebrigen sind aber die anderen Abgaben auch nach der Einführung des französischen Berggesetzes vom 28. Juli 1791 unverändert bestehen geblieben, da genanntes Gesetz keinerlei Bestimmungen über die Bergwerkssteuern enthielt. Nur für neue Concessionen wurde die Regierung gemäss des Staatsrathsgutachtens vom 4. Thermidor des Jahres X für befugt erachtet, den Concessionären besondere Abgaben aufzuerlegen.

Erst das Berggesetz vom 21. April 1810 schuf eine vollständige Wandlung, indem es unter Aufhebung der älteren Abgaben eine feste und eine verhältnissmässige Steuer einführte, von denen erstere jährlich mit 10 francs vom Quadratkilometer des concessionirten Feldes, letztere nach Feststellung des Contingents durch den Staatshaushalt mit höchstens 5% vom Reinertrage entrichtet werden musste. Ein Zuschlag von einem Zehntel, d. h. 10 Centimes auf den Franc der Steuer, sollte überdies zur Bildung eines Dispositionsfonds erhoben werden, aus welchem der Minister des Innern solchen Bergwerksbesitzern, welche Unfälle oder sonstige Verluste erlitten hatten, Steuerbefreiungen bewilligen konnte. Obwohl das Gesetz bestimmte, dass die proportionelle Steuer niemals 5% des Reinertrages übersteigen sollte, aber keineswegs, dass sie gerade 5% betragen müsste, so wurde doch durch das Kaiserliche Dekret vom 6. Mai 1811 das zulässige Maximum ein für alle Male als maassgebender Steuersatz vorgeschrieben und weiterhin bezüglich der Einschätzung des Reinertrages angeordnet, dass letzterer nicht auf Grund vorgelegter Rechnungen, sondern nach Anhörung der Concessionäre oder ihrer Vertreter durch eine Commission ermittelt werden sollte, welche aus dem Bergwerks-Ingenieur[1]), den Bürgermeistern und Beigeordneten derjenigen Gemeinden, über deren Bann sich die Concession erstreckte, und endlich aus zwei höchstbesteuerten Gemeindemitgliedern zusammengesetzt war. Eine zweite Commission, bestehend aus dem Präfecten, zweien von demselben ernannten Mitgliedern des Departements-Generalrathes, dem Steuerdirector, dem Bergwerksingenieur und zweien der Hauptbergwerkseigenthümer hatte die endgültige Feststellung des Reinertrages für jedes Departement zu beschliessen. Bei der Einschätzung durften gemäss einer Anweisung des General-Bergwerksdirectors Lammond vom 20. Mai 1812 — welche aber beiläufig bemerkt den Absichten des Gesetzes keineswegs entsprach —

1) Die Bergwerks-Ingenieure bildeten die localen Bergpolizei-Behörden, wie heutzutage die Bergrevierbeamten. Die Aufsichts- und Recursinstanzen waren der Präfect und der Minister.

nur die sogenannten „Gewinnungskosten“ d. h. diejenigen Ausgaben berücksichtigt werden, welche im Laufe des Jahres für den Betrieb gemacht waren, während die sonstigen Auslagen als sog. „Anlagekosten“ von der Ermittelung des steuerbaren Reinertrages ausgeschlossen bleiben mussten. Die Rechtsmittel gegen die Einschätzung waren die Reclamation bei dem Präfecturrathe und der Recurs an den Staatsrath. Ausserdem waren Steuerabonnements zugelassen, und die Einziehung von Hebegebühren sowohl bei der fixen als auch bei der proportionellen Steuer angeordnet, deren nähere Festsetzung dem Finanzminister obliegen sollte.

Diese Grundsätze erfuhren nach der Einverleibung der linken Rheinseite in Preussen nur insoweit eine Aenderung, als durch die Cabinetsordre vom 30. August 1820 bestimmt wurde, dass der steuerbare Reinertrag nicht nach einer Abschätzung, sondern nach den Rechnungen des abgelaufenen Jahres festzustellen sei, und dass die Commission, welcher das Einschätzungsverfahren oblag, sich zusammensetzen sollte aus dem Berghauptmann der Provinz oder dessen Stellvertreter, dem Bergamtsdirector, den Bergbeamten des Bezirks, dem Rendanten und zweien von den Bergwerksbesitzern gewählten Vertretern der letzteren. Zu dieser Cabinetsordre erging dann noch am 20. Januar 1857 eine Ausführungsanweisung, welche die Art der Buchführung über Förderung, Absatz, Verkaufspreise, die gezahlten Arbeitslöhne und die angeschafften und verbrauchten Materialien regelte.

Alle diese Gesetze und Verordnungen wurden alsdann mit dem 1. Januar 1865 durch den § 6 des Gesetzes vom 20. October 1862 aufgehoben, und an Stelle der bisherigen Besteuerungsart eine Bruttosteuer von 2 $^0/_0$ vom Werthe der Producte eingeführt, in Folge dessen vom genannten Zeitpunkt ab die Höhe der Besteuerung mit derjenigen in den rechtsrheinischen Landestheilen eine gleichmässige war. Während für letztere das Verfahren bei der Veranlagung und Erhebung durch die Instruction vom 29. Januar 1866 geregelt wurde, erging für die linksrheinischen Landestheile zum gleichen Zweck die Instruction vom 23. November 1864, zu deren weiteren Ausführung noch die Ministerialerlasse vom 17. Juni 1875 und vom 27. December 1877 ergangen sind. Von diesen betrifft der erstere die Steuerfreiheit der zum eigenen Verbrauche abgegebenen Kohlen, der andere die Anrechnung von Aufbereitungskosten bei der Ermittelung der Bergwerksabgaben. Durch den § 1 des genannten Gesetzes vom 20. October 1862 war der Eisensteinbergbau schon mit dem 1. Januar 1863 völlig abgabefrei geworden.

Die Reform endlich, welche die gesammte staatliche wie communale Steuergesetzgebung in Preussen während der letzten Jahre erfahren hat, hat auch die Bergwerkssteuer betroffen und als selbstständige Steuer überhaupt ganz beseitigt, indem durch das Gesetz wegen Aufhebung directer

Staatssteuern vom 14. Juli 1893 und durch das Communalabgabengesetz von demselben Tage die bestehenden Bergwerksabgaben mit dem 1. April 1895 gegenüber der Staatskasse ausser Hebung gesetzt, und der Bergbau der communalen Besteuerung des Gewerbebetriebes überwiesen worden ist. Für den Fall also, dass die Gemeinden von der ihr durch die genannten Gesetze eingeräumten Autonomie bezüglich der Ausgestaltung ihres Steuersystems keinen Gebrauch machen, und besondere Gewerbesteuern nicht einführen, wird auch der Bergbau gleich den übrigen Gewerbebetrieben in Prozenten der vom Staate veranlagten Gewerbesteuer besteuert, deren Festsetzung laut den Bestimmungen des Gewerbesteuergesetzes vom 24. Juni 1891 nach Massgabe des Betriebsertrages und subsidiär nach Massgabe der Höhe des Anlage- und Betriebskapitals erfolgt. In steuerlicher Hinsicht ist somit der Bergbau mit dem übrigen Gewerbebetrieb völlig gleichgestellt worden, und es haben damit die langjährigen Klagen aus den Kreisen des Bergwerksbetriebes über die Ungerechtigkeit der bisherigen Bruttobesteuerung ihre Erledigung gefunden.

In der folgenden Nachweisung sind die unter der Herrschaft des Gesetzes vom 20. October 1862 (also von 1865 bis 1895) im Revier Düren aufgebrachten Bergwerkssteuerbeträge getrennt nach Steinkohlen und Erzen unter gleichzeitiger Angabe des Productionswerthes für die einzelnen Jahre zusammengestellt worden. Hiernach haben während dieses 30jährigen Zeitraums die Steuern der Steinkohlenbergwerke 862 930,19 Mk. und die der Erzbergwerke 422 953,33 Mk. betragen, während der gesammte Productionswerth sich auf 98 445 080 Mk. beziffert.

## Nachweisung

über die im Revier Düren von 1865 bis 1895 aufgebrachten Bergwerkssteuerbeträge.

| Jahr | Werth der Produktion in Mark | Erhobene Bergwerkssteuern | | | | | |
|---|---|---|---|---|---|---|---|
| | | für Steinkohlen | | für Erze | | in Summa | |
| | | Mark | Pfg. | Mark | Pfg. | Mark | Pfg. |
| 1865 | 3 481 395 | 44 758 | 13 | 13 579 | 15 | 58 337 | 28 |
| 1866 | 3 490 323 | 43 100 | 25 | 15 222 | 22 | 58 322 | 47 |
| 1867 | 3 433 116 | 35 587 | 12 | 16 505 | 63 | 52 092 | 75 |
| 1868 | 3 558 963 | 40 155 | 09 | 14 957 | 90 | 55 112 | 99 |
| 1869 | 3 749 592 | 39 027 | 65 | 18 025 | 26 | 57 052 | 91 |
| 1870 | 3 448 959 | 34 552 | 70 | 16 438 | 85 | 50 991 | 55 |
| 1871 | 3 111 669 | 37 746 | 72 | 11 139 | 60 | 48 886 | 32 |
| 1872 | 3 240 168 | 40 417 | 47 | 11 612 | 72 | 52 030 | 19 |
| 1873 | 3 814 866 | 38 270 | 56 | 11 868 | 16 | 50 138 | 72 |
| **Uebertrag:** | 31 329 0 51 | 353 612 | 69 | 129 349 | 49 | 482 960 | 18 |

| Jahr | Werth der Production in Mark | Erhobene Bergwerkssteuern | | | | | |
|---|---|---|---|---|---|---|---|
| | | für Steinkohlen | | für Erze | | in Summa | |
| | | Mark | Pfg. | Mark | Pfg. | Mark | Pfg. |
| Uebertrag: | 31 329 051 | 353 612 | 69 | 129 349 | 49 | 482 960 | 18 |
| 1874 | 3 194 982 | 37 911 | 92 | 9 742 | 31 | 47 654 | 23 |
| 1875 | 2 828 054 | 23 217 | 59 | 12 968 | 92 | 36 186 | 51 |
| 1876 | 2 637 977 | 26 798 | 29 | 13 629 | 56 | 40 427 | 85 |
| 1877 | 2 793 911 | 24 211 | 42 | 14 520 | 93 | 38 732 | 35 |
| 1878 | 2 781 163 | 22 403 | 19 | 15 309 | 89 | 37 713 | 08 |
| 1879 | 2 501 404 | 19 512 | 64 | 12 946 | 89 | 32 459 | 53 |
| 1880 | 2 867 387 | 18 156 | 53 | 15 746 | 22 | 33 902 | 75 |
| 1881 | 2 950 188 | 18 615 | 22 | 16 790 | 35 | 35 405 | 57 |
| 1882 | 3 168 200 | 21 050 | 94 | 17 439 | 89 | 38 490 | 83 |
| 1883 | 2 644 502 | 19 194 | 91 | 14 577 | 30 | 33 772 | 21 |
| 1884 | 2 472 755 | 16 990 | 16 | 12 403 | 22 | 29 393 | 38 |
| 1885 | 2 242 576 | 16 680 | 73 | 12 424 | 12 | 29 104 | 85 |
| 1886 | 2 544 859 | 17 033 | 44 | 12 359 | 62 | 29 393 | 06 |
| 1887 | 2 592 854 | 17 346 | 66 | 13 499 | 40 | 30 846 | 06 |
| 1888 | 2 465 375 | 14 144 | 42 | 14 753 | 23 | 28 897 | 65 |
| 1889 | 2 453 976 | 14 700 | 43 | 13 971 | 34 | 28 671 | 77 |
| 1890 | 2 344 735 | 14 927 | 66 | 13 307 | 60 | 28 235 | 26 |
| 1891 | 2 169 890 | 14 103 | 06 | 14 923 | 53 | 29 026 | 59 |
| 1892 | 4 786 913 | 48 331 | 35 | 15 481 | 48 | 63 812 | 83 |
| 1893 | 4 522 409 | 44 646 | 08 | 13 306 | 99 | 57 953 | 07 |
| 1894 | 4 781 734 | 47 151 | 64 | 11 576 | 67 | 58 731 | 31 |
| 1895 | 5 370 185 | 12 186 | 22 | 1 921 | 38 | 14 107 | 60 |
| Summa | 98 445 080 | 862 930 | 19 | 422 953 | 33 | 1285 883 | 52 |

# X. Verkehrs- und Absatzverhältnisse.

Als Verkehrswege für den Absatz der Bergwerks- und Hüttenprodukte spielen die Chausseen heutzutage nur noch eine untergeordnete Rolle. Abgesehen von der Grube Diepenlinchen nebst den im Felde dieser Grube umgehenden kleinen Eisensteinbetrieben benutzen die übrigen Werke zur Verfrachtung der Hauptmasse ihrer Förderung ausschliesslich die Eisenbahnen, und die Grube Rheinpreussen ausserdem noch die Rheinschifffahrt. Im südlichen Reviertheil ist der älteste und wichtigste Schienenweg die von Cöln über Aachen nach Herbesthal führende Rheinische Eisenbahn. Sie tritt bei Düren in das Reviergebiet ein, berührt auf ihrem ost-westlichen Verlauf die wichtigsten Industrieorte des Bezirks,

Langerwehe, Eschweiler, Stolberg und Aachen und verbindet dieselben somit auf dem kürzesten Wege einerseits mit dem Rheingebiet und andererseits mit Belgien. Eine grössere Zahl von Bahnlinien, die bei den genannten Orten abzweigen, schliessen gleichzeitig das südlich aufsteigende Eifelgebirge und das im Norden sich ausbreitende Flachland auf, so dass nach allen Himmelsrichtungen hin die bequemsten Abfuhrwege vorhanden sind. Mit der von Aachen über Herzogenrath, Gladbach und Neuss nach Düsseldorf führenden Bergisch-Märkischen Bahn, welche die Hauptverkehrsader des nördlich vorliegenden Flachlandes bildet, ist die Rheinische Bahn durch einen das Weichbild Aachens im Westen umspannenden Schienenstrang direkt verbunden, ausserdem vermitteln den Uebergang noch vier Zweiglinien, von denen 3 bei Stolberg und 1 bei Düren abgehen. Letztere führt über Grevenbroich nach Neuss. Die zweite verläuft von Stolberg dem Indethal entlang über Inden nach Jülich und von hier über Hochneukirch nach Gladbach. Die dritte verbindet Stolberg mit den westlichen Gruben des Wurmreviers bei Höngen und Alsdorf und mündet bei Herzogenrath. Die vierte endlich geht nach Würselen und läuft, indem sie den westlichen Theil des Wurmreviers durchquert, bei Kohlscheid aus. Durch die von Aachen direkt nach Würselen, Höngen und Jülich führende sog. Industriebahn nebst ihrer kleinen Abzweigung über Haaren nach dem Hüttenwerk Rothe Erde, sowie ferner durch die Verbindungsstrecken Jülich-Krauthausen-Düren und Hochneukirch-Jüchen-Grevenbroich wird das Bahnnetz im Norden vervollständigt. Im Süden war der erste Aufschluss des Eifelgebiets durch die Linie Euskirchen-Trier bewirkt worden. Den Uebergang in dieselbe aus dem diesseitigen Bezirk vermittelte auf dem kürzesten Wege die Strecke Düren-Zülpich-Euskirchen. Für die Ausfuhr nach Lothringen und Luxemburg bildete diese Bahn lange Zeit die nächste Verbindung, wenn anders nicht die belgischen Bahnen zu diesem Behufe in Anspruch genommen werden sollten. Erst die in den Jahren 1885—1888 dem Betriebe übergebene Hohe-Vennbahn schuf einen zweiten und noch näheren Weg und brachte gleichzeitig die industriereichen Orte Montjoie und Malmedy in eine engere Beziehung zum Absatzgebiet der Gruben des Reviers. Diese Bahn zweigt bei der Station Rothe-Erde von der Rheinischen Bahnlinie ab, geht über Cornelimünster und Walheim nach Raeren, von wo sie eine Theilstrecke nach Eupen sendet, ersteigt dann die Höhe des Hohen Venn bis Montjoie, sendet auf ihrem weiteren südlichen Verlauf bei der Station Weismes einen Strang nach Malmedy ab und mündet endlich bei St. Vith. Dieser Ort bildet dann weiter den Ausgangspunkt einerseits für die Strecke nach Ulflingen, einer Station der unter deutscher Verwaltung stehenden Wilhelm-Luxemburg-Bahn, und andererseits für die Linie Bleialf-Prüm-Gerolstein, so dass sowohl nach Westen als auch nach

Osten der Kreis der Bahnlinien geschlossen wird. Für die Industrie von Eschweiler und Stolberg ist durch die über Breinig gelegene Stolberger Thalbahn ein direkter Zugang in die Hohe Venn-Bahn geschaffen. An kleineren Linien sind ausserdem noch die Verbindungsstrecke Eupen-Herbesthal und die Zweiglinie Düren-Kreuzau zu erwähnen, welch letztere, wie wenigstens schon seit längerer Zeit projectirt ist, durch das Ruhrthal bis nach Montjoie ausgebaut werden soll.

Im nördlichen Reviertheil besitzt die Grube Rheinpreussen, welche dort z. Zt. allein in Betrieb ist, einen direkten Anschluss nach Crefeld und zwar sowohl durch die Linie Homberg-Uerdingen, als auch durch die Linien Homberg-Mörs-Hüls. Von Crefeld aus, das einen wichtigen Knotenpunkt des engmaschigen Bahnnetzes des Regierungsbezirks Düsseldorf bildet, eröffnen sich Abfuhrwege nach allen Richtungen. Durch die von den Schachtanlagen der Grube ausgehende 700 m lange Kettenförderstrecke ist ausserdem eine direkte Verbindung zur Rheinverladung geschaffen worden.

Abgesehen von den Hüttenwerken, die sämmtlich Anschlussgeleise besitzen, sind solche auch auf den grösseren Gruben, ausgenommen Diepenlinchen vorhanden, nämlich Grube Eschweiler-Reserve nach der Station Eschweiler (linksrh.), nach der Station Eschweilerthal der Aachen-Jülicher Bahn und nach der Aachener Kleinbahn, Grube Rheinpreussen nach Station Homberg, Goltsteingrube bei Lucherberg nach der Station Weisweiler der Aachen-Jülicher Eisenbahn und Grube Altenberg von der Aufbereitung in Moresnet nach der Station Montzen der von Aachen über Bleiberg nach Welkenraedt führenden Eisenbahn. Der Betriebspunkt Hammer der Grube Anfang befördert mittelst Seilbahn die Eisensteine nach dem Bahnhof Hergenrath und die Grube Cornelia mittelst einer schmalspurigen Schleppbahn nach Bahnhof Breinig.

Was die Absatzverhältnisse anbelangt, so wird die gesammte Erz- und Eisensteinproduktion mit Ausnahme derjenigen der Altenberger Gruben, die von den derselben Gesellschaft gehörigen Hüttenwerken in Belgien zu Gute gemacht werden, ausschliesslich von den hiesigen Hüttenwerken aufgenommen. Es brauchen daher die Erzgruben auf den Versandt der Förderung in weite Ferne ihr Augenmerk nicht zu richten. Anders ist es bei den beiden Kohlengruben des Reviers, die aber in dieser Beziehung unter ganz verschiedenartigen Verhältnissen arbeiten. Die Grube Rheinpreussen, die nach ihrer Lage dem Produktionsgebiet des westfälischen oder Ruhrkohlenreviers zugerechnet werden kann, hat vor den meisten Zechen desselben einen nicht unbedeutenden Frachtvorsprung sowohl nach Holland als auch nach den industriereichen und überaus aufnahmefähigen Städten auf der linken Seite des Niederrheins von Cleve im Norden bis M.-Gladbach im Süden. Sie besitzt also ein durchaus günstiges Absatzfeld, das ihr höchstens im Süden, im Kreise M.-Gladbach, durch das Aachener oder Wurmkohlenrevier mit Erfolg streitig gemacht werden könnte. Ueberdies gewährt ihr die unmittelbare Lage am Rhein auch noch die Möglichkeit, das Absatzgebiet sowohl rheinauf- als auch rheinabwärts unter Benutzung der billigen Wasserfracht erheblich auszudehnen. Dahingegen treten der Grube Eschweiler-Reserve, trotz ihrer günstigen Lage inmitten einer hochentwickelten Industriegegend, für die Unterbringung der Förderung oft erhebliche Schwierigkeiten entgegen. Durch den scharfen Wettbewerb nicht nur des nahen Wurm-, sondern auch des Ruhrreviers, das sich für den Vertrieb seiner mächtigen und noch von Jahr zu Jahr wachsenden Produktion fast gewaltsam nach allen Richtungen hin Platz schafft, wird die Grube Eschweiler-Reserve aus ihrem natürlichen Absatzgebiet beinahe hinausgedrängt, und andrerseits sind ihren Bestrebungen, Abnehmer in ferneren Gegenden zu suchen, auch wieder sehr enge Grenzen gesteckt. In Holland und Belgien steht die Concurrenz der belgischen Kohlengruben neben der der Aachener und westfälischen Gruben entgegen, in Luxemburg, Elsass-Lothringen und an der Mosel die Concurrenz des Saarbrücker Reviers, und die mittlere Rheingegend ist durch das den billigen Wasserweg benutzende westfälische Revier ebenfalls fast verschlossen. Es bedarf daher oft der grössten Anstrengungen und der weitgehendsten Preisnachlässe, um nur überhaupt die wichtigeren Plätze des natürlichen Absatzgebietes, Stolberg, Eschweiler und Aachen auf die Dauer behaupten zu können.

---

# XI. Arbeiterverhältnisse.

## 1. Allgemeines.

Die Zahl der beim Bergbau- und Hüttenbetrieb des Dürener Reviers beschäftigten Arbeiter beläuft sich zur Zeit annähernd auf 10500, wovon etwa 4000 auf den Kohlenbergbau und 1100 auf den Erzbergbau, also 5100 auf den Bergbau überhaupt entfallen. Von den letzteren ist der grössere Theil, nämlich reichlich $^2/_3$ der Zahl, bei den unterirdischen Arbeiten beschäftigt, während der Rest über Tage sowohl bei den mit der Förderung und Aufbereitung der gewonnenen Produkte zusammenhängenden Arbeiten als auch in anderen Nebenarbeiten untergebracht ist. Etwa 11 % der über Tage beschäftigten Arbeiter oder rund

3 % der Gesammtbelegschaft gehören zur Kategorie der jugendlichen Arbeiter. Kinder unter 14 Jahren werden überhaupt nicht beschäftigt. Die Zahl der ernährten Familienangehörigen beträgt rund 11900, nämlich 9300 bei dem Kohlen- und 2600 bei dem Erzbergbau.

Die auf den beiden betriebenen Kohlengruben des Reviers, Rheinpreussen und Eschweiler-Reserve, erzielte Arbeitsleistung betrug im Durchschnitt der letzten 3 Jahre auf den Kopf der Belegschaft 248,4 bezw. 161,8 t, auf den Kopf der unter Tage angelegten Arbeiter 304,7 bezw. 261,4 t, ist also im Vergleich mit den in anderen Kohlenrevieren erreichten Jahresergebnissen überaus gering. Die Ursache hierfür ist in erster Linie in der Inanspruchnahme eines grossen Theils der Arbeitskräfte durch die Aus- und Vorrichtungsarbeiten zu suchen, welche auf beiden Gruben bei Weitem noch nicht genügend vorgeschritten sind. Auch auf den Erzgruben sind vergleichsweise die Leistungen im ganzen Durchschnitt keine hohen, weisen aber im Uebrigen grosse Verschiedenheiten bei den einzelnen Gruben auf. So betrugen dieselben auf den beiden grösseren Eisenerzgruben Cornelia und Anfang für 1900: 175,6 bezw. 187,6 t und auf den beiden grösseren Erzgruben Diepenlinchen und Altenberg sogar nur 14,9 bezw. 25,9 t auf den Kopf der Gesammtbelegschaft. Zieht man bei den zwei letztgenannten Gruben übrigens nur die unterirdische Belegschaft in die Berechnung ein, wie es bei den zahlreichen Aufbereitungsarbeitern wohl zutreffender sein dürfte, so erhöhen sich die bezüglichen Ziffern auf 23,5 und 45,2 t. Die Ursachen dieser Verschiedenheiten liegen in der Hauptsache in der Verschiedenartigkeit der ganzen Betriebsverhältnisse begründet, denn während die Grube Cornelia auf sehr unregelmässigen nesterförmigen Lagerstätten baut, bearbeitet die Grube Anfang einen regelrechten im Streichen und Fallen gleichmässig aushaltenden Gang, und während auf Grube Diepenlinchen die Erze mit fester Gangart verwachsen einbrechen, sind sie auf dem Altenberge vielfach nur in leicht bearbeitbaren losen Letten eingelagert.

Entsprechend den niedrigen Arbeitsleistungen sollte man eigentlich einen niedrigen Stand der Löhne erwarten. Ein Blick auf die umstehende Tabelle lehrt indessen, dass diese Annahme nicht zutrifft, dass vielmehr der Gesammt-Durchschnitt der in den Jahren 1891—1900 gezahlten Löhne beim Steinkohlenbergbau des Reviers Düren höher steht als in den Ober- und Niederschlesischen Bezirken und auch beim Erzbergbau die Löhne verhältnissmässig hoch stehen. Freilich hat man bei der Vergleichung dieser aus den Jahresberichten und aus der Zeitschrift für Berg-, Hütten- und Salinenwesen zusammengetragenen Ziffern zunächst zu berücksichtigen, dass sie als allgemeine Durchschnittswerthe durchaus nicht die grossen Verschiedenheiten zum Ausdruck bringen, welche innerhalb der aufgeführten Bezirke bei den einzelnen Gruben bezüglich der

## Nachweisung

über die in den Jahren 1891—1900 im Revier Düren und in den wichtigeren Steinkohlen- und Erzrevieren gezahlten Arbeiterlöhne auf den Kopf der Belegsschaft für 1 Jahr.

### a) Steinkohlenbergbau.

| Arbeiterklassen | Jahr | Revier Düren | Ober-Schlesien | Nieder-Schlesien | Saar-Revier | Ruhr-Revier |
|---|---|---|---|---|---|---|
| | | ℳ | ℳ | ℳ | ℳ | ℳ |
| 1. Unterirdisch beschäftigte eigentl. Bergarbeiter | 1891 | 962 | 774 | 824 | 1212 | 1217 |
| | 1892 | 1009 | 739 | 805 | 1167 | 1120 |
| | 1893 | 970 | 727 | 775 | 1021 | 1084 |
| | 1894 | 988 | 730 | 773 | 1020 | 1102 |
| | 1895 | 1023 | 740 | 796 | 1030 | 1114 |
| | 1896 | 1072 | 768 | 814 | 1079 | 1203 |
| | 1897 | 1157 | 794 | 849 | 1101 | 1328 |
| | 1898 | 1299 | 856 | 876 | 1146 | 1387 |
| | 1899 | 1391 | 896 | 916 | 1158 | 1491 |
| | 1900 | 1488 | 983 | 991 | 1193 | 1592 |
| 2. Sonstige unterirdisch beschäftigte Arbeiter | 1891 | 969 | 728 | 779 | 1018 | 925 |
| | 1892 | 923 | 709 | 780 | 868 | 805 |
| | 1893 | 805 | 704 | 762 | 794 | 791 |
| | 1894 | 796 | 708 | 749 | 791 | 805 |
| | 1895 | 835 | 713 | 765 | 796 | 816 |
| | 1896 | 852 | 731 | 793 | 821 | 862 |
| | 1897 | 885 | 765 | 820 | 838 | 926 |
| | 1898 | 944 | 803 | 844 | 855 | 964 |
| | 1899 | 1059 | 827 | 886 | 842 | 1027 |
| | 1900 | 1135 | 918 | 950 | 837 | 1096 |
| 3. Ueber Tage beschäftigte Arbeiter (ausschl. der jugendl. und weiblichen Arbeiter) | 1891 | 769 | 649 | 690 | 908 | 950 |
| | 1892 | 908 | 639 | 693 | 869 | 898 |
| | 1893 | 893 | 622 | 687 | 812 | 878 |
| | 1894 | 892 | 619 | 670 | 810 | 889 |
| | 1895 | 898 | 634 | 669 | 826 | 893 |
| | 1896 | 925 | 640 | 685 | 826 | 934 |
| | 1897 | 934 | 648 | 709 | 820 | 993 |
| | 1898 | 1004 | 680 | 733 | 839 | 1022 |
| | 1899 | 1053 | 705 | 759 | 846 | 1076 |
| | 1900 | 1110 | 771 | 811 | 921 | 1125 |

| Arbeiterklassen | Jahr | Revier Düren | Ober-Schlesien | Nieder-Schlesien | Saar-Revier | Ruhr-Revier |
|---|---|---|---|---|---|---|
| | | ℳ | ℳ | ℳ | ℳ | ℳ |
| 4. Jugendliche männliche Arbeiter unter 16 Jahren . . . . . . | 1891 | 316 | 278 | 305 | 361 | 364 |
| | 1892 | 390 | 245 | 286 | 321 | 337 |
| | 1893 | 350 | 208 | 279 | 256 | 322 |
| | 1894 | 344 | 197 | 282 | 245 | 323 |
| | 1895 | 342 | 206 | 281 | 236 | 322 |
| | 1896 | 333 | 215 | 288 | 250 | 332 |
| | 1897 | 347 | 230 | 297 | 246 | 345 |
| | 1898 | 369 | 253 | 308 | 256 | 351 |
| | 1899 | 377 | 259 | 313 | 276 | 360 |
| | 1900 | 361 | 294 | 333 | 302 | 369 |
| 5. Weibliche Arbeiter . . . . . . | 1891 | 346 | 255 | 404 | — | — |
| | 1892 | 441 | 244 | 394 | — | — |
| | 1893 | 493 | 237 | 375 | — | — |
| | 1894 | 237 | 236 | 371 | — | — |
| | 1895 | 404 | 241 | 370 | — | — |
| | 1896 | 348 | 246 | 380 | — | — |
| | 1897 | 339 | 252 | 384 | — | — |
| | 1898 | 509 | 270 | 413 | — | — |
| | 1899 | 549 | 279 | 438 | — | — |
| | 1900 | 420 | 311 | 463 | — | — |
| 6. Durchschnitt . . . . . . . . | 1891 | 908 | 693 | 759 | 1137 | 1086 |
| | 1892 | 961 | 669 | 747 | 1042 | 976 |
| | 1893 | 903 | 661 | 729 | 925 | 946 |
| | 1894 | 909 | 664 | 723 | 921 | 961 |
| | 1895 | 939 | 675 | 737 | 929 | 968 |
| | 1896 | 968 | 667 | 757 | 966 | 1035 |
| | 1897 | 1019 | 721 | 787 | 982 | 1128 |
| | 1898 | 1131 | 771 | 812 | 1015 | 1175 |
| | 1899 | 1232 | 801 | 846 | 1019 | 1255 |
| | 1900 | 1314 | 877 | 910 | 1044 | 1332 |

## b) Erzbergbau.

| Arbeiterklassen | Jahr | Revier Düren | Oberharz | Siegen-Nassau | Rechtsrhein. Erzbergbau | Linksrhein. Erzbergbau |
|---|---|---|---|---|---|---|
| | | ℳ | ℳ | ℳ | ℳ | ℳ |
| 1. Unterirdisch beschäftigte eigentl. Bergarbeiter . . . . . . . . | 1891 | 683 | 696 | 711 | 700 | 695 |
| | 1892 | 678 | 691 | 702 | 702 | 694 |
| | 1893 | 652 | 688 | 673 | 677 | 660 |
| | 1894 | 658 | 697 | 673 | 690 | 676 |
| | 1895 | 656 | 692 | 665 | 696 | 667 |
| | 1896 | 674 | 709 | 809 | 744 | 681 |
| | 1897 | 687 | 710 | 871 | 791 | 684 |
| | 1898 | 710 | 718 | 898 | 849 | 734 |
| | 1899 | 757 | 721 | 1031 | 899 | 775 |
| | 1900 | 785 | 736 | 1081 | 949 | 790 |
| 2. Sonstige unterirdisch beschäftigte Arbeiter . . . . . . . . . . | 1891 | 725 | 751 | 771 | 718 | 772 |
| | 1892 | 721 | 744 | 788 | 688 | 760 |
| | 1893 | 632 | 744 | 688 | 644 | 720 |
| | 1894 | 644 | 745 | 669 | 669 | 723 |
| | 1895 | 643 | 732 | 663 | 657 | 720 |
| | 1896 | 682 | 741 | 758 | 656 | 714 |
| | 1897 | 718 | 765 | 846 | 710 | 709 |
| | 1898 | 739 | 767 | 868 | 719 | 750 |
| | 1899 | 740 | 785 | 917 | 823 | 776 |
| | 1900 | 763 | 805 | 998 | 905 | 816 |
| 3. Ueber Tage beschäftigte Arbeiter (ausschl. jugendl. und weibl.) . | 1891 | 659 | 532 | 608 | 639 | 621 |
| | 1892 | 664 | 516 | 593 | 631 | 607 |
| | 1893 | 646 | 528 | 583 | 619 | 609 |
| | 1894 | 634 | 522 | 591 | 635 | 576 |
| | 1895 | 643 | 509 | 593 | 627 | 583 |
| | 1896 | 653 | 533 | 669 | 655 | 608 |
| | 1897 | 701 | 538 | 722 | 686 | 628 |
| | 1898 | 725 | 560 | 774 | 719 | 679 |
| | 1899 | 740 | 566 | 864 | 762 | 686 |
| | 1900 | 743 | 590 | 923 | 816 | 703 |

| Arbeiterklassen | Jahr | Revier Düren | Oberharz | Siegen-Nassau | Rechtsrhein. Erzbergbau | Linksrhein. Erzbergbau |
|---|---|---|---|---|---|---|
| | | ℳ | ℳ | ℳ | ℳ | ℳ |
| 4. Jugendliche männliche Arbeiter unter 16 Jahren . . . . . . | 1891 | 297 | 173 | 303 | 315 | 265 |
| | 1892 | 277 | 176 | 304 | 318 | 256 |
| | 1893 | 272 | 183 | 297 | 294 | 238 |
| | 1894 | 286 | 193 | 295 | 306 | 264 |
| | 1895 | 305 | 185 | 295 | 296 | 248 |
| | 1896 | 293 | 196 | 327 | 311 | 260 |
| | 1897 | 321 | 192 | 369 | 321 | 272 |
| | 1898 | 309 | 189 | 375 | 365 | 287 |
| | 1899 | 328 | 196 | 415 | 383 | 289 |
| | 1900 | 287 | 200 | 446 | 404 | 310 |
| 5. Weibliche Arbeiter . . . . . . . | 1891 | 245 | — | 287 | 253 | 248 |
| | 1892 | 260 | — | 286 | 256 | 261 |
| | 1893 | 280 | — | 291 | 260 | 262 |
| | 1894 | 295 | — | 290 | 289 | 259 |
| | 1895 | 290 | — | 290 | 268 | 263 |
| | 1896 | 316 | — | 310 | 282 | 292 |
| | 1897 | 327 | — | 325 | 293 | 315 |
| | 1898 | 341 | — | 341 | 313 | 334 |
| | 1899 | 356 | — | 373 | 347 | 356 |
| | 1900 | 365 | — | 396 | 352 | 368 |
| 6. Durchschnitt . . . . . . . . . | 1891 | 645 | 610 | 648 | 649 | 642 |
| | 1892 | 649 | 604 | 642 | 645 | 639 |
| | 1893 | 628 | 606 | 621 | 627 | 622 |
| | 1894 | 632 | 611 | 624 | 642 | 621 |
| | 1895 | 631 | 603 | 620 | 643 | 616 |
| | 1896 | 645 | 620 | 737 | 683 | 632 |
| | 1897 | 665 | 627 | 798 | 723 | 642 |
| | 1898 | 687 | 637 | 827 | 772 | 688 |
| | 1899 | 721 | 645 | 944 | 823 | 712 |
| | 1900 | 739 | 665 | 996 | 870 | 728 |

Lohnverhältnisse obwalten, und welche auch im Dürener Revier zwischen sehr weiten Grenzen schwanken. Nähern sich z. B. die Löhne auf Grube Rheinpreussen denjenigen der besser gestellten westfälischen Zechen, so dass der durchschnittliche Tages-Arbeitsverdienst für einen Hauer daselbst 3,60—4,50 Mk. beträgt, so erreichen umgekehrt die Hauerlöhne auf Grube Eschweiler-Reserve kaum die Höhe von 3,50—4,00 Mk., und während dieselben ferner auf dem Altenberge bis nahe 3 Mk. reichen, schwanken sie auf den Eisenerzbergwerken zwischen 2,30 und 2,70 Mk. und betragen auf der Grube Diepenlinchen sogar nur rund 2,60 Mk. Sodann bleibt zu beachten, dass die in anderen Revieren den Arbeitern vielfach in Gestalt von Ackerland, Wohnung, Brodkornzulage und anderen Deputaten gewährten wirthschaftlichen Beihülfe für das Dürener Revier ohne nennenswerthen Belang sind und dass vor allem nach der Lage der Theuerungsverhältnisse das hiesige Revier ungünstiger gestellt ist, als irgend einer der anderen Bezirke, da nach den bezüglichen statistischen Ergebnissen in der Rheinprovinz und hier insbesondere im Regierungsbezirk Aachen die Lebenshaltungskosten bei Weitem das gewöhnliche Durchschnittsmaass in den anderen Provinzen überschreiten und überdies die Preise für die wichtigsten und allgemeinsten Nahrungsmittel nur sehr langsam und zeitweise auch gar nicht den beträchtlichen Schwankungen folgen, welchen an anderen Orten die Lebensmittel unterworfen sind, es sei denn, dass dieselben eine aufsteigende Tendenz haben. Die Stolberger und die Altenberger Gesellschaft haben, um ihren Arbeitern wenigstens die Vortheile des Einkaufs im Grossen zu Theil werden zu lassen, in manchen Jahren grössere Partien Kartoffeln und anderer Lebensmitteln aufgekauft und sie alsdann zu Selbstkostenpreisen abgelassen; dagegen ist die Gründung von Consumvereinen bislang nur in sehr bescheidenem Umfang erfolgt. Nur 3 solcher Vereine bestehen bis jetzt, nämlich für die Arbeiter der Hütte Rothe-Erde, für die Arbeiter der Grube Diepenlinchen und für die Arbeiter der Grube Rheinpreussen. Wie gewöhnlich war die Betheiligung anfänglich eine sehr schwache. Die weit verbreitete durch das schädliche Borgsystem verursachte Abhängigheit der Arbeiterschaft von den Kleinhändlern, als auch die Unbequemlichkeit der oft weiten Entfernung des Verkaufslokals von den Arbeiterwohnungen und nicht zuletzt die schwere Gewöhnung vieler Arbeiter an Baarzahlung trugen hauptsächlich die Schuld an der anfänglichen Zurückhaltung. Die nicht unbedeutenden Erfolge aber, die gegenwärtig die Consumvereine aufzuweisen haben, bezeugen, wie segensreich sie für das wirthschaftliche Wohl der Arbeiter wirken.

Die Schichtdauer auf den beiden Steinkohlengruben des Reviers beträgt einschliesslich der Ein- und Ausfahrt und der Arbeitspausen für die unterirdisch beschäftigten Arbeiter durchschnittlich 9,5 Stunden, nämlich 9 Stunden auf Rheinpreussen und 10 Stunden auf Eschweiler-Reserve, für die über Tage beschäftigten Leute dagegen 9 bezw. 12 Stunden. Beim Erzbergbau stellt sich der Durchschnitt der Arbeitszeit für die erstgenannte Arbeiterkategorie auf 9,8 (nämlich Altenberg und Anfang 9, alle anderen 10) Stunden, und für die letztgenannte auf 10,4 (nämlich Diepenlinchen 12, Anfang 11 und die übrigen 10) Stunden. Die den jugendlichen Arbeitern gesetzmässig eingeräumten Arbeitspausen sind nur auf der Grube Rheinpreussen in ihrer Zeitdauer nicht fest umgrenzt, wo sie auf Grund der Bekanntmachung des Reichskanzlers vom 15. Februar 1895 in mehreren dem Gange der Förderung angepassten Abschnitten in der Gesammtdauer von mindestens einer Stunde gewährt werden. Auf den übrigen Werken geniessen die jungen Leute die vorgeschriebene einstündige Mittags- und halbstündigen Vor- und Nachmittagspausen.

Auf die Unterbringung der Arbeiter in Arbeiterkolonien sind besonders die Gewerkschaft Rheinpreussen und der Eschweiler Bergwerksverein bedacht gewesen, indem erstere nicht weniger als 607 und letzterer über 369 Wohnungen seinen Arbeitern zu einem geringen Miethpreise zur Verfügung gestellt haben.

## 2. Versicherungswesen.

Die Versicherung der Arbeiter gegen Krankheit, Unfall und Invalidität sowie die Fürsorge für die Wittwen und Waisen derselben erfolgt in erster Linie durch die Knappschaftsvereine, deren für das Revier vier bestehen, nämlich:

1. Der Eschweiler Knappschaftsverein zu Eschweilerpumpe für alle Gruben und sonstigen Werke und Nebenbetriebe des Eschweiler Bergwerksvereins, soweit sie im Bonner Oberbergamtsbezirk gelegen sind und nicht zu anderen Knappschaftsvereinen gehören.

2. Der Knappschaftsverein von Eschweilerpümpchen zu Eschweilerpümpchen für das Hüttenwerk dieses Namens und die dazu gehörigen Werkstätten und sonstigen Gewerbsanlagen.

3. Der Knappschaftsverein „Rheinpreussen“ zu Ruhrort für alle im Concessionsfelde Rheinpreussen angelegten Bergwerke und zugehörigen Werkstätten, und

4. Der Stolberger Knappschaftsverein zu Stolberg für alle übrigen nicht zu den vorgenannten Vereinen gehörigen Werke, ausgenommen die Gruben des auf preussischem Gebiete liegenden Theiles des Altenberger Grubenfeldes, so lange dessen Arbeiter der weiter unten erwähnten Altenberger Betriebskranken- und Pensionskasse angehören.

Die Leistungen dieser Vereine auf dem Gebiet der Krankenversicherung sind allgemein auf die durch das Krankenversicherungsgesetz vom 10. April 1892 festgesetzten Mindestleistungen beschränkt mit der

Ausnahme, dass der Knappschaftsverein Rheinpreussen den Krankengeldbezug für die erkrankten Werksbeamten und Mitglieder der 1. und 2. Klasse über die gesetzmässige Dauer von 13 Wochen hinaus auf die Frist von 24 Wochen verlängert hat, und dass alle Vereine ausserdem auch den pensionsberechtigten Invaliden den Anspruch auf freie Kur und Arznei bis auf unbeschränkte Dauer gewähren.

Der bei der Berechnung des Krankengeldes, der Wöchnerinnen-Unterstützungen und des Sterbegeldes zu Grunde gelegte durchschnittliche Tagelohn ist bei dem Eschweiler Knappschaftsverein in 4, dem Knappschaftsverein von Eschweilerpümpchen in 5 und bei dem Stolberger Verein[1]) in 7 Lohnklassen abgestuft, in welche die Knappschaftsgenossen entsprechend ihrem Dienst- oder Arbeitseinkommen und den hiernach bemessenen Mitgliederbeiträgen eingereiht sind. Bei dem Rheinpreussener Knappschaftsverein hingegen erfolgt die Feststellung des Durchschnittslohnes in 9 Klassen, welche unabhängig von der Eintheilung der Mitglieder in 5 Abtheilungen und der hierauf beruhenden Abstufung der Beiträge lediglich nach der Lohnhöhe abgegrenzt sind. In den am Ende dieses Abschnitts aufgestellten Nachweisungen A und B sind die Normal- oder Durchschnittstagelöhne, die Krankengelder und Wöchnerinnen-Unterstützungen sowie die Sterbegelder oder Begräbnisskosten für die einzelnen Mitgliederklassen der 4 Knappschaftsvereine ersichtlich gemacht, wobei zu bemerken ist, dass bei den in Tabelle A zusammengestellten Knappschaftsvereinen der Normallohn einer jeden Klasse jährlich durch den Knappschaftsvorstand bei der Etatsregulirung neu festgestellt wird, während die Einreihung der Genossen in die verschiedenen Klassen auf Vorschlag der Werksverwaltung durch den Knappschaftsvorstand bewirkt wird. Beim Rheinpreussener Verein dagegen erfolgt die Einreihung der Mitglieder in die verschiedenen Lohnklassen in jedem einzelnen Krankheitsfall durch den Betriebsführer nach dem in den letzten 3 Monaten verdienten Lohn oder bei Neuangelegten nach dem Durchschnittslohn gleichartiger Arbeiter.

Auf dem Gebiet der Unfallversicherung ist wegen des Uebergangs derselben auf die Berufsgenossenschaften die Inanspruchnahme der Knappschaftsvereine sehr zurückgetreten. Es gewähren jedoch alle 4 Knappschaftsvereine ihren bei der Berufsarbeit verletzten oder getödteten Mitgliedern bezw. deren Hinterbliebenen den im Unfallversicherungsgesetze vorgeschriebenen Ersatz im vollen Umfange, sofern die Berufsgenossenschaften nicht eintreten.

Auf dem Gebiet der Invaliditäts-Versicherung ist die Wirksamkeit

---

1) Ueber die in jüngster Zeit durchgeführte Reorganisation des Stolberger Knappschaftsvereins vergl. die weiter unten auf S. 237 folgenden Bemerkungen.

der Knappschaftsvereine durch das Inkrafttreten des Reichsgesetzes vom 22. Juni 1889 betreffend die Invaliditäts- und Altersversicherung nur wenig eingeschränkt worden und danach für das wirthschaftliche Wohl der Berg- und Hüttenleute nach wie vor von weittragendster Bedeutung. Abgesehen davon nämlich, dass das genannte Gesetz den Begriff einer allgemeinen, von der Fähigkeit zur Wahrnehmung eines bestimmten Berufs ganz unabhängigen Erwerbsunfähigkeit als Voraussetzung für die Rentenberechtigung aufstellt, während die Knappschaftsvereine den Berufsinvaliden, also allen Genossen, welche zur Berg- bezw. Hüttenarbeit unfähig geworden sind, ungeachtet ihrer sonstigen Erwerbsfähigkeit die Renten bewilligt, gewähren die Knappschaftsvereine auch ihren nicht dauernd (d. h. nicht lebenslänglich) invaliden Mitgliedern die Pension gleich von Beginn der Erwerbsunfähigkeit an bezw. nach Beendigung der gesetzlichen Krankenfürsorge, wohingegen die allgemeinen Versicherungsanstalten den nicht dauernd Invaliden die Renten erst nach Ablauf eines Jahres zusprechen dürfen. Da erfahrungsgemäss bei den erkrankten Bergleuten die Zeit der Reconvalescenz sehr lange dauert, und die Frist von 13 Wochen oft verstreicht, ehe vollständige Genesung eingetreten ist, so leuchtet ein, dass der besagte Unterschied zwischen den Leistungen der Versicherungsanstalten und den Knappschaftsvereinen für die Mitglieder der letzteren von hervorragendem Werth ist. Auf der anderen Seite ergab sich daraus allerdings für die Knappschaftsvereine die unabweisbare Nothwendigkeit, die Mitgliederbeiträge in derselben Höhe wie früher fortzuerheben, obwohl die auf Grund des Reichsgesetzes vom 22. Juni 1889 bewilligten Renten auf die Leistungen der Knappschaftsvereine — mit alleiniger Ausnahme des Eschweiler Knappschaftvereins — in Anrechnung gebracht werden.

Die Voraussetzungen zur Erlangung eines Anspruchs auf Invalidenrente sind bei allen vier Knappschaftsvereinen im Allgemeinen dieselben, nämlich: 1. die Zugehörigkeit zur Kasse der ständigen d. i. voll- oder pensionsberechtigten Mitglieder, die wie hier schon voraus bemerkt nur von den männlichen Genossen erworben werden kann, 2. die vom Knappschaftsvorstande auf Grund eines ärztlichen Attestes getroffene Entscheidung über das thatsächliche Vorhandensein der Arbeitsunfähigkeit und 3. der Nachweis, dass letztere nicht vorsätzlich oder durch schuldbare Betheiligung an Schlägereien herbeigeführt oder während der Militärdienstzeit entstanden ist.

Ausserdem wird auch den unständigen Mitgliedern ein Anspruch auf Invalidenrente eingeräumt, sofern sie bei der Arbeit verunglückt sind. Eine Verschiedenheit besteht bei den einzelnen Knappschaftsvereinen und hinsichtlich der Bedingungen, unter welchen die Aufnahme in die Reihe der ständigen Mitglieder erworben werden kann. Während nämlich der

Eschweiler Knappschaftsverein die Zugehörigkeit zu einer der drei ersten Mitgliedsklassen, im Uebrigen aber ohne Rücksicht auf das Lebensalter der Mitglieder eine dreijährige Wartezeit vorschreibt, während welcher ununterbrochen die statutarisch festgesetzten Beiträge entrichtet worden sind, verlangt der Knappschaftsverein von Eschweilerpümpchen bei gleicher Mindestdauer der Wartezeit ein Lebensalter des Aufzunehmenden von nicht unter 21 und nicht über 50 Jahren. Der Stolberger Knappschaftsverein hinwiederum hat die Wartezeit auf 1 Jahr vermindert, die Altersgrenzen dagegen auf 18 und 40 Jahre festgesetzt, während der Knappschaftsverein von Rheinpreussen, bei welchem die Werksbeamten erster und zweiter Abtheilung, sowie die Mitglieder der 1. und 2. Klasse als vollberechtigt gelten, eine Wartezeit von je zwei Jahren und ein Lebensalter von nicht unter 18 und nicht über 36 bezw. von nicht über 38 Jahren zum Aufrücken in die 2. bezw. 1. Klasse bestimmt hat. Den Werksbeamten 2. Abtheilung, zu welchen alle nicht im Range der Obersteiger, Betriebs- und Geschäftsführer stehenden Gruben- und Vereinsbeamte gehören, kann auf besonderen Antrag und nach dem Ermessen des Knappschaftsvorstandes der Uebertritt in die erste Abtheilung gestattet werden, jedoch auch hier nur unter dem Vorbehalt, dass das 38. Lebensjahr nicht überschritten ist. Als gemeinsame Voraussetzungen zum Erwerb der ständigen Mitgliedschaft gelten überdies noch der Besitz der bürgerlichen Ehrenrechte und der Mangel körperlicher Fehler oder Gebrechen, welche eine vorzeitige Invalidität befürchten lassen, indessen kann diese letztere Voraussetzung bei den drei erstgenannten Knappschaftsvereinen durch eine zehnjährige ununterbrochene Dauer der Mitgliedschaft ersetzt werden. Für den Fall endlich, dass ein Mitglied bei der Aufnahme in den Verein bereits das 35. Lebensjahr zurückgelegt hat, haben der Eschweiler und der Stolberger Verein Nachzahlungen vorgesehen, welche für so viel Monate, als er dieses Alter überschritten hat, längstens aber für 10 Jahre bezw. bis zum Beginn des Monats, in welchem seine Aufnahme als ständiges Mitglied erfolgte, an die Knappschaftskasse in Höhe der laufenden Beiträge zu entrichten sind. Der Stolberger Knappschaftsverein erhebt solche Nachzahlungen auch schon von den Mitgliedern, welche bei der Aufnahme erst das 30. Jahr überschritten haben, jedoch alsdann nur in Höhe der Hälfte der laufenden Beiträge.

Was den Betrag der Invalidenpension anbelangt, so richtet sich derselbe sowohl nach der Mitgliedsklasse, welcher der zu Invalidisirende zuletzt angehört hat, als auch nach der Dauer der Mitgliedschaft, oder aber — wie beim Knappschaftsverein Eschweilerpümpchen — nach dieser allein. Die hiernach festgestellten Beträge finden sich in der am Ende dieses Abschnitts zusammengestellten Tabelle C für die einzelnen Knappschaftsvereine getrennt aufgeführt.

Mit Ausnahme des Knappschaftsvereins von Eschweilerpümpchen haben die drei übrigen Vereine auch das Institut der Halbinvaliden eingeführt, d. h. solcher Invaliden, welche nicht mehr zu ihren bisherigen Dienstverrichtungen, wohl aber zur Verrichtung leichterer bezahlter Werksarbeit fähig sind, oder welche, wie das Statut des Rheinpreussener Knappschaftsvereins genauer formulirt, anderweit einen höheren Verdienst als den doppelten Monatsbetrag ihres Invalidengeldes haben. Diese Halbinvaliden erhalten die Hälfte der ihnen im Falle der gänzlichen Arbeitsunfähigkeit zustehenden Rente.

Diejenigen Renten und Entschädigungen, welche auf Grund des Unfallversicherungsgesetzes vom 6. Juli 1884 oder des Gesetzes betreffend die Invaliditäts- und Altersversicherung vom 22. Juni 1889 gezahlt werden, kommen auf die Leistungen der Knappschaftsvereine in Anrechnung in der Weise, dass letztere nur gewährt werden, falls und insoweit die Berufsgenossenschaft oder die Versicherungsanstalt nicht ihrerseits eintreten. Eine Ausnahme hiervon macht nur der Eschweiler Knappschaftsverein, indem er nur die Unfallrenten, nicht aber, wie schon oben bemerkt, die auf Grund des Reichsgesetzes vom 22. Juni 1889 bewilligten Renten auf seine Leistungen in Anrechnung bringt.

Die Auszahlung der Invalidenpensionen hört auf, wenn durch eine ärztliche Untersuchung vor einer eigens dazu berufenen Aerztecommission die Arbeitsfähigkeit des Invaliden festgestellt worden ist, was gleichzeitig die Reactivirung des Betreffenden zur Folge hat. Auch ruht der Anspruch auf die Pensionen während der Haftzeit im Falle strafrechtlicher Verurtheilung.

Bezüglich der Wittwenunterstützungen sind die Voraussetzungen zum Erwerbe derselben bei den einzelnen Knappschaftsvereinen im Allgemeinen ebenfalls dieselben. Es wird 1. die Pensionsberechtigung des verstorbenen Ehegatten verlangt, gleichviel ob derselbe noch activ oder schon invalide war, 2. die Bedingung, dass die Ehe nicht während des Invalidenstandes des Mannes eingegangen war, und dass 3. bei Eingehung der Ehe der Mann nicht das 45. oder 50. Lebensjahr überschritten hatte, während die Frau mehr als 20 bezw. 15 Jahre jünger war[1]) Die Nichterfüllung der unter 3 genannten Bedingung wirkt beim Eschweiler Bergwerksverein unbedingt ausschliessend, der Knappschaftsverein von Rheinpreussen zahlt in diesem Falle dagegen nur die Hälfte des Wittwengeldes, während der Stolberger und der Knappschaftsverein Eschweilerpümpchen die Möglichkeit gewähren, durch Zahlung des doppelten gewöhnlichen Beitrags für die Zeit von 5 Jahren bezw. für die Hälfte

1) Der Eschweiler Knappschaftsverein fordert nur, dass der Mann bei Eingehung der Ehe nicht mehr als 50 Jahre alt und die Frau nicht mehr als 15 Jahre jünger war.

der Jahre, welche den Altersunterschied zwischen den Ehegatten ausmachen, die fragliche Bedingung überhaupt hinfällig zu machen.

Die Höhe der Wittwenpension beträgt beim Eschweiler Knappschaftsverein die Hälfte und bei den Knappschaftsvereinen von Eschweilerpümpchen und Rheinpreussen $^2/_3$ der Invalidenpension, zu welcher der verstorbene Mann berechtigt war bezw. am Todestage berechtigt gewesen sein würde. Der Stolberger Knappschaftsverein hat feste Beträge für die einzelnen Mitgliedsklassen festgesetzt, welche durchschnittlich ebenfalls $^2/_3$ der entsprechenden Invalidenpensionen ausmachen. Im Falle der Wiederverheirathung der Wittwe gewähren der Eschweiler Knappschaftsverein und derjenige von Eschweilerpümpchen eine einmalige Abfindungssumme, welche bei ersterem den vollen Jahresbetrag der Wittwenpension, mindestens aber 150 Mark, bei letzterem den vollen Jahresbetrag der Wittwenpension und der ihren Kindern zustehenden Waisenunterstützung beträgt.

Die Fürsorge für die Waisen ihrer verstorbenen pensionsberechtigten Mitglieder übernehmen die Knappschaftsvereine in allen den Fällen, in welchen die Wittwen Anspruch auf Wittwenunterstützung haben bezw. haben würden bis zum zurückgelegten vierzehnten oder wie beim Eschweiler Knappschaftsverein bis zum zurückgelegten fünfzehnten Lebensjahre. Die Höhe des Kindesgeldes richtet sich sowohl nach der Mitgliedsklasse, der der verstorbene Vater zuletzt angehört hat, als auch nach dem Umstand, ob die Waise nur vaterlos oder auch gleichzeitig mutterlos ist. Die Wiederverheirathung der Mutter hat auf den Fortgenuss der Kindergelder keinen Einfluss, ausgenommen beim Knappschaftsverein Eschweilerpümpchen, der die ebenerwähnte Abfindungssumme auszahlt.

Schliesslich ist noch zu bemerken, dass die Knappschaftsvorstände befugt sind, ausserordentliche Unterstützungen unter Berücksichtigung der Vermögensverhältnisse der Vereine an active und inactive Mitglieder sowie deren Hinterbliebene zu gewähren, falls eine ausserordentliche Bedürftigkeit derselben vorhanden ist.

Zur Deckung aller Kosten, welche den Knappschaftsvereinen durch die vorgenannten Leistungen erwachsen, tragen die Werksbesitzer beim Eschweiler Knappschaftsverein 75 %, beim Knappschaftsverein Rheinpreussen 50 % und bei den beiden anderen je 65 % der von den Mitgliedern zu zahlenden Beiträge bei.

Im Uebrigen wird bezüglich der näheren Angaben über den Vermögensstand der Kassen, der jährlichen Einnahmen und Ausgaben und des durchschnittlichen Antheils des Vermögens und der Einnahmen und Ausgaben auf den Kopf der Vereinsmitglieder auf die alljährliche in der Zeitschrift für Berg-, Hütten- und Salinenwesen veröffentlichte eingehende

Statistik der Knappschaftsvereine des Preussischen Staates verwiesen, durch welche auch über die allgemeinen und örtlichen Verhältnisse der Vereine, die Personalverhältnisse der Vereinsmitglieder und Unterstützungsberechtigten, sowie endlich auch der Kranken ausführliche Auskunft ertheilt wird.

Zu den übrigen Knappschaftsvereinen oder wenigstens einem Theile derselben stehen die diesseitigen Vereine in einem Gegenseitigkeitsverhältniss in der Weise, dass die Uebernahme der Mitglieder aus dem einen in den anderen Verein unter bestimmten Bedingungen mit deren vollen bis zur Zeit des Uebertritts erreichten Dienstalter erfolgt. Der Mitgliedschaft gehen die Genossen verlustig, wenn sie ohne beurlaubt oder arbeitsunfähig zu sein die Arbeit auf den Vereinswerken verlassen. Nur den ständigen Mitgliedern ist in diesem Falle bei dem Stolberger und bei dem Verein von Eschweilerpümpchen die Erhaltung der bis zu ihrem Austritt erworbenen Rechte zugestanden, wenn sie, wie die übrigen feiernden (beurlaubten) Mitglieder neben ihrem persönlichen Beitrag auch denjenigen der Werksbesitzer regelmässig an die Knappschaftkasse fortentrichten. Beim Eschweiler Knappschaftsverein dagegen können die ausscheidenden ständigen Mitglieder ihre Ansprüche auf eine Pension für sich und auf eine Unterstützung für die Frau und die Kinder, welche sie zur Zeit ihres Austritts besassen, schon durch Zahlung einer monatlichen Anerkennungsgebühr von $^1/_3$ ihres bisherigen Beitrags erhalten.

Endlich erübrigt noch zu erwähnen, dass vor einigen Jahren der Stolberger Knappschaftsverein aus Anlass seiner bedrängten finanziellen Lage eine vollständige Umwandlung seiner bisherigen Organisation vorgenommen hat, indem er die Invaliden-Wittwen- und Waisenversicherung von der Krankenversicherung getrennt und letztere mehreren neu gegründeten selbstständigen Werkskrankenkassen übertragen hat. Dieser Weg erschien um deswillen angezeigt, weil einmal bei der höchst ungleichmässigen Inanspruchnahme der Kasse seitens der verschiedenen zugehörigen Vereinswerke, insbesondere hinsichtlich der Krankenunterstützungen, die nothwendig gewordene Erhöhung der Mitgliederbeiträge auch eine ungleichmässige und unverhältnissmässige Belastung der einzelnen Werke und Genossen zur Folge gehabt hätte, und weil zweitens die Uebernahme der Krankenversicherung durch mehrere einen kleineren Kreis von meist persönlich bekannten Mitgliedern umfassende Werkskrankenkassen eine bessere Aufsicht über die Genossen in Krankheitsfällen gestattete. Man hat hiernach für die grösseren Werke oder die demselben Besitzer gehörenden Werke je eine Krankenkasse gebildet, dagegen die kleineren, verschiedenen Besitzern gehörende Werke zu einer Bezirkskrankenkasse vereinigt, so dass mit Einschluss der für die Waldmeisterhütte der Actiengesellschaft Rhenania bereits vorhanden gewesenen Krankenkasse[1]) folgende acht Krankenkassen gebildet worden sind: 1. die Krankenkasse der Actiengesellschaft für Bergbau, Blei- und Zinkfabrikation zu Stolberg und in Westfalen, 2. die Krankenkasse des Bergwerks Diepenlinchen, 3. die der Rheinisch-Nassauischen Bergwerks- und Hütten-Actiengesellschaft zu Stolberg, 4. die der Actiengesellschaft Phönix zu Eschweileraue, 5. die der Waldmeisterhütte der Actiengesellschaft Rhenania, 6. die der Gewerkschaft Cornelia, 7. die Bezirkskrankenkasse zu Stolberg und endlich im Jahre 1899 die Knappschaftskrankenkasse der Gewerkschaft Lucherberg. Neben diesen einzelnen Krankenkassen ist der Allgemeine Stolberger Knappschaftsverein als Träger der Invaliden-Wittwen- und Waisen-Versicherung in seinem bisherigen Umfange bestehen geblieben. Er verwaltet gleichzeitig durch seinen Vorstand die Bezirkskrankenkasse, wie er auch die Aufsicht über die Verwaltung der anderen genannten Werkskrankenkassen ausübt. Die zweite zur Herbeiführung der finanziellen Gesundung des Vereins durchgeführte Maassregel besteht in der Erhöhung der bisherigen Mitgliederbeiträge, deren Festsetzung und Vereinnahmungen für die Folge, entsprechend der Trennung der Knappschaftspensionskasse von den Krankenkassen, naturgemäss getrennt geschehen muss. Für erstere betragen sie vorläufig, d. h. so lange als die Verhältnisse eine Ermässigung nicht zulassen, halbmonatlich 3 % des jeweiligen Arbeitsverdienstes der Mitglieder einschliesslich der von den Arbeitgebern gewährten Prämien, wogegen die kranken, feiernden und beurlaubten Genossen, welche ein volles halbmonatliches Verdienst nicht hatten, mindestens folgende nach den beibehaltenen alten sieben Mitgliederklassen berechnete Beträge zahlen müssen: I. Klasse: Mk. 1,50; II. Klasse: Mk. 1,20; III. Klasse: Mk. 1,00; IV. Klasse: Mk. 0,80; V. Klasse: Mk. 0,60; VI. Klasse: Mk. 0,40; VII. Klasse: Mk. 0,30. Halbinvaliden, welche auf Vereinswerken beschäftigt sind, zahlen ebenfalls halbmonatlich 3 % ihres Verdienstes und sichern sich dadurch die durch Aufrücken in eine höhere Dienststufe bedingten höheren Ansprüche auf die Wohlthaten der Kasse und zwar nach

---

1) Die Waldmeisterhütte der Actiengesellschaft Rhenania, die nach ihrem im Jahre 1878 erfolgten Austritt aus der Stolberger Knappschaft eine eigene Krankenkasse gründete, behielt dieselbe nach ihrem Wiedereintritt in die Stolberger Knappschaft am 1. Januar 1882 bei und erhielt, da sie die Kosten derselben bestritt, eine entsprechende, nach den Stipulationen des Protokolls der Generalversammlung der Stolberger Knappschaft vom 15. October 1881 festgesetzte Rückvergütung von Seiten der Knappschaftskasse. Durch ein ferneres Abkommen vom 28. Dezember 1881 sind ferner die Bestimmungen festgelegt worden, nach welchen für die Jahre 1878—1881, während welcher die Beziehungen der Waldmeisterhütte zu der Knappschaft gestört waren, die Abrechnung zu erfolgen hatte.

den Sätzen derjenigen Mitgliedsklasse, welcher sie bei Eintritt der Halbinvalidität angehört haben. Für die Krankenkassen werden ebenfalls halbmonatliche in Prozenten des Arbeitsverdienstes (soweit derselbe 4 Mk. pro Tag nicht übersteigt) ausgedrückte Beträge erhoben, deren Höhe vom Krankenkassen-Vorstand (in der Regel jährlich) im Voraus festgesetzt wird. Dieselben Beträge haben die auf den Werken der betreffenden Kassen beschäftigten Invaliden zu zahlen, sofern sie nicht von ihrer Krankenversicherungspflicht in gesetzlicher Weise befreit sind. Dagegen ist auch hier für kranke Mitglieder, welche ein halbmonatliches Verdienst nicht hatten, der Beitrag nach den sieben Mitgliederklassen in folgender Weise abgestuft: I. Klasse: 0,90 Mk., II. Klasse: 0,70 Mk., III. Klasse: 0,60 Mk., IV. Klasse: 0,50 Mk., V. Klasse: 0,40 Mk., VI. Klasse: 0,30 Mk., VII. Klasse: 0,20 Mk. Der Beitrag der Werksbesitzer ist bei den Krankenkassen auf 50 und bei der Pensionskasse auf 65 % derjenigen Summe festgesetzt, welche die auf den Vereinswerken beschäftigten Mitglieder zusammen an laufenden Beiträgen zu entrichten haben.

Von einer Ermässigung der bisherigen Kassenleistungen — soweit sie die Krankenversicherung betreffen — musste von vorneherein Abstand genommen werden, weil dieselben das gesetzlich vorgesehene Mindestmaass nicht überschritten, dagegen haben die Invaliden- und Wittwenunterstützungen insofern eine Aenderung erlitten, als erstere bei der VI. und VII. Migliedsklasse für die acht Dienstalterstufen auf bezw. 5,50, 7,0, 7,50, 8,0, 8,50, 9,0, 9,50 und 10 Mk. vermindert sind, während letztere durchweg auf die Hälfte derjenigen Invalidenpension festgestellt wurden, zu welcher der verstorbene Ehegatte berechtigt gewesen war bezw. am Todestage berechtigt gewesen sein würde. Uebrigens ist diese Ermässigung der Wittwenrenten nicht rückwirkend. Von anderen weniger wesentlichen Abänderungen, welche durch das Inkrafttreten der neuen Statuten vom 1. Januar 1895 hervorgerufen worden sind, kann hier füglich abgesehen werden.

Wie schon oben erwähnt, sind die Arbeiter der Gesellschaft Vieille-Montagne von der Stolberger Knappschaft ausgeschlossen. Die genannte Gesellschaft hatte bereits seit dem Jahre 1849 für jede ihrer Betriebsabtheilungen (Preussen, Belgien, Frankreich u. s. w.) eine Kranken- und eine Unterstützungs-(Pensions-)Kasse und wurde mit Rücksicht hierauf auch nach dem Inkrafttreten des Gesetzes über die Vereinigung der Berg-, Hütten- und Salinenarbeiter in Knappschaften, vom 10. April 1854 auf ihren Antrag von dem Beitritt zu einem inländischen Knappschaftsverein durch Rescript des Preussischen Ministers für öffentliche Arbeiten vom 5. August 1858 befreit. Bei der Einführung des allgemeinen Berggesetzes von 1865 ist in diesem Zustande keine Aenderung eingetreten, und erst nach Erlass des Krankenversicherungsgesetzes vom 15. Juni 1883 stellte sich die Nothwendigkeit ein, für die Krankenkasse der Betriebsabtheilung „Moresnet", welche das in die drei Theile „Preussisch Moresnet", „Neutral-Moresnet" und „Welkenraedt" getheilte Altenberger Concessionsfeld umfasst, neue Statuten zu entwerfen, um dieselben mit den gesetzlichen Bestimmungen in Einklang zu bringen. Da ein Antrag der Gesellschaft, ihre auf preussischem Gebiet beschäftigten Arbeiter in die Stolberger Knappschaft aufzunehmen, von letzterer abgelehnt wurde, auch das Königliche Oberbergamt zu Bonn die Bildung eines eigenen Knappschaftsvereins wegen der beschränkten Anzahl der in Betracht kommenden Arbeiter (etwa 300) nicht für thunlich erachtete, so gründete die Gesellschaft eine „Betriebskrankenkasse", deren Satzungen unter dem 15. December 1886 die Genehmigung der Königlichen Regierung zu Aachen erhielten und am 1. Januar 1887 in Kraft getreten sind. Vom selben Datum ab haben dieselben nach der Bestimmung der Gesellschaft auch auf ihre in Welkenraedt und im neutralen Gebiet beschäftigten Arbeiter Anwendung gefunden. Die durch die Novelle zum Krankenversicherungsgesetz vom 10. April 1892 erforderlich gewesene Abänderung der Statuten ist regierungsseitig unter dem 15. December 1892 genehmigt worden. Hiernach sind die Leistungen der Kasse auf die gesetzmässige Höhe gebracht, während die Mitglieder nach einem hochherzigen Beschluss des Verwaltungsrathes der Gesellschaft seit dem 1. Januar 1892 von jeder Beitragsleistung entbunden sind, so dass die Kasse ausschliesslich aus den Mitteln der Gesellschaft unterhalten wird, d. h. letztere zahlt auch den statutarischen Beitrag von $3\,^0/_0$ der Arbeiterlöhne. Für die auf preussischem Gebiete beschäftigten (416) Arbeiter betrug diese Zuwendung im Jahre 1894 allein 11 020 frcs.

Die Unterstützungs- oder Pensionskasse, deren Statuten mehrmals und zuletzt am 20. December 1885 einer Revision unterworfen worden sind, gewährt den invalide gewordenen Arbeitern nach ihrem 15. Dienstjahre eine feste Rente, die auf $^1/_5$ des höchsten Durchschnittslohnes, auf die ganze Dauer der Dienstzeit gerechnet, festgesetzt ist und mindestens 0,50 frc. und höchstens 1 frc. auf den Tag (einschliesslich Sonn- und Festtage) betragen muss. Zu diesem Fixum wird ausserdem ein Zusatz bewilligt, der auf 0,01 frc. für jedes Dienstjahr nach Verlauf von 15 bis 25 Jahren, vom 16. Dienstjahre an, auf 0,02 frc. nach Verlauf von 25—35 Jahren, vom 26. Dienstjahre an gerechnet, und auf 0,03 frc. vom 36. Dienstjahre an und darüber hinaus, bemessen ist.

Für einen Arbeiter mit 46 Dienstjahren und einem höchsten durchschnittlichen Lohn von 3,25 frcs. würde sich hiernach die Pension wie folgt berechnen:

$$\frac{3,25}{5} = 0,65 \text{ frcs. fixe Rente.}$$

Zusatz für 46 Dienstjahre:

| | | | |
|---|---|---|---|
| vom | 1.—15. Dienstjahre | | =0,00 frcs. |
| „ | 16.—25. „ | 10×0,01 | =0,10 „ |
| „ | 26.—35. „ | 10×0,02 | =0,20 „ |
| „ | 36.—46. „ | 11×0,03 | =0,33 „ |
| | | Summe: | 1,28 frcs. auf den Kalendertag. |

Den Wittwen wird eine zeitweilige, jedes Jahr revidirbare, ihren pecuniären Verhältnissen entsprechende, vom Director des Werkes zu bestimmende Unterstützung bewilligt. Dieselbe darf jedoch für Aufseher-Wittwen 0,75 frcs. und für Arbeiter-Wittwen 0,50 frcs. auf den Kalendertag nicht überschreiten.

Die Waisen erhalten bis zu ihrem vollendeten 14. Lebensjahre täglich 0,10 frcs.

Die Einkünfte der Unterstützungskasse bestanden bis zum Jahre 1874 aus einem Beitrage der Arbeiter von $1^1/_2$, später von 1 und zuletzt von $1^1/_3$% ihres Lohnes und aus einem Beitrage der Gesellschaft von 50% der Mitgliederbeiträge. Seit dem 1. Januar 1875 bestreitet jedoch die Gesellschaft, wie bei der Krankenkasse, die Kosten ausschliesslich aus eigenen Mitteln. So bezahlte dieselbe 1894 für den preussischen und neutralen Theil der Abtheilung Moresnet 80501,36 frcs., die sich auf 147 Pensionäre, 162 Wittwen und 43 Waisen vertheilten. Die auf Grund des Reichsgesetzes vom 22. Juni 1889 den Arbeitern gewährten Alters- bezw. Invalidenrenten werden auf die Leistungen der Unterstützungskasse in Anrechnung gebracht.

Ausser den aufgeführten Knappschaftsvereinen und der Altenberger Kranken- und Unterstützungskasse ist endlich noch die Krankenkasse des Hüttenwerks Rothe Erde zu erwähnen, welche die durch das Krankenversicherungsgesetz vorgeschriebenen Mindestleistungen gewährt und als Beiträge von den Arbeitern $2^1/_2$% des verdienten Lohnes, von der Werksverwaltung die Hälfte des Gesammtbeitrags der Arbeiter einzieht. Bei demselben Werk besteht ferner noch ein besonderer Invaliden-, Wittwen- und Waisen-Pensions-Fonds mit einem Vermögen (am 1. Juli 1901) von 42799 Mk. 65 Pfg.; sodann der Kronprinz Friedrich-Wilhelm-Fond für Unterstützungen von Arbeitern, Wittwen und Waisen, sowie von Invaliden über die Leistungen des Alters- und Invalidengesetzes hinaus mit einem Vermögen (am 1. Juli 1901) von 1339898 Mk. 40 Pfg.; ein Beamten- und Werkmeister-Unfall-Entschädigungs-Fonds und endlich ein Beamten-Pensionsfonds mit einem Vermögen (am 1. Juli 1901) von 10372 Mk 90 Pfg., ein Schulbau- und Kirchenbau-Fonds mit einem Vermögen von 10938 Mk. 35 Pfg., ein Verfügungsfonds des Vorstandes mit einem Vermögen von 32085 Mk. 85 Pfg. und der Kirdorf-Magenz-Stiftung mit einem Vermögen von 105068 Mk. 80 Pfg.

Gegen Unfall sind die Arbeiter ausserdem bei den auf Grund des Reichsgesetzes vom 6. Juli 1884 gebildeten Berufsgenossenschaften versichert und zwar die Mitglieder der aufgeführten Knappschaftskassen bei der Section I der Knappschafts-Berufsgenossenschaft zu St. Johann a. d. S., die Arbeiter der Altenberger Gesellschaft bei der Section IV der Steinbruchs-Berufsgenossenschaft zu Köln a. Rh. und die Arbeiter der Eisenhüttenwerke bei der Rheinisch-Westfälischen Hütten- und Walzwerks-Berufsgenossenschaft.

Die durch Reichsgesetz vom 22. Juni 1889 begründete Alters- und Invaliditäts-Versicherung erfolgt schliesslich für die Arbeiter des hiesigen Reviers bei der Versicherungsanstalt der Rheinprovinz zu Düsseldorf.

## Tabelle A.

Verzeichniss über die bei dem Eschweiler Knappschaftsverein von Eschweilerpümpchen und dem Stolberger Knappschaftsverein festgesetzten Mitgliedskassen, Normallöhne, Mitgliederbeiträge und Kranken- und Sterbegeld-Beträge.

### I. Eschweiler Knappschaftsverein.

| Eintheilung der Mitglieder | Normal-Tage-lohn | Beiträge pro Monat | Kranken-geld- und Wöchne-rinnen-Unter-stützung | Sterbe-geld | Bemerkungen |
|---|---|---|---|---|---|
| | ℳ | ℳ | ℳ | ℳ | |
| I. Klasse: Beamte mit 90 M. und mehr pro Monat . . . . . . | 3,00 | 3,25 | 1,50 | 60,00 | *) 30 M. ist als Mindestsatz (nach § 42 des Statuts) festgegesetzt. |
| II. Kl.: Beamte pp. mit 2,20 M. u. mehr pro Tag | 2,50 | 2,75 | 1,75 | 50,00 | |
| III. Kl.: Arbeiter mit 1,50 M. u. mehr pro Tag | 2,00 | 2,25 | 1,00 | 40,00 | |
| IV. Kl.: Jugendliche Arbeiter u. Arbeiter mit unter 1,50 M. pro Tag | 1,20 | 1,30 | 0,60 | 30,00 *) | |

## II. Knappschaftsverein von Eschweilerpümpchen.

| Eintheilung der Mitglieder | Normal-Tage-lohn | Beiträge pro Monat | Kranken-geld- und Wöchne-rinnen-Unter-stützung | Sterbe-geld | Bemerkungen |
|---|---|---|---|---|---|
| | ℳ | ℳ | ℳ | ℳ | |
| I. Klasse: Beamte u. Arbeiter mit über 3 M. pro Tag . . . . . | 3,20 | 3,30 | 1,60 | 64,00 | |
| II. Kl.: Beamte u. Arbeiter mit 2,41—3 M. pro Tag . . . . . | 2,70 | 2,60 | 1,35 | 54,00 | |
| III. Kl.: Arbeiter mit 1,81 bis 2,40 M. pro Tag . | 2,10 | 2,00 | 1,05 | 42,00 | |
| IV. Kl.: Arbeiter mit 1,21 bis 1,80 pro Tag . . | 1,50 | 1,50 | 0,75 | 30,00 | |
| V. Kl.: Weibl. u. jugendl. Arbeiter mit 1,20 M. und darüber . . . . | 1,20 | 1,20 | 0,60 | 24,00 | |

## III. Stolberger Knappschaftsverein.
(nach dem bisherigen Statut vom 31. Januar 1893).

| | ℳ | ℳ | ℳ | ℳ | |
|---|---|---|---|---|---|
| I. Kl.: Beamte u. Arbeiter mit 4 M. und mehr pro Tag . . . . . | 4,00 | 4,80 | 2,00 | 60,00*) | *) Nach § 46 des Statuts ist der Maximalsatz auf 60, der Mindestsatz auf 30 m festgesetzt. |
| II. Kl.: Beamte u. Arb. mit 3,61—4 M. pro Tag | 3,80 | 3,80 | 1,90 | 60,00*) | |
| III. Kl.: Beamte u. Arb. mit 3,01—3,60 M. pro Tag . . . . . . . | 3,30 | 3,10 | 1,65 | 60,00*) | |
| IV. Kl.: Arbeiter mit 2,41 bis 3,00 M. pro Tag . | 2,70 | 2,60 | 1,35 | 54,00 | |
| V. Kl.: Arbeiter mit 1,81 bis 2,40 M. pro Tag . | 2,10 | 2,00 | 1,05 | 42,00 | |
| VI. Kl.: Arbeiter mit 1,21 bis 1,80 M. pro Tag . | 1,50 | 1,50 | 0,75 | 30,00 | |
| VII. Kl.: Arbeiter mit 0,80—1,20 M. pro Tag | 1,00 | 1,00 | 0,50 | 30,00 | |

## Tabelle B.

Nachweisung über die bei dem Knappschaftsverein Rheinpreussen festgesetzten Mitgliedsklassen, Normaltagelöhne, Mitgliederbeiträge und Kranken- und Sterbegeldbeträge.

| Eintheilung der Mitglieder | Beiträge pro Monat ℳ | Eintheilung der Mitglieder zur Ermittelung des Durchschnitts-lohnes | Normal- oder Durch-schnitts-lohn ℳ | Kranken-geld ℳ [1] | Sterbegeld (mindestens |
|---|---|---|---|---|---|
| | | Tagelohn | | | |
| 1. Werksbeamte 1. Abth. (ständige Mitglieder) | 4,50 | 1. Kl. bis 1,00 M. | 0,80 | 0,40 | Das Sterbegeld<br>trägt den 20fac<br>Betrag des Du<br>schnittslohnes,<br>destens aber<br>Werksbeamte<br>1 .Abth. 9 |
| 2. Werksbeamte 2. Abth. (ständige Mitglieder) | 3,00 | 2. Kl. v. 1,01—1,40 M. | 1,20 | 0,60 | Werksbeamte<br>2. Abth. 6 |
| 3. Mitglieder 1. Klasse (ständige Mitglieder) | 2,50 | 3. „ v. 1,41—1,80 „ | 1,60 | 0,80 | Arbeiter 1. Kl.<br>5 |
| 4. Mitglieder 2. Klasse (ständige Mitglieder) | 2,00 | 4. „ v. 1,81—2,20 „ | 2,00 | 1,00 | Arbeiter 2. Kl<br>4 |
| 5. Mitglieder 3. Klasse (unständige) | 1,50 | 5. „ v. 2,21—2,60 „ | 2,40 | 1,20 | Arbeiter 3. Kl<br>3 |
| | | 6. „ v. 2,61—3,00 „ | 2,80 | 1,40 | |
| | | 7. „ v. 3,01—3,40 „ | 3,20 | 1,60 | |
| | | 8. „ v. 3,41—3.80 „ | 3,60 | 1,80 | |
| | | 9. „ v. 3,81—4,20 „ und höher | 4,00 | 2,00 | |

1) Wöchnerinnen-Unterstützungen fallen fort, da weibliche Arbeiter aus dem Verein ausgeschlossen sind.

Anmerkung: 1. Die zur 1. Mitgliederklasse eingeschriebenen Mitglieder erhalten das Krankengeld mindestens nach Klasse 5 der zur Ermittelung des Durchschnittslohnes festgestellten Lohnklassen.

2. Für Beamte, bei denen nachweislich während der Dauer der Krankheit die Gehaltszahlung ruht, beträgt das Krankengeld

1. Abtheilung: 2,00 Mk.
2. „ 2,50 „

## Tabelle C.

### Nachweisung über die bei den Knappschaftsvereinen des Reviers Düren festgesetzten Invalidenpensionen.

| I. beim Eschweiler Knappschaftsverein beträgt die monatl. Pension | | | |
|---|---|---|---|
| bei einem Dienstalter von: | für die Mitglieder der | | |
| | I. Klasse ℳ | II. Klasse ℳ | III. Klasse ℳ |
| mindestens 3 bis weniger als 10 Jahren . . . | 6,12 | 5,10 | 4,24 |
| „ 10 „ „ „ 15 „ . . . | 10,20 | 6,38 | 5,32 |
| „ 15 „ „ „ 20 „ . . . | 14,28 | 8,94 | 6,38 |
| „ 20 „ „ „ 25 „ . . . | 17,86 | 11,48 | 7,42 |
| „ 25 „ „ „ 30 „ . . . | 22,44 | 14,02 | 8,50 |
| „ 30 „ „ „ 35 „ . . . | 25,16 | 15,74 | 10,20 |
| „ 35 und mehr Jahren . . . . . . | 27,88 | 17,44 | 12,76 |

II. beim Knappschaftsverein Eschweilerpümpchen beträgt die monatliche Invalidenpension:
bei einem Dienstalter bis zu 5 Jahren: 6 M.
für jedes weitere zurückgelegte Dienstjahr pro Monat 0,30 M. mehr.

| III. beim Stolberger Knappschaftsverein beträgt die monatl. Invalidenpension | | | | | | | |
|---|---|---|---|---|---|---|---|
| bei einem Dienstalter von: | für die Mitglieder | | | | | | |
| | I. Kl. ℳ | II. Kl. ℳ | III. Kl. ℳ | IV. Kl. ℳ | V. Kl. ℳ | VI. Kl. ℳ | VII. Kl. ℳ |
| | | | | | ℳ | | |
| mindest. 5 aber wenig. als 10 Jahren | 13,20 | 11,90 | 10,60 | 9,30 | 8,00 | 8,00 | 8,00 |
| „ 10 „ „ „ 15 „ | 15,00 | 13,50 | 12,00 | 10,50 | 9,00 | 9,00 | 9,00 |
| „ 15 „ „ „ 20 „ | 16,80 | 15,10 | 13,40 | 11,70 | 10,00 | 10,00 | 10,00 |
| „ 20 „ „ „ 25 „ | 18,60 | 16,70 | 14,80 | 12,90 | 11,00 | 11,00 | 11,00 |
| „ 25 „ „ „ 30 „ | 20,40 | 18,30 | 16,20 | 14,10 | 12,00 | 12,00 | 12,00 |
| „ 30 „ „ „ 35 „ | 22,20 | 19,90 | 17,60 | 15,30 | 13,00 | 13,00 | 13,00 |
| „ 35 „ „ „ 40 „ | 24,00 | 21,50 | 19,00 | 16,50 | 14,00 | 14,00 | 14,00 |
| „ 40 Jahren und darüber | 25,80 | 23,10 | 20,40 | 17,70 | 15,00 | 15,00 | 15,00 |

| Beim Knappschaftsverein Rheinpreussen beträgt die jährl. Invalidenpension | | | | |
|---|---|---|---|---|
| bei einem Dienstalter von | für Beamte der | | für Arbeiter der | |
| | I. Abtheil. ℳ | II. Abtheil. ℳ | I. Klasse ℳ | II. Klasse ℳ |
| bis zu 5 Jahren incl. | 270 | 180 | 150 | — |
| über 5 „ „ 10 „ „ | 297 | 198 | 165 | 132 |
| „ 10 „ „ 15 „ „ | 324 | 216 | 180 | 144 |
| „ 15 „ „ 20 „ „ | 378 | 252 | 210 | 168 |
| „ 20 „ „ 25 „ „ | 432 | 288 | 240 | 192 |
| „ 25 „ „ 30 „ „ | 486 | 324 | 270 | 216 |
| „ 30 „ „ 35 „ „ | 594 | 396 | 330 | 264 |
| „ 35 „ „ 40 „ „ | 702 | 463 | 390 | 312 |
| „ 40 „ „ 45 „ „ | 810 | 540 | 450 | 360 |
| „ 45 Jahre . . . . . | 972 | 648 | 540 | 432 |

## Nachweisung der Verunglückungen mit tödtlichem Ausgange.

Ueber die beim Bergbau seit dem Jahre 1838 vorgekommenen Unglücksfälle mit tödtlichem Ausgange giebt die nachstehende Tabelle Aufschluss:

| 1 | 2 | 3 | 4 | 5 | 6 | | | 7 | 8 | | 9 | 10 | 11 | 12 | 13 | |
|---|---|---|---|---|---|---|---|---|---|---|---|---|---|---|---|---|
| Im Jahre | Zahl der Arbeiter | Bei der Schiessarbeit | Durch Stein- oder Kohlenfall | In Bremsbergen, Bremsschächten, Rolllöchern pp. | In Schächten | | | Bei der Streckenförderung | Durch schlechte Wetter | | Durch Maschinen | Durch Wasserdurchbrüche | Ueber Tage | Auf sonstige Weise | Summa | |
| | | | | | Beim Fahren | Durch Sturz | Auf sonstige Weise | | Schlagende Wetter | Stickwetter | | | | | überhaupt | unter 1000 |
| 1838 | 1196 | 1 | — | — | — | — | — | — | — | — | — | — | 1 | — | 2 | 1,672 |
| 1839 | 1395 | — | — | — | — | — | — | — | — | — | — | — | — | — | — | — |
| 1840 | 1482 | — | 1 | — | — | — | — | — | — | 2 | — | — | — | 1 | 4 | 2,699 |
| 1841 | 1525 | — | — | — | 1 | 1 | 1 | — | — | — | — | — | — | 1 | 4 | 2,623 |
| 1842 | 1871 | — | 1 | — | — | 1 | — | — | — | 2 | — | — | — | — | 4 | 2,137 |
| 1843 | 1949 | — | — | — | — | 1 | — | — | — | — | — | — | — | — | 1 | 0,415 |
| 1844 | 1883 | — | 4 | — | 1 | 1 | — | — | — | — | — | — | — | — | 6 | 3,182 |
| 1845 | 2203 | — | 3 | — | 1 | 2 | 1 | — | — | — | — | — | — | 2 | 9 | 4,085 |
| 1846 | 2471 | 1 | 2 | — | — | 1 | — | — | — | — | — | — | — | — | 4 | 1,619 |
| 1847 | 2690 | — | 4 | — | 2 | 2 | — | 1 | — | — | — | — | — | — | 9 | 3,346 |
| 1848 | 2711 | 2 | 2 | — | — | — | — | — | — | — | — | — | — | 2 | 6 | 2,213 |
| 1849 | 2770 | 1 | 1 | — | — | 3 | — | — | — | — | — | — | — | — | 5 | 1,805 |
| 1850 | 2824 | — | 3 | 1 | 1 | 1 | — | — | — | — | — | — | — | 1 | 7 | 2,479 |
| 1851 | 2878 | — | 2 | — | — | 1 | 1 | — | — | — | — | — | — | 2 | 6 | 2,084 |
| 1852 | 2961 | — | 2 | 1 | 2 | 2 | 1 | — | — | — | 1 | — | — | — | 9 | 3,039 |
| 1853 | 3883 | — | 2 | 1 | — | 2 | — | — | — | — | 1 | — | — | 1 | 7 | 1,802 |
| 1854 | 4542 | 1 | 1 | — | 2 | 5 | 1 | — | — | — | 3 | — | — | — | 13 | 2,806 |
| 1855 | 4404 | 1 | 10 | — | 2 | 4 | — | — | — | — | 1 | — | — | — | 18 | 4,087 |
| 1856 | 4163 | 1 | 1 | — | 1 | 5 | — | — | — | — | 2 | — | — | — | 10 | 2,402 |
| 1857 | 4087 | 1 | 3 | — | 1 | 2 | — | — | — | 1 | — | — | — | — | 8 | 1,957 |
| 1858 | 3915 | — | 3 | — | 1 | 3 | — | — | — | 1 | 3 | — | — | 1 | 12 | 3,065 |
| 1859 | 3765 | — | 2 | — | — | 2 | 1 | — | — | — | 2 | — | — | 2 | 9 | 2,391 |
| 1860 | 3926 | — | 9 | 1 | 2 | 2 | 2 | — | — | — | — | — | — | — | 16 | 4,075 |

| | | | | | | | | | | | | | | | | |
|---|---|---|---|---|---|---|---|---|---|---|---|---|---|---|---|---|
| 1861 | 3823 | — | 1 | — | — | — | — | — | — | — | — | — | 1 | 1 | 3 | 0,785 |
| 1862 | 4201 | — | 3 | 1 | 1 | 1 | — | — | — | — | — | — | — | 1 | 7 | 1,666 |
| 1863 | 3878 | 1 | 5 | — | — | 4 | — | — | — | — | — | — | 1 | — | 11 | 2,837 |
| 1864 | 3690 | — | 2 | — | — | 2 | — | — | — | 2 | — | — | — | 1 | 7 | 1,897 |
| 1865 | 3583 | — | — | — | 1 | 2 | 1 | — | — | — | — | — | — | 1 | 5 | 1,395 |
| 1866 | 3623 | 1 | 1 | 1 | — | 1 | — | — | — | — | — | — | — | — | 4 | 1,104 |
| 1867 | 3994 | — | 3 | 1 | 3 | — | — | 1 | — | — | — | — | 1 | — | 9 | 2,253 |
| 1868 | 3923 | — | 3 | 1 | — | — | 1 | — | — | — | 1 | — | — | 1 | 7 | 1,784 |
| 1869 | 3738 | — | 4 | — | 4 | 1 | — | — | — | — | 1 | — | — | — | 10 | 2,675 |
| 1870 | 2917 | — | 4 | 1 | — | — | — | — | — | — | — | — | — | — | 5 | 1,714 |
| 1871 | 2945 | — | 6 | — | 1 | — | — | — | — | — | — | — | 1 | — | 8 | 2,717 |
| 1872 | 2982 | — | — | — | — | — | 1 | — | — | — | — | — | 1 | — | 2 | 0,671 |
| 1873 | 2722 | — | 1 | 1 | — | — | — | — | — | — | — | — | 1 | 1 | 4 | 1,469 |
| 1874 | 2695 | — | — | — | — | — | — | — | 1 | — | — | — | — | — | 1 | 0,371 |
| 1875 | 2338 | — | 2 | — | — | 1 | — | — | — | — | — | — | — | 1 | 4 | 1,711 |
| 1876 | 2301 | — | — | — | — | 3 | — | — | — | — | — | — | — | — | 3 | 1,303 |
| 1877 | 2680 | — | — | — | — | — | 1 | — | — | — | — | — | — | 1 | 2 | 0,746 |
| 1878 | 3163 | — | 1 | — | 1 | 1 | — | 1 | — | — | — | — | — | 1 | 5 | 1,580 |
| 1879 | 3016 | — | 2 | 1 | — | — | — | — | — | — | — | — | — | 1 | 4 | 1,329 |
| 1880 | 2757 | 1 | — | — | — | — | — | — | — | — | — | — | 1 | 1 | 3 | 1,088 |
| 1881 | 2802 | — | — | 1 | 1 | — | — | — | — | — | — | — | — | — | 2 | 0,714 |
| 1882 | 2870 | — | 2 | 1 | 1 | — | — | — | — | — | — | — | — | — | 4 | 1,393 |
| 1883 | 2858 | 1 | 2 | — | 1 | — | — | — | — | — | 1 | — | — | — | 5 | 1,749 |
| 1884 | 2857 | — | — | — | — | 1 | — | — | — | — | 1 | — | — | — | 2 | 0,700 |
| 1885 | 2544 | — | 2 | 1 | — | — | — | — | — | — | 3 | — | — | — | 6 | 2,35 |
| 1886 | 2524 | 1 | 1 | — | — | 1 | — | — | — | — | — | — | — | — | 3 | 1,188 |
| 1887 | 2458 | — | — | 1 | — | 1 | — | — | — | — | — | — | — | — | 2 | 0,813 |
| 1888 | 2275 | — | — | — | — | 2 | — | — | — | — | — | — | 1 | — | 3 | 1,318 |
| 1889 | 2121 | — | 1 | — | — | — | — | — | — | — | 1 | — | 1 | — | 3 | 1,414 |
| 1890 | 2046 | — | 1 | — | 2 | 1 | — | — | 1 | — | — | — | 2 | — | 7 | 3,421 |
| 1891 | 2024 | — | — | — | — | 1 | — | — | — | — | — | — | 2 | — | 3 | 1,482 |
| 1892 | 3409 | 1 | 1 | 1 | — | — | — | — | 1 | — | — | — | — | — | 4 | 1,173[1]) |
| 1893 | 3580 | — | 4 | 2 | — | 1 | — | — | — | — | — | — | — | — | 7 | 1,955 |
| 1894 | 3808 | — | 3 | — | — | 1 | — | — | — | — | 1 | — | — | — | 5 | 1,313 |
| 1895 | 3953 | 1 | — | 2 | 5 | — | — | — | — | — | 1 | — | 1 | 2 | 12 | 3,035 |
| 1896 | 4132 | — | 1 | 3 | — | 1 | 1 | — | — | — | — | — | 3 | — | 9 | 2,178 |
| 1897 | 4206 | — | 1 | 2 | — | 3 | 1 | 2 | 2 | — | — | — | 1 | — | 12 | 2,853 |
| 1898 | 4232 | 1 | 5 | 1 | — | — | — | — | — | — | — | — | — | 1 | 8 | 1,890 |
| 1899 | 4626 | 2 | 3 | 2 | — | — | 2 | — | — | — | — | — | — | — | 9 | 1,945 |
| 1900 | 5138 | 1 | 5 | 2 | — | — | — | — | — | — | — | — | 1 | — | 9 | 1,751 |

# Inhaltsverzeichniss.

---

Universitäts-Buchdruckerei von Carl Georgi in Bonn.

FSC
www.fsc.org
MIX
Papier | Fördert
gute Waldnutzung
FSC® C083411

Zeitfracht Medien GmbH
Ferdinand-Jühlke-Straße 7
99095 Erfurt, Deutschland
produktsicherheit@kolibri360.de